国家精品课程配套教材系列

计算机组成原理

主　编　陈　念　计博婧　章哲庆

中国水利水电出版社
www.waterpub.com.cn
·北京·

内 容 提 要

本书是作者在多年教学的基础上整理完善而成的,是计算机科学相关专业的理论基础教材。本书具有相当强的理论性,注重实例讲解和知识面扩展,读者可从本书的学习中了解和掌握计算机系统的基本组成及工作原理。

本书主要内容包括计算机组成和系统结构绪论、总线系统、存储系统、输入/输出系统、运算系统、指令系统和控制系统等。本书每个章节都对重要的知识点进行细致讲解,并通过举例的方式强化读者对相关理论的直观印象,将对理论的阐述和计算机系统日常运行中的现象联系起来,实现理论对实践的解释与指导。本书对提高读者理论联系实际的能力具有积极作用。

本书可作为本科院校计算机科学与技术、网络工程、物联网工程等专业的教材,也可供从事计算机体系结构与组成研究的人员参考。

本书配有免费教学资源,读者可以从中国水利水电出版社和万水书苑的网站上下载,网址为:http://www.waterpub.com.cn/softdown/ 和 http://www.wsbookshow.com。

图书在版编目(CIP)数据

计算机组成原理 / 陈念,计博婧,章哲庆主编. --北京:中国水利水电出版社,2019.8(2021.6重印)
国家精品课程配套教材系列
ISBN 978-7-5170-7887-6

Ⅰ. ①计… Ⅱ. ①陈… ②计… ③章… Ⅲ. ①计算机组成原理—高等学校—教材 Ⅳ. ①TP301

中国版本图书馆CIP数据核字(2019)第165371号

策划编辑:崔新勃　　责任编辑:陈红华　　封面设计:李 佳

书　　名	国家精品课程配套教材系列 计算机组成原理　JISUANJI ZUCHENG YUANLI
作　　者	主　编　陈　念　计博婧　章哲庆
出版发行	中国水利水电出版社 (北京市海淀区玉渊潭南路1号D座　100038) 网址:www.waterpub.com.cn E-mail:mchannel@263.net(万水) 　　　　sales@waterpub.com.cn 电话:(010)68367658(营销中心)、82562819(万水)
经　　售	全国各地新华书店和相关出版物销售网点
排　　版	北京万水电子信息有限公司
印　　刷	三河市鑫金马印装有限公司
规　　格	184mm×260mm　16开本　19.25印张　476千字
版　　次	2019年8月第1版　2021年6月第2次印刷
印　　数	2001—4000册
定　　价	45.00元

凡购买我社图书,如有缺页、倒页、脱页的,本社营销中心负责调换

版权所有·侵权必究

前　　言

"计算机组成原理"课程是计算机类专业的核心课程，理论性较强，部分内容对于初学者来说比较难以理解，需要有较强的数字电路基础。本书对计算机系统的主要组成部分——总线、存储器、输入/输出系统、运算器、指令系统、控制器进行了详细的讲解，对每类器件的逻辑组成、物理组成、硬件工作方式、工作流程等展开了较为全面的阐述，并将一些重要的知识点通过举例的方式直观讲解，加强读者的理解。

"计算机组成原理"课程涵盖的内容比较广泛，对于计算机相关专业的学生来说，掌握本书中的大部分内容对于夯实专业基础非常重要。在理论讲述的同时，本书还罗列了一些计算机硬件发展的前沿技术，扩展读者专业知识面。

本书可作为本科院校计算机科学与技术、网络工程、物联网工程等专业的教材，也可供从事计算机体系结构与组成研究的人员参考。读者也可以从出版社电子资源配套网站（http://www.waterpub.com.cn/softdown/）上下载相关教学资源。

本书共 7 章，主要内容包括计算机组成和系统结构绪论、总线系统、存储系统、输/入输出系统、运算系统、指令系统和控制系统等。本书教学内容比较多，教师可以选择部分章节在课堂内讲解，除课堂时间外，学生还可利用课余时间进行学习。

本书由陈念、计博婧、章哲庆任主编。各章编写分工如下：第 1～3 章由陈念编写，第 4、6 章由计博婧编写，第 5、7 章由章哲庆编写，全书由陈念统稿。

对于本书的错误和不当之处，希望读者予以指正，以便下次修订。

编　者
2019 年 4 月

目　录

前言

第1章　绪论 ·········· 1
1.1　计算机体系结构与组成 ·········· 1
1.1.1　计算模型和图灵机 ·········· 1
1.1.2　计算机体系结构的概念 ·········· 2
1.1.3　计算机系统层次 ·········· 4
1.1.4　计算机系统结构分类 ·········· 6
1.2　计算机系统组成 ·········· 9
1.2.1　硬件构成 ·········· 9
1.2.2　计算机性能指标 ·········· 13
1.2.3　计算机工作过程 ·········· 14
1.3　计算机软件系统 ·········· 17
1.3.1　软件发展历程 ·········· 17
1.3.2　软件分类 ·········· 18
1.3.3　软件产业发展趋势 ·········· 19
1.4　计算机应用领域 ·········· 20
1.4.1　传统应用领域 ·········· 20
1.4.2　延伸应用领域 ·········· 21
1.5　计算机技术发展展望 ·········· 24
1.5.1　计算机发展趋势 ·········· 24
1.5.2　新型计算机技术 ·········· 26
1.6　本章小结 ·········· 28
习题 ·········· 29

第2章　总线系统 ·········· 30
2.1　总线体系结构 ·········· 30
2.1.1　总线体系结构演变历程 ·········· 31
2.1.2　现代计算机总线结构 ·········· 33
2.2　总线标准化与总线特性 ·········· 37
2.3　总线分类与性能评价指标 ·········· 39
2.3.1　总线分类 ·········· 39
2.3.2　总线性能评测 ·········· 41
2.4　总线时序 ·········· 43
2.4.1　系统总线周期 ·········· 43
2.4.2　总线读写周期时序 ·········· 43

2.5　总线控制 ·········· 46
2.5.1　总线判优控制 ·········· 46
2.5.2　通信控制 ·········· 48
2.5.3　通信控制方式 ·········· 49
2.6　本章小结 ·········· 54
习题 ·········· 54

第3章　存储系统 ·········· 56
3.1　存储分类与存储体系 ·········· 56
3.1.1　存储分类 ·········· 56
3.1.2　存储层次和存储体系 ·········· 59
3.2　内存储器 ·········· 61
3.2.1　内存条外形 ·········· 61
3.2.2　内存结构 ·········· 62
3.2.3　内存性能 ·········· 66
3.2.4　动态内存刷新 ·········· 68
3.2.5　静态RAM ·········· 71
3.2.6　存储扩展与连接 ·········· 76
3.2.7　访存速度提升措施 ·········· 82
3.2.8　存储器校验 ·········· 86
3.3　高速缓冲存储器（Cache） ·········· 89
3.3.1　设置Cache的原因 ·········· 89
3.3.2　Cache地址结构与映射 ·········· 89
3.3.3　Cache工作机制 ·········· 95
3.3.4　缓存的类型 ·········· 98
3.4　辅助存储器 ·········· 100
3.4.1　辅存简介 ·········· 100
3.4.2　硬盘结构与性能参数 ·········· 101
3.4.3　固态硬盘 ·········· 107
3.4.4　磁存取原理与记录方式 ·········· 109
3.4.5　磁盘阵列与分布式系统 ·········· 113
3.5　本章小结 ·········· 118
习题 ·········· 118

第4章　输入/输出系统 ·········· 121

4.1 I/O 接口概述 121
　4.1.1 I/O 接口要解决的问题 122
　4.1.2 I/O 接口的功能 122
　4.1.3 CPU 与 I/O 接口信号 124
　4.1.4 I/O 接口的类型 124
4.2 I/O 端口寻址方式 125
　4.2.1 存储器映像的 I/O 寻址方式 125
　4.2.2 I/O 端口单独寻址方式 126
4.3 I/O 控制方式 127
　4.3.1 无条件传送方式 127
　4.3.2 查询传送方式 129
　4.3.3 中断传送方式 132
　4.3.4 DMA 方式 137
　4.3.5 通道控制方式 140
4.4 本章小结 145
习题 146

第 5 章 运算系统 147

5.1 无符号数和有符号数 147
　5.1.1 无符号数 147
　5.1.2 有符号数 147
5.2 数的定点表示与浮点表示 150
　5.2.1 定点表示 151
　5.2.2 浮点表示 151
5.3 定点数的四则运算及移位运算 154
　5.3.1 定点数加减运算 154
　5.3.2 定点数的移位运算 159
　5.3.3 乘法运算 162
　5.3.4 除法运算 170
5.4 浮点四则运算 179
　5.4.1 浮点加减运算 179
　5.4.2 浮点乘除法运算 183
　5.4.3 浮点运算的硬件结构 186
5.5 算术逻辑单元（ALU） 186
　5.5.1 ALU 的基本信号 186
　5.5.2 ALU 的电路操作 187
　5.5.3 ALU 的发展 188
　5.5.4 快速进位链及其应用 188
5.6 本章小结 198
习题 199

第 6 章 指令系统 201

6.1 机器指令 201
　6.1.1 指令系统概述 201
　6.1.2 CISC 与 RISC 202
6.2 指令格式 203
　6.2.1 操作码 203
　6.2.2 地址码 206
　6.2.3 指令格式设计原则 208
6.3 寻址方式 208
　6.3.1 指令寻址 208
　6.3.2 操作数寻址 209
6.4 堆栈与堆栈操作 214
　6.4.1 堆栈结构 214
　6.4.2 堆栈操作 216
6.5 指令系统应用举例 216
6.6 指令的类型 218
　6.6.1 数据传送类指令 218
　6.6.2 算术运算类指令 220
　6.6.3 逻辑运算类指令 222
　6.6.4 移位指令 222
　6.6.5 程序控制类指令 224
　6.6.6 字符串操作类指令 226
　6.6.7 指令系统的扩展 227
6.7 本章小结 227
习题 228

第 7 章 控制系统 229

7.1 CPU 控制电路结构 229
　7.1.1 CPU 的功能 229
　7.1.2 CPU 的基本组成 230
　7.1.3 CPU 的寄存器 232
　7.1.4 冯·诺依曼结构和哈佛结构的处理器 236
7.2 控制单元 236
　7.2.1 微命令产生部件 237
　7.2.2 时序系统 237
　7.2.3 控制器分类 240
7.3 指令周期 240
　7.3.1 指令周期的基本概念 240
　7.3.2 指令周期的数据流 242

7.3.3 指令周期数据流举例 ………… 247
7.4 控制器的设计 ………………………… 248
　7.4.1 控制单元的设计方法 ………… 248
　7.4.2 控制信号分析 ………………… 249
　7.4.3 组合逻辑控制器的设计 ……… 255
　7.4.4 微程序控制器的设计 ………… 260
　7.4.5 组合逻辑控制器和微程序控制器
　　　　的比较 ………………………… 275
7.5 指令流水线技术 ……………………… 276
　7.5.1 指令流水线的原理 …………… 276
　7.5.2 流水线的分类 ………………… 279
　7.5.3 流水线的性能指标 …………… 281
　7.5.4 影响流水性能的因素 ………… 287
　7.5.5 高级流水线技术 ……………… 295
7.6 本章小结 ……………………………… 300
习题 ………………………………………… 300
参考文献 …………………………………… 302

第 1 章　绪论

教学内容与重点:

- 计算机体系层次与结构
- 计算机工作步骤
- 硬件系统性能指标
- 计算机软件开发
- 计算机技术未来发展趋势

1.1　计算机体系结构与组成

1.1.1　计算模型和图灵机

世界上第一台计算机 ENIAC 于 1946 年在美国的宾夕法尼亚大学诞生，它的出现开启了人类科技文明新的篇章，但学术界公认的电子计算机的基本理论和模型却出现在此次事件的 10 年之前，即 1936 年英国数学家阿兰·图灵发表的一篇名为《论可计算数及其在判定问题中的应用》的论文，论文中首次提出了计算机的抽象模型，这被人们称为图灵机。为纪念这位伟大的科学家，美国计算机协会（ACM）于 1966 年设置了计算机科学与技术领域的最高奖项"图灵奖"，用于表彰为计算机科学发展做出重大贡献的科学家和工程技术人员。

图灵机将人们手工进行计算的过程抽象出来，用机器来完成数据计算的过程，其原理如图 1.1 所示。

（1）一条无限延伸的纸带，被划分为很多个小格子，从左到右依次被编号，每个格子里放置有符号，空格是一个特殊的符号，表示空白。

（2）一个读写头，可以在纸带上左右移动，它能读出当前所指的格子上的符号，并能改变当前格子上的符号。

（3）一套控制规则，它根据当前机器所处的状态以及当前读写头所指的格子上的符号来确定读写头下一步的动作，并改变状态寄存器的值，令机器进入一个新的状态。

（4）一个状态寄存器，用来保存图灵机当前所处的状态。图灵机的所有可能的状态数目是有限的，并且有一个特殊的状态，称为"停机状态"。

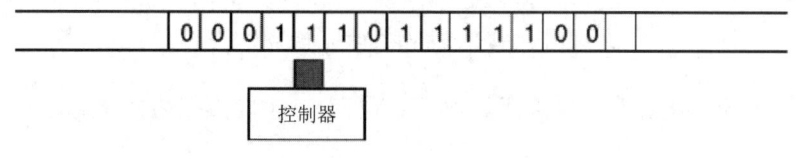

图 1.1　图灵机原理

1.1.2 计算机体系结构的概念

计算机体系结构（体系结构）是程序员所看到的计算机属性，它对普通用户是透明的，主要指机器的逻辑结构和功能特征。体系结构描述的是系统最基本的软硬件框架，对系统设计者而言，规划体系结构是设计系统要做的第一步，也是最关键的一步。

体系结构是一个抽象的概念，程序员站在系统的不同层级上，面对的体系结构的属性也不相同。例如，有 A 和 B 两种机器，在汇编语言控制层，它们的指令格式、数据类型、编址方式等属性可能差别很大，可视为两种结构，但在高级语言控制层，由于不涉及具体的硬件操作，高级语言的数据类型、语法等都适用，因此在该层它们的结构是相同的。

计算机组成原理（组成原理）研究的对象与体系结构有所不同，它研究以何种方式实现体系结构中定义的相关属性，从这个角度来看，体系结构描述的是机器逻辑上的外部特性，而组成原理则具体刻画如何从物理上进行内部实现。以指令系统为例，体系结构要解决的问题是要设置哪些类的指令，指令字长多少位，操作码、地址码位数是固定还是可变，地址码的个数等相关问题，而指令执行的时序，如怎样取指令、取操作数、运算处理、存储结果等则是组成原理要考虑的问题。因此，当两台机器的指令系统完全相同时，可以说它们的体系结构是一样的，但是在实现方法上可以有所不同，如乘法指令可以用移位操作来完成，也能通过连加的途径加以实现。

体系结构研究组成计算机系统框架的各功能子系统。图 1.2 所示为计算机硬件结构粗略框架，其中总线系统、运算系统、控制系统、存储系统、I/O 系统等，内部都蕴含较为复杂的结构。例如，存储系统中的多层存储结构，主存−缓存结构及主存−辅存结构；I/O 系统中的中断结构、DMA 结构等，都是系统体系结构研究的对象。除此之外，一些硬件属性，如数据表示、寻址方式、寄存器定义、执行时序、指令系统、中断机构、机器工作状态的定义和状态切换等都囊括在体系结构范围内。

体系结构涉及的机器属性主要包括以下几个方面：

（1）机内数据表示：硬件能直接辨识和操作的数据类型和格式。

（2）指令系统：机器指令的操作类型、格式，寻址种类、地址运算，各种通用及专用寄存器的定义、数量和使用规则。

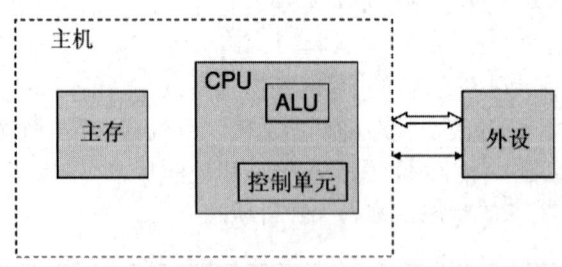

图 1.2 计算机硬件结构粗略框架

（3）运算系统：运算类型（算术、移位、逻辑），不同数据格式运算法则（定点数、浮点数）。

（4）存储系统：多级存储，存储体系结构，缓冲组织形式，存储编址方式，访存越界保护策略等。

（5）中断系统：中断类型、中断优先级、中断判优方式、中断响应与屏蔽处理等。

（6）控制系统：控制方式（微指令、硬布线），流水线执行方式。

（7）输入/输出系统：I/O控制方式（中断、DMA、通道机等）、I/O联络方式（同步、异步等）。

在很多情形下，机器的某项功能用软件、硬件的方法都可以实现，但软件、硬件功能分配，主要应从实现费用、对速度的影响和其他性能要求来考虑，即考虑如何分配能提高性能价格比。例如，计算机内的I/O事务，硬件或软件都可以完成，若由硬件实现速度会快很多，但成本相对较高，软件实现则会节约成本，但会损失处理速度，鉴于I/O事务是计算机中处理频率很高的一类操作，从整体性价比考虑，采用硬件实现更为妥当。

随着微电子技术的迅猛发展，计算机在速度、价格、外设种类、复杂性、安全性等方面不断进步，但在系统结构方面却没有突破性的进展，依然没有脱离冯·诺依曼构架。

1945年，冯·诺依曼等人开始研究电子离散变量计算机EDVAC，并提出了"存储程序"理论，其主要包含的内容如下：

（1）计算机系统由运算器、控制器、存储器、输入设备和输出设备五个部分组成。

（2）机器内的信息均采用二进制码表示。虽然十进制更符合人们的使用习惯，但二进制表示在物理上更容易实现，运算规则也更为简单。

（3）指令和数据存放于同一个存储器中，按地址访问，因为冯·诺依曼结构将指令也视为数据的一种形式；指令由操作码和地址码组成，操作码指示操作类型，地址码标明操作数所处位置。另一种计算机体系结构——哈佛结构，是将指令与数据分开存储，在这点上它与冯·诺依曼结构是不同的。

（4）指令在存储器中顺序存放，并依顺序执行，有些情形下，可以根据运算结果或设定的条件改变执行顺序。

（5）计算机以运算器为中心，机器内所有部件的数据传送都要通过运算器。

"存储程序"理论是计算机体系结构的奠基理论，虽然某些观点现在已经不再采用，如现代计算机采用图1.4所示的存储器中心结构，而不是图1.3所示的运算器中心结构，但机器的整个体系框架仍然没有大的改变。

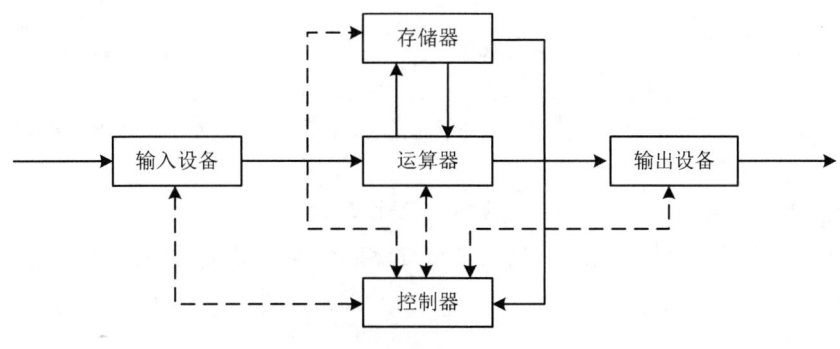

图1.3　运算器中心结构

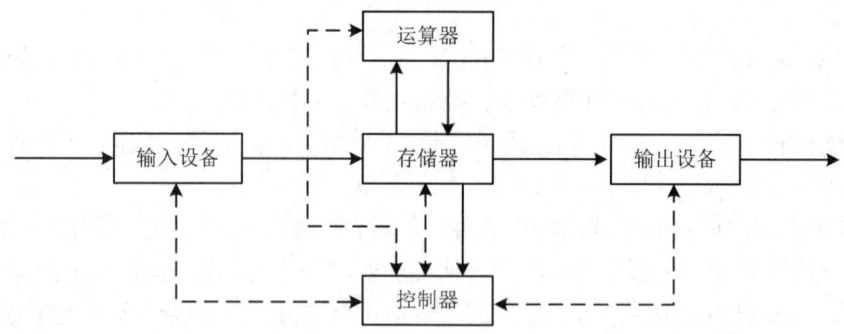

图 1.4 存储器中心结构

根据冯·诺依曼提出的理论，1949 年威尔克斯在剑桥大学研制成功了世界上第一台"存储程序"式计算机 EDSAC，如图 1.5 所示。

图 1.5 第一台"存储程序"计算机 EDSAC

1.1.3 计算机系统层次

指令是控制计算机工作的最基本宏观单位，指令系统是可执行指令的集合，但并不单纯是多条指令的聚集。指令在形式上可以是以二进制表示的机器码，也可以是用简化英文单词表示的助记符。指令系统是计算机硬件和软件建立联系的接口，没有它，软件就无法控制硬件，它主要规定了以下内容：

（1）指令格式，操作种类，地址码数量、类型等内容。

（2）指令所能操作的硬件相关内容，如寄存器的数量、编号、用途，存储器的空间大小、编址方式等。

（3）操作数寻址方式。

（4）指令执行控制方式，如顺序控制、条件控制、循环控制等。

随着计算机"抽象化"的发展，体系结构的新层次也不断出现，程序员的分工逐步细化，不同层级的程序员要求完成不同的任务,但不要求都要非常了解机器的内部结构与工作原理。一般来说,程序员有以下几种。

(1)应用程序级程序员:利用应用程序开发工具进行二次开发,如利用网页制作软件设计、制作个人主页等,通常这类软件工具的功能封装度很高,程序员只要掌握工具的编程、使用方法即可,计算机的底层软件和硬件对他们是透明的。

(2)操作系统级程序员:在操作系统平台上进行应用程序开发,程序员要求掌握操作系统的相关工作机制,能熟练调用操作系统预留的功能函数。处在该层级的程序员同样不需要清楚机器硬件的工作原理和过程,所有涉及对硬件的操作都是通过调用操作系统来完成的。例如,编写应用程序要实现"打开"或"保存"文件的功能,程序员只需要调用相关的系统函数就能实现相应功能,并不要求掌握操控硬盘的方法。

(3)指令集级程序员:编写控制硬件的相关程序,提供给操作系统。该层级的程序员由于需要直接对机器进行操作,因此要求清楚硬件组成和工作原理。

对硬件的操作通过微指令序列完成。微指令序列控制硬件的各相关引脚(信号线)按一定的时间先后关系有序工作。因此,无论是用高级语言、汇编语言,还是机器语言编写的程序,最终都会转换成微指令序列,由机器直接完成。在体系结构发展进程中主要经历了伴随语言虚拟机发展的几个阶段,具体如下。

(1)双层结构阶段:机器语言→微指令序列。

机器语言是能被硬件直接识别并执行的语言,它是一串由二进制组成的编码,定义了操作类型和操作对象。如图 1.6 所示,当计算机只有这个层级时,程序员编程时需要非常了解硬件的结构、组成和工作机制,才能使用它进行编程控制。机器语言编写的程序执行速度快,但编制过程烦琐,出错后不易排查,对程序员的硬件水平要求高,这些限制了它的推广。

(2)三层结构阶段:汇编语言→机器语言→微指令序列。

由于机器语言使用时非常不便,比较突出的问题是二进制编码形式难以识记,程序员编程效率低,容易出错。鉴于此,引入汇编语言,程序员在编程时等同于在一个虚拟的机器上操作,将汇编编制的程序转换成机器代码控制硬件工作,转换过程由汇编语言处理程序完成。我们将具有汇编转换功能的机器称为虚拟机,标识为 M2,它存在于 M1 之上,构成三级结构的计算机系统,如图 1.7 所示。

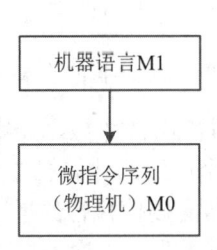

图 1.6　两层结构的计算机系统

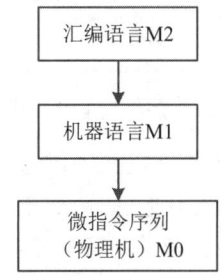

图 1.7　三层结构的计算机系统

汇编语言在机器语言的基础上,采用助记符的形式描述操作码、地址码等相关信息,例如用 ADD、SUB、MUL、DIV 符号表示加、减、乘、除操作,替代原先的二进制序列;在表示寄存器、存储单元等操作地址时,同样可采用符号表示,虽然这些符号不能被机器直接识别,但程序员在编程时较以前已经方便了很多。

汇编语言本质上还是面向机器的语言，它依赖于具体硬件，没有通用性，每种机器都会有自身的汇编指令，如 Intel 和 AMD 是两种完全不同的汇编指令系统。程序员在编程时，同样要求很熟悉硬件结构，否则无法完成程序编制。汇编语言程序的代码效率也很低，通常一项简单的功能，高级语言只需要一到两条语句就可以实现，而汇编语言则需要成段的语句才能完成同样的功能。

（3）四层结构阶段：高级语言→汇编语言→机器语言→微指令序列。

20 世纪中后期开始，符合人们日常理解和表述习惯的高级语言开始出现，它最大特点是：能够完全脱离具体的硬件环境，编写的程序具有很强的通用性和可移植性，程序员不需要知道机器硬件结构与工作原理，就可以编写程序控制机器工作，这为计算机应用开发提供了极大的便利。程序员在高级语言层开展工作，相当于工作在更高层级的虚拟机 M3 上，将 M3 上的高级语言程序翻译成 M2 上的汇编语言程序，再转换成 M1 上的机器语言程序，完成对机器的控制，四层结构的计算机系统如图 1.8 所示。

（4）五层结构阶段：高级语言→汇编语言→操作系统→机器语言→微指令序列。

操作系统是覆盖在硬件系统上的第一层软件，负责管理计算机内的所有软、硬件资源。语言处理系统（包括各种编译、汇编、链接等程序）是基于操作系统的软件，可以调用操作系统提供的功能实现对硬件的相关操作，因此，可以将操作系统也作为一个虚拟机层次，形成五层结构的计算机系统，如图 1.9 所示。

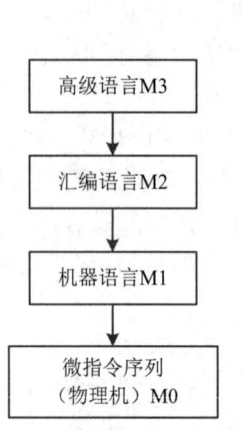

图 1.8　四层结构的计算机系统

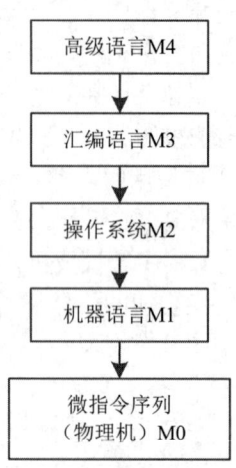

图 1.9　五层结构的计算机系统

计算机语言的进化和操作系统的出现，使得人们可以脱离硬件环境，在虚拟机器上完成对计算机的控制，让它去完成指定的工作，并由此产生了多个层级的计算机体系结构。层级越多，对一般程序员来说计算机的操作就越方便和自然，但在转向硬件执行的道路上也会增加更多的转换环节，并带来一定的速度损失。

1.1.4　计算机系统结构分类

早些时候，人们根据规模、性能、速度等因素，将计算机系统划分成巨型机、大型机、中型机、小型机和微型机等类型。这种划分方法不能反映机器的系统结构特征，而且随着集成制造技术的飞速发展，上述指标都在不断地发生变化，以前的大型机性能、速度等只能相当于现在的中型机。因此，需要能够反映机器本质特征的分类标准，接下来介绍两种体系结构划分方法——Flynn 分类法和冯氏分类法。

1. Flynn 分类法

在计算机系统中，信息一般以"流"的形式呈现，根据"流"所承载的信息类型，可以分成指令流和数据流两种形式。指令流指的是机器执行的指令序列，数据流则是指令流操作或控制的数据序列，包括输入/输出数据和中间结果。1966 年，Flynn 提出根据指令流、数据流的并行度对计算机系统进行分类，其中并行度是指指令或数据并行执行的最大可能数目。

Flynn 根据不同的指令流－数据流组织方式把计算机系统分为四类。

（1）单指令流单数据流（SISD）。图 1.10 所示的 SISD 结构的计算机是传统的顺序执行的单处理器计算机，它的硬件不支持任何形式的并行处理，所有的指令都是串行执行。在某个操作周期内，CPU 指令部件每次只能对一条指令进行译码，只对一个操作部件分配数据。

冯·诺依曼结构的计算机就是 SISD 结构的机器，由于采用单个指令流控制单条数据流的方式，没有引入并行处理技术，因此该种结构的系统的工作效率较低。

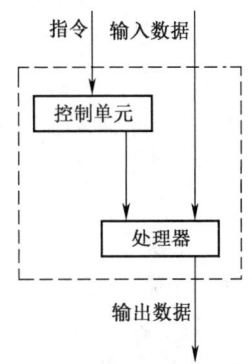

图 1.10　SISD 结构的计算机

（2）单指令流多数据流（SIMD）。如图 1.11 所示，SIMD 结构的计算机是一种并行处理机器（并行处理机），由单一指令部件控制，并行处理机包括多个重复的处理单元 $PU_1 \sim PU_n$，按照同一指令流的要求为它们分配不同的数据。SIMD 结构的应用领域广泛，如数字信号处理图像处理、及多媒体信息处理等，阵列处理机和向量流水处理机就是 SIMD 结构的机器的典型代表。例如在 Intel 处理器上运行的指令集（Streaming SIMD Extensions，SSE）、SSE2 及 SSE3 扩展指令集，都具备在单个周期内处理多个数据单元的能力，目前使用的单核计算机基本上都属于 SIMD 结构的机器。

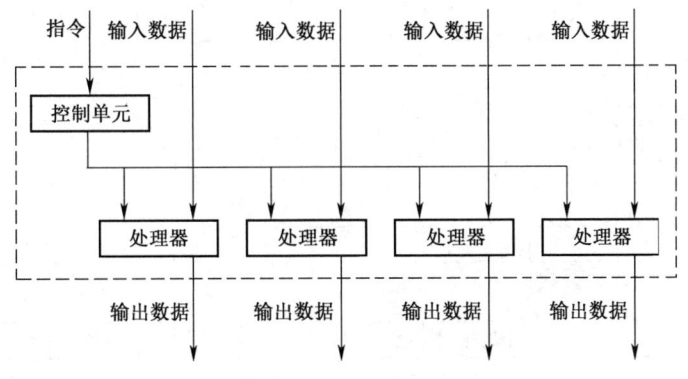

图 1.11　SIMD 结构的计算机

（3）多指令流单数据流（MISD）。按 MISD 结构设计的机器应具有 n 个处理单元，按 n 条不同指令的操作意图对同一数据流及其中间结果进行不同的处理，可以设计成一个处理单元的输出结构，又作为另一个处理单元的输入结构。到目前为止，还没有机器依照这个结构进行设计,它的提出仅仅是为了满足体系结构分类完整性。

(4)多指令流多数据流(MIMD)。如图 1.12 所示,该结构是并行处理系统最常见的体系结构,能实现任务、指令等全面并行的多机系统,MIMD 结构的机器可以同时执行多个指令流,分别对不同数据流进行操作,如 Intel 和 AMD 的多核处理器等就属于 MIMD 结构。

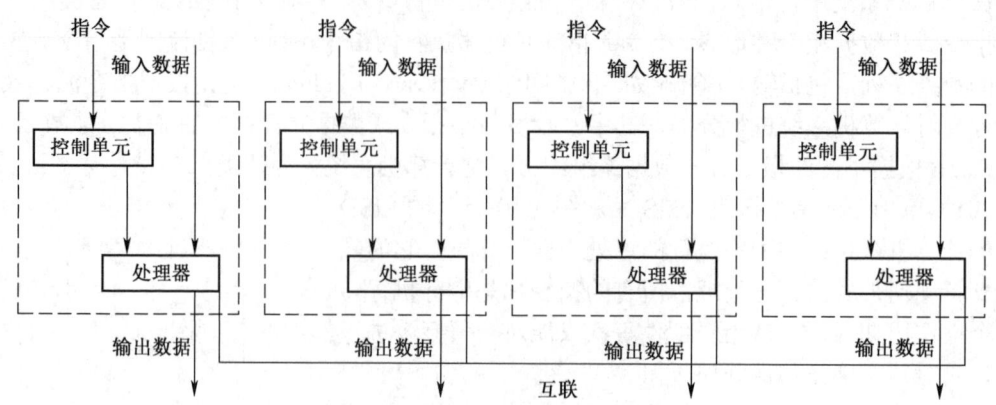

图 1.12　MIMD 结构的计算机

通常,根据 MIMD 多机系统中对内存的使用方式对其划分类型,分为共享内存及消息驱动两种。共享内存指的是多处理机共享一片内存空间,通过共享进行通信,如对称多处理机(SMP),非一致内存访问(NUMA)等;消息驱动方式则是一种不共享内存的多机系统,每个处理机都访问自己独立的内存,它们之间通过消息传递完成通信,如大规模并行处理系统(MPP)等。

按照 Flynn 分类法,计算机体系结构可用图 1.13 表示。

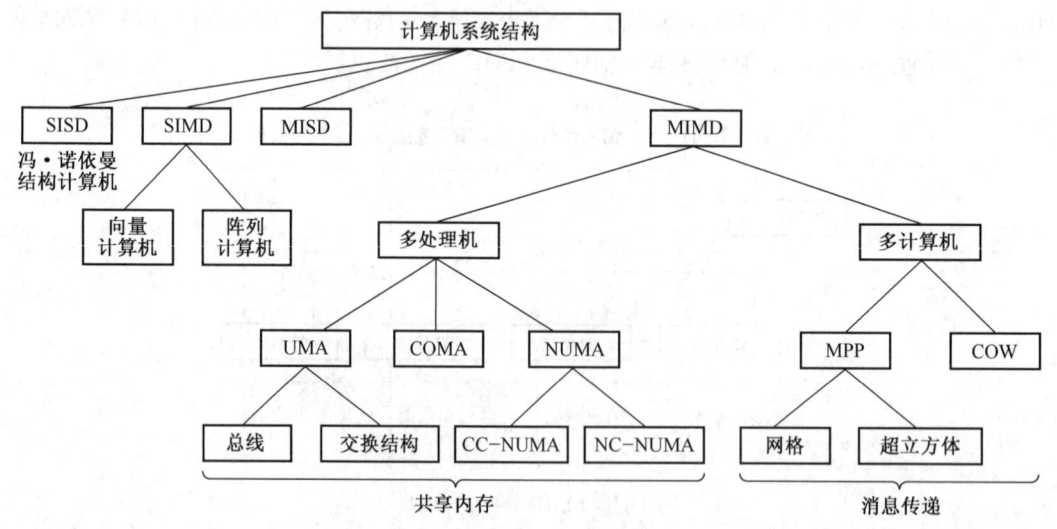

图 1.13　Flynn 分类法的计算机体系结构

Flynn 分类法设定的标准仍然不够精确,对流水线处理机的划分不清晰;此外,它所规定的分类对象是控制驱动方式下的串行处理和并行处理计算机,对于非控制驱动方式的计算机,就不适用于 Flynn 分类标准。

2. 冯式分类法

1972 年华裔科学家冯泽云提出用最大并行度来对计算机体系结构进行分类,最大并行度 Pm 是指计算机系统在单位时间内能够处理的最大二进制位数。设单位时间可划分成 T 个时钟周期,每个时钟周期 t_i 内能处理的二进制位数为 Pi,则单位时间内平均并行度为

$$Pa = (\sum Pi)/T \quad (i=1,2,\cdots,T)$$

Pa 与时钟周期 t_i 长短及单周期处理能力 Pi 有关,周期越短,单位时间内拥有的周期数就越多。机器在处理信息时,"字"和"位"都可以采用串行或并行的方式进行处理,最大并行度 $Pm=N\times M$,N 为每次处理二进制位的长度,M 为可并行处理的字长度。

根据并行度理论,对应四种不同的计算机结构:

(1) 字串位串型 (Word Serial Bit Serial,WSBS):$N=1$,$M=1$。
(2) 字并位串型 (Word Parallel Bit Serial,WPBS):$N=1$,$M>1$。
(3) 字串位并型 (Word Serial Bit Parallel,WSBP):$N>1$,$M=1$。
(4) 字并位并型 (Word Parallel Bit Parallel,WPBP):$N>1$,$M>1$。

图灵机模型和冯·诺依曼体系结构是一维串行的,而多核处理器则属于分布式离散的并行结构,串行程序很难在物理上实现多个处理器的性能加速。在多线程并行处理方面,未来多处理器的发展应从以下两方面着手:一是引入更有效的编程模型,支持程序的并行性,提升机器性能;二是提供更好的硬件支持以减少并行编程的复杂性,并行程序往往需要利用"加锁"机制实现对临界公共资源的同步、互斥操作,编程者必须慎重处理好此类操作,在降低编程复杂度的同时,兼顾并行程序执行的性能。

依照性能对计算机系统进行分类,随着技术的发展会有较大的变化。Flynn 从指令流—数据流的角度,将计算机分成 SISD、SIMD、MISD 和 MIMD,较好地囊括了从单机系统到多机并行系统等体系结构发展进程中出现的各种类型计算机,是目前业界较为认可的一种分类标准。

1.2 计算机系统组成

1.2.1 硬件构成

自 ENIAC 诞生 70 余年以来,计算机已发展为一个庞大的家族,尽管各种类型的计算机在性能、结构、应用等方面存在着差别,但是它们的基本组成结构却基本相同,都是沿用冯·诺依曼体系结构,硬件系统仍由运算器、控制器、内存储器、输入设备、输出设备构成,如图 1.14 所示。

1. 运算器

运算器是计算机内部的主要执行部件,其任务是要完成各类数据的加工处理。

数据的属性包括数值数据(有符号数、无符号数)、字符数、逻辑数。数值数据适用于加、减、乘、除等算术运算;字符数主要用于计算机中的存储和输入/输出,不能直接进行运算,数字字符在形式上与数值一致,但机器内部需要进行字符型到数值类型的转换,才能参与运算;

逻辑数对应与、或、非、异或、同或等逻辑运算。

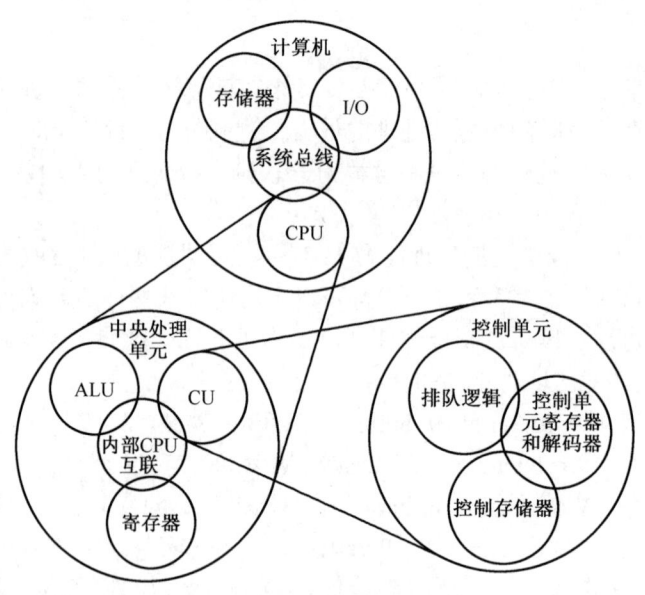

图 1.14 计算机硬件系统框架

数据表示形式：定点数和浮点数。在相同表示长度的前提下，浮点数的表示范围和表示精度都要远高于定点数，但它的运算步骤相对复杂，耗费的系统时间也相对较多。

数据编码方式：数据在计算机中以二进制数形式存储和运算，这是因为二进制数的运算规律较为简单。二进制数就是以 2 为基数来计数，只有 0 和 1 两个独立的数符，而这恰好能够与电子器件中电压的高低、脉冲的有无对应起来，在电路中容易实现。编码种类有原码、反码、补码及移码四种。由于原码和反码对数据"0"的表示不唯一，因此在加、减运算时，都是采用补码的形式进行，由于补码对数据的呈现与我们日常的习惯并不一致，于是对补码的符号位进行求反，即得到移码，这部分内容将在运算系统章节中进行详细讲解。

运算器由算术逻辑单元（ALU）和寄存器两部分组成。

ALU 是运算器的核心器件，可以进行加法、移位、逻辑等运算，ALU 中的加法器可以完成算术运算。根据实现的方式不同，加法器可分为串行加法器和并行加法器。串行加法器采用逐位相加的方式，虽然速度较慢，但电路简单，成本偏低；并行加法器则支持多位同时相加，电路设计相对复杂，但速度很快。设计运算器时，一般将定点数运算放在 ALU 中进行，而浮点数运算则由协处理器（FPU）完成。

寄存器部件按功能分为两类，一类叫作通用寄存器，主要用来暂存参与运算的操作数、过程数据及运算结果，另一类称为特殊寄存器，包括控制寄存器、状态寄存器等，存放系统运行所需的或产生的控制/状态信息，用户程序一般不能直接修改此类信息。

图 1.15 为运算器结构，其中缓冲寄存器（选择门）A 和 B 暂存通过总线获取的操作数，ALU 对寄存器中的数据进行算术或逻辑运算，并将运算结果送到通用寄存器保存。

2. 控制器

控制器是机器的"大脑"，作为中内处理器（CPU）的核心部件主要用来协调计算机的工作，根据程序或指令的操作意图，完成信息的处理和数据的输入/输出。

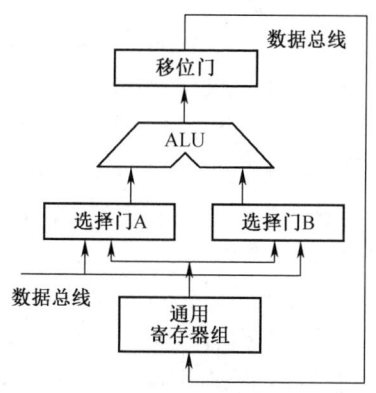

图 1.15　运算器结构

指令是计算机中控制的基本单位。图 1.16 为控制器结构，其运行步骤为：首先对存放在指令寄存器 IR 中的指令操作码部分进行译码，然后将结果对应某种操作，并送往控制器（CU），CU 会用一组固化的微指令序列来解释完成指令的操作意图，这一系列微指令会在节拍的触发下依次完成对硬件的具体操作，微指令的执行是有时序的，不能随意改动。

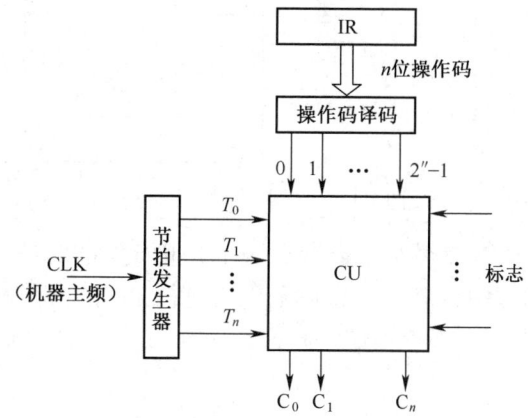

图 1.16　控制器结构

控制器的实现方法有两种，即组合逻辑方法和微程序控制方法。组合逻辑方法用集成电路产生微操作信号来实现指令设定的功能，具有程序执行的速度快、封装体积小等特点，近年来随着集成电路技术的迅速发展，组合逻辑方法得到了广泛的应用。

微程序控制相对于组合逻辑方式来说设计过程相对复杂，但有一定规律可循，修改起来也方便，尤其是可编程只读存储器的应用，为微程序控制器的设计提供了较大的灵活性和适用性，进而使微程序设计技术的应用越来越广泛，目前已在中、小型和微型计算机中得到广泛的应用。

3. 内存储器

内存储器是计算机中程序与数据的存放地点，是能被 CPU 直接访问的信息载体。作为衡量计算机系统性能的主要指标之一，内存越大，运行过程中从辅存中调取数据的次数就越少，机器的执行速度就越快,但鉴于功耗、封装体积、成本等方面的考虑,内存容量不可能无限制扩张,而是要综合考虑相关因素合理设置。

内存储器主要由存储体(存储矩阵)、读写电路、译码线路、控制电路及相关功能寄存器构成。广义上的内存包括只读存储器(ROM)和随机存储器(RAM),ROM 主要存放机器运行所需的固化信息,如引导程序、中断向量等,在不给机器供电的情况下,这类信息也能保存下来,常规工作状态下 ROM 不能被写入。RAM 则是我们通常意义上所说的用户内存,可读可写,由于采用电容存储电荷,会出现器件漏电耗损的情况,为避免因这一特性造成的损失,须定时对存储矩阵的各行进行刷新。

为了方便存储器读写操作,每个存储单元都有物理上唯一的编号用于寻址,称为存储单元地址,存储器中的字节、字等都对应相应的地址,一个字如由若干字节构成,可用低字节或高字节地址表示该字的地址,存储器结构示意图如图 1.17 所示。机器物理地址对高级语言程序员是透明的,因为他们编程时采用的是逻辑地址,程序装载进入内存后,再由地址转换机构完成从逻辑地址到物理地址的变换,这一过程称为地址映射。

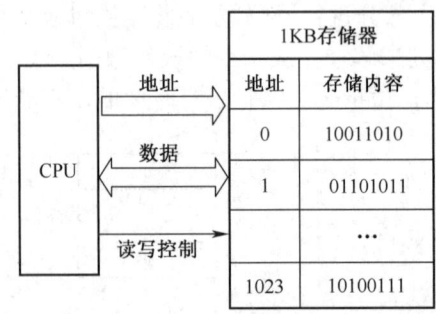

图 1.17 存储器结构示意图

计算机中除了内存外,高速缓冲存储器(Cache)也能被 CPU 直接访问,虽然它的容量远小于内存,但速度却是内存的数倍、甚至十数倍。设置 CPU 的访存顺序为先 Cache、再内存,并通过有效算法调度将内存中部分存储块映射到 Cache 的方式,实现大多数访存操作都在 Cache 中完成的目标。

4. 输入/输出设备

输入/输出(I/O)设备是机器与外部进行交互的重要渠道,计算机内部只能处理并行数字信号,而原始数据及结果输出却是以图形、图像、动画、语音、视频等多种形式呈现,这就需要 I/O 设备及接口来完成数据的采集与转换。

用户的原始信息通过输入设备进入计算机,并表示为计算机能识别与处理的二进制信息形式,键盘、鼠标、扫描仪等都是常用的输入设备。输出设备则是将计算机的处理结果按要求的形式输出,常用的输出设备有打印机、显示器、绘图仪等。一般情况下,由于 I/O 设备种类繁多而且速度各异,因此它们不是直接同高速工作的主机相连,而是通过适配器部件与主机联系,适配器即通常所说的接口。

接口的作用主要是充当主机和外设联系的桥梁,如端口寻址、数据的缓冲与锁存、电平标准转换、串并行转换、数模转换等。若没有接口的存在,主机与外设的交互会更加不顺畅,甚至某些操作无法完成。

1.2.2 计算机性能指标

计算机性能的评测指标主要有以下几个方面。

1. 字长

字长描述了计算机的处理能力，指的是机器能够并行处理的二进制位数，常被提到的概念有机器字长、存储字长、指令字长等。CPU 一次能够处理的数据宽度称为机器字长，通常与 CPU 内部寄存器位数相等，例如，16 位机 8086 内部的通用寄存器（如 AX、BX、CX、DX）都是 16 位（bit），它的运算、传输等操作也都是按 16 位进行，而到了 80486 中，数据处理又都是依照 32 位开展，机器字长增加了一倍，相应的数据处理能力也就翻倍。存储字长，是指每次存储器操作能存取多少位数据，一般情形下它与机器字长相等，但也允许不相同，假设机器字长 32bit，存储字长 16bit，那么无论是取操作数还是存放结果，都需要两次访存。指令字的长度由操作码位数、地址码位数共同决定，指令字长位数越多，意味着可以编码更多的操作，携带更多的地址码。

2. 执行速度

不同指令的执行周期各不相同，计算机运算速度通常用平均运算速度来描述，MIPS（Million Instruction Per Second）是指每秒钟所能执行的指令条数，如 Intel 80386 可以每秒处理 3 百万到 5 百万机器指令，就是说 80386 的平均执行速度是 3MIPS 到 5MIPS。此外，还有单条指令执行所需时钟周期数（Clock cycle Per Instruction，CPI），每秒钟能执行的浮点操作（Mega Floating-point Operation Per Second，MFLOPS）等，都可用于描述机器速度。

影响执行速度的因素有两个：一是单位时间内的时钟周期数，它的数量越多，就会有更多条指令在单位时间内被执行，MIPS 的值就越高；再一个是 CPI 的值，设想如果大多数指令都只需要很少的时钟周期就能被执行完，同样 MIPS 也能获得较高的值。时钟周期数是 CPU 的工作频率的倒数，提升 CPU 主频是加快机器执行速度的最有效途径；通过改进指令执行方式，譬如采用流水线方式执行指令，并增加流水深度，可以压缩多条指令执行占用的周期数。

3. 存储容量

主存是 CPU 可以直接访问的存储器，执行需要的程序与数据都存放在主存中，内存储器容量的大小反映了计算机即时存储信息的能力。随着操作系统的升级，应用软件种类的丰富及其功能的不断扩展，人们对计算机内存容量的需求也逐步提高。

大内存可以同时容纳更多的程序和数据，避免了反复读写硬盘造成的延迟增加，但正如前面提到的，内存容量的扩张也会带来负载、功耗、制造成本等方面的增加，降低了系统的可用性，限制了商业推广。因此较为科学的做法是，以物理内存为基础，设置一定容量的"虚拟内存"，通过缺页中断机制，实现数据在内存与辅存间的置换，有效利用辅存的空间资源，虽然在存储系统访问速度上有所损失，但存储性价比却得到了大幅的提升。

4. I/O 速度

输入/输出也是计算机内执行频率非常高的一类操作，机器整体性能的增强不能仅仅依靠主机器件速度的提升，I/O 设备的速度必须同步提高，才能保持信息交互的流畅性，不至于形成很大的速度瓶颈。

由于外设的种类繁多，构造差异性较大，同一类产品的不同型号性能也可能会不尽相同，因此难以归纳出影响外设性能的因素，但总体上可认为有两类原因：一是外设内部的构造，工作机制；二是与外部连接的接口及数据通道的速度。以硬盘为例，它既是存储设备又是 I/O 设备，构造是影响其速度的最主要因素，使用快闪存储器（Flash Memory）构造的固态硬盘比采用磁表面的机械硬盘要快很多，而就机械硬盘而言，不同的主轴转速，磁头寻道时间等都会造成内部数据传输率的差异。硬盘与主机连接的接口类型也会影响到其 I/O 速度、集成开发环境（IDE）、小型计算机系统接口（SCSI）、光纤等接口标准支持的外部数据传输率各不相同，如果内部传输率高于外部传输率，那么就会出现磁盘工作中始终等待接口数据的情况，这时选择一个恰当的总线接口标准支持硬盘的数据传输就显得非常重要。

计算机性能的评价主要依据字长、执行速度、存储容量、I/O 速度等几个指标进行，核心思想还是围绕机器运行的速度展开。无论是增加字长（增强并行处理能力）、扩充存储容量，或是优化外设结构、改善工作方式等举措，都是为了计算机在运行过程中，主机内部件以及主机与外设间的数据传输率能更高，避免出现信息传递时的瓶颈。

1.2.3　计算机工作过程

如图 1.18 所示，计算机依照指令的意图进行工作，通常情况下，指令顺序存放在内存中，由取指部件取出后，在一个指令周期内执行完成。前面说到，不同指令的执行所需的时钟周期数不尽相同，但指令通常是由取指子周期、译码子周期和执行子周期组成，某些指令执行过程中需要访问存取操作数，则包含间址子周期，两条指令的执行间隙若有中断需要处理，则又包含中断子周期。

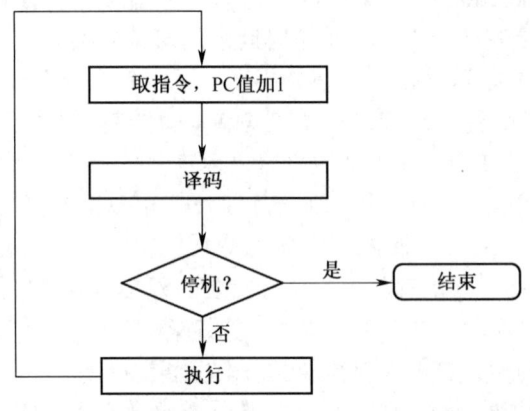

图 1.18　指令执行流程图

1. 取指令

程序计数器（PC）是 CPU 里的一个控制寄存器，其内容是指令在内存中存放的地址，根据 PC 寄存器的值就可以对指令进行寻址。控制器取 PC 寄存器的值送至内存地址寄存器（MAR），再根据 MAR 的内容访问对应的内存单元进行取指，指令取出后经由内存数据寄存器（MDR），最终送至指令寄存器（IR），完成取指过程。

2. 指令分析

指令分析是对指令的组成部分，操作码和地址码进行分析。

取指结束后，IR 中指令的操作码部分送到译码器进行译码，分析它的操作意图，这样才能控制计算机其他各部件协同完成指令表达的功能。译码是编码的逆过程，编码时，每一串二进制代码都被赋予了特定的含义，即表示了一个确定的信号或者对象，把代码状态的特定含义"翻译"出来的过程叫作译码，实现译码操作的电路称为译码器。

指令地址码标明了操作数所处的位置，对地址码部分的分析主要是它的寻址方式，操作数可能在寄存器、存储器、端口以及指令内部等位置，对应多种寻址方式。指令分析的另一项工作就是要确定操作数的位置及类型（数据或地址）。

3. 执行指令

指令译码后，对于每一种操作会由控制器（CU）产生一系列微操作控制硬件完成相应功能。在取指操作完成后，PC 寄存器的值自动加 1，且定位到下一条指令在内存中的地址，重复取指、分析、执行流程，直至遇到并执行完停机指令。

下面以计算 ax^2+bx+c 为例，分析计算机是如何通过指令完成这个任务的。首先弄清任务执行过程中所涉及的操作类型以及需要进行的步骤。

（1）所需的操作类型有：

1）从存储器取数到运算器中，记为 LOAD。

2）数据在运算器中做乘法运算，记为 MUL。

3）数据在运算器中做加法运算，记为 ADD。

4）运算结果保存到存储器中，记为 STORE。

（2）完成步骤可分解为：

1）从存储单元中取操作数 x 至运算器（ACC）。

2）取操作数 x，乘以 ACC 中的数值，并将结果 x^2 暂存运算器中。

3）取操作数 a，乘以 ACC 中的 x^2，并将结果 ax^2 暂存运算器内。

4）将 ax^2 送到存储单元中保存。

5）取操作数 b，放置到运算器中。

6）取 x 与之相乘，得到结果 bx，存放在运算器内。

7）从存储器中取 ax^2，与 bx 相加，得到结果 ax^2+bx，存放在运算器中。

8）取操作数 c，与运算器中的 ax^2+bx 相加，得到最终结果 ax^2+bx+c。

9）停机指令。

如果对每种指令的操作码部分进行编码，设指令字长为 16bit，操作码部分字长为 6bit，地址码部分字长为 10bit，则指令助记符及对应含义见表 1.1。

表 1.1 指令助记符及对应含义

操作码助记符	对应编码	含义
LOAD	000001	[M]→ACC，将由地址码标注的存储单元中的数据取出送至运算器中
STORE	000010	ACC→[M]，将运算器中的数值存放到由地址码指定的存储单元中
ADD	000011	ACC+[M]→ACC，将 ACC 中的数值与由地址码指定的存储单元数进行相加，结果存放于 ACC 中
MUL	000100	ACC*[M]→ACC，将 ACC 中数值与由地址码指定的存储单元数进行相乘，结果存放于 ACC 中
HIT	000101	停机指令

（3）指令执行的步骤数与算法有很大的关系，如果将 ax^2+bx+c 表达式改写成$(ax+b)x+c$，其执行步骤则改为：

1）从存储单元中取操作数 x 至运算器（ACC）。

2）乘以操作数 a，结果 ax 暂存运算器内。

3）取出操作数 b，与 ACC 中的 ax 相加，得到中间结果 $ax+b$，存放在运算器内。

4）再将 x 与 $ax+b$ 做乘法运算，得到中间结果$(ax+b)x$。

5）取出操作数 c，与运算器内暂存的中间结果$(ax+b)x$ 相加，最终得到$(ax+b)x+c$。

6）停机指令。

可以看出，按照 ax^2+bx+c 表达式从左向右依次运算，需要 8 条指令方可完成，而略微改进表达式的写法，变成$(ax+b)x+c$，指令条数就变成 5 条，执行速度也会相应加快。

流水线是多条指令重叠操作的并行处理技术，指令周期涉及的各个子过程分别由独立的并行部件进行处理，每个子过程对应一个工位，称之为流水级或流水节拍。流水线没有减少运行指令所花费的时间，但增加了在一段时间内被处理的指令数量，减少了完成指令之间的延迟，随着流水线层级的增加，能在同一时间被处理的指令数量也相应增加。

以典型的五级流水为例，将指令的执行过程分成取指（IF）、译码（ID）、执行（EX）、存储器访问（MEM）、写结果（WB）等五个步骤，表 1.2 列出了三类指令对应的流水段操作。假设每个流程占用的处理时间都相等，从图 1.19 中可以看出，从 Cycle1 到 Cycle4 属于流水线建立阶段，并行工作部件的数量逐渐增加，而从 Cycle5 开始，五个并行部件满负荷工作。

表 1.2 三类指令对应的流水段操作

流水功能段	运算类指令	访存类指令	转移类指令
IF	取指	取指	取指
ID	译码，读寄存器堆	译码，读寄存器堆	译码，读寄存器堆
EX	执行	计算访存有效地址	计算转移目标地址
MEM	—	访存	转移目标送 PC 寄存器
WB	结果回写寄存器堆	结果回写寄存器堆	

	Cycle1	Cycle2	Cycle3	Cycle4	Cycle5	Cycle6	Cycle7	Cycle8	Cycle9
指令 1	IF	ID	EX	MEM	WB				
指令 2		IF	ID	EX	MEM	WB			
指令 3			IF	ID	EX	MEM	WB		
指令 4				IF	ID	EX	MEM	WB	
指令 5					IF	ID	EX	MEM	WB
指令 6						IF	ID	EX	MEM
指令 7							IF	ID	EX
指令 8								IF	ID

图 1.19 指令流水线执行方式

流水线方式可以有效提高指令执行的效率，但过程控制也比顺序执行要复杂一些，如硬件结构相关冲突、数据相关冲突、转移相关冲突等问题都需要进行合理解决，这部分内容在控制器部分将详细讲解。

程序员通常是使用与自然语言表达更为贴近的高级语言进行编程控制，但最终还是要转换成指令序列来完成。指令的执行周期与多个因素有关：指令的类型、操作数的数量及所处的位置、指令的执行方式等。流水线是目前计算机中广泛使用的指令执行方式，其将指令的处理步骤尽可能地精细化，并由独立的部件执行，以增加流水深度，虽然它不能改变单个指令的执行周期，但可以缩短多条指令执行时的延迟等待时间，增强系统的性能。

1.3 计算机软件系统

软件是对具有特定功能和用途的程序及其说明文档的统称，软件是一个发展中的概念，它以程序为基础，但其涵盖的范畴却远不止程序。随着软件开发中各种方法和技术的出现，程序编写的工作量正在逐步降低。

1.3.1 软件发展历程

1. 程序设计时期

20 世纪四五十年代时，计算机的主要功能是科学计算和数值处理，程序编写主要围绕这一应用展开，关注的重点在于机器硬件性能的提高，这个时期的人们投入更多时间与精力去发展和改善硬件。由于当时计算机处理能力较弱，内存容量小，外围设备种类少，系统运行稳定性不高，因此，程序员编程的针对性强，注重编程技巧，以节约存储空间，降低运行过程中发生故障的可能性，没有相应的文档资料配套，程序的可读性、可移植性等都比较差。

在编程语言运用方面，汇编语言的出现，让编程者可以相对方便地操控硬件，但仍然需要非常了解机器的硬件构成和工作机制。

2. 行业化发展时期

到了 20 世纪六七十年代，随着集成电路技术的飞速发展，硬件制造能力和性能都极大增强，封装大幅缩小，处理器运算速度、内存容量、外设多样性等指标也都出现跨越式提升。更为关键的是，以 C 语言为代表的一系列高级语言的出现，及自动机、编译技术的发展，使得众多非计算机专业的人员也能够从事程序设计，他们甚至不需要很清楚机器的内部构造和工作原理，就能通过编程控制机器工作。在此情形下，人们在生产、生活等多个领域也都引入计算机技术进行辅助，造成对软件需求的爆发式增长，软件生产进入行业化发展时期，出现了很多类似于"软件作坊"的组织。

在这个时期出现了所谓的"软件危机"，即软件需求和开发能力之间的矛盾凸显。由于计算机的应用领域不断扩张，对软件种类与数量、可使用性、方便性、稳定性的要求越来越高，另一方面，程序规模迅速增大，结构逐渐复杂，但程序框架、编程技术等并没有明显改进，且缺乏统一的制作标准，导致设计与制作中出现的问题也越来越多。

3. 工程化发展时期

从 1970 年到现在，软件制作逐步进入工程化时代，一些工程化概念、思想、方法不断出现，并被运用到软件生产过程中，如模块化程序结构、自顶而下逐步求精的设计方法等，都被有效应用到软件制作中。软件生存周期模型的提出，为软件的规模化生产提供了通用的参考框架，如最常用的瀑布模型，将软件的制作步骤分成可行性分析、需求分析、概要设计、详细设计、编码、测试及运行维护等几个阶段,在上一阶段没有完成的情形下,下一阶段不能提前开始,否则会带来更多的问题。

20 世纪 80 年代后,分布式处理、数据库、网络与通信技术的迅猛发展,对软件的功能需求越来越高,研究人员对软件开发工具进行了优化整合,形成了框架开发结构,更有效地支持了软件工程化开发进程,并使得软件产品的稳定性和可用性都得到了大幅提升。

1.3.2 软件分类

如前文所述,软件是针对某种功能开发的程序,根据在计算机系统中发挥的作用,其可分成两大类:系统软件和应用软件。根据使用模式不同,软件又可分为共享软件和自由软件两类。

1. 系统软件

系统软件是将不同层次、功能的软件集合在一起,监控和反应计算机系统的状态,管理和协调系统中各种硬件工作的软件,系统软件让系统的底层运作对普通用户和程序设计者透明。系统软件的特征是:与硬件的交互性较强,它是计算机系统中必不可少的一些软件,在缺失它们的情况下,机器将无法正常工作。常用的系统软件有操作系统软件,各种语言的编译程序(编译系统),各类服务型程序以及数据库管理系统等。

操作系统是最基础的系统软件,是覆盖在硬件系统上的第一层软件,是计算机软硬件管理、任务调度、用户接口程序的集合。操作系统的作用体现在三个方面:一是对机器内硬件、文件、进程等资源进行集中管理;二是为应用程序运行提供基本的功能函数,如应用程序中的文件打开、保存、打印等很多硬件操作功能都是调用操作系统函数完成的;三是为用户使用计算机提供接口形式,如 UNIX 的命令接口、Windows 的图形接口等。

语言处理系统也是一类必不可少的系统软件,它可以完成从抽象的高级语言到直接操纵硬件的机器语言间的转换。计算机语言经过了机器语言、汇编语言和高级语言三个阶段的发展,已逐步让程序员编程脱离了对硬件的依赖,而想要在计算机上运行高级语言程序就必须配备语言编译程序。编译程序本身也是一组程序,它要对高级语言程序的词法、语法等进行判断,看是否符合相关约定,在编译无差错时将其转换成目标代码,不同的高级语言都有自己的编译程序,也就是我们常说的编译器。

服务程序能够提供一些常用的服务性功能,它们为用户开发程序和使用计算机提供了方便,如经常使用的诊断程序、调试程序、编辑程序均属此类。

数据库是相互间存在某种联系的数据集合,可为多种应用共享。数据库管理系统(DBMS)是能够对数据库进行加工、管理的系统软件,其主要功能是对数据库进行增、删、改、查以及维护等操作。数据库系统主要由数据库、数据库管理系统及相应的应用程序组成。数据库管理系统不但能够存放大量的数据,更重要的是能迅速、自动地对数据进行检索、修改、统计、排序、合并等操作。数据库技术是计算机技术中发展最快、应用最广的一个分支,在计算机应用开发中大都离不开数据库,因此,了解数据库技术对计算机从业人员是非常必要的。

2. 应用软件

应用软件涵盖的范围比较广,它涉及各个领域具体的应用,应用软件中又有通用型和定制型两种。

通用应用软件不针对某个具体行业或领域的应用,应用的范围较为广泛,如日常工作、生活中经常使用的办公自动化软件、媒体播放软件、实时通信软件、信息检索软件、游戏软件等。这类软件操作较为简单，具有一定的规律性，多数用户稍加熟练后就能使用，它们为计算机应用的推广发挥了积极的作用。

定制应用软件面对的使用人群要小很多，它是为满足特定的需求而专门设计的，如工业集成制造软件、酒店客房管理软件、学校教务管理软件、医院就诊计费软件等。这类软件是针对特定的需求而设计的，开发及维护成本都相对较高。

3. 各种使用模式软件

软件在设计、制作过程中要花费人力、时间、金钱等成本，作者拥有对软件商品的版权，版权受到法律的保护，在未经授权的情况下使用相关软件是一种违法行为，因此在使用某些软件时，需要支付一定的费用来购买版权许可。

共享软件是当前很常见的一种软件类型，它采用"先试用再购买"的形式，减少营销成本，进行软件使用推广。用户通过网络下载软件，试用一段时间后，如果需要继续使用则需要支付一定的费用进行注册，在试用期内，用户可以将软件复制到多台机器上，在不同的场合进行使用。

自由软件是一种促进软件发展与技术革新的模式，其创始人理查德·斯塔尔曼在20世纪80年代创建了自由软件基金会（FSF），通过制定通用公共许可证的方式，推广非版权原则，允许软件自由复制、自由传播、修改源代码，如 Linux 操作系统、TCP/IP 协议等就是自由软件成功的典范，开放式的运作模式融汇了更多的编程智慧，让软件不断成熟。

1.3.3 软件产业发展趋势

随着技术、网络等条件不断完善，金融、电信、电力、石油、政府等软件行业的重要客户，对软件的需求也在不断加大，从而带来了大量的机遇，图 1.20 所示为近年来软件行业务发展趋势。但小型软件企业仍难以介入，不仅是技术力量不足，更多的是规模、资金、人员、资质和信息等自身条件限制。

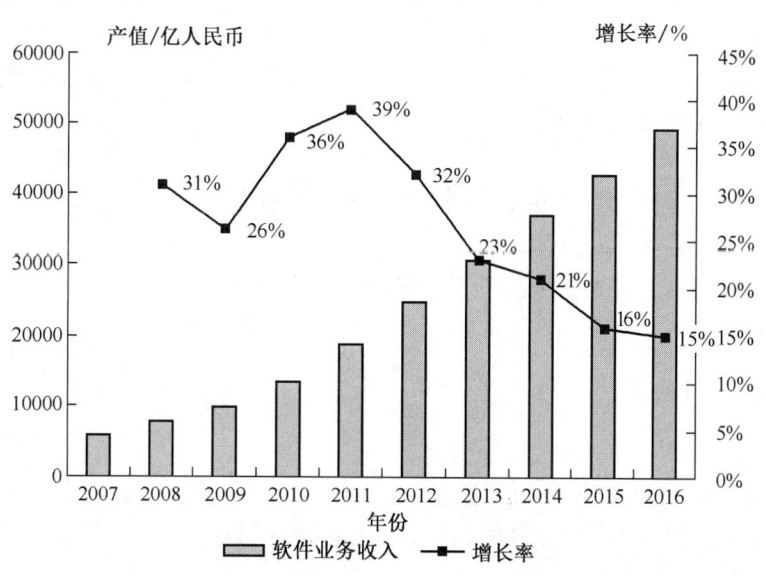

图 1.20　近年来软件行业业务发展趋势

1. 软件行业国际化趋势

随着经济全球化步伐的推进，软件业面临更广阔的国际市场，近年来，国内的一些软件企业积极地融入国际市场，参与国际竞争，尤其是在软件外包方面取得了一定效果。企业要想进入国际市场，必须首先完善自我，增强企业的全球意识，强化国际化的商品观念、市场观念、竞争观念、风险观念、信誉观念、法制观念等，这无疑对企业本身是有好处的，相反，如果采取"闭门造车"的策略，即使在技术竞争中取得优势，也很难成为被国际社会广泛接受的主流技术，因此软件企业要想做大做强，必须利用市场优势，广泛开展国际合作。

2. 软硬件结合更加紧密

在嵌入式系统、无线通信等领域内，软硬件的结合将更加紧密，例如，未来家用电器越来越自动化，控制越来越方便，可以在任何时间、任何地方获取这些电器的状态以及操作它们，这些都是软硬件紧密结合的结果。

硬件依靠软件，使得硬件的作用充分发挥并且更容易使用和控制；软件依靠硬件，才有了发挥作用的空间和载体，才能体现软件自身的价值。

3. 专业人才需求量增大

随着操作系统及各种开发工具不断升级与完善，软件使用变得越发简单，底层服务被封装起来，不但提高了工作效率，而且一个复杂的功能只需要几行简单的代码就能实现；人们对软件工具的依赖性逐渐增强，开发人员慢慢成为蓝领阶层。软件企业越来越需要的不是高水平的技术人员，而是精通业务、熟悉某个行业或者领域的专家，如企业资源计划人员（ERP）、财务等。

4. 移动技术与软件行业深度融合

通用分组无线服务（GPRS）、码分多址（CDMA）、行动热点（Wi-Fi）、蓝牙等无线技术已经走入人们的工作和生活，移动办公和娱乐成为时尚，人们身边正出现越来越多的移动设备，许多软件对移动的支持也越来越丰富。随着移动通信技术的不断发展，第三代移动通信技术（3G）、第四代移动通信技术（4G）已成熟商用，提供高速稳定的数据业务，使移动开发进入蓬勃发展时期，颠覆了传统的信息设备就是桌面电脑的概念，人们使用更多的是手机或其他信息系统，针对这些信息设备的软件开发呈现出爆炸性的增长，移动应用软件开发成为热门。随着5G网络时代的到来，其超高带宽、低延时的特点将带来实时控制、虚拟现实等诸多领域应用的急剧扩张，带动软件行业新一轮发展高潮。

1.4 计算机应用领域

计算机的应用领域已渗透到社会的各行各业，正在改变着传统的工作、学习和生活方式，推动着社会的发展。

1.4.1 传统应用领域

1. 科学计算

科学计算是计算机最传统的应用领域，利用计算机来解决科学研究和工程技术中提出的数学问题已很常见。在很多科学工作领域中，很多问题计算量巨大且求解过程复杂，人工计算根本无法完成，而利用计算机的高速计算、自动运行能力，可以实现各种科学问题的计算。例如，航天工程中飞行器运行轨迹的计算，针对海量的实时数据，要在非常短的时间内给出精确的结果，这项任务就需要借助超级计算机的运算能力来完成。此外，在数学、力学、晶体结构分析、石油勘探、桥梁设计、土木工程设计中，都需要用到计算机强大的运算能力。

2. 数据处理

数据处理是对各种数据进行收集、存储、分类、统计、加工、传播等众多操作的统称。从日常办公中最常用到的表格处理工具，到企事业单位的人事管理系统、财务管理系统，再到大型的信息检索系统，数据处理已经是计算机应用领域最主要的方向。数据处理从简到繁经历了三个发展阶段：

（1）电子数据处理（EDP），指的是以计算机替代人工处理例行性的数据，并产生报表支持相关活动，如在会计行业，用计算机替代人工账本进行财务管理。

（2）管理信息系统（MIS），以数据库技术为支撑，对某个部分的业务实施信息化管理，从而提高工作效率。这种应用非常多，如企业的进销存管理系统，可以对企业运行过程中的进货、销售、库存等一系列流程进行电子化管理。

（3）决策支持系统（DSS），以数据库、模型库和方法库为基础，帮助管理决策者提高决策水平，改善运营策略的正确性与有效性。

3. 过程控制

过程控制是计算机又一传统应用领域，被广泛运用到包括工农业生产、现代化军事管理等诸多领域，在机械、冶金、化工、纺织、电力等行业，及国防军事打击、防御系统、航空航天工程中都取得了很好的应用效果。

工业控制将信息采集、行为分析、过程控制等环节融合到一起，通过传感技术、网络技术、多媒体技术等逐步实现无人化操作。管理员只需要在监控室就可以获取生产一线的各环节参数信息，通过流程智能化分析系统就能得知生产环境是否符合要求，是否有故障发生，故障的种类及解决的方案，最后由计算机自动控制系统来完成生产环节的协调和整改。计算机自动控制，对于一些危化品生产、电力、冶金等不适宜人工直接参与工作的企业有非常重要的意义。

在军事控制上，导弹发射后，会根据实时情况由超级计算机绘制其运动轨迹，并通过指令修正导弹的飞行，以达到准确打击移动目标的目的。在卫星以及载人航天工程中，都大量使用到计算机控制技术。

1.4.2 延伸应用领域

1. 计算机辅助应用

从 20 世纪 70 年代中后期开始，人们将计算机逐步应用到日常的生产与生活中，出现了计算机辅助设计（CAD）、计算机辅助制造（CAM）、计算机辅助工艺过程设计（CAPP）、计算机辅助工程（CAE）、计算机辅助测试（CAT）、计算机辅助教学（CAI）等众多的应用。

CAD 指运用计算机软件制作并模拟实物设计，展现新开发商品的外形、结构、色彩等特色。这项技术最早在汽车制造、航空航天以及电子工业等行业中被使用，如今随着技术的不断发展，CAD 还被广泛运用于机械设计、电气设计、平面印刷出版等诸多领域，CAD 技术一直在朝着便捷化、智能化的方向发展，在刚运用这项技术时，它被简单的理解成用计算机绘图及显示。目前，CAD 的功能已远远超过单纯制图的范畴，它能为使用者提供更多的智能服务，如能自动发现设计过程中出现的客观错误，以及根据经验信息对使用者的设计工作进行建议等。

计算机辅助制造（CAM），是指包含数控、物流控制存储及机器人等在内的计算机生产控制技术，尤其在机械工程、电子设计自动化等领域应用广泛。例如，生活中最常见的以数控系统为核心，控制各种工具、模具按时间和流程自动切换，进行机械零件的加工，就是典型的计算机辅助制造。

当前，运用计算机技术替代人脑的部分功能，进行生产的操作已经司空见惯，如计算机辅助工艺设计（CAPP）、计算机辅助工程（CAE）等，并且其应用覆盖范围还在不断扩张，深入到人们日常的工作、生活中，如计算机辅助教学（CAI）、计算机辅助测试（CAT）等。

2. 网络相关应用

目前，计算机作为个体进行使用的情况已经越来越少了，从 20 世纪 60 年代开始，人们开始尝试将计算机技术和通信技术结合起来形成网络技术，实现跨区域的通信和资源共享，如今网络已经渗透到生产、生活的方方面面，不仅仅是计算机，各种各样的实物都可以通过承载网络模块的形式加入网络，从而实现对它的监控和管理，即物联网。离开了网络，计算机的作用将受到很大限制。

计算机应用和网络应用的差别，在有些领域并不是很清晰，由于与网络相关的应用设计的方面非常多，下面仅举出几个有代表性的例子。

（1）电子商务。说到电子商务，首先会想到的是以阿里巴巴、京东为代表的电商购物平台，用户在任何地方只要通过联网的计算机或移动网络设备，就可以在海量的商家和商品中进行选择，订购心仪的物品，货款暂存购物平台，方便退换货。确实，网络购物平台是电子商务重要的组成部分，但并不是全部，电子商务可以提供从产商到各级代理商，到经销商，再到客户的整个流程的服务。产商在电子商务平台上发布产品信息，各级代理商进行订货，再调配到各卖场、超市、便利店之类的经销商，最终销售给客户，如此种种的流程都可以在平台上完成，方便管理，提高效率。

（2）网络教学。近年来，随着网络教学的迅速发展，以及慕课（MOOC）课程的发展，这种应用已经深入到各级各类学校、职业培训、技能培训、资格培训等各种场合。名校、名师的精品课程都可以放置在网络教学平台上，学习者足不出户，只要打开电脑，就可以进入虚拟课堂，聆听名师讲授的课程。位于美国加州的教育公司 Coursera，目前其免费在线课程注册学生已经达到 500 万人，在超过 40 个国家运营。2013 年 10 月，Coursera 正式和美国政府合作创建全球"学习中心"，让全世界有网络的学生不仅可以在线听课，每周还有一次与当地授课老师面对面交流讨论的机会，《纽约时报》称，这意味着 MOOC 已进入革命性的崭新阶段。除了这些大型教育机构提供的大规模在线课程外，美国的各个高校也分别提供不同种类和组合的网上课程满足不同需求。例如，哈佛大学提供超过 200 种远程教育课程，有在线视频、实时网络课堂和混合课程 3 种形式。在美国著名网络开放课程的注册学生中，印度学生占了相当大的比例，其中 Coursera 中印度学生所占的比例为 10%，仅次于美国学生比例，在 2013 年上半年，注册的印度学生人数增幅达到了 139%，另一著名网络课程 edX 中，印度学生所占比例为 13%。

2000 年我国的教育部高等教育司启动面向高校的"新世纪网络课程建设工程"，2012 年 MOOC 风暴掀起之后，国内诸多高校纷纷跟进，清华大学、北京大学、复旦大学、上海交通大学等大学分别加入 Courser 和 edX 等 MOOC 平台。2013 年，清华基于 open-edX 开放的源代码，构建了自主的 MOOC 平台"学堂在线"，2014 年上海交通大学自主研发的"好大学在线"也正式对外发布。根据前瞻产业研究院发布的《网络教育市场前瞻与投资分析报告》数据显示，2016年网络教育用户规模已经突破1亿人，达到1.03亿人，同比增长16.7%，2017年达到1.2亿人。在互联网普及、用户使用习惯形成、企业的市场推广等因素的影响下，未来几年，在线教育用户规模将保持15%以上的速度持续增长。

3. 虚拟现实

虚拟现实技术（VR）是将仿真技术、计算机图形学技术、多媒体技术、网络技术等融合在一起，模拟宏观或微观现实环境，或构造虚拟场景，供人们体验，是一门富有挑战性的前沿技术研究学科。虚拟现实技术主要包括环境模拟、多维度感知等方面，环境模拟是由计算机生成实时动态的三维图像，虚拟某个场景，宏观的如景区景点、战争场景、室内装潢场景等，微观的如原子内部结构、化合物分子结构等。多维度感知是指VR应该具有人的某些感知，视觉、听觉是最直观的感知体验，此外还有触觉、嗅觉、味觉及运动等，这些构成多维度的体系。VR使用户感到自身作为主角存在于模拟环境中，对周边环境内物体如同在现实环境中一样可以使用，并且虚拟环境中的物体也在依据现实世界物理运动定律动态变化。

VR技术的出现不仅是一种体验、一种娱乐方式，同时也为人们的工作、学习带来了极大的便利。例如，在医学教学方面，用VR建立虚拟的人体模型，借助于跟踪球、感觉手套，学生可以很容易了解人体内部各器官结构，并能够进行解剖和各种手术练习，这比理论教学要有效，同时能解决实体操作时样本难以收集、数量不足等问题。再比如，计算机组成原理这门课程比较抽象，学生不能直观地看到计算机内部微观的工作过程，如果用VR模拟相关的场景，学生就能够像游客一样，去参观部件内部，去了解它们的工作过程。丰富的感觉、感受使得VR成为理想的视频游戏工具，由于在娱乐方面对VR的真实感要求不是太高，故近些年来这方面发展最为迅猛，如用VR模拟海底、火山、极地等场景，虽然在现实环境下人们很难碰到这些场景，但计算机虚拟现实技术可以做到。室内装潢设计也是VR技术的一项重要应用，一般室内装潢设计图纸只有懂行的人才能读懂，而虚拟现实可以把这种构思变成看得见的虚拟物体和环境，借助可视数字化技术让人们清楚按此方案进行设计装潢，最终可以达成令客户满意的效果，这将大幅提高设计和规划的质量与效率。

4. 人工智能

斯坦福大学人工智能研究专家尼尔森教授对人工智能的定义是：人工智能是关于知识的科学，是怎样表示知识，获取知识及使用知识的科学，即是研究如何使用计算机去做过去只有人才能完成的工作。

人工智能的研究与应用领域非常广泛，概括起来有以下方面。

（1）问题求解。将人们分析、解决问题的一般规律和步骤编制成人工智能程序，去解决一个未知答案的具体问题。

（2）自然语言处理（NLP）。这项应用是当前人工智能领域研究的热点，让机器在海量的样本中进行学习，掌握人类语言的词法、语法规则，从而能识别人类语言表达的意思，达到与人沟通的目的。例如，智能手机上使用的人机语言交互系统，大型商场、医院大厅等场合使用的机器人导购、导诊系统，高端餐厅使用的机器人点菜系统等都是自然语言处理的典型应用。在很多情形下，同一条语句用不同的语气表述出来，会表达不同的意思，机器能根据表达的语境、语气及语句上下文，判断人说话时的情感。

（3）模式识别（PR）。机器通过样本训练具备一定的判断能力，在大量的样本中选择高价值经验样本进行学习，并采用一定的策略进行降维，在不影响样本表达的基本意思的前提下，提高智能进化的速度。

（4）智能搜索。根据人提供的关键字，在信息库中搜寻满足条件的记录，并按匹配度的高低进行自动排序，如目前被广泛使用的智能搜索引擎。

（5）智能知识库。在计算机中存储由大量经验信息组成的数据库，这些信息是各类专家的知识或经验。当用户向系统提交咨询请求后，通过查询比对，给出科学合理的解答。这种智能专家系统已被广泛应用在包括医学、工程、法律等在内的诸多领域，而且借助网络的远距离传输能力，可以构建专家远程医疗，在线法律事务咨询等智能系统。

（6）机器人。机器人技术是人工智能领域的重要应用，也是未来的主要发展方向。一些高精度、重复性、危险有害工作环境下的很多工作，都可以让机器人去完成，如人们运用机器人进行模具加工、各种物品的分拣归类、海底探测等工作。

近年来，人工智能技术的发展十分迅猛，各大型企业纷纷成立人工智能研究院，积极参股、并购拥有先进技术的公司，布局人工智能产业。比如，Google 通过连续收购相关小型公司，期望在智能家居、物联网及机器人等领域占据主导地位；IBM 把深度学习技术整合利用，与科大讯飞在认知计算算法、云平台架构等层面开展合作，与希尔顿合作推出酒店业机器人礼宾员等应用；Facebook 收购语音识别及机器翻译公司 Mobile Technologies，将业务拓展到语音识别，收购语音指令公司 Wit.AI，创建语音输入模式；腾讯收购人工智能平台公司及智能穿戴公司。

5. 办公和娱乐

利用计算机进行办公已经实施很多年，有效提高了办公的质量和效率，并节约了大量的纸质资源。现代社会中，人们早已习惯用计算机起草文件，撰写文章，制作各类表格、演示文稿，制图，创建简单的专门数据库存储信息，方便归类、检索。随着网络技术的不断普及，办公自动化和网络通信技术的有效结合，使便捷性更为凸显，人们足不出户，就可以在家中或办公室里发送、接受来自各地的电子邮件，通过视频会议，可以向下级传达任务或接收上级布置的事务，通过文件传输协议（FTP）收发大容量或高保密级别的资料。

多媒体，按国际电话电报咨询委员会（CCITT）的定义，包括感觉媒体、表示媒体、显示媒体、存储媒体和传输媒体。多媒体技术的高速发展，使人们能利用计算机开展更为丰富的娱乐活动，通过将计算机技术、音视频处理技术、通信技术完美结合，使计算机能够综合处理多种媒体信息，如文字、表格、声音、图形图像、动画等，并支持用自然的方式实现人与机器的交互。从应用角度进行划分，多媒体系统可分为多媒体信息咨询系统、多媒体管理系统、多媒体通信系统、多媒体娱乐系统和电子出版系统。

经过几十年的发展，计算机的应用已从传统的数值计算、数据处理、过程控制，延伸到网络应用、辅助工程、人工智能、虚拟现实等诸多领域。及时了解和准确把握计算机应用的发展方向，将有助于技术的提升和行业的发展。

1.5　计算机技术发展展望

1.5.1　计算机发展趋势

计算机技术的迅猛发展，给人们的生活带来了巨大的便利，应用也从单一化领域逐步发展到多元化领域。但同时,各行各业对计算机技术的要求越来越高,要更好地适应社会需求,就必须深入研究计算机技术,包括研究计算机自身的发展和应用技术。计算机自身的发展表现出四种趋向:超级化、微型化、网络化和智能化。

1. 超级化

超级化是指发展高速度、大存储量和强功能的超级计算机和巨型计算机,在一些对运算速度、存储性能要求很高的应用场合,高性能计算机将发挥重要作用,如航空航天、军事指挥控制、气象卫星、地质勘测等领域,计算机的巨型化程度更能体现计算机制造技术发展的水平。图 1.21 展示的由国防科学技术大学研制的"天河二号"超级计算机,以峰值计算速度每秒 5.49 亿亿次、持续计算速度每秒 3.39 亿亿次双精度浮点运算的性能,成为 2013 年全球最快超级计算机,它累计共有 32000 颗 Ivy Bridge 处理器和 48000 个 Xeon Phi 处理器,总计有 312 万个计算核心。此外,如图 1.22 所示,我国自主研制的"神威·太湖之光"是全球第一台运行速度超过 10 亿亿次每秒的超级计算机,它运算 1 分钟相当于 200 多万台普通电脑同时运算一分钟,也相当于 72 亿人同时用计算器不间断计算 32 年。

图 1.21 "天河二号"超级计算机

图 1.22 "神威·太湖之光"超级计算机

2. 微型化

微型化已成为计算机制造的趋势,从最早的 ENIAC 需要用占地面积几十平米的房间放置,到现在一个小包就能随身携带，计算机的体积、重量、功耗已大幅减小，方便性、稳定性不断提高。这些主要依赖于超大规模集成电路技术的发展，以及外观设计的改进，根据摩尔定律，电子元器件的集成度每隔 18 个月就会翻一番，这就意味着在要集成的元器件数量变化不大时，所需的面积会成倍缩减，这为部件的整体封装减小提供了重要基础。此外，在外观设计方面，通过合理的布局，将各功能部件尽可能紧凑地安置，也能使机器朝微型化的方向迈进。2017 年，美国密歇根州大学打造体积只有 $1mm^3$ 的微型计算机 M3，如图 1.23 所示。随着物联网（IoT）技术的高速发展，计算机还会变得更小。

图 1.23　微型计算机 M3

3. 网络化

计算机作为独立的个体进行使用，它能发挥的作用和拥有的资源都非常有限，网络化是计算机发展的必然选择和长期趋势。网络把处于不同地理位置、不同行业的计算机通过通信线路连结起来，并依据协议进行信息交互和资源共享，形成不同规模的网络系统。网络化能有效地实现资源整合，为用户提供方便、及时、广泛、灵活的信息服务。

4. 智能化

智能化是指让计算机拥有人的思维能力，智能计算机具有解决问题和逻辑推理的功能、知识处理和知识库管理的功能等。人与计算机通过智能接口，用文字、声音、手势、肢体动作等与计算机进行自然对话。目前，已研制出各种机器人，能替代人完成大量烦琐的重复性操作，以及污染、危险环境下的工作。智能化使计算机应用领域的广度极大扩张，从本质上改善了计算机的能力，使之成为人们的得力助手。

1.5.2　新型计算机技术

几十年来，硅芯片一直是各种计算机设备的核心，随着硅芯片技术的快速发展，其性能可开发的空间也越来越小，为解决这一问题，科学家与工程技术人员将一些先进技术用于计算机制造，取得了非常好的效果，虽然这些新技术还在发展中，并不成熟，也暂未商业应用，但相信在不久的将来，如量子计算机、光子计算机、生物计算机、纳米计算机等将会遍布人们生活的各个领域。

1. 量子计算机

量子计算机根据量子力学的量子效应进行设计，借助链状分子聚合物的特性来实现开关状态，分子状态变化借助于激光脉冲改变，使相关的信息跟着聚合物转变，从而实现数据的存储与运算。

量子力学认为，微观物体可以处于一种"似是而非"的状态，即一个原子可以同时处于两种状态。例如，量子计算机使用量子比特来存储信息，信息可能是"0"或是"1"，或者既是"0"也是"1"，因为量子状态下，电流会同时向两个方向流动，这代表量子比特正处于叠加状态，即同时处于"0"和"1"两个状态。对于一个 16 个比特组成的存储单元来说，一般计算机只能存储 2^{16} 种信息状态中的一种，而量子计算机则可以将这 2^{16} 种状态全部存储下来，如此一来，存储容量将极大地增加。量子计算机的性能随着量子比特的增加呈指数增长，而传统计算机按比特位呈线性增长。

量子计算机的性能要远超过目前所使用的硅技术计算机，具体表现在它的存储量非常大，能高速地进行数据处理，还有着安全的保密体系。但目前，它还面临着诸多挑战，最大的问题在于计算准确率较低，一些微小的干扰就会导致准确率的大幅降低，甚至达不到 50%；此外，为了保证量子发生状态的稳定，对环境的要求非常高，如温度、气压、磁场强度等，在常规条件下无法满足这样的要求。

量子计算机技术的发展是科学界一直在研究的前沿技术，当前只是利用了量子点操纵、超导量子干涉等方面的技术，其他技术还需更深入的研究，量子计算机的应用必会给未来计算机技术发展扩展更大的空间。

2. 光子计算机

光子计算机也叫作光数字计算机，就是用光子代替电子，用光互联代替导线互联，光硬件代替电子硬件，从而实现光运算代替电子运算。与电子相比，光子在光介质中传输所造成的信息畸变和失真极小，光传输、转换时能量消耗和散发热量非常低，对环境条件的要求比电子计算机也要低得多，而且其传播速度超快，是现有电缆的很多倍，光子计算机在一般室温下就可以使用，工作持续性和稳定性都较强，不易出现错误。

当前被广泛使用的计算机是用电流来表示、传输和处理信息的，电在导线中传播的速度很快，达到 593km/s，但从发展高速计算机来说，用光子做信息载体能比电流更能满足对速度的要求，因为光子的传播速度高达 3×10^5 km/s。在光子计算机中，不同波长、频率、相位的光代表不同的数据，这比电子计算机中通过电子"0""1"状态变化要强很多，为复杂度高、计算量大的任务快速并行处理提供了有利支持。

光信号传输之间不存在电磁场相互作用，光在自由空间中平行传播、交叉传播，彼此之间不发生干扰，千万条光束可以同时穿越一只光学元件而不会相互影响。

光子计算机能量消耗小，散发热量低，它的驱动只需要同类规格的电子计算机驱动能量的一小部分，这不仅降低了电能消耗，大大减少了机器散发的热量，而且为光子计算机的微型化和便携化研制，提供了便利的条件。

3. 生物计算机

生物计算机也叫作仿生计算机，是利用生物技术生成的蛋白质分子作为生物芯片来替代传统的半导体硅芯片，经过特殊培养后制成的生物芯片可作为一种新型高速计算机的集成电路。使用有机化合物存储数据，同样可以实现逻辑电路中的"0"与"1"的数据表示，生物芯片比硅芯片上的电子元件要小很多，而且由于生物芯片本身具有的独特立体化结构，空间的利用率更高，因此其密度要比平面型的硅集成电路要高很多。

信息以波的形式传播，当波沿着蛋白质分子链传播时，会引起蛋白质分子链中单键、双键结构顺序的变化。生物计算机芯片本身还具有并行处理的功能，其运算速度比一般的电子计算机要快上万倍，且具有很强的抗电磁干扰能力，能彻底消除电路间的干扰。

生物计算机采用的是由有机分子组成的生物化学元件，利用化学反应工作，只需要很少的能量就可以工作，功耗仅相当于普通电子计算机的百万分之一。工作过程中，生物芯片具有较强的自愈能力，一旦出现故障，可以进行自我修复。

生物计算机虽然在处理能力、存储能力、抗干扰能力、功耗等方面超越目前的电子计算机，但从生物计算机中提取信息非常困难，也不能像一般计算机一样运行微软 Windows 操作系统，这也是它没有普及的主要原因，因此很多科学家认为，生物计算机不太可能取代当前的电子计算机。

4. 纳米计算机

纳米是一个微小的计量单位，相当于氢原子直径的十倍。纳米技术是 20 世纪 80 年代初迅速发展起来的前沿技术，其含义为：在纳米尺度范围内，通过操纵原子、分子、原子团或分子团使其重新排列组合成新物质的技术，制造出人们想要的具有特定功能的产品。纳米技术的研究发展，涉及物理学、化学、建筑学、材料学等领域，从一开始就受到了科学家们的关注。

应用纳米技术研制的计算机内存芯片，其体积非常小，相当于人的头发丝直径的千分之一，纳米计算机不仅几乎不需要耗费任何能源，而且其性能要比今天的计算机强大许多倍。现在纳米技术应用领域还局限于微电子机械系统，还没有真正应用于计算机领域。在微电子机械系统中应用纳米技术知识，是在一个芯片上同时放置传感器和各种处理器，这样所占的空间较小。纳米技术如果能应用到计算机上，必会大大节省资源，提高计算机性能。

1.6 本章小结

电子计算机作为信息化时代最基本的工具，随着硬件制造工艺的进步和软件种类的不断丰富，其性能持续增强，应用领域逐渐延伸，但其工作原理始终未脱离冯·诺依曼框架的"存储程序"理论。计算机体系结构中使用的虚拟机可以让用户不需要对硬件结构和工作原理有细致的了解就可以使用计算机，更利于计算机应用的普及。

计算机处理能力的提升主要依赖于硬件性能的升级，CPU、内存储器、各种外设及接口的速度持续加快，量子计算机、光子计算机等产品的逐步商业化运用，让用户的工作效率不断提升，当然程序自身的结构、指令的执行方式等也会对机器速度产生很大影响。

软件系统中，操作系统功能的持续增强，为在其上运行的各类应用软件提供了强大的支撑，而面向各行各业具体领域的应用软件不断丰富，给用户的工作、生活带来了便捷和良好的体验。

未来的计算机将朝着运算能力超级化、体积微型化、应用网络化、智能化的方面发展，成为人类社会生产、生活中必不可少的工具。

习题

1.1 如何理解计算机系统的层次结构?
1.2 说明高级语言、汇编语言和机器语言的差别及联系。
1.3 冯·诺依曼计算机的特点是什么?
1.4 指令和数据都存于存储器中,简述计算机如何区分它们。
1.5 列举 3 个实例,说明网络技术的应用。
1.6 计算机软件包括哪几类?分别说明它们的用途。
1.7 通过学习计算机体系结构方面的知识,你对计算机系统有了怎样的了解?

第 2 章　总线系统

教学内容与重点：

- 总线概念与分类
- 计算机总线结构
- 总线性能参数
- 总线规范
- 总线读写操作时序
- 总线判优控制与通信控制

2.1　总线体系结构

总线（Bus）是计算机各种功能部件之间传送信息的公共通道，一组总线由若干根导线组成，计算机硬件系统由总线串联而成，主机中的 CPU 与内存通过总线直接相连，外围设备（外部设备，又称外设）则通过接口电路连接到总线，完成与主机的通信。由图 2.1 看出，主板从上到下排列着三个较大的芯片，它们分别是 CPU 芯片、北桥芯片和南桥芯片，各种设备的卡槽有序地分布于主板表面，在板的边缘处设置有设备的接口，它们相互之间都有相应的总线进行连接。

图 2.1　主板

2.1.1 总线体系结构演变历程

随着计算机各部件性能的持续增强，外设种类的不断丰富，应用对数据传输的要求逐渐提高，总线的结构也在发生着变化。其演变历程主要经过了以下四个阶段。

1. 单总线结构

图 2.2 为单总线结构，其中使用一组系统总线来连接 CPU、内存及各种 I/O 接口，各部件分时共享总线交换信息。这种结构虽然结构形式简单，但未能充分考虑连接到总线上各种类型设备工作效率间的差异，一种总线频率不可能满足所有部件信息交换的速度要求。

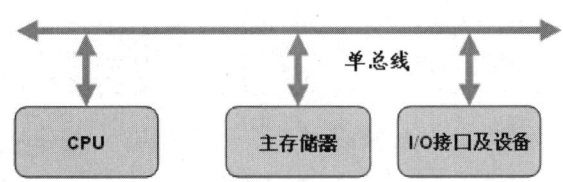

图 2.2　单总线结构

单总线结构的优点是结构简单，通信便捷，易于扩充。由于整个系统中只有一组总线，其机械特性、电气特性、功能特性和时序特性都是统一的，不存在不同总线标准间相互转换的情况，机器内的不同部件之间可以直接进行信息传递，非常方便快捷；同时，在系统中添加新的硬件设备也较为简单，设备与总线的接口部分只要针对一种规范设计即可。

它的缺点也很明显，一是总线上挂接的设备很多时，总线长度势必要增加，这样会带来一定的延迟，而这个延迟决定了设备协调总线使用所花费的时间；二是当聚集的请求接近总线容量时，会形成传输瓶颈，尤其对高速部件而言带来的影响会更大。类似于一条道路，各种类型的车辆和行人都在上面混行，不仅产生冲突的可能性大大增加，而且一些高速车辆的通行也会受阻。

2. 双总线结构

对单总线结构进行改进，使得系统中存在两组总线：一组是在 CPU 和主存之间的专用高速总线，称为存储总线；另一组是主机与外设传递信息的 I/O 总线。双总线将机器中的部件进行了初步的分类，根据工作速率，在不同类型的设备间构建不同标准的数据通道，虽然一定程度上增加了硬件成本和控制成本，但系统整体的数据传输效率则大为提升。

双总线结构有两种形式：一种是面向 CPU 的双总线结构，如图 2.3（a）所示，内存和外设交换数据时，必须经由 CPU 的数据寄存单元，这种形式下 CPU 对 I/O 事务的参与度非常高，不利于 CPU 其他事务的开展；另外一种是面向存储器的双总线结构，如图 2.3（b）所示，它保留了单总线结构的特点，主机可以直接通过 I/O 总线与外设发生数据交换，只不过在内存和 CPU 间添置了独立的数据通道。

增设存储总线的目的主要有两点原因：首先，在计算机中 CPU 访存是一类执行频率非常高的操作，在它们之间搭建一条专用的数据通道，极大降低了单总线结构中总线冲突发生的概率，虽然在硬件成本上有所增加，但大幅提高了总线数据传输的效率；其次，主机的工作速度相对于外设来说要快很多，若采用单总线结构，且当前一个低速设备正在使用总线，会使主机部件间的通信处于阻塞状态，而这段阻塞时间对高速运转的 CPU 和内存来说是非常漫长的。

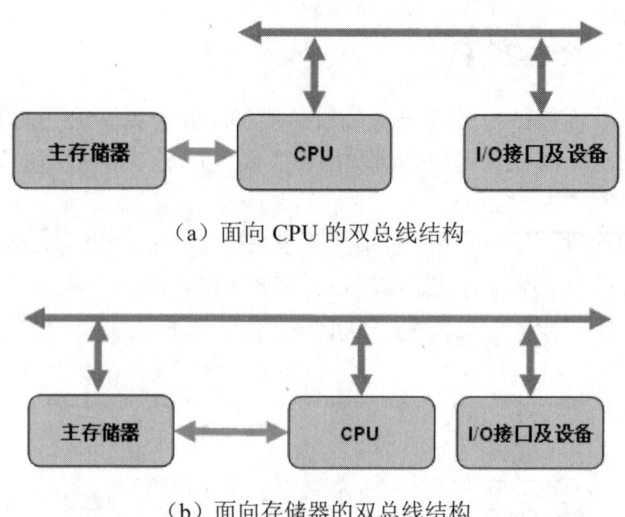

(a) 面向 CPU 的双总线结构

(b) 面向存储器的双总线结构

图 2.3 双总线结构

3. 三总线结构

类似对道路进行功能划分，如原先是一条人车混行的道路，通行效率肯定会比较低，对车辆而言，其速度优势被极大地抑制，尤其是那些速度较快的车辆，受到的影响会更大；若将行人与车辆分别放在人行道和机动车道上，相互间的冲突干扰没有了，各自的通行会顺畅一些；若还想进一步优化通行效率，可以将机动车道再细化为快车道和慢车道，安排不同速度的车辆到对应的车道上行驶。三总线结构正是借鉴了这一思想，对双总线结构再一次改进，它在内存与 I/O 设备之间设置了一组直接内存存取（DMA）总线，与存储总线、I/O 总线共同构成三总线结构，如图 2.4 所示。

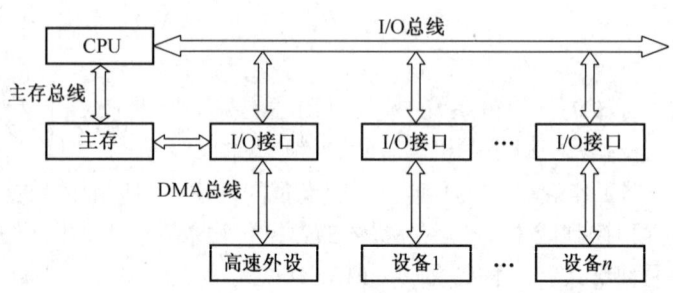

图 2.4 三总线结构

DMA 是现代计算机 I/O 控制的一项重要技术，它允许内存和不同速度的外设进行信息交换，极大提升了他们之间成组数据的传送速度，并且不会给 CPU 带来大量的中断处理负担，降低了 I/O 事务对 CPU 时钟周期的占有率。

通常所说的设备与主机之间交换数据，更多的时候是设备与内存间的信息互换，增设 DMA 总线后，I/O 过程完全在 DMA 控制器的控制下，经由 DMA 总线进行操作，CPU 只需要在数据传输开始之前初始化 DMA 控制器的相关功能寄存器，以及一次 DMA 传送结束后进行中断处理就可以了。

4. 多总线结构

如图 2.5 所示，将速度相近的部件与设备连在同一类性能的总线上，充分发挥总线效能，从总体上提高系统性能。现代的计算机系统大都使用多总线结构，高速缓存存储器（Cache）一面通过局部总线连接中央处理器（CPU），另一面经过系统总线连接到存储器，因此 CPU 访问存储系统的顺序是先 Cache，后内存，使用一定的算法将内存中的部分内容映射到高速缓存存储器中，可以避免 CPU 对主存储器（主存）的频繁访问，提高存储系统访问的效率。

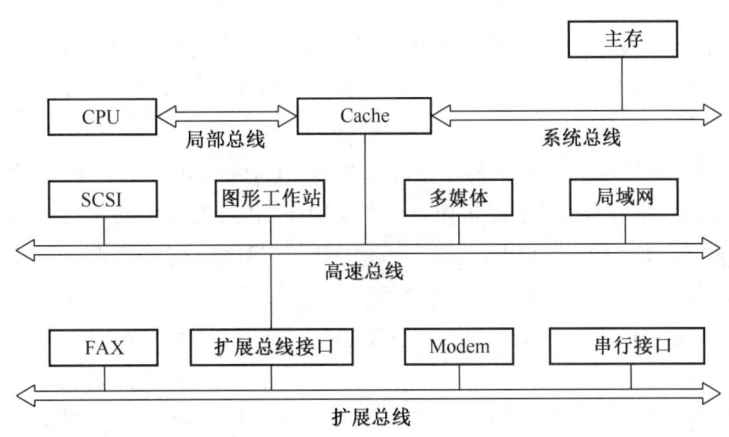

图 2.5　多总线结构

I/O 设备和内存之间通过系统总线来传送信息，对 CPU 的工作不造成影响，虽然将各种 I/O 设备接口直接连接到系统总线上可以完成与主机间的通信，但更高效的做法是，设置一组或多组扩展总线，各种类型的设备都可以通过扩展总线的接口连接到系统总线上，这样有效实现了存储器到 CPU 的传输与 I/O 传输的隔离。但实际应用中存在一些高速设备，这样就需要设置高速总线，将诸如局域网（LAN）、图形工作站、SCSI 等连接到高速总线上，低速设备仍然由扩展总线支持，以接口来缓冲扩展总线和高速总线之间的传输量。这种配置的好处是，高速总线使高需求的设备与处理器有更紧密的集成，同时又独立于 CPU。

2.1.2　现代计算机总线结构

在计算机内部的主要功能部件，如 CPU、内存、各种类型的设备接口等，由于各自的工作速度存在差异，有的甚至差别巨大，因此他们相互间进行通信时，对总线数据传输能力的要求肯定是不同的，所以计算机内不应该只有一种标准的总线。一般来说，计算机内部应有三种标准的总线。

1. CPU 总线

CPU 总线，是 PC 系统中最快的总线，也是芯片组与主板的核心，这条总线主要由 CPU 使用，用来与高速缓存存储器、主存和北桥之间传送信息。CPU 先由前端总线（Front Side Bus，FSB）连接到北桥芯片，再通过存储总线访问内存。FSB 是 CPU 联系外部的通道，他的工作频率决定了 CPU 可以用怎样的吞吐量与其他部件交换数据，目前微机上所能达到的前端总线频率有 533MHz、800MHz、1066MHz、1333MHz、1600MHz、2000MHz 几种，频率越高表示 CPU 与北桥芯片之间的数据传输能力越强，更有利于 CPU 性能的发挥。虽然前端总线频率看起来已经很高,但与同时不断提升的内存频率、高性能显卡相比,前端总线瓶颈问题仍未根本改变。例如,数据宽度 64 位、频率 1333MHz 的 FSB 所提供的内存带宽是 1333MHz×64bit/8=10667MB/s=10.67GB/s,与双通道的 DDR2-667 内存刚好匹配,但如果使用双通道的 DDR2-800、DDR2-1066 的内存,这时 FSB 的带宽就小于内存的带宽,更别说和更高频率的 DDR3 内存搭配了。

选购主板和 CPU 时,要注意两者搭配问题,理想情况下,CPU、前端总线以及内存都工作在同一频率下,就能实现 CPU 与内存的同步通信,但事实上很难做到这一点,在 CPU 速度快于 FSB 的情形下,前者的效率将得不到充分发挥。因此在 CPU 通过前端总线与内存交换数据时,要考虑尽量使得 FSB 带宽与内存带宽一致,这样内存与总线的数据通信才会顺畅,不会受制于低带宽的那一方。

与 Intel 的 FSB 结构类似,AMD 则主推超级传输(Hyper Transport,HT)总线,HT 是 AMD 为 K8 平台专门设计的高速串行总线,本质是一种为主板上的集成电路互连而设计的端到端总线技术,其目的是加快芯片间的数据传输速度。超级传输(HT)技术指的 AMD CPU 到主板芯片之间的连接总线,如果是南北桥结构,则指 CPU 到北桥间的连线。为了将 HT 技术快速推向产业界,AMD 联合 Broadcom、Cisco、Sun、NVIDIA、ALI、ATI、Apple 等众多企业,成立了 Hyper Transport 技术联盟,相继发布了 HT1.0、HT2.0、HT3.0、HT3.1 等技术标准,支持的工作频率越来越高,伴随着数据宽度的增加,HT 总线在单位时间内所能达到的数据传输量已经相当惊人,如 2007 年 11 月 AMD 发布的 HT3.0 规范已支持 2.6GHz 频率,在 32 位通道条件下,数据传输率可达到 41.6GB/s,2008 年 8 月发布的 HT3.1 规范更是将支持的工作频率提升到了 3.2GHz,再结合双倍数据速率(DDR)技术,在 64 位数据通道下可达到 51.2GB/s 的带宽。HT 总线相较于 FSB 总线,大幅改善了 CPU 总线性能,改善了存储访问瓶颈问题。

厂商间的技术竞争永无止境,为了遏制 HT 总线标准对市场的冲击,Intel 提出一种名为快速通道互联的总线标准(Quick Path Interconnect,QPI),这种总线标准基于包传输的串行式高速点对点连接,传输模式为双向,在发送的同时也可以接收别处传来的数据。QPI 的输出传输能力非常惊人,约为 4.8~6.4GT/s,此外,QPI 还支持多条系统总线连接,并且频率不再是固定的,也无须再经过 FSB 进行连接。根据系统各个子系统对数据吞吐量的需求,每条系统总线连接的速度也可不同,这种特性无疑要比 AMD 的 HT 总线更具弹性。

2. PCI/PCI-E 总线

外围设备互联标准(Peripheral Component Interconnect,PCI)主要用于连接高速外设,如图 2.6 所示的显示接口、LAN 接口、SCSI 接口等。PCI 是计算机中应用最为广泛的局部总线标准之一,几乎所有的主机板上都预留有 PCI 插槽,与其他标准的总线相比较,PCI 总线具有以下特点:

(1)信息高速传输。数据线根数为 32 时,传输速率高最大数据传输率为 264MB/s,当数据宽度升级到 64 位,数据传输率可达 528MB/s。它极大缓解了数据输入/输出的瓶颈,使高性能 CPU 的功能得以充分发挥,适应高速设备数据传输的需要。

(2)支持多总线共存,兼容性强。采用 PCI 总线可在一个系统中让多种总线共存,容纳不同速度的设备一起工作。通过 HOST-PCI 桥接组件芯片,使 CPU 总线和 PCI 总线桥接;通过 PCI-ISA/EISA 桥接组件芯片,将 PCI 总线与 ISA/EISA 总线桥接,构成一个分层次的多总线系统。

（3）多总线主控方式。在 PCI 总线上可以存在多个具有总线控制能力的主控设备。当某个 PCI 设备需向外发送数据时，可以通过申请/响应的方式接管总线，提高系统运行效率。

（4）独立于 CPU 的设计，通用性强。由于 PCI 总线在设计时采用桥接方式，将 CPU 子系统和外设子系统分隔开来，使得 PCI 不依附于某一具体处理器，即 PCI 总线支持多种处理器及未来的新处理器，在更改处理器品种时，更换相应的桥接组件即可。

（5）即插即用（PnP）配置，用户使用方便。此处需要注意的是 PnP 并不等同于"热拔插"，它指的是系统可以对 PCI 卡进行自动识别，自动资源配置。

（6）系统并行操作的能力增强。支持总线操作与处理器－存储器子系统操作并行。

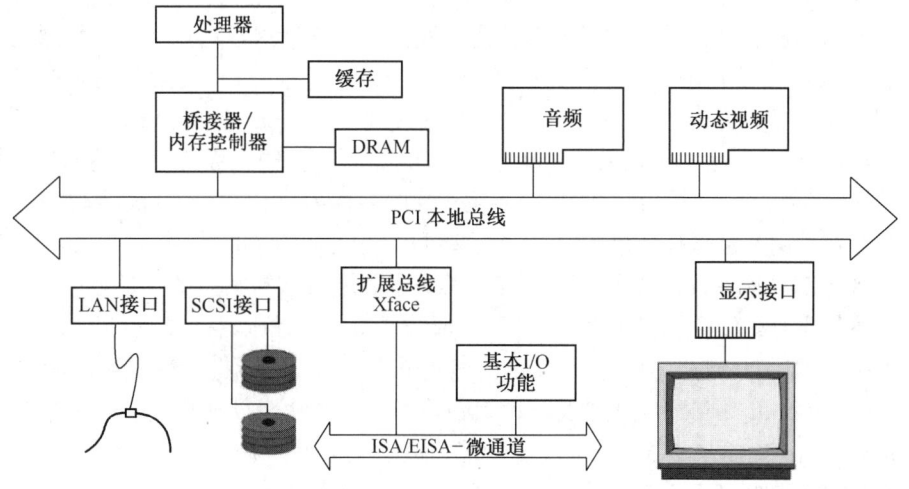

图 2.6　PCI 总线结构

早在 2001 年，Intel 公司就提出了要用新一代的技术取代 PCI 总线和多种芯片的内部连接，并在 2002 年完成了新总线标准 PCI-E（PCI Express）的制定，称为第三代 I/O 总线技术 3GIO，2006 年推出 Spec2.0（2.0 规范），图 2.7 为 PCI-E 接口插槽。

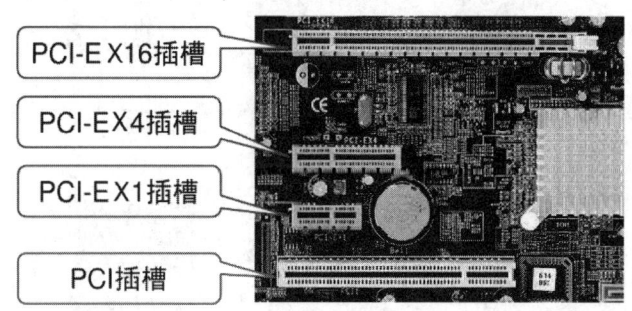

图 2.7　PCI-E 接口插槽

PCI-E 的接口根据总线位宽不同而有所差异，包括 X1、X4、X8 以及 X16，尽管 PCI-E 技术规格允许实现 X1（250MB/s），X2，X4，X8，X12，X16 和 X32 通道规格，但是依形式来看，PCI-E X1 和 PCI-E X16 将成为 PCI-E 主流规格。用于取代加速图形端口（AGP）接口的 PCI-E 接口位宽为 X16，将能够提供 5GB/s 的带宽，即便有编码上的损耗但仍能够提供 4GB/s 左右的实际带宽，远远超过 AGP 8X 的 2.1GB/s 的带宽。PCI-E 的主要优势就是数据传输速率高，16X 2.0 版本可达到 10GB/s，而且还有相当大的发展潜力。

与 PCI-E 2.0 相比，PCI-E 3.0 的目标是带宽继续翻倍达到 10GB/s，要实现这个目标就要提高速度，PCI-E 3.0 的信号频率从 2.0 的 5GT/s 提高到 8GT/s，编码方案也从原来的 8b/10b 变为更高效的 128b/130b，其他规格基本不变，支持多通道并行传输。除了带宽翻倍带来的数据吞吐量大幅提高之外，PCI-E 3.0 的信号速度更快，相应地数据传输的延迟也会更低。此外，针对软件模型、功耗管理等方面也有具体优化。

3. 拓展总线

早先人们通过 ISA/EISA/MCA 等总线将中、低速 I/O 设备连接到计算机系统中，如键盘、鼠标、打印机等。随着硬件技术的发展，上述总线标准已逐渐退出历史舞台，在通用串行总线（USB）技术快速发展的背景下，各制造商通过 USB 方式统一外设与主机的接口。

上述种类的总线都是通过称为"桥"的芯片连接到一起。离 CPU 插槽较近的"桥"称为北桥（North Bridge），它是主板芯片组中起主导作用的最重要的组成部分，也称为主桥（Host Bridge）。一般来说，芯片组的名称就是以北桥芯片的名称来命名的，如 intel P45 就是一种主流的芯片组。北桥被用来处理高速信号，通常处理 CPU、RAM、AGP 端口或 PCI-E 与南桥芯片之间的通信。北桥芯片的主要功能是控制内存，其数据处理量非常大，散热是必须得到处理的问题，一般北桥芯片上都覆盖有散热片，当前一些产商已将内存控制器集成在 CPU 内部，如 AMD 发布的 K8 处理器，今后的主板上将不会再出现北桥芯片，其功能将被集成到 CPU 中。

南桥芯片（South Bridge）是主板芯片组中除了北桥芯片以外最重要的组成部分，它连接了网卡、RAID、IEEE1394、甚至 Wi-Fi 等功能，位于主板上离 CPU 插槽较远的下方，这种布局是考虑到它所连接的 I/O 总线较多，离处理器远一点有利于布线，而且更加容易实现信号线等长的布线原则。相对而言，南桥芯片数据处理量并不大，所以一般都不必采取主动散热。总线"桥"结构框架如图 2.8 所示。

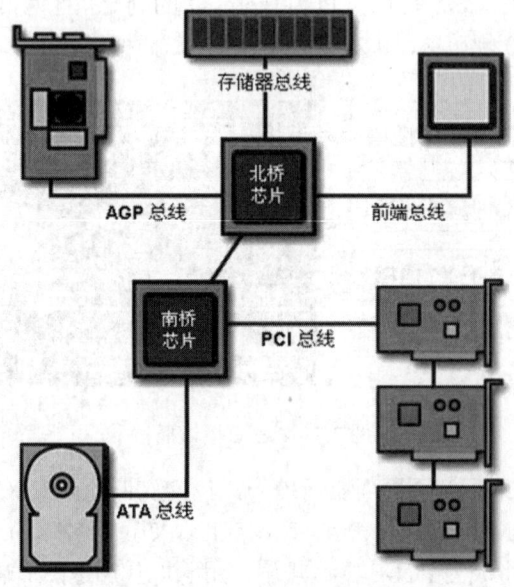

图 2.8　总线"桥"结构框架

2.2 总线标准化与总线特性

众所周知,当前包括 IT 在内的制造业的产业分工是非常精细化的,单个制造商不可能制造整机所需的所有芯片与零部件,这样就需要由多个制造商协同进行规模化生产,而标准化就是产品规模化生产之前必须开展的工作,以保证各制造商生产的主板、芯片、接口卡相互之间能相互兼容,正常使用。图 2.9 为设备与总线连接示意图。

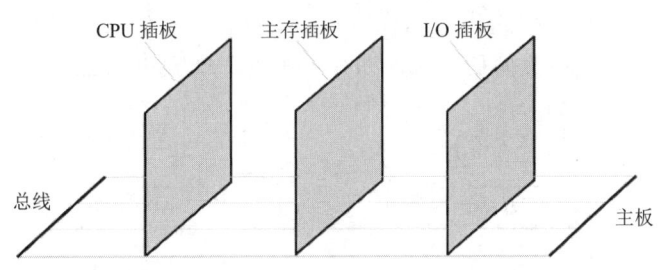

图 2.9　设备与总线连接示意图

标准化工作通常由国内国际的相关标准化组织、行业协会或是大型行业影响力企业牵头进行制定。图 2.10 所示为 PCI-SIG 组织主要成员,外围部件互连专业组（PCI Special Interest Group,PCI-SIG）自 1992 年成立以来,现已拥有近 1000 个企业成员,具有管理作为业界开放标准的 PCI 规范的权利。

图 2.10　PCI-SIG 组织主要成员

总线标准化主要从以下四个方面对总线特性进行规范,强制各制造商在制造时遵守。

1. 机械特性

机械特性方面总线标准化规定了模块插件的机械尺寸,总线插卡、插座的规格与位置,引脚的宽度、角度、间距等方面的具体参数,它能够保证不同产商生产的部件能物理上正常连接。以常用的 USB 为例,为了使公口能正常插入母口中,保证连接顺畅,其总线机械规范对两个口的横截面宽、高尺寸,接口镀层、电源线、地线、信号线的线径,排列顺序,间隔尺寸,材质电性能,拔插力度等均作出了明确规定,并对每一个机械细节都制定了标准化测试方法和指标。

2. 电气特性

电气特性方面总线标准化规定了总线信号的有效逻辑电平、噪音容限及负载能力等，任一种总线电气规范都定义了该总线标准下所有元件、系统扩展板的电气性能和约束。譬如，PCI 规范提供了 5～3.3V 两种信号环境，5V 到 3.3V 的组件技术可以使电压平滑转换，并规定信号必须在 10ns 传播延迟内传遍总线全程。而 RS-232 串行标准的电气规范则约定，在描述数据信息时，-3～-15V 表示数据"1"，+3～+15V 表示数据"0"，-3～+3V、低于-15V 以及高于+15V 都属于无效电平范围。

3. 功能特性

功能特性方面总线标准化给出各总线信号的名称及功能定义，在设计主板的总线插座和接口卡的插头引脚时须严格遵循功能特性的约定。图 2.11 是 PCI 插槽的功能引脚定义。

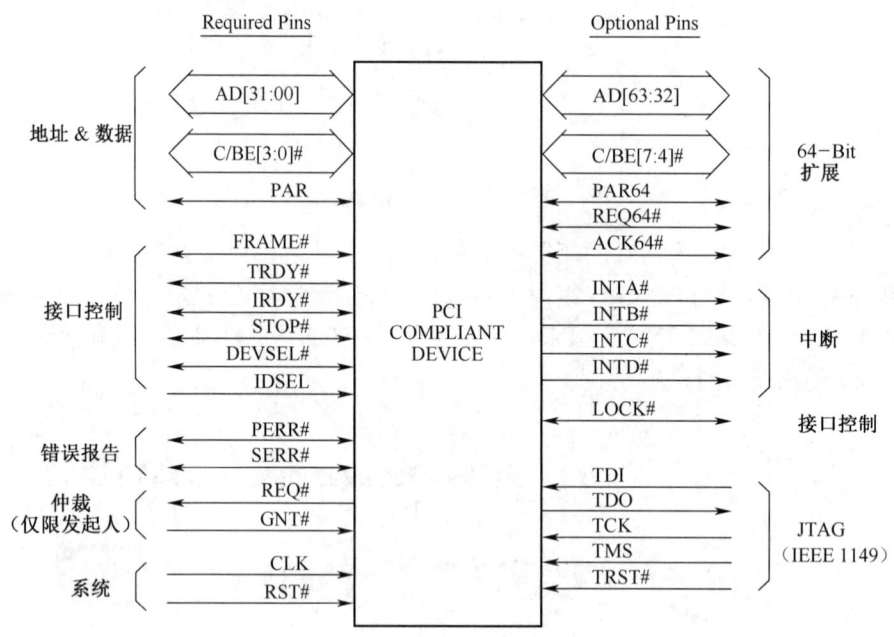

图 2.11 PCI 插槽的功能引脚定义

由图 2.11 可以看出，PCI 的功能引脚分为基本和扩展两个部分，规范中定义了每个信号端的名称，数据流方向及有效电平。从降低功耗和减小封装等方面来考虑，信号线可以设计成功能复用的形式，即同一根线在某段时间内传输的是 A 信号，在另一段时间又在发送 B 信号，当然这需要由时序控制保证这两类信号不会同时出现发生冲突，最典型的就是数据总线与地址总线的复用。

4. 时序特性

时序特性方面总线标准化对总线信号的动作过程以及时序关系进行了说明，通俗地说就是规定了为完成某项任务需依照怎样步骤来执行，这些步骤在执行时间和彼此顺序上都有严格的限定。例如，机器中的 A 部件向 B 部件发送数据，每次发送的内容可能会不一样，但发送操作所经历的环节是完全一样的，此项内容在后面章节的总线读写时序部分，将通过实例进行阐述。

总线标准化是产业分工精细化的前提，在总线与各部件的接口有了统一的规范后，生产加工就能够分散在不同的厂商进行。机械标准可以保证各部件及设备适配器能连接到总线接口上，电气标准、功能标准及时序标准则是对通过总线传输的信息在物理表示、传送通路及发生作用的时间上做出强制要求，即保证数据传输能正常进行。

2.3 总线分类与性能评价指标

2.3.1 总线分类

依据不同的分类标准，总线可以分成不同的类别。

1. 按总线所处的位置分类

按总线所处的位置分类，可以将分为片上总线、片间总线（系统总线）、外总线（通信总线）和现场总线，如图 2.12 所示。

图 2.12 按总线所处位置分类的总线

片上总线，是集成在芯片内部用于联通其中功能元件的线路，CPU 芯片内部各功能寄存器、算术逻辑单元（ALU）、控制单元（CU）及中断单元等部件相互之间肯定不是孤立的，它们之间进行信息交换的通道称为片上总线。前面提到，北桥芯片的功能已经被集成到 CPU 当中，那么相应的 Intel 的前端总线，AMD 的 HT（Hyper Transport），Philips 公司的 I2C（Inter-Integrated Circuit），以及 Motorola 公司的 SCI（Serial Communication Interface）等都可以被理解成片上总线。

片间总线，又称为系统总线，它是联系计算机中各主要功能模块的纽带，CPU、内存以及各种类型的外围设备接口都通过片间总线交换信息，通常意义上所说的总线就是指片间总线。该类型总线的常见标准除了上文提到的 PCI、PCI-E、ISA、EISA、MCA 外还有 AGP、STD、VME 等相关工业标准。

外总线，又称通信总线，指的是计算机联络外部设备的数据通道，如机器连接各种 USB 接口的电子设备、投影仪、教学实验仪器等。外总线标准也有很多，较为常见的有 RS-232-C、

RS-485、IEEE-488、IEEE-1394、USB、SCSI 等。

现场总线是近年来迅速发展起来的一种工业数据总线，主要解决生产现场的智能仪器仪表、设备控制器、执行机械装置等设备间信息传递问题。一些现场总线标准在实际应用中为促进生产智能化、信息化程度的提升发挥了极其重要的作用，如 FF、lonWorks、Profibus、CAN、HART 等。

2. 按总线传输信号类型分类

计算机内的信息从形式上是没有区别的，都是"0""1"代码，但信息的意义是各不相同的，从总线传输信号类型进行区分，可将总线分成地址总线、数据总线、控制/状态总线三类。

地址总线传送的是地址信号，它是单向的，只能由总线主设备向外发出，地址码标明了主设备将要操作对象的编号，它可以是寄存器单元、内存单元或者外设端口。很多情况下，地址总线会被分成两个部分，一部分通过译码器电路产生选择信号用于确定对象模块，另一部分则在模块内部来确定某个具体的单元。地址总线的位数决定了可直接寻址的存储空间大小，简单来说，即是地址线的存储编号能力，n 根地址总线可以给 2^n 个存储单元编号，那么它的寻址范围就是 2^n。

数据总线用于传送数据信息，它是双向传输数据的总线，但也可以设计成单向传输，双向传输数据总线通常被设计成三态形式（低电平状态、高电平状态和高阻抗状态），如图 2.13 所示。由于总线是公共的数据通道，设备 1 发送的数据会被连接在总线上所有的设备检测到，但只有设备 2 是接收方，因此其他设备与通道的连接会被置为高阻抗状态，即断开与总线的连接。数据总线的位数标明了计算机并行数据传输的能力，数据总线宽度越宽，在一个总线周期内传送的数据量就越多。通常，数据总线根数与微处理器的字长相一致。例如，Intel 8086 微处理器字长 16 位，其数据总线宽度也是 16 位，但也有例外的情况，如准 32 位处理器 80386SX，内部寄存器和数据运算都是按 32 位开展的，但与外部的信息交换却是 16 位的。

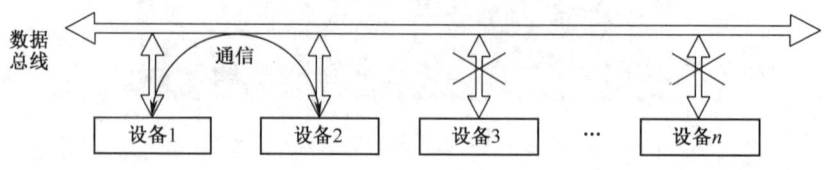

图 2.13 三态形式

控制/状态总线用于传送控制信号和时序信号。拥有总线控制权的设备称为主设备，主设备具有控制总线传输的权利，如当 CPU 是当前总线主设备时，由 CPU 发出的信号称为控制（命令）信号，而设备发给 CPU 的信号则叫作状态（请求）信号，一般来说，单条总线只有一个方向。计算机中控制方与受控方的信号交换是依照时序进行的，时钟信号由主板上的时钟发生装置提供。

3. 按信号传输方式分类

按照信号传输方式进行划分，总线可以被分为串行总线和并行总线。并行总线在同一时刻可以传输多位数据，好比是一条允许多辆车并排开的宽敞道路，而且它还有双向、单向之分，如图 2.14（b）所示；串行总线在同一时刻只能传输一位数据，好比只容许一辆车行走的狭窄道路，数据必须一个接一个传输，看起来仿佛一个长长的数据串，如图 2.14（a）所示。

与串行总线相比较，并行传输更适用于短距离、数据传输率要求高的场合，它有多条信道同时进行成组数据的传递，且通信双方不存在字符同步的问题，不需要额外的措施来实现收发双方的字符同步。串行总线传输虽然可以长距离传送信号，但毕竟数据宽度有限，带宽问题成为阻碍应用诞生的瓶颈，但近年来，串行传输技术得到了巨大的发展，如 USB 3.0 串行标准支持的峰值数据传输率为 5Gbps，而到了 USB 3.1 标准中则将该值提升到 10Gbps。

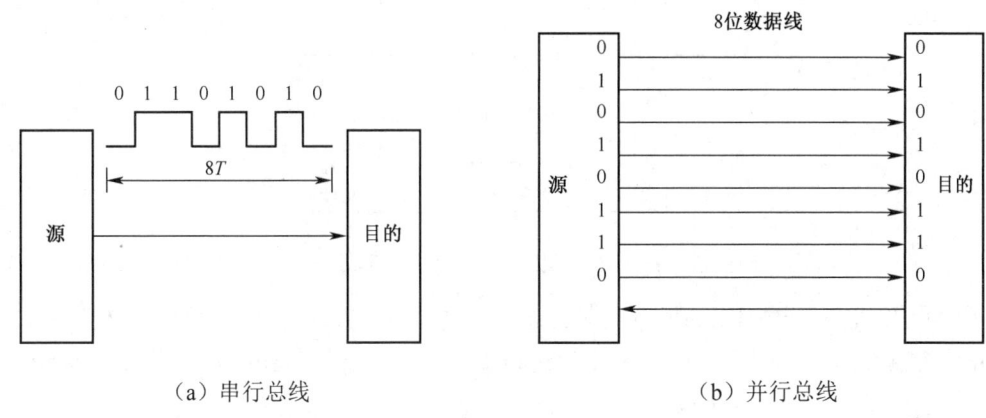

(a) 串行总线　　　　　　　　　　　　(b) 并行总线

图 2.14　按信号传输方式分类的总线

4. 按时钟控制信号分类

按时钟控制信号是否独立，可以将总线分为同步总线和异步总线。同步总线的时钟控制信号（时钟信号）独立于数据，也就是说要用一根单独的线来作为时钟信号线，互联的部件或设备均通过统一的时钟进行同步，即所有的互联部件或设备都必须使用同一个时钟（同步时钟），在规定的时钟节拍内进行规定的总线操作，来完成部件或设备之间的信息交换。而异步总线的时钟信号是从数据中提取出来的，通常利用数据信号的边沿来作为时钟同步信号，所有部件或设备是以信号握手的方式进行，即发送设备和接受设备互用请求（Request）和确认（Acknowledgement）信号来协调动作，总线操作时序不是固定的。因此，异步总线能兼容多种不同的设备，而且不必担心时钟变形或同步问题使得总线长度不受限制，Firewire 和 USB 2.0 协议都是异步总线协议。图 2.15 和图 2.16 分别给出了同步总线时序图及非互锁异步总线时序图。

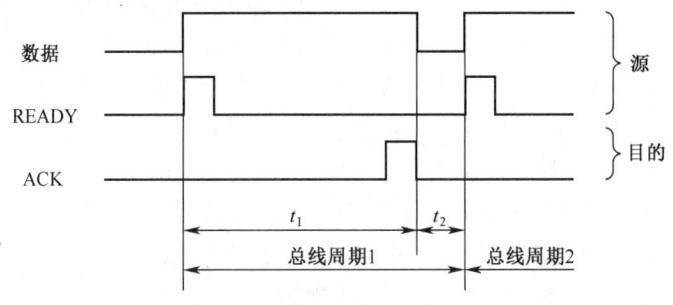

图 2.15　同步总线时序图

2.3.2　总线性能评测

尽管总线类型有很多，标准也各不相同，但总线设计的基本要素和考察其性能的指标大体上是一致的,主要包括以下几项。

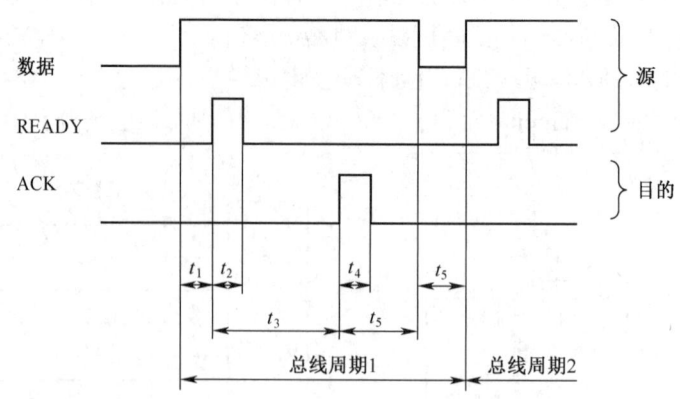

图 2.16　非互锁异步总线时序图

（1）总线宽度。数据线的根数,即通过总线进行一次数据传送包含的二进制位数,它标识了并行传输能力的强弱。总线宽度取值为 2 的幂,串行通信中宽度为 1,并行总线传输每次的传送位数通常有 16、32、64、128 等。

（2）总线频率。这里首先要弄清前端总线（FSB）频率和外频的区别,前端总线频率指的是 CPU 和北桥芯片间总线的速度,它标明了 CPU 和外界数据传输的速度；而外频的概念是建立在数字脉冲信号震荡速度基础之上的,它更多地影响了 PCI 及其他总线的频率。随着计算机技术的发展,人们发现前端总线频率需要高于外频,因此采用了 QDR（Quad Date Rate）技术,或者其他类似的技术实现这个目的,使得前端总线的频率成为外频的 2 倍、4 倍甚至更高,如现阶段 Intel 使用 Quad 技术,它使得 FSB 频率是外频的 4 倍。

以 Pentium E5200 为例,它的主频是 2.5GHz,倍频为 12.5,根据公式（主频=外频×倍频）,可以计算出它的外频是 2.5GHz/12.5=200MHz,如果把这块 CPU 安装在额定频率为 1333MHz 的 Intel 主板上,那么它的实际前端总线频率是 200MHz×4=800MHz,而不是 1333MHz。

（3）总线带宽（标准传输率/最大数据传输率）。单位时间内（每秒）在总线上能传输的最大信息量,单位为 Bps、bps,它是衡量总线性能的最主要参数之一,其值等于总线的数据宽度和单位时间内总线周期数的乘积。例如,总线工作频率为 33MHz,总线宽度为 32 位,假设完成一次总线传输需要 4 个时钟周期,则总线带宽为 33MB/s。需要提醒注意的是,带宽指的是总线支持的最大数据传输率,并不意味着每秒时间内它都会传输这么大体量的数据。

（4）总线复用情况。专用信号线/复用信号线。总线复用可以有效减少信号线的数量,简化电路设计,缩小芯片封装尺寸,复用有时分多路复用（TDMA）,频分多路复用（FDMA）和码分多路复用（CDMA）三种形式。以数据/地址复用为例,由于这两类信号发生作用存在着时序关系,不会同时通过总线进行信号传输,因此主设备在给出地址信号确定具体操作单元之后,会将该信号锁存,再通过复用总线传送数据信号。

（5）总线判优控制：集中控制/分散控制。系统中多个设备或模块可能同时申请对总线的使用权,为避免产生总线冲突,需由仲裁控制机构合理地控制和管理系统中需要占用总线的申请者,在多个申请者同时提出总线请求时,以一定的优先算法仲裁哪个应获得对总线的使用权。总线判优控制按照仲裁控制机构设置的位置可分为集中控制（集中式判优控制）和分散控制（分式式判优控制）两种，不同的控制方式所对应的电路复杂程度，以及处理总线请求的响应时间都是有差异的。

（6）通信控制方式。同步通信/异步通信。总线的同步通信是指在约定的通信速率下，信息的收发双方的时钟信号频率始终保持一致，该种通信方式一般用于传送速率要求较高的场合。而异步通信中，通信双方在传递数据之前，先以"握手联络信号"的方式进行互动联系，因此异步方式中连续两个字符之间的时间间隔是不固定的，在计算机中两个速度差异较大的部件间进行通信，更适合用异步方式。

2.4 总线时序

2.4.1 系统总线周期

系统总线周期是指通过总线完成一次存储器或 I/O 端口操作所需要的时间，根据通信双方工作速率的差异程度，一个总线周期由若干个时钟周期组成，如由 4 个时钟周期构成的总线周期，分别对应 T_1、T_2、T_3、T_4 四个时钟状态。在这四个时钟周期里，机器要依次完成以下工作。

T_1 状态：主设备给出地址信号，指明本次总线操作的从属对象及其具体位置——存储器单元地址或 I/O 接口地址。这一步实际上是确定了接下来的操作数据会从哪里来，或是到哪里去。

T_2 状态：主设备向从属设备发出读写控制信号，明确操作意图，指出以主设备为参照，信息究竟是来还是去。

T_3 状态：锁存地址信号，将数据信号送上模数（AD）复用总线，此时接收方即可从总线上复制数据到自己内部寄存器。

T_4 状态：完成数据传送，撤销所有信号，结束总线周期。

总线周期的类型主要有以下几种：

（1）存储器读写总线周期：通过总线完成对存储器一次读写所需占用的时间。

（2）I/O 读写总线周期：通过总线完成对 I/O 设备一次读写所需占用的时间。

（3）中断响应总线周期：CPU 响应可屏蔽中断而引发的总线周期。CPU 在同意处理设备的中断申请后，需要设备提供中断向量，以便找到中断处理程序的入口地址。

2.4.2 总线读写周期时序

对于任一机器指令，指令的操作码部分在译码之后，它们都会被翻译成一组微指令序列，这组序列对应硬件引脚的电平操作，它们依照时钟周期顺序执行，从而完成对指令操作意图的解释。微指令序列是固化在机器中的，对于相同类型的指令，微指令执行的时序是相同的。

下面以 8086 为例，分析其总线读写周期时序。8086 是一款双列直插式 CPU，有引脚 40 根，包括数据引脚 8 根，地址引脚 20 根，其中低 8 位与数据线复用，高 4 位与状态总线复用。

8086 通过总线读写的对象可以是存储器，或是 I/O 设备，由信号端 $\overline{S_2}$、$\overline{S_1}$、$\overline{S_0}$ 的组合来决定，见表 2.1。图 2.17 为不同对象的总线读写控制示意图。

表 2.1 总线周期类型

$\overline{S_2}$	$\overline{S_1}$	$\overline{S_0}$	总线周期类型
0	0	1	I/O 设备读周期
0	1	0	I/O 设备写周期
1	0	1	内存读周期
1	1	0	内存写周期

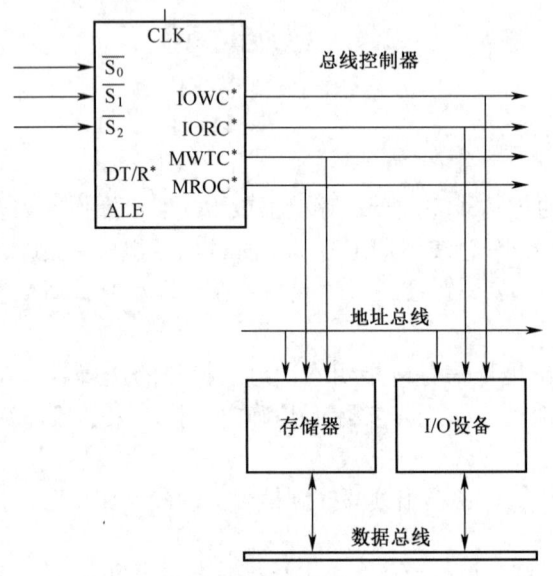

图 2.17 不同对象的总线读写控制示意图

图 2.18 描述了 8086 标准总线读周期时序内，CPU 各端子产生有效控制信号的时间顺序。

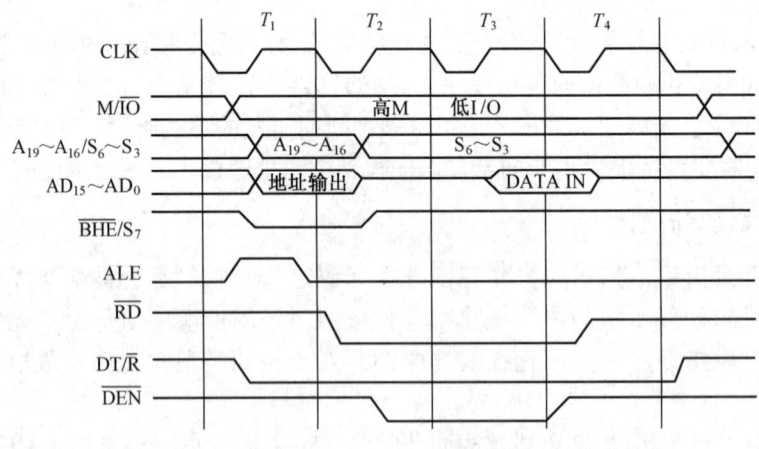

图 2.18 8086 标准总线读周期时序

（1）CLK 为时钟输入信号，从一个脉冲的上升沿/下降沿开始，到下一个脉冲上升沿/下降沿结束。

（2）M/$\overline{\text{IO}}$：对象选择信号端。高电平时表示对存储器操作，低电平时表示对 I/O 端口操作。

（3）$\overline{\text{BHE}}$/S_7：8086 中存储器采用奇偶分体的形式，数据线的低 8 位连接的是偶存储体，高 8 位连接的是奇存储体，用 $\overline{\text{BHE}}$ 和地址线 A_0 分别做奇、偶存储体的选择线，$\overline{\text{BHE}}$ 低电平时表示选中奇存储体，数据线 $AD_8 \sim AD_{15}$ 上信号有效。

（4）ALE：地址锁存信号端，高电平有效，将 AD 复用总线上的地址信息锁存到锁存器中。

（5）$\overline{\text{RD}}$：8086 读信号，低电平有效，将存储器或 I/O 设备指定单元的数据通过总线传送至 CPU 内部寄存器。

（6）DT/$\overline{\text{R}}$：总线收发器控制信号端。高电平时表示发送数据，低电平时表示接收数据。

（7）$\overline{\text{DEN}}$：数据允许信号，低电平有效，允许数据信号上总线传输。

（8）READY：反应存储器或 I/O 设备数据发送/接收准备情况状态的信号端，高电平有效。机器会在总线周期的 T_3 时钟周期内检测 READY 的状态值，当 READY=1 时，数据收发操作可正常进行，机器按正常时序进入 T_4 周期。若 READY=0，则会在 T_3 周期结束后，执行 WAIT 指令，插入等待周期 T_w。插入 T_w 时钟周期的总线读时序如图 2.19 所示。

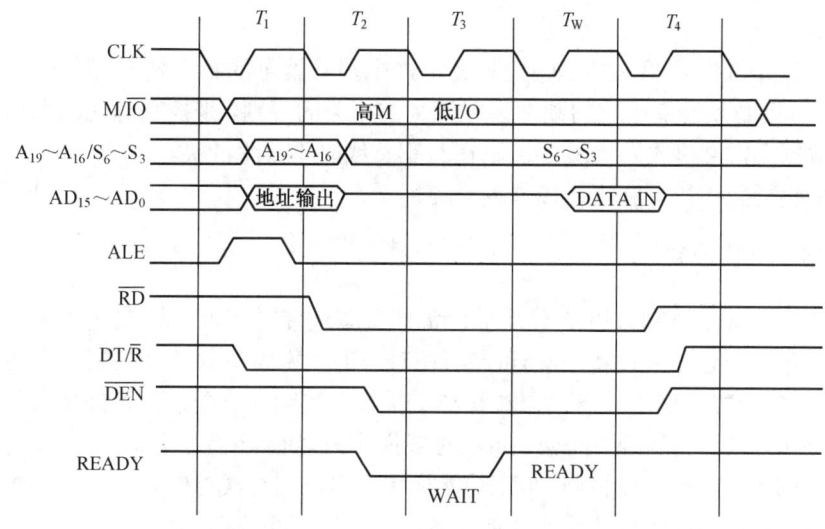

图 2.19 插入 T_w 时钟周期的总线读时序

1）T_1 时钟周期内：M/$\overline{\text{IO}}$ 端置高电平或低电平，确定操作对象，表示对存储器或 I/O 接口操作，该信号将一直维持到整个总线周期结束方才撤销；复合总线 $AD_0 \sim AD_{15}$，$A_{16}/S_3 \sim A_{19}/S_6$ 给出 20 位地址信号，明确操作对象的具体单元；ALE=1，将出现在总线上的地址信号送至锁存器；DT/$\overline{\text{R}}$ =0，设置总线收发器为数据接收状态，并持续到总线周期结束。

2）T_2 时钟周期内：$A_{16}/S_3 \sim A_{19}/S_6$ 复用总线上出现状态信号，反应正在读取存储器哪个功能段的数据，并维持到总线周期结束；$\overline{\text{RD}}$ =0，8086 向操作对象发出读命令信号，要求存储器或外设向 CPU 提供数据；$\overline{\text{DEN}}$ =0，允许数据信号上总线传输；$AD_0 \sim AD_{15}$ 总线呈现悬空的高阻抗状态。

3）T_3 时钟周期内：$AD_0 \sim AD_{15}$ 复用总线上出现数据信号；检测 READY 信号端，决定正常进 T_4 周期或是插入等待周期 T_w。

4）T_4 时钟周期内：8086 完成对总线数据的接收；撤销 $\overline{DEN}$、$\overline{RD}$ 有效信号。

图 2.18 是总线两端通信的部件同步的情形，以时钟脉冲为基准，每个时钟内收发双方分别应完成哪些工作有既定的步骤，这些步骤是固化的程式，无论读操作面对的数据对象是什么，都是按该流程进行处理。图 2.19 给出了更为一般的通信过程，即双方的工作速度不一致，不能做到严格的同步，快的一方需要等待慢的一方，因此引入了 WAIT 和 READY 信号，在一方没有准备好发送或接收的情况下，在原先总线周期的 T_3 和 T_4 时钟周期之间插入等待周期 T_w。

总线写时序与读时序类似，不再赘述。

读写是对总线的最基本的两项操作，是按固定的微程序程式来完成的，其称为时序，有了时序总线通信才能"有章可循"。机器在每个时钟周期内完成多少任务是固定的，与周期的长短没有关系，因此提高总线工作频率就可以在单位时间内获取更多的总线周期，当然也就能达到更高的带宽，总线通信的参与方速度差的大小决定了会采用怎样的通信控制方式，也会影响总线的传输率。

2.5 总线控制

总线作为计算机中多部件共享的信息通道，承担着繁重的数据传递任务，同时也是冲突的多发地。计算机必须设置相应的硬件装置或制定相关的规则，来控制总线的利用和数据的传送，既要使数据正常准确收发，又要控制在共享总线时不发生冲突。

总线控制包括判优控制和通信控制两个方面。

2.5.1 总线判优控制

一组总线上在某个时刻只可能有一个设备拥有总线控制权，可以发起传输操作，拥有总线控制权的设备称为总线主设备（Master），相对应的被主设备寻址及控制的设备则称为从属设备（Slave），它只能响应主设备的总线操作。主设备控制和支配总线，向从属设备发出命令指定数据的传送方式和传送地址信息。每次总线操作只能有一个主设备，但可以有多个从属设备，除 CPU 模块外，DMA 控制器、I/O 功能模块都可以向总线控制器提出总线控制请求，成为总线主设备，存储器模块只能作为从属设备存在，响应主设备的操作命令。

总线是公共资源，为保证某个时刻只有一个申请者使用总线，计算机设置了总线判优和仲裁控制逻辑，按照一定的优先次序决定哪个部件优先使用总线发送数据。

总线判优按仲裁控制机构设置的位置，可分为集中式判优控制与分布式判优控制两种。总线判优逻辑设置在一处的（如在 CPU 中），称为集中式判优控制；而控制逻辑分散在连接到总线上的各个部件中的，称为分布式判优控制。

就集中式判优控制而言，有三种实现方式：链式查询方式、计数器定时查询方式和独立请求方式。

1. 链式查询方式

链式结构中，总线控制器对申请者的请求采用链式查询方式来决定总线控制权的分配。硬件电路中设有总线控制权请求（BR）、总线控制权允许（BG）及总线状态忙（BS）三种信号线。系统中的部件检测到 BS=0 时，即获取到当前总线处于空闲状态的消息，此时它们就可以向总线控制器（控制器）提出控制权申请；控制器每次都会以一种固定的顺序去逐个查询设备是否提出了总线请求,仿佛它们是用一根链条串联在一起,当控制器沿着"链条"查询到第一个提出总线申请的对象后,就会把控制权分配给它,之后再将 BS 置 1,表明此时总线处在忙状态,控制器暂不接收设备的控制权申请,如图 2.20 所示。

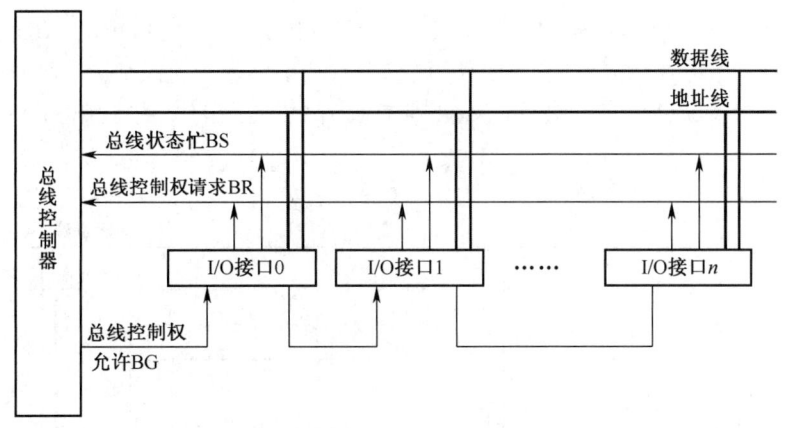

图 2.20 链式查询方式

链式查询方式硬件实现起来也较为简单,只需要三根信号线就可以实现一定顺序的优先级判定,设备扩充比较方便,整个电路对查询链故障的敏感度很高。这种方式的机理很简单,控制器遇到的第一个提出请求的设备优先级是最高的,它的不足也很明显,即由于控制器每次都从"链条"的头部开始查询,处在"链条"末端的部件就很难获得总线控制权。

2. 计数器定时查询方式

计数器定时查询方式保留了链式查询方式里 BR、BS 两根信号线,并添加了一个计数装置和一组地址线。系统中的任意设备都可通过 BR 发送请求,当 BS=0 时计数器开始计数,经地址线将计数值发往各设备,设备接口有地址判别电路,当计数值与请求控制权的设备地址一致时,该设备即获得了总线控制权,BS 置 1,计数器暂停计数,如图 2.21 所示。

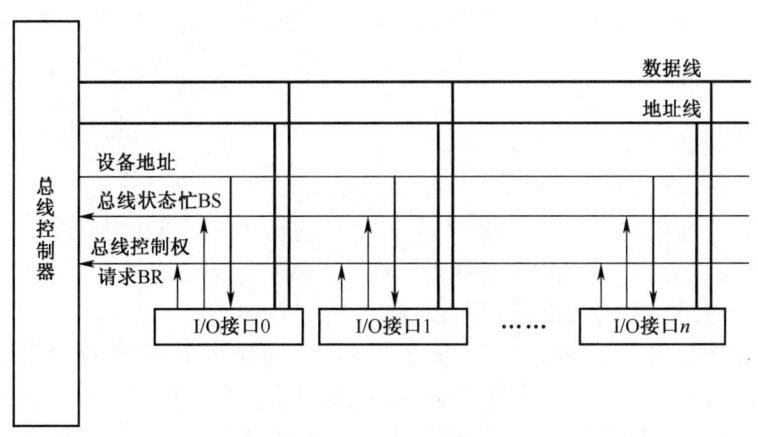

图 2.21 计数器定时查询方式

每一轮的计数可以设置从"0"开始,这与链式查询方式在实现效果上并没有不同;也可以设置成从上一轮的截止值开始,这时系统中各设备都有相同的几率获取控制权。与链式查询判优方式相比较，计数器定时查询方式初值可通过程序进行修改，能够方便改变设备的优先级顺序，提升灵活性，但由于要额外添加一组地址线，系统的负载会增大，设 n 为系统中允许申请总线控制权的设备数最大值，那么需要 $\log_2 n$ 根地址线。

3. 独立请求方式

在 n 个设备共享总线的系统中，每个设备都有单独的一组信号线 BR_i、BG_i 直接连接到总线控制器，设备有数据需要发送时，通过专属的 BR_i 提出请求，当控制器同时收到多个控制权申请时，内部的排序器会对它们进行优先级排序，最高优先级的设备将获得总线控制权，如图 2.22 所示。

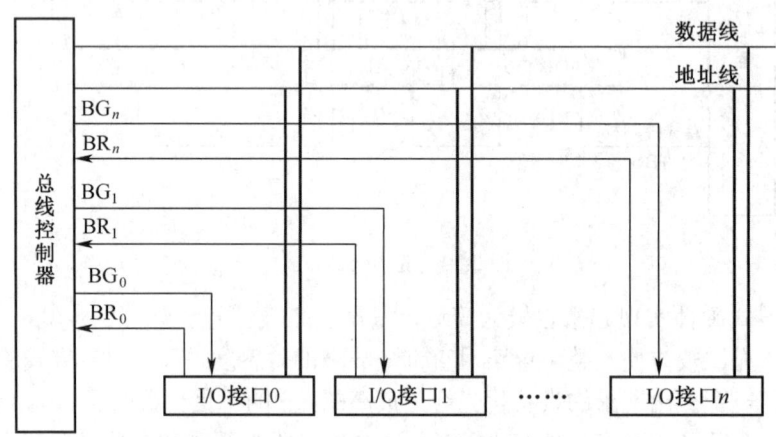

图 2.22 独立请求方式

独立请求方式不需要像前面两种方式那样进行查询匹配，是集中判优控制三种方式中相应速度最快的一种；它的优先权设置也更加灵活，可以用预先设定的优先级，也可以通过命令或程序修改设备优先级，还可以单独对某个 BR_i 设置屏蔽，不接受来自无效设备的申请。但同时，独立请求方式也是三种判优方式中硬件代价最高的一种，除了需要设置设备优先级排序电路之外，用于控制器与设备间传递信息的信号线就有 $2n$ 根。

2.5.2 通信控制

1. 总线传输过程

通常，总线的一次数据传输过程分四个阶段完成。

（1）总线控制权申请阶段。在进行传输操作之前，首先要确定发送方，拥有总线控制权的主设备才可以发送数据，因此申请总线控制权是总线传输的第一步，当系统中出现多个设备竞争总线时，由仲裁电路（仲裁控制机构）确定控制权的归属。

（2）寻址阶段。设备在系统中都会有一个编号，为主设备的查询定位提供依据，称为设备地址，CPU 通过地址信号指定本轮总线周期里的从属设备，即哪些设备会从主设备那里接收数据，地址信号可以被理解成设备选择信号，总线周期的开始是以地址信号的发出和撤销为标志的。

（3）数据传输阶段。主设备与从属设备之间交换数据。

（4）传输结束阶段。在数据出现在总线上并维持一段时间后，撤销地址信号，传输过程结束。

2. 总线传输模式

数据在总线上进行传输时,通常有两种模式:单字节传输模式和突发传输模式。

(1)单字节传输模式。一次数据传输任务在若干个总线周期内完成,每一个总线周期内总是主设备先给出地址,然后针对该地址进行数据传送,这一过程会被不断重复直到任务结束。

(2)突发传输模式。在传输批量的连续地址数据时,除了第一个总线周期会先给出地址信号,再进行数据发送外,之后的数据传递过程中不再需要指明地址信息,而是采用以一定步长自动增加的方式来确定,数据可以直接进行传送,达到快速交换信息的目的。

2.5.3 通信控制方式

通信控制方式是指主设备、从属设备间的通信何时开始,何时结束,如何协调双方步调保证数据传输顺畅。常见的通信控制方式有同步控制、异步控制、半同步控制和分离式控制四种方式。

1. 同步控制

总线同步通信(同步控制)也叫总线定时方式,总线上的部件进行通信时,用一个公共的时钟信号进行同步,双方必须在时钟周期内完成约定的动作。这个公共的时钟一般是由 CPU 的时钟发生器发出,由于不同的部件或设备使用不同的频率,可以采用分频技术加大时钟周期的宽度,将这些频率提供给它们使用,当然也可以让某些部件有自己的时钟发生器,但是它们都必须经过同步后才能使用。

主、从设备的动作都是基于公共时钟,因此部件什么时候发送或接收信息都由统一的时钟规定,由于收发双方的步调一致,没有相互等待的现象,因此同步控制在单位时间内可以传送更大量的数据。同步控制要求通信双方工作在相同的频率下,但在计算机系统中不可能所有的部件或设备都使用同一频率,因此在设计公共时钟时,要以系统中设备使用的最小频率为基准,也就是要以最慢的设备作为参照。同时,同步控制对通信部件间的距离也是有要求的,远距离的总线传输会导致信号延迟,使同步发生"漂移"现象。

总线在同步控制方式下工作时,通信双方工作在同一时标下,协同性更好,传输速率更高,通常约定在 4 个时钟周期内完成一次总线发送过程。

在总线读命令(数据输入)过程中,同步控制下的总线每个时钟周期里要完成如图 2.23 所示的规定动作:

(1)T_1 周期内,主模块发出地址信号,总线上的所有设备都会收到这个地址,但只有自身地址与此信号相匹配的设备才会响应后续的操作;

(2)T_2 周期内,主模块发读命令,该信号一直维持到 T_3 周期,告知从属模块操作的类型,明确数据流的方向;

(3)T_3 从属模块提供数据,在 T_3 周期前准备好所需的数据,并送到数据总线上,此时主设备就可以将总线上的数据复制到内部寄存器中;

(4)T_4 主模块撤销相关信号,由图 2.23 可以看出,在 T_4 周期开始时主设备即撤销了读命令,并不再对数据总线进行驱动,仅保留地址信号维持到整个总线周期结束。

如图 2.24 所示,对于写命令(数据输出),同步控制下的总线在各时钟周期内完成的动作为:

(1)T_1 主模块发地址,与总线读命令相同,必须首先由地址信号确定写命令的对象,另外从图中注意到，数据信号并不是等到 T_1 周期结束才出现在总线上，而是 T_1 周期内部的下降沿就已经出现，但由于此时写命令尚未有效，数据暂时不会被写入指定对象。

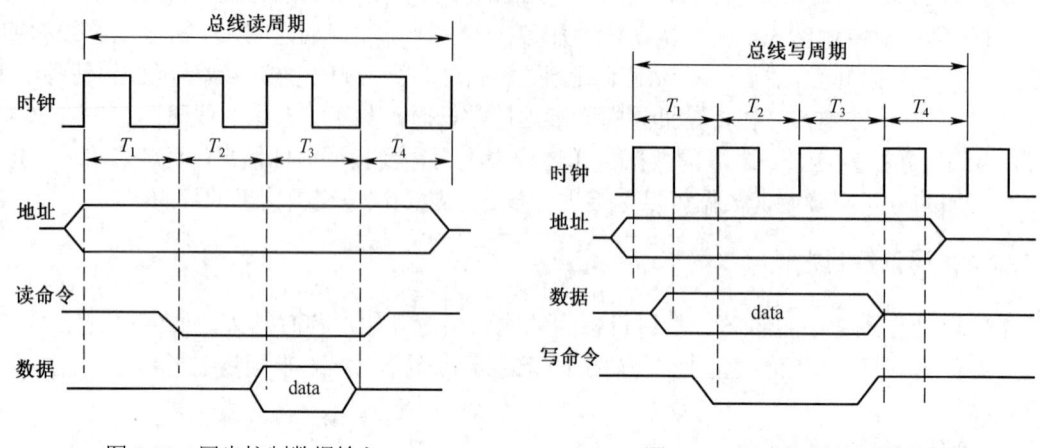

图 2.23　同步控制数据输入　　　　　图 2.24　同步控制数据输出

（2）T_2 周期内，主模块发出写命令，从属模块需在 T_3 周期结束之前将数据总线上的信息复制到地址总线所指明的单元中。

（3）T_4 周期内，主模块在该周期刚开始时即撤销写命令和数据信号，并在 T_4 周期结束之前撤销地址信号。

同步控制通常以数据块为单位进行传输，也可以面向二进制位进行。数据块同步传输时，块间的时间间隔是固定的，每个块的头部和尾部都会加上控制字符及校验字符序列，用于表示数据块同步的开始与结束，以及对传输结果进行校验。

如图 2.25 所示，面向数据块的同步格式为：在每个数据块首部会有控制字符 SYN 和 SOH，标题中记录了数据块传输的源地址、目标地址等信息；字符 STX 表示数据块的开始，字符 ETB 或 ETX 则表示数据块的结束，数据块由若干个字符构成，每个字符用 8 位二进制数进行表示，因此数据块的位数是 8 的整数倍，所以当传递任意位长度的信息时，这种同步格式是不适合的。

| SYN | SYN | SOH | 标题 | STX | 数据块 | ETB/ETX | 块检验 |

图 2.25　面向数据块的同步格式

面向位的同步格式传输的信息帧中，二进制的位数是任意的，每个同步数据帧都是以 01111110 开始和结束，每帧中依次包含有地址信息、控制信息、数据信息和校验信息。当这些信息中也出现 01111110 时，因它与起止控制字符形式相同，会给接收方造成帧提前结束的误判，因此发送方会在遇到连续 5 个 1 时自动添加一个 0 构建新的二进制序列，而接收方同样在接收到连续的 5 个 1 后也会删除其后的 0。面向位的同步格式如图 2.26 所示。

图 2.26　面向位的同步格式

面向位的同步格式相对于面向数据块的同步格式而言，其对每次数据传输的长度要求低，在传输信息时更为灵活，被广泛应用在网络信息传送领域中。

2. 异步控制

同步通信（同步控制）会给通信双方设置一个公共的时钟标准，并强制它们在各组成时钟周期内完成启动、传输、停止等规定操作，这种方式虽然可以提高数据传输率，但它限制了通信的灵活性，且不便于信息的远距离传输。

异步通信（异步控制）有效克服了同步通信的不足，它采用"请求—应答"的方式让通信进行的时机选择性更大，主设备可以随时发起通信进程，而只要等到对方的"允许"应答信号，即表示双方"握手"成功，数据传递操作就能随即展开。当然异步通信的硬件开销会相对加大，信号端 Req 用于主设备向从属设备发出发送请求，信号端 Ack 则是从属设备对主设备请求的应答。异步方式对参与通信的设备的速度没有限制，频率相差很大的设备都可以用这种方式进行通信，此外不会像同步通信那样，每个周期都有固定的操作，信号的延迟会影响下一个周期的任务，异步通信对通信部件或设备的距离要求非常宽松，远距离的通信一般都采用异步通信方式来完成，异步控制方式的原理如图 2.27 所示。

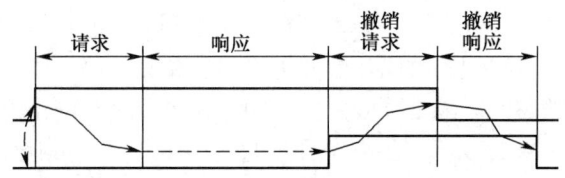

图 2.27 异步控制方式的原理

主、从设备的联络信号的交互分成请求、响应、撤销请求、撤销响应四个步骤。在主设备发出读写数据操作请求后，由于设备间的工作速度不同，请求可能会得不到实时的响应，需要等待一段时间，在得到从属设备的响应允许后才能进行数据交换，交换完成后，主设备撤销请求，从属设备也随之撤销响应。

异步通信方式有三种：不互锁方式、半互锁方式和全互锁方式，如图 2.28 所示。

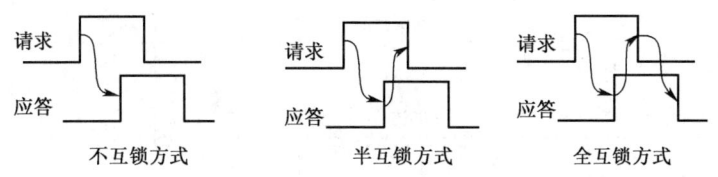

图 2.28 异步通信的三种方式

（1）不互锁方式。主模块发出通信请求信号后，不需要等到对方的应答信号，而是延迟一段时间后，即默认从属模块已收到请求信号，随即便撤销请求信号；从属设备接到请求信号后，在条件满足的情形下发出"允许"回答信号，同样延迟一段时间，即确认主设备已收到回答信号，自动撤销回答信号。延迟时间的长短根据主、从设备的工作速度来确定，通信双方在尝试"握手"过程中不会因等不到对方的信号而使通信进程陷入僵持。

（2）半互锁方式。主模块发出通信请求信号，需接到从属模块的应答回复后方才撤销其请求，此时应答信号便对请求信号有一个锁定功能；而从属模块发出应答信号后，则不需要等待主模块的回复，在延迟一段时间后便撤销其信号，主模块对从属模块的联络信号没有锁定功能。这种情形下,锁定是单向的,故称半互锁方式。例如,在一个存储共享系统中,多个 CPU 都可以访问存储资源,但访问之前必须要确定存储系统没有被占用,因此在某个 CPU 发出访问请求后,必须得到存储控制器的应答允许后才能进行访问。

(3)全互锁方式。主模块发出请求信号,待从属模块回答后再撤销其请求信号;从属模块发出回答信号,待主模块获知后,才能撤销其回答信号,这种情形下联络信号是相互锁定的。

前面说到,异步通信可以不再受通信双方工作速度差异,以及通信距离长短的限制,更适合以串行的方式进行传输。以发送字符数据为例,通常将发送设备送出的单个字符信息称为帧,每帧中除了包含数据位本身外,还有起始位、终止位、校验位等信息。帧中的信息一位位的进行传送,传输一个字符时,总是以"起始位"开始,以"停止位"结束,字符之间没有固定的时间间隔要求。在发送设备空闲时,数据总线处于高电平"1"状态,当它跳变到"0"状态时,即提示接收器准备接收数据,因此在每一个字符的前面都有一位起始位,用低电平表示;字符本身由 5~8 位数据位组成,在传输时先发送低位二进制 LSB,后发送高位数据 MSB;数据位之后是校验位,用来判断数据在传输过程中是否发生了错误,最简单的是奇偶校验,可以发现一位差错,当然校验位是可选的,有些帧中并不包含校验位;最后是 1 位、1.5 位或 2 位停止位,位数实质上是指信号出现的时间,因此可以出现分数,停止位对应的是逻辑电平"1"。由于异步通信中字符间的时间间隔是不固定的,因此在当前字符停止位和下一字符起始位之间会插入不定长的空闲位。图 2.29 给出了一个异步通信实例,图 2.30 展示了异步通信格式。

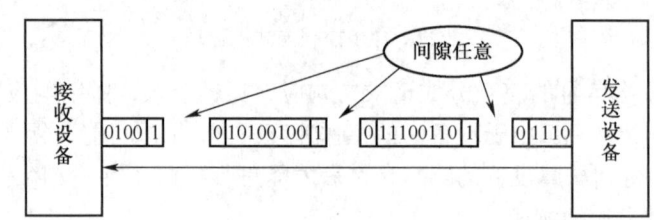

图 2.29 异步通信实例

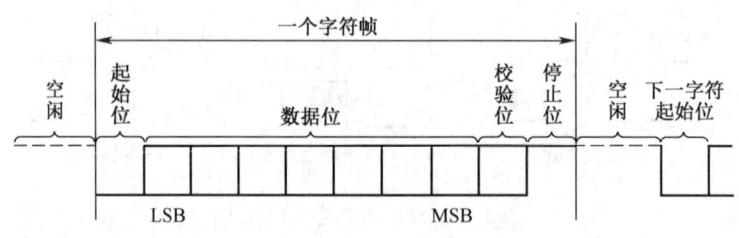

图 2.30 异步通信格式

对串行通信的速度通常有两个指标来进行描述,即比特率和波特率,都用 bps 表示。比特率是指单位时间里传送的二进制数,比特率越高,传送数据速度越快。信号传递过程中,携带数据信息的信号单元叫码元,单位时间内传送的码元数量称为波特率,波特率是指对载波的调制速率,用 1 秒内载波调制状态改变的次数来表示。比特率等于波特率与单个调制状态对应二进制位数的乘积。

例如,串行系统中 1 秒内要传递 8 位二进制数据 10101010,包装成帧后添加了 1 位起始位,1 位停止位,此时比特率为 1+8+1=10bps。若信号编码只有两个层级,用 A 电平表示数据 1,B 电平表示数据 0,电平状态也变化了 10 次,因此波特率也是 10bps;如果将信号编码层级扩展到四个,用电平 A 表示数据 11,B 表示 10,C 表示 01,D 表示 00,那么传输同样的一个帧,电平状态只需要变化 5 次就可以实现。

3. 半同步控制

半同步通信(半同步控制)集中了同步通信和异步通信的优点,收发双方的通信也是基于统一的时钟标准,如地址信号、控制信号及数据信号在哪一个时钟周期的哪一个沿(上升沿或下降沿)有效或失效,即发送方在什么时间发送何种信号都是与接收方事先约定好的。同时,半同步通信也允许速度不同的设备间进行通信,并为此增设了一条 WAIT 信号线。

以总线读操作(读命令)为例,主设备的速度要快于从属设备,从图 2.31 中可以看出,这个总线周期并不是由 4 个时钟周期构成的标准周期,而是在 T_2 和 T_3 周期之间插入若干个等待周期 T_W。与同步通信相似,地址信号在 T_1 的前沿(上升沿)生效,并在 T_4 的后沿(下降沿)撤销;读信号在 T_2 前沿开始有效,一直维持到 T_3 周期的后沿,即它会与数据信号同时撤销;T_3 时钟周期前沿开始给出数据信号,并维持到该周期结束时撤销。不同的是,由于主、从设备的工作速度有差异,在 T_2 周期主设备给出读命令后,从属设备并没有准备好数据,并在 T_3 周期一开始就提供到总线上供主设备复制,因此 T_2 周期之后 WAIT 信号有效,主设备要等待从属设备准备数据,等待的时间是时钟周期的整数倍,即若干个 T_W,具体长短要依据主、从设备工作速度差异程度来确定。

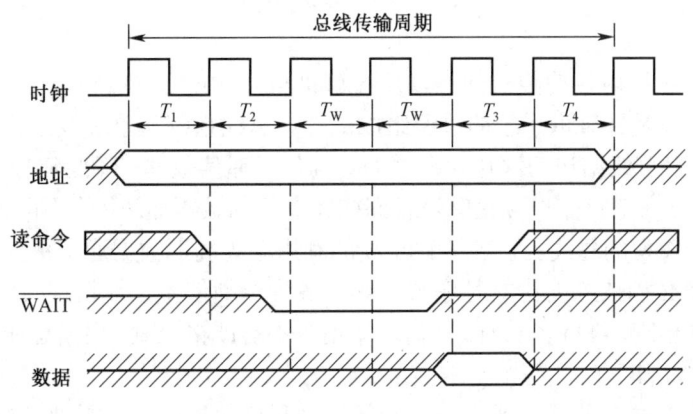

图 2.31 半同步通信示例

半同步通信的适用场合是系统整体速度不太高,且各设备工作频率差异较大的简单系统。

4. 分离式控制

分离式通信(分离式控制)是一种控制相对复杂的通信方式,在微型计算机系统中很少采用这种方式。通过前面的学习可以看出,无论是同步通信、异步通信还是半同步通信,它们都会占用一段连续的时间完成总线数据传输,都是从主模块发出地址和读写命令开始,直到数据传输结束,撤销地址信号为止,虽然它们占用的时间长短不尽相同。整个传输周期中,总线的时间资源被主模块和被它选中的从属模块所占据,在这段时间里主、从模块主要进行以下一些工作:

(1)主模块通过传输总线向从属模块发送地址和命令,主模块作为通信进程发起的一方,需要指定与它完成通信的另一方对象，并通过命令的方式将操作意图告知对方。

（2）从属模块按照命令进行提供或接收数据的相关准备，在这一环节，同步通信与异步通信、半同步通信花费的时间是不相同的。

（3）从属模块通过总线向主模块提供数据或接收来自主模块的数据。

在一个总线周期中，总线并非始终忙碌，也就是说在某些周期当中总线上并无信息传输，总线实质上处于空闲等待状态。若能充分利用好这段等待时间，对提高计算机系统性能可以起到很大作用，分离式通信就是在此背景下提出的。

其基本思想是将一个总线周期分解为两个子周期，前子周期中，A 模块在获得总线控制权后成为总线主设备，将地址信息、命令信息发送到总线上，并由指定的从属模块 B 进行接收，A 发布这些信息只占用总线很短的时间，一旦发送完成，即放弃总线使用权，其他模块这时即可使用总线。后子周期里，B 模块接收到 A 模块发来的命令后，经过一系列相关操作，做好接收或发送数据的准备工作，之后再申请总线使用权，一旦获得允许，传送所需的源地址、目标地址及数据就会出现在总线上。有别于一般的总线周期只有一个主设备，分离式通信中参与通信的双方在不同的子周期中都成为了系统主设备，都可以发起通信进程。

分离式通信中，模块在准备数据的过程中不占用总线，总线可以接受其他模块的请求；总线被占用时都在做有效工作，不存在空闲等待时间。在占用期内充分地利用了总线，实现了在多个主、从模块间进行交叉重叠并行式传送，这对大型计算机是极为重要的。

2.6　本章小结

总线是连接计算机内各功能器件，以及计算机与外部设备（外围设备）进行通信的公共信息通道，总线系统是计算机系统的重要组成部分。总线系统从单总线结构，到双总线结构、三总线结构，再到多总线结构的演化是在遵循提高信息通信效率，降低延时，减少总线冲突的主体思想下进行的。在信息交换频繁的设备间构建专门的数据通道，将不同工作速度的设备差异化的挂接到不同类型的总线上，能够让总线的利用率更高，数据通信更为顺畅。

总线上的通信必须依照固化的时序来进行，各种控制信号、地址信号、数据信号按照怎样的时间顺序依次出现，维持多长时间，何时撤销等都有严格控制。根据总线上数据流的方向，总线时序分为读时序和写时序两个基本类型。

总线作为各设备共享的信息通道，其判优控制和通信控制非常重要。判优控制确定了在多个设备提出总线控制权请求时，应依照怎样的策略进行控制权分配。通信控制则约定了通信双方按照怎样模式进行信息交流，是基于统一的时钟标准、还是采用实时握手沟通的方式先建立联系。采用何种通信控制方式要根据通信双方工作速度，距离远近等因素综合考量确定。

习题

2.1　总线如何分类？什么是系统总线？系统总线又分为哪几类？它们各有何作用？是单向的，还是双向的？它们与机器字长、存储字长、存储单元有何关系？

2.2　常用的总线结构有几种？不同的总线结构对计算机的性能有什么影响？请举例说明。

2.3　为什么要设置总线判优控制？常见的集中式判优控制有几种？各有何特点？哪种方

式响应时间最快？哪种方式对电路故障最敏感？

2.4 解释说明总线宽度、总线带宽、总线复用、总线的主设备（或主模块）、总线的从属设备（或从属模块）、总线传输周期和总线通信控制的含义。

2.5 试比较同步通信和异步通信。

2.6 什么是总线标准？为什么要设置总线标准？目前流行的总线标准有哪些？什么是即插即用，哪些总线有这一特点？

2.7 设总线的时钟频率为 8MHz，一个总线周期等于一个时钟周期。如果一个总线周期中并行传送 16 位数据，试问总线的带宽是多少？

2.8 在一个 32 位的总线系统中，总线的时钟频率为 66MHz，假设总线最短传输周期为 4 个时钟周期，试计算总线的最大数据传输率。若想提高数据传输率，可采取什么措施？

2.9 在异步串行系统中，字符格式为：1 个起始位、8 个数据位、1 个校验位、2 个终止位。若要求每秒传输 120 个字符，试求传输的波特率和比特率。

第 3 章 存储系统

教学内容与重点：

- 计算机存储体系结构
- 存储扩展
- 存储系统与总线的连接
- 存储海明校验
- Cache—内存地址映射
- 机械硬盘结构与性能参数

3.1 存储分类与存储体系

3.1.1 存储分类

存储器是计算机系统的记忆设备，冯·诺依曼在提出"存储程序"原理时就指出，程序、数据、运算的中间结果和最终结果都应放在存储器中，它是 CPU 的办公场所和数据仓库。随着计算机技术的发展，存储器在系统中的位置越来越重要，图 3.1 所示为以存储器为中心的计算机体系结构。

计算机性能很大程度上依赖于存储器性能，内存储器中存放着机器执行所需的程序和数据，在 CPU 处理速度飞速提升的当下，如果存储带宽不能匹配 CPU 的需求将会对计算机系统整体运行速度形成很大制约。

随着输入/输出设备数量的增加，不可能所有的数据交换都要经由 CPU，因此当 DMA 方式出现后，内存和外设接口之间可以直接交换数据，在减轻 CPU 负担的同时也更加显现了存储器的作用。

多处理机系统中，数据存放在共享存储器中，此时存储器性能就成为影响计算机系统的性能的核心因素。

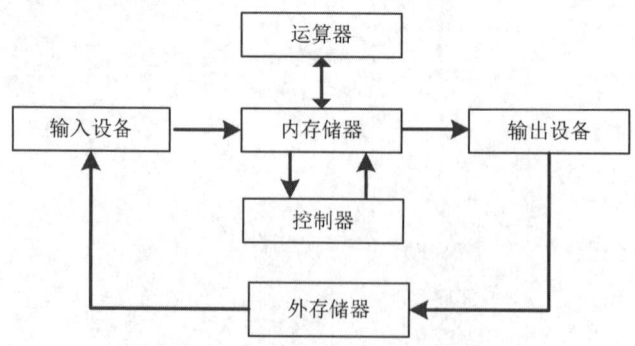

图 3.1 以存储器为中心的计算机体系结构

各种存储器在基本构成、工作方式、在计算机系统中发挥的作用都会存在差异,为了更好地区分和描述,需要从不同的角度对它们进行分类。

1. 按构成介质分类

(1) 半导体存储器。半导体存储器的种类比较多,按采用元件不同,有双极型和 MOS 型两大类。双极型存储器以双极型触发器为基本存储单元,其工作速度快,但功耗大,造价相对昂贵,主要用于对速度要求高的场合,静态随机存储器(SRAM)就是双极型构造,它能利用触发器的两个稳态来表示信息 0 和 1,不需要刷新电路就能保存它内部存储的数据,一般只用在 CPU 的一、二级缓存(高速缓冲存储器,即 Cache)等对存储速度要求很严格的地方。金属氧化物 MOS 型存储器以 MOS 触发器或电荷存储结构为存储单元,它具有集成度高、功耗小、工艺简单、成本低等特点,主要用于容量要求较大的存储系统中,如通常所说的内存。

半导体存储器是一个高度垄断的市场,其主流产品 DRAM、NAND Flash、NOR Flash 更是如此,全球市场基本被三星、海力士、美光等公司占据,且近年来垄断程度逐步加剧,如在 2016 年移动 DRAM 市场上,三星与海力士的市均占有率超过 80%,呈现压倒性优势。

(2) 磁存储器。磁存储器分磁表面和磁芯两种,如图 3.2 所示。磁表面存储器是将磁性材料涂在金属铝或塑料表面作载磁体来存储信息,使用磁头的装置来形成和判别磁层中的不同信息存储点的磁化状态,磁头是绕有读写线圈的读写装置,磁表面存储器存取信息的原理是通过电磁变换,利用通过磁头写线圈中的脉冲电流,把一位二进制代码转换成磁存储元中的某种状态;反之也可以利用磁头读线圈,可将由存储元的磁状态表示的二进制代码转换成电信号输出。磁表面存储器有存储容量大、位价格低、信息便于长期脱机保存等特点。

磁芯存储器目前已经不再使用,它是在铁氧体磁环里穿进一根导线,导线中流过不同方向的电流时,将磁环按两种不同方向磁化,存储"1"或"0"两种二进制状态,磁芯存储器体积庞大,制造工艺复杂且功耗大,目前已经不再使用。

 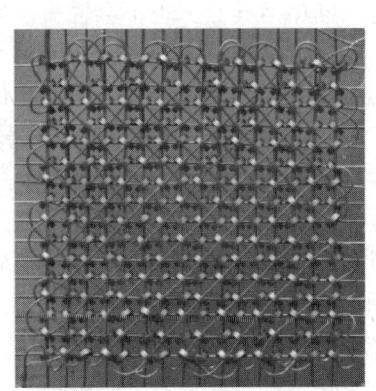

(a) 磁表面存储器　　　　　　　　　　(b) 磁芯存储器

图 3.2　磁存储器

(3) 光存储器。光存储器以其存储容量大、存储密度高、抗电磁干扰能力强、信息保存时间长等特点被人们广泛用于外部存储当中。向光存储器写入数据时,编码后的数据送入光调制器,使激光源输出强度不同的光束,经物镜聚焦照射到介质上,介质经激光照射后被烧蚀出小凹坑,所以在介质表面存在被烧蚀和未被烧蚀两种不同的状态,分别对应二进制状态"0"或"1";读取信息时,它利用存储介质上的信息元受到激光照射后,反射率、反射方向等特性的不同，判断在该信息元上存储的数据是什么，图3.3为光存储器（光盘）的正面。

图 3.3　光存储器的正面

随着多媒体应用需求的不断扩张，需要更大容量和更高性价比的信息载体来存储高质量画面和声音，近年来国内外相继推出了各种高清晰度光盘技术方案，如采用红光技术的 EVD、NVD、FVD 和采用蓝光技术的 BD、HD DVD、CBHD 等。

2. 按存取方式分类

根据是否能够被 CPU 直接访问，存储器可分为内存储器和外存储器两大类。对于内存储器（又称主存储器，简称内存），有随机存储器和只读存储器两种，而外存储器则分为顺序存储器和直接存储器两种。

随机存储器（RAM）可以随时进行快速的读写，存储单元的内容可按需随意取出或存入，且存取速度与存储单元的位置无关。根据存储单元的物理构成不同，RAM 分为静态 RAM 和动态 RAM。静态 RAM 以触发器为基本元件，在高速存取的同时，也会带来大的封装和功耗，而动态 RAM 单元利用 MOS 管电容保存电荷，由于电容本身有漏电的特质，会导致数据丢失，为避免这种情况的发生必须定时地给电容补充漏掉的电荷，通常把这种操作称为"刷新"。

只读存储器（ROM），工作过程中只能读出，不能像 RAM 那样方便地存入数据，但 ROM 性能稳定，断电后其数据也不会丢失，常用于存储各种固定程序和数据。ROM 的种类有掩膜型（Mask ROM）、可编程型（PROM）、可擦除可编程型（EPROM）、电可擦除可编程型（EEPROM）以及快闪存储器（Flash Memory）几种。

顺序存储器又被称为串行访问存储器，对该存储器进行访问时，需按照信息的物理位置前后顺序依次进行，如日常使用的磁带，想访问存储器中某个位置的数据，必须从磁头所在位置开始逐个信息点访问。直接存储器则是只要给出信息在外存储器中的地址，就能直接定位到该处进行数据存取，如日常使用最多的硬磁盘就属于此类存储器。

3. 按在系统中发挥的作用分类

如图 3.4 所示，按各存储器在计算机系统中发挥的作用不同，可分为寄存器、内存储器、高速缓冲存储器和外存储器（辅存储器，又称为外存、辅存）。CPU 内部的寄存器虽然数量少、容量小，却拥有最快的存取速度，程序运行的状态信息、控制信息都会被记录在其中。内存是 CPU 的主要办公场所，存放着机器运行所需的程序和数据。计算机配置信息、启动信息及 BIOS 等被固化在 ROM 中，RAM 就是通常所说的狭义上的内存，即用户信息存放的位置。外存储器就好比是系统的备用仓库，暂时用不到的程序和数据都会摆放在这里，当 CPU 访问需要它们时，再调入内存即可。高速缓冲存储器是介于内存和 CPU 之间的一类存储装置，采用一定的算法将接下来可能会被访问到的信息调入到 Cache 中，让 CPU 的存储访问在缓存中进行，可以大幅提升整个存储系统的访问速度。

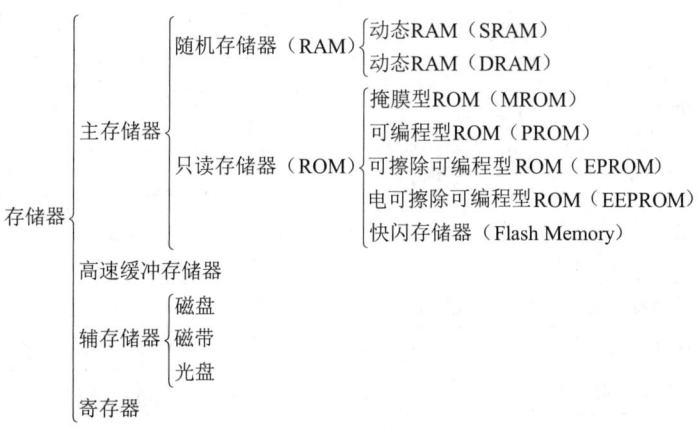

图 3.4　存储器按作用分类

3.1.2　存储层次和存储体系

计算机中的存储器件有寄存器、高速缓冲存储器、内存等，它们各自的特点也较为鲜明，速度、容量和成本称为衡量各存储器综合性能的三个主要参数，要想同时兼顾到这三项指标会比较困难，一般来说，随着存储容量的增加，速度和成本都会降低。

如图 3.5 所示，通用寄存器处于梯形存储层次的顶端，拥有最快的存取速度，但制造成本较高，不可能在 CPU 中大量集成，因此容量仅为 Byte 量级，以 Intel Pentium 处理器为例，其内部集成了 8 个 32 位通用寄存器 EAX、EBX、ECX、EDX、ESI、EDI、EBP、ESP，支持 32 位数据操作，并保持对早先的 16 位、8 位寄存器操作兼容。高速缓存通常由 SRAM 来承担，其存取速度虽然比寄存器慢，但是较内存（DRAM）还是要快很多，其容量也相应增加到 KB 或 MB 量级，如 Pentium 中将指令 Cache 和数据 Cache 进行分离，分别设置 8KB 的容量，改善机器的存储访问性能。随着制造工艺的不断进步，内存的速度和容量等方面的提升成效非常显著，如在 2000 年时 Pentium Ⅱ系统的典型存储配置仅为 64MB，存取周期 60ns，而到了 2010 年 Core i7 系统中，存储容量已达 8000MB，存取时间被进一步压缩到 40ns。相较于前面介绍的几类存储器，磁盘容量上升到 GB、TB 量级，但存取时间却相对较慢，通常为几毫秒。表 3.1 给出了各类存储器部分性能的比较情况。

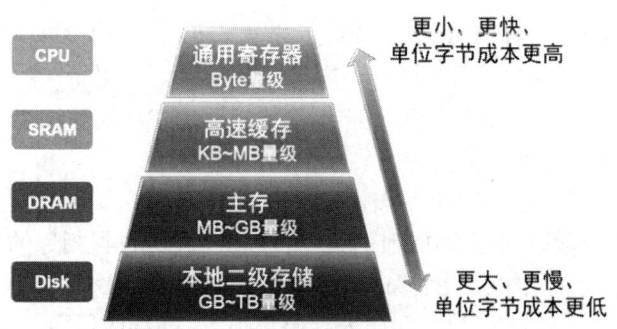

图 3.5　存储器的梯形层次

表 3.1 各类存储器部分性能比较

存储器种类	性能指标	8080	80386	Pentium II	Core i7
REG	频率/MHz	1	20	600	2500
	时钟周期/ns	1000	50	1.6	0.4
SRAM	存储容量/MB				
	存取时间/ns	300	35	3	1.5
DRAM	存储容量/MB	0.064	4	64	8000
	存取时间/ns	375	100	60	40
DISK	存储容量/MB	1	160	20000	1500000
	存取时间/ms	87	28	8	3

前面提到，Cache 具有非常快的存取速度，但受功耗和成本的限制，容量不可能做到很大，而外存储器虽然容量很大，但速度却非常慢，内存作为当前运行程序或数据的主要存放位置，怎样才能使其在速度上接近 Cache，而容量上却与辅存储器靠近，是存储体系结构要解决的核心问题。计算机中通过建立缓存－主存和主存－辅存两级存储结构来实现该需求，如图 3.6 所示。

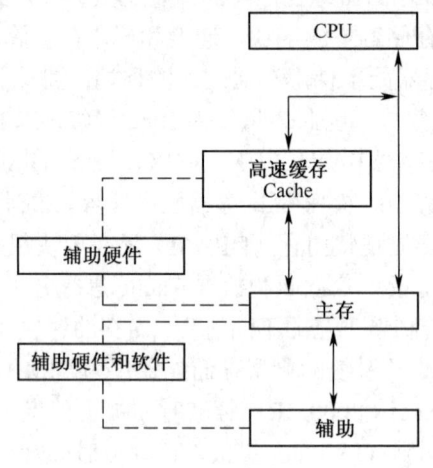

图 3.6 两级存储结构

1. Cache－主存结构

Cache－主存结构主要是利用 Cache 缓解主存与 CPU 之间速度匹配问题，CPU 和内存在制造技术上的进步是不同步的，而且这种不同步的趋势越来越明显，图 3.7 显示从 1980 年到 2010 年 30 年间 CPU 与动态内存的速度差异扩大化，其中 CPU 处理性能的增长超过 10000 倍，但动态内存的性能增长却不到 10 倍。

研究表明，由于 CPU 对内存的访问在时间和空间上都是不均衡的，称为程序访问局部性原理，即 CPU 会集中一段时间连续访问内存的几个物理存储位置相邻的页面，Cache－主存结构层次就是提前把这部分页面调入到 Cache 中，让 CPU 在 Cache 中完成访问过程，以此压缩存储访问时间。当然，由于 Cache 的空间比内存要小很多，内存的页面只会少部分映射到 Cache 中，当 CPU 要访问的页面不在 Cache 中时，仍然需要到内存里去访问，访问结束后，根据程序访问局部性原理，该页面及其相邻页面再次被访问的概率非常高，因此要将它们调入到

Cache 中，将 Cache 原有的部分页面置换出来，当然这都是由机器硬件来完成的，对用户和程序员都是透明的。

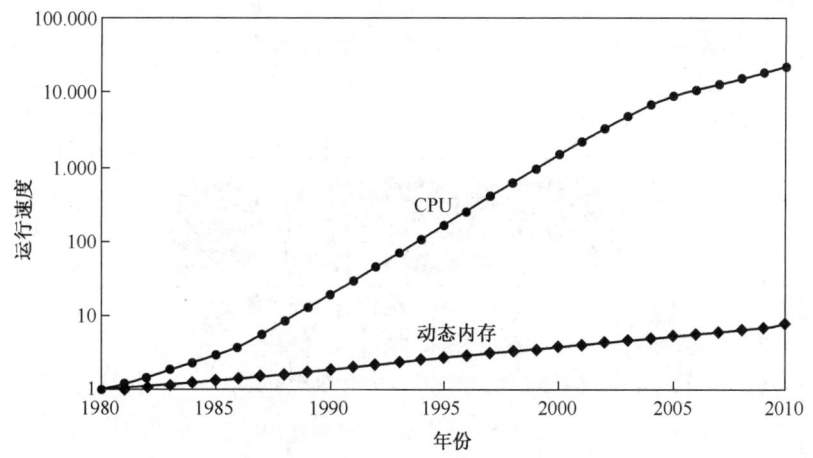

图 3.7　CPU 与动态内存的速度差异扩大化

2. 主存－辅存结构

主存－辅存结构从逻辑上大幅扩充了内存空间，解决了在运行大型程序时内存空间不足的问题。辅存速度慢且不能与 CPU 之间进行直接数据存取，但它容量大、造价低，信息在辅存空间中以页面（或功能段）为单位进行存放，程序运行时不需要将所有的页面装载到内存，只需要将核心功能所在页面载入即可，而其他的一些暂时用不到的页面则会继续停留在辅存中，只有 CPU 需要访问它们时，才会将它们调入内存。

采用主存－辅存结构层次后，从用户的角度看，似乎机器内存变得很大，能容纳很多程序，甚至是一些大型的程序在其间运行，事实上操作系统只分配给每个程序一些有限的页面，程序并非整体进入内存运行，而是通过不断与辅存之间置换页面，合理地利用操作系统分配给它的运行空间，这被称作虚拟存储器。虚拟存储器并不是一个实际存在的物理存储器，而是存储扩张机制，这在操作系统课程中会进行详细叙述，这里不做赘述。

两级存储结构能够更好地均衡容量、速度及成本之间的关系，通过设置一些硬件装置和工作机制，如访问预测、缺页中断、页面置换等，尽可能将即将访问的信息置于高速存储体内，而暂时用不到的数据则存放在低速存储体中。缓冲－主存及主存－辅存存储结构分别用于解决内存地速度问题和容量问题，从用户角度观察，内存存取的时间变得更短，空间也变得更大了，能更好地与 CPU 之间进行协调工作。

3.2　内存储器

内存是计算机系统存放指令与数据的半导体存储器单元，也叫主存储器，通常分为只读存储器 ROM、随机存储器 RAM，平常所指的内存就是 RAM。

3.2.1　内存条外形

（1）PCB 基板。PCB 基板是内存芯片的载体，通常看到的内存条上绿色的部分就是基板，电路板采用多层设计，如 4 层或 6 层树脂材料粘合在一起，层内的电子元件通过金属导线连接到一起。以 4 层基板为例，上下两层为信号层，中间两层分别是接地层和电源层，将信号层放在电源层和接地层的两侧，既可以防止信号间相互干扰，又便于对信号线做出修正。一般来说，层数较多时，信号隔离效果会比较好，走线会相对均匀，电气性能也会较好。内存条外形如图 3.8 所示。

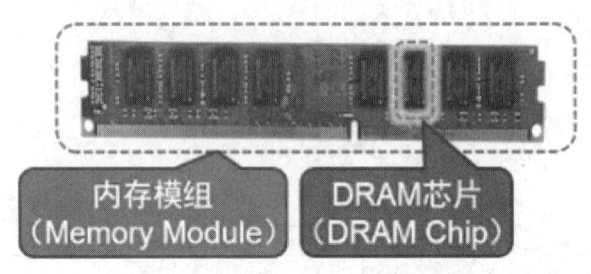

图 3.8　内存条外形

（2）元器件与触点。电容和电阻是内存条上必不可少的元器件，电容采用贴片式电容，因为内存条的体积较小，不可能使用直立式电容，它为提高内存条的稳定性起了很大作用。电阻也采用贴片式设计，整齐地排列在内存条表面。金属接触点是内存与内存槽接触的部分，电信号就是通过它们在总线与内存间传输，通常会被称为"金手指"。"金手指"是铜质导线，使用时间长就可能出现氧化的情形，会导致机器启动黑屏等现象的发生，只要用橡皮擦清理金手指上的氧化物即可。

（3）存储芯片。存储芯片又叫内存颗粒，是内存条的最主要部分，它决定了内存的速度、容量等方面的关键性能。市场上内存颗粒的型号常见的有 HY、KINGMAX、TOSHIBA、SEC、MT、Apacer 等品牌。内存条上可能会存在空位，预留给颗粒作校验用途，如某内存条上有 8 个颗粒，那么它是可以正常工作的内存，如果在空位再加上一片内存颗粒，颗粒数量变成 9 个，该内存叫 ECC 内存，即奇偶校验内存，额外添加的颗粒用来校验数据存储、传输的对错，通常被用在对数据准确度要求较高的系统中，如服务器等。

（4）串行存在检查芯片（SPD）。SPD 是一个 EEPROM，由 256 个字节组成，存储了内存的标准工作，如状态、速度、响应时间及厂家信息等。从 PC100 时代开始就规定标准的内存条必须安装 SPD，工作时，机器也是从 SPD 中读取到内存基本信息，并按 SPD 的规定来使内存获得最佳的工作环境。

内存条外形上是一种单列直插式结构，多个存储芯片集成在基板表面，为避免信号间的相互干扰，它们之间的通信线路被设置在不同的信号层。根据是否包含有校验芯片，内存又分为普通内存和 ECC 内存。

3.2.2　内存结构

1. 内存逻辑结构

内存逻辑结构以存储体为中心，存储体又叫存储矩阵，内存中的程序和数据信息都记录在这里，而要让内存正常工作仅有存储体是远远不够的，因此围绕存储体又配备了相应的读写电路、控制电路、译码电路等。图 3.9 显示了内存逻辑的组成。

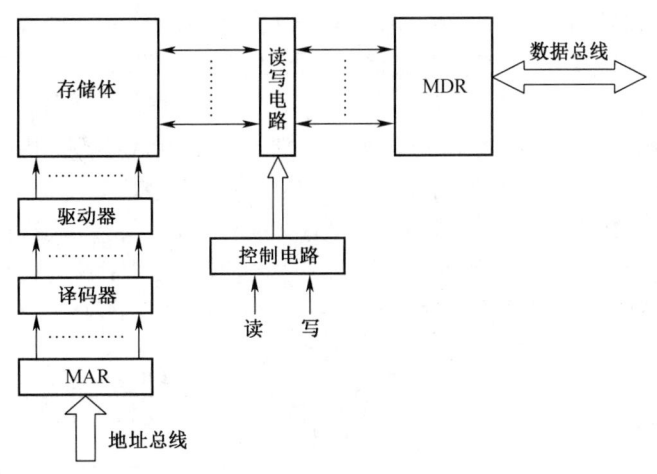

图 3.9 内存逻辑的组成

读写电路是机械电路，负责将存储体中的数据输出到总线上，或是将通过总线传输过来的信息写入存储矩阵，MDR 称为内存数据寄存器，进出存储体的数据信号都要通过这里，它可以起到缓冲的作用。

控制电路控制读写电路的工作，读写控制信号会交给内存的控制电路。本书在关于总线内容的部分提到，内存只能作为总线的从属设备存在，能控制内存读写的并不是只有 CPU，其他的诸如 DMA 控制器等同样能控制内存操作。

译码电路操作的对象是地址信号，地址信号中包含有芯片编号信息和芯片内地址信息，通过译码器可以将它们分离开，通常地址信号线的高位会被连接到译码电路产生片选信号，而低位信息则会进入每个芯片内部确定相应的片内地址。举个简单的例子，如某课程的授课地点是逸夫楼 402 教室，人脑能够轻易地对该教室号进行分析，实质上就是译码，4 是教室所处的楼层，而 02 则是教室在楼层里的编号。常见的译码器有 2-4 译码器和 3-8 译码器，前面的数字表示译码器的输入信号数量，后面则是译码后的信号输出数量。地址信号同样要经过内存地址寄存器（MAR）才能进入译码器。图 3.10 描述了内存芯片的结构。

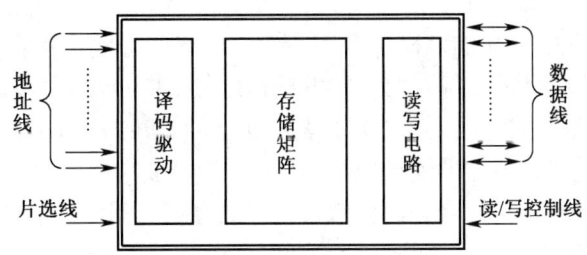

图 3.10 内存芯片的结构

2. 内存物理结构

如图 3.11 所示，内存是一种动态随机存储器（DRAM），一个晶体管和一个电容器就可以构成 DRAM 基本单元，电容器的存储状态决定了单元中的信息是 1 还是 0，单个电容器可以存储一定量的电荷，一个充电的电容器在数字电子中被认为是逻辑上的 1，而"空"的电容器则是 0。每个 DRAM 基本单元代表一个二进制"位"，称为比特，有一个由列地址和行地址定

第 3 章 存储系统

义的唯一定义。8个比特组成一个字节，字节是内存中最小的可寻址单元，DRAM 基本单元不能被单独寻址，否则会增加内存操作的复杂性，而且也没有必要。

如果将多个 DRAM 基本单元连接到列线（Row Line）和行线（Column Line）上，便组成了一个矩阵结构，称为一个存储矩阵（Bank）。大部分的 SDRAM 芯片由 4 个 Bank 组成，而双列直插式内存（SDRAM DIMM）可能由 8 或者 16 个芯片组成。

如图 3.12 所示，DRAM 工作原理为：在进行读操作时，字线为高电平时使 T 导通，若电容 C 上存储有电荷，则会经过 T 管在数据线上产生电流，可视为读出数据"1"；若 C 上没有电荷时，数据线上就不会出现电流，这时就认为读出数据"0"。

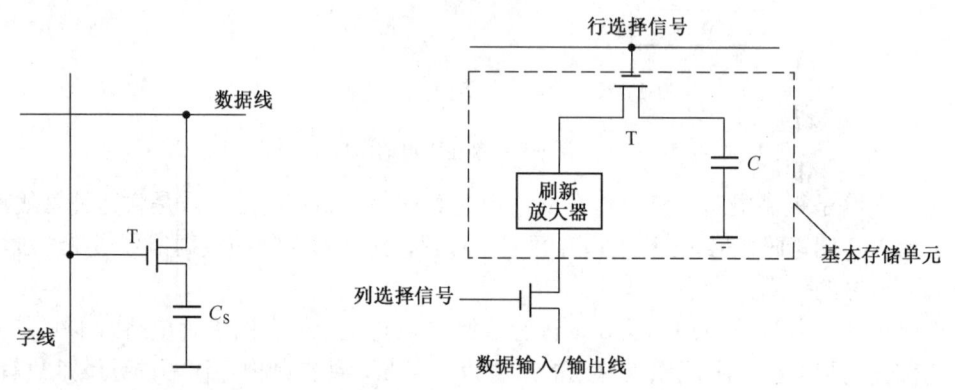

图 3.11　DRAM 基本单元的结构　　　　图 3.12　DRAM 工作原理

写操作也是一样，字线为高电平时 T 管导通，若数据线为高电平状态，此时会经由 T 管对电容 C 充电，视为写数据"1"，而数据线上没有电流时，C 会经 T 向数据线放电，其间的电荷消失，视为写数据"0"。

以 DRAM Intel 4116 为例，它由存储矩阵、读出放大器、行选择线和列选择线构成，通过行列地址确定一个基本单元后，经放大器放大读出或写入的电荷，其组成结构如图 3.13 所示。在 DRAM 中若干个基本单元构成可寻址单元，如 8 个基本单元构成字节型单元，每个内存单元都有自己的地址，可以和与其相连的总线发生数据交换。

值得注意的是，图 3.14 中 DRAM 采用了行列分时译码方式，为了获取一个内存单元的数据，其要进行两次地址信号的传输，第一次发送行地址（Row Access Strobe，RAS）信号，将存储矩阵中一行数据放入缓冲区，第二次发送列地址（Column Access Strobe，CAS），再从行缓冲区中获取指定单元号的数据并通过数据线传出。地址复用方式削减了地址管脚的数量，能够有效减小芯片封装体积，但信号分时传输，会造成存储访问一定的延迟。

CPU 在获得总线的控制权后，将地址发到内存控制器中，此时不会分行、列地址，内存控制器完成地址信号分解操作，随后向 DRAM 芯片发起访存操作。行地址被 DRAM 芯片中的行译码器接收到，选中存储阵列中对应的行，该行中所有的基本单元都会被放大之后放到缓冲区当中，之后等待一段被称为 t_{RCD}（Row to Column Delay）的时间，再进行列地址传送，列译码器接收到信号后，确定要访问的存储单元，还需经过一段 t_{CL}（CAS Latency）的时间延迟，进出单元的数据才会出现。在访问 DRAM 时，如果连续访问的单元在同一行，那不需要发行地址，只要提供列地址即可；如果不在同一行，需要把激活的行关闭，准备操作新的行，这个过程称为预充电，因为不确定下次要访问的存储单元和本次是否在同一行，所以有两种策略可选。一是等到新访问开始时，发现要访问的数据不在被激活的行，此时进行预充电；二是在上一次传输尚未结束之前就进行预充电，在两次存储访问在同一行概率不高的情况下，会获得更好的性能，预充电也需要花一定的时间，称为 t_{RP}（RAS Precharge）。图 3.15 以存取周期 7.5ns 的 DRAM 为例，演示了 DRAM 的工作过程。

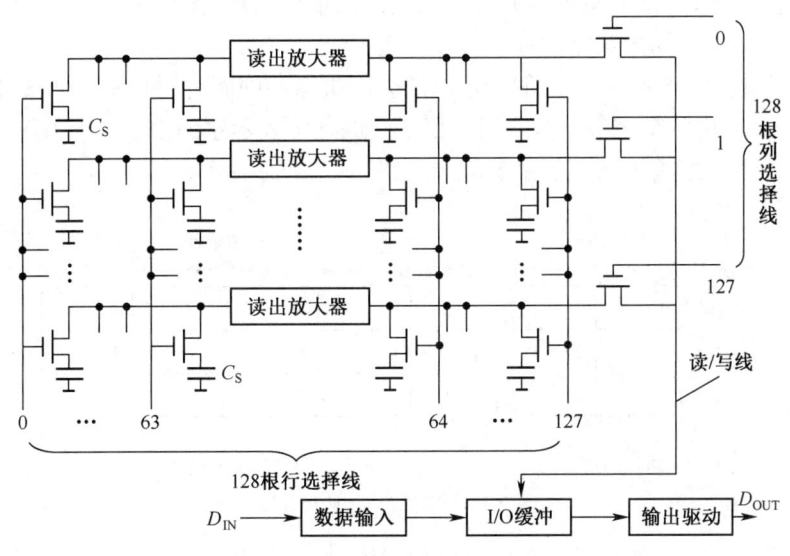

图 3.13　DRAM Intel 4116 组成结构

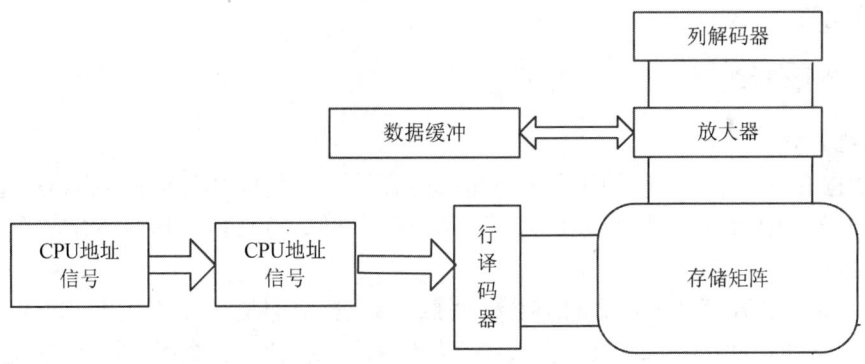

图 3.14　DRAM 行列分时译码方式

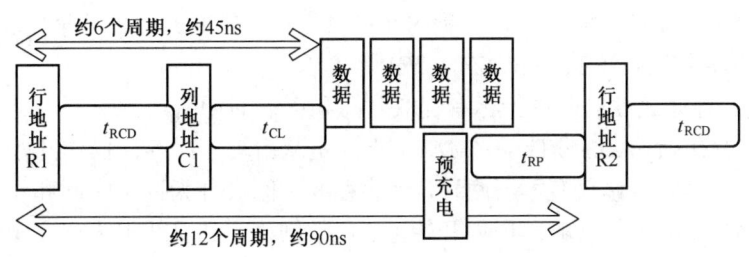

图 3.15　DRAM 工作过程示例

3. 内存地址结构

类似于楼宇里的房间都有门牌号一样，内存单元也都有自己的编号，称为存储单元地址。字节单元是存储器中基本的存取单位，但计算机对内存数据的存取不总是按字节进行的，也有可能一次存取同时完成对若干个字节的操作，这若干个字节被称为存储字，如在存储字长为 32 的系统中，一次存储器操作就能实现对 4 个字节的读或写。与机器字长标识 CPU 的并行处理能力一样，存储字长也是衡量数据并行存储能力的重要指标，在存储周期长度固定的情况下，存储字长越长，单位时间内数据的存取量就会越大。

按字进行存储寻址时，字地址的表示方法会因机器不同而有所差别，如图 3.16 所示，在 PDP-11 中，一个字由两个字节构成，用低位字节的地址表示字的地址，而 IBM-370 中则由四个字节构成一个字，字地址与高位字节地址一致。

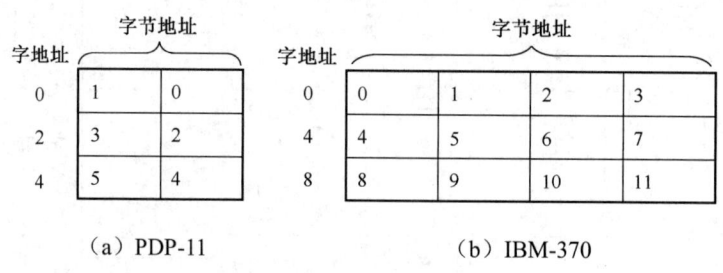

图 3.16　字地址的表示方法

若 CPU 可提供 24 位地址线在存储器内部寻址，按字节寻址它可标注的内存单元数是 16M 个单元数，但它在 PDP-11 中按字寻址只有 8M 个单元数，而到了 IBM-370 中，字空间就变成了 4M 个单元数。

3.2.3　内存性能

1. 性能参数

在选购内存时，要考虑的因素首先就是它的容量，在人们的印象中内存容量越大，机器运行的速度就会越快，事实上确实如此。除了容量，评价内存性能的指标还有它的速度、操作延迟及存储带宽。

（1）容量。内存容量都是 2 的正整数次幂，该正整数即是在芯片内寻址的地址线根数，如设计连接内存的地址线为 26 根，若以字节为单位进行统计，那么可直接寻址的字节单元数量就是 64M，即 64MB，同样的地址线为 30 根时，内存容量即为 1GB。台式机中，内存容量基本为 2GB 或 4GB，MB 量级的内存都很少使用了。

随着存储制造技术的不断发展，容量的计量量级也在不断升级，从早先的 KB、MB、GB 等单位，逐渐拓展到 TB、PB、EB、ZB、YB 等。

（2）速度。存储速度的衡量指标有存取时间和存取周期两项。

存取时间（Memory Access Time，MAT）指的是从启动一次存储操作开始，到该操作完成所需经历的时间，存储操作只有读写两种，因此存取时间又分为读出时间和写入时间。无论读写，存取时间都是以地址信号的出现为开始标志，数据稳定在总线上为读出操作结束标志，数据写入指定存储单元为写入操作结束标志。

存取周期（Memory Cycle Time，MCT）是指对存储器进行连续两次存取操作所需要的最小时间间隔，由于存储器在一次存取操作后需要一定的恢复时间，通常存取周期长短会大于存取时间。存取周期越短，在单位时间内就会有更多的周期数，内存便可以与总线发生更多次的数据交换，存储带宽也就会越高。

因为元器件和工作方式的不同，TTL双极型存储器比MOS型存储器的存取周期要短很多，这也就是静态RAM比动态RAM要快的原因。

（3）延迟。本书在3.2.2节中提到，DRAM在工作过程中会存在三个阶段的延迟：一是由于DRAM的地址信号是分两次传送到内存控制器，在行列地址传输之间存在延迟时间t_{RCD}；二是地址信号稳定之后，仍需要经过t_{CL}时间间隔后数据才会出现；三是预充电延迟t_{RP}。

近年来，在访存延迟问题上一直在进行优化，但效果不明显，延迟时间下降的幅度并不大。

（4）带宽。带宽是指单位时间内存储器支持的最大数据传输量，计算机系统工作时，大量的数据会进出内存，带宽是衡量整个系统性能的重要参数。由于内存采用并行工作方式，因此带宽单位为bps或Bps。例如，某存储器存取周期为500ns，数据位宽度为32位，则每秒钟内有$1/(500\times10^{-9})$个存取周期，每个周期内有4个字节的数据被读出或写入，则带宽为8MB/s。

理论上，存储带宽、总线带宽和CPU带宽相同时，CPU访存就不会存在瓶颈，试想如果工厂的生产速度、产品的运输速度及仓库的存货速度都相同，那么整个流程是不是就会非常顺畅呢。为了提高存储器的带宽，可以采用以下措施：

1）提升内存工作频率，缩短存取周期；
2）增加存储字长，使得每个周期内进出内存的数据变多；
3）改进存储访问方式，设置更多的存储体。

2. 常见内存的性能

同步动态随机存储器（SDRAM）是应用最为广泛的内存类型，与标准DRAM不一样，它在工作时需要同步时钟，内部的命令发送与数据传输都以它为基准。SDRAM将存储单元划分到不同的存储矩阵（Bank）中，这样一来，当SDRAM读写时，选中的Bank在进行存取操作时，其他未被选中的Bank便可进行预充电，在下一个周期里它们中有被选中要进行读或写时，便可以立即响应，不必再做准备，这样能够提高SDRAM的读写速度。而标准DRAM在一个存取周期结束后，需要一个短暂的预充电期才能进入下一个存取周期，因此标准DRAM可以看成单体SDRAM。SDRAM还有突发读写功能，突发读写是指在同一行中相邻的存储单元连续进行数据传输的方式，连续传输存储单元的数量就是突发长度。

SDRAM的发展经历了SDR、DDR、DDR2和DDR3几个阶段，目前已出现了DDR4、DDR5等产品，DDR类型的动态内存已成为存储器市场的主流。

SDRAM又叫单倍数据速率SDRAM(SDR SDRAM)，它的特征是行列地址选通信号RAS、CAS，以及数据有效信号均在时钟脉冲的上升沿被启动，在此基础上进行技术改进后形成双倍数据速率SDRAM（DDR SDRAM），它在时钟信号的上升沿和下降沿各传送一次数据，这就使得在相同的工作频率下DDR SDRAM的数据带宽可以在SDR SDRAM的基础上翻一倍。

DDR2、DDR3内存相对于DDR内存，性能在不断改进，具体表现在以下方面：

（1）工作电压一直在降低，因此在性能提升的同时，功耗也在逐渐降低。

（2）存储矩阵数量持续增加，DDR中有2～4个Bank，DDR2有4～8个Bank，DDR3则有8～16个Bank。

(3) 预读取能力不断增强，预读取数据长度 DDR 为 2bit，DDR2 为 4bit，DDR3 已达到 8bit。

表 3.2 和表 3.3 分别给出了 DDR 系列内存的性能比较和工作频率，图 3.17 则对不同规格的 SDRAM 的数据带宽进行了比较。

表 3.2 DDR 系列内存的性能比较

分类		SDR SDRAM	DDR SDRAM	DDR2 SDRAM	DDR3 SDRAM
基本特性	核心频率/MHz	66～166	100～200	100～200	100～250
	时钟频率/MHz	66～166	100～200	200～400	400～1000
	数据传输率/Mbps	66～166	100～400	400～800	800～2000
	预取设计	1bit	2bit	4bit	8bit
	突发长度	1/2/4/8/full Page	2/4/8	4/8	5/6/7/8/9
	CL 值	2/3	2/2.5/3	3/4/5/6	8/16
	Bank 数量	2/4	2/4	4/8	8/16
电气特性	工作电压	3.3V	2.5V/2.6V	1.8V	1.5V
	封装	TSOP II-54	TSOP II-54/56	FBGA60/68/84	FBGA78/96
	生产工艺/nm	90/10/150	沿用 SDRAM 生产体系，70/80/90	53/65/70/79	45/50/65
	容量标准/Byte	2～32M	8～128M	32～512M	64M～1G

表 3.3 DDR 系列内存的工作频率

规格	标准	核心频率	I/O 频率	等效频率	带宽
SDR-133	PC-133	133MHz	133MHz	133MHz	1.06GB/s
DDR-266	PC-2100	133MHz	133MHz	266MHz	2.1GB/s
DDR-333	PC-2700	166MHz	166MHz	333MHz	2.7GB/s
DDR-400	PC-3200	200MHz	200MHz	400MHz	3.2GB/s
DDR2-533	PC2-4200	133MHz	266MHz	533MHz	4.2GB/s
DDR2-667	PC2-5300	166MHz	333MHz	667MHz	5.3GB/s
DDR2-800	PC2-6400	200MHz	400MHz	800MHz	6.4GB/s
DDR3-1066	PC3-8500	133MHz	533MHz	1066MHz	8.5GB/s
DDR3-1333	PC3-10600	166MHz	667MHz	1333MHz	10.6GB/s
DDR3-1600	PC3-12800	200MHz	800MHz	1600MHz	12.8GB/s

内存颗粒的核心频率相同时，DDR 的等效频率是核心频率的 2 倍，DDR2 是 4 倍，DDR3 是 8 倍，等效频率是内存与总线的接口频率，是衡量 DDR 内存速度最有意义的指标。通过以下措施可以提升 DDR 内存频率，一是每个时间周期内进行两次数据传输提升工作频率；二是采用预读取技术增加等效频率。

3.2.4 动态内存刷新

DRAM 中的信息采用电容存储，电容本身存在漏电的特性，由于计算机对存储单元的访问不均衡，有些单元可能较长时间都得不到访问的机会，要它们维持其间数据，就要不断地给它充电，给 DRAM 定期充电的过程叫数据再生，或者叫数据刷新。前面刚提到 SDRAM 在设计时，要求有两个或两个以上的 Bank，当一个 Bank 与外部交换数据时，另外的 Bank 可以同步进行刷新。

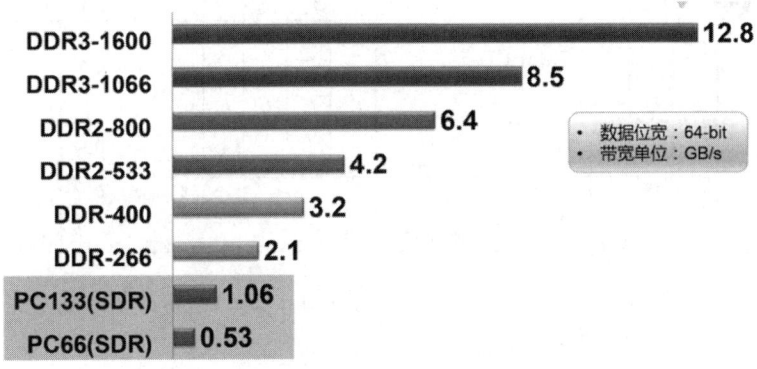

图 3.17　不同规格 SDRAM 的数据带宽比较

刷新实质上就是把存储单元的数据经读出放大器（读放大器）读出后，再写入原先位置的过程。电容对电荷的保持会持续一段时间 T，超过 T 即便是机器不断电，存储器内的数据也会消失，也就是说在 $(0,T)$ 时间区间内必须要完成对所有单元的刷新操作，T 被称为刷新周期，一般取值为 2ms。

对于只有一个 Bank 的 DRAM 来说，需要知道的是：

刷新本身就是一种存取操作，因此刷新执行过程中，正常的内存读写需要暂停。

DRAM 采用的是逐行刷新方式，也称作 RAS-only 刷新，由刷新控制器自动生成行地址，不需要列地址，也有些 DRAM 支持每次同时刷新一个 Bank 的多个行，每一次刷新的行数和 DRAM 的容量有关。

常见的 DRAM 刷新方式有三种：集中刷新、分散刷新和异步刷新。

1. 集中刷新

在一个刷新周期内，集中一段时间对存储矩阵（Bank）进行逐行刷新，集中刷新的时机一般选择在刷新周期的末端。如图 3.18 所示，对于一个 128×128 的存储矩阵，存取周期为 0.5μs，为保持存储体内的信息不丢失，在 2ms 刷新周期内要完成对 128 行的刷新。刷新所有行所需时间为 64μs，集中刷新方式就是在这 64μs 内连续执行刷新操作，常规内存存取会被暂停，这段时间被称为"死时间区"，死时间区所占比例为 64μs/2000μs×100%=3.2%。

2. 分散刷新

分散刷新方式完成对存储体刷新所需要的时间和集中刷新方式是一样的，只不过它们在刷新时机的选择上有所不同，分散刷新方式将刷新操作分散到各个存取周期中进行。这里的存取周期概念与之前的有所区别，图 3.19 中仍以 128×128 的存储矩阵刷新为例，原来的存取周期是 0.5μs，意味着一次内存读写或刷新都需要这么长时间，概念变换后的存取周期 t_C 长度增加 1 倍，变成 1μs，刷新周期内的存取周期数也由 4000 个减少到 2000 个，t_C 由两部分组成：正常存储读写周期 t_M 和单行刷新周期 t_R。如此，存储器读写和刷新在前 128 个周期内交替进行，在每个存取周期里，存储器都可以进行正常读写，不存在"死时间区"。值得注意的是，对于刷新结束后的 1872 个存取周期,每个周期也只有一半的时间在进行读写操作,这样一来,存储器带宽会下降很多,系统性能也会随之降低。

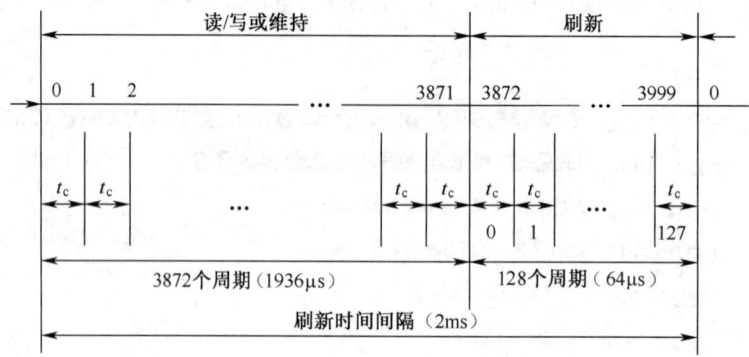

图 3.18　DRAM 集中刷新方式

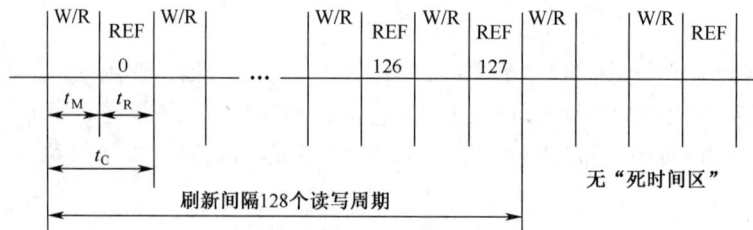

图 3.19　DRAM 分散刷新方式

3. 异步刷新

异步刷新方式也是将行刷新操作分散到整个刷新周期中去,与分散刷新不一样,它并未进行存取周期的扩展,而是最大程度地利用了刷新时间间隔为 2ms 的特点,破除了"死时间区"成片出现的情况。如图 3.20 所示,DRAM 采用异步刷新方式在 2ms 对应的 4000 个存取周期内要完成对 128 行的刷新任务,只需要每隔 30 个存取周期刷新一行即可。异步刷新方式下,存储器访问的"死时间区"依然存在,只不过已经被最大限度地均匀散布开了,如果将刷新操作安排在 CPU 不访存的周期里,存储器操作会更加高效。

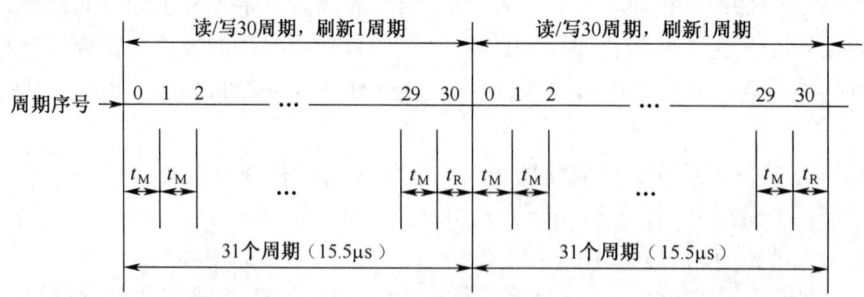

图 3.20　DRAM 异步刷新方式

刷新是保持动态 RAM 存储单元数据不丢失的一种有效方法,在刷新周期内,一些没有被指令访问到的存储单元,也要进行再生,才能避免电容存储元件漏电造成的信息遗失。刷新的时机选择三种方式中，集中刷新方式会使得内存的正常访问出现较长时间的暂停，对计算机工作的负面影响较大；分散刷新方式在刷新操作完成后的一段时间里，存取周期的利用率仅有50%，直接导致内存带宽和存储性能大幅下降；异步刷新方式充分利用了刷新周期的长度，既不影响刷新操作进度，又使得"死时间区"分散，不对正常存储访问造成大的影响。

3.2.5 静态 RAM

高速缓冲存储器（Cache）通常用静态 RAM（SRAM）充当，所谓的"静态"是指这种存储器只要保持供电，里面储存的数据就可以长时间保存，Cache 能在"主存－缓存"层次结构中发挥其速度上的优势，提升整个内存储系统的访问速度。

1. SRAM 逻辑结构

与动态 RAM 相似，静态 RAM 也是以存储矩阵为中心，再配置相应的译码电路、读写电路、控制电路等实现与外部总线进行数据交换操作。

数据总线是双向的，它的宽度标识了每个总线周期里进出芯片的数据位数。地址线对于存储器则是单向输入的，它的任意组合都会唯一标识一个存储单元，当存储器由多个存储颗粒组成时，还需要将部分地址线通过译码器进行译码，产生片选信号，接入到各颗粒的片选端，当某个颗粒的片选有效时，那么它就处于激活状态，当总线上出现控制信号或数据信号时，该颗粒就会接收处理，SRAM 工作原理示意如图 3.21 所示。

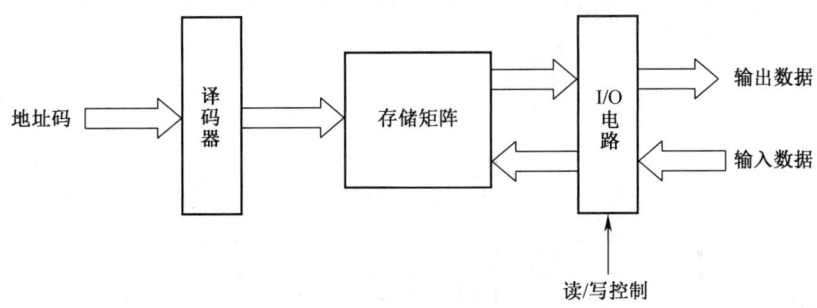

图 3.21　SRAM 工作原理示意

通常，人们会用地址线所反映的单元数量和数据线根数来一起描述芯片的容量，称为地址译码，例如进入芯片的地址线根数为 10，数据线条数为 8，那么地址线标注的存储单元数量是 2^{10}=1K，每个单元支持与外部 8bit 的数据交换，则该芯片的容量可表示为 1K×8bit。

地址译码有两种方式：单译码方式和双译码方式。

（1）单译码方式。设一个由 16×4bit 存储矩阵构成的存储芯片，存储的信息总数量为 64bit。图 3.22 中，每个方框表示一个二进制位，里面的数对应它在矩阵中所处位置的二维坐标。因为该存储器每次读写的字长都是 4，故可以将每行看成是一个整体，称为存储单元。该电路中有 16 个这样的单元，只需设置 4 根地址线，就可以完成对这些单元的寻址。地址码 A_0～A_3 的每一种组合，对应字线的存储单元被选中，选中的存储单元的各位与数据位线连通，即可按照要求实现读写操作。

（2）双译码方式。图 3.23 所示的 16×1bit 的存储矩阵，用双译码方式可以标注存储矩阵中任意一个二进制位，如地址线 A_0、A_1 组合为 01 时，经水平方向译码后确定第二行，此时，

如果 A_2、A_3 的组合为 11，那么最终确定的二进制单元将是第二行第四列的信息。

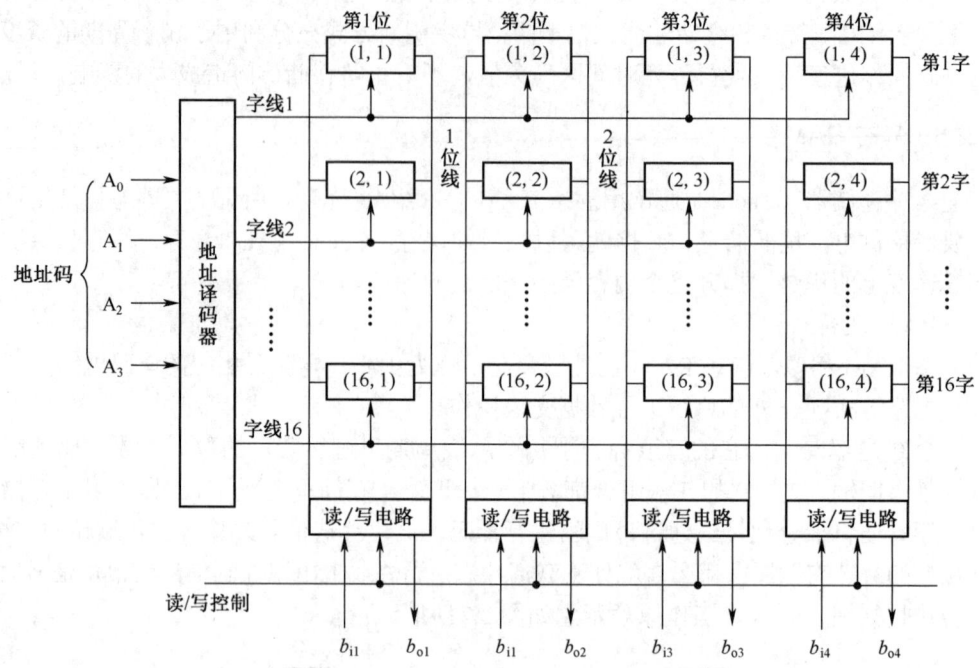

图 3.22　地址信号单译码方式

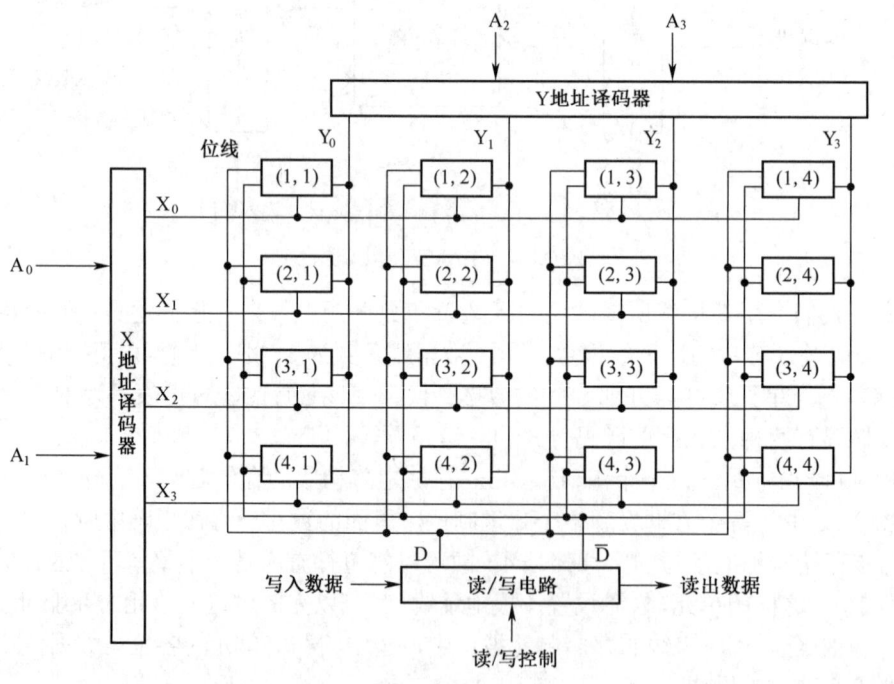

图 3.23　地址信号双译码方式

2. SRAM 基本单元的电路

SRAM 中用于存储 "0" 和 "1" 的电路称为基本单元电路，与 DRAM 由电容存储数据不同，SRAM 采用由 MOS 管组成的触发器来构建基本存储单元，图 3.24 中被虚线框住的 6 个双稳态 MOS 管组合在一起可以完成对一个二进制位的存储。T_1、T_2 为放大管，T_3、T_4 为负载管，T_5、T_6 为控制管，T_7、T_8 不包含在电路中，它们受列选择线控制，SRAM 中每一位数据都存储在 $T_1 \sim T_4$ 构成的两个交叉耦合反相器中。

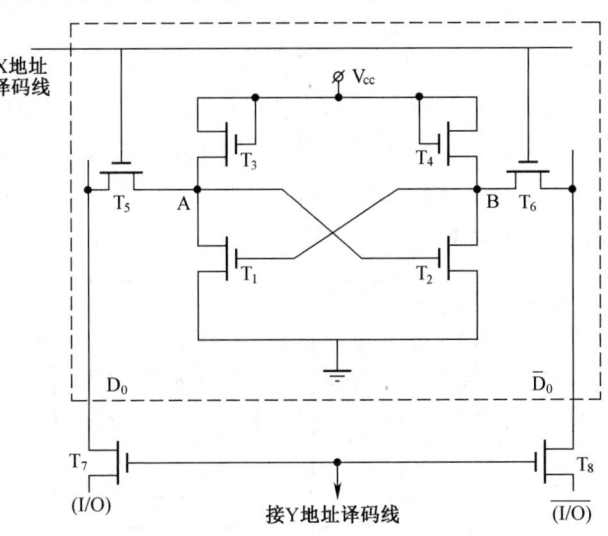

图 3.24　SRAM 基本单元的电路

SRAM 基本单元的两个反相器交叉连接，即第一个反相器的输出连第二个反相器的输入，第二个反相器的输出连第一个反相器的输入，从而实现了输出状态的稳定。

常用的静态 RAM 芯片有 2114、2142、6116、6264 等，下面以 Intel 2114 SRAM（简称 2114）芯片为例进行说明，2114 芯片是一个 1K×4bit 的结构，图 3.25 给出了它的外观示意。该芯片共有 18 根管脚，其中 $A_0 \sim A_9$ 为 10 根地址信号线，用于标注芯片内部 1K 个存储单元，每个单元又是通过 $I/O_1 \sim I/O_4$ 与外部进行数据交换，$I/O_1 \sim I/O_4$ 是受三态门控制的双向总线。

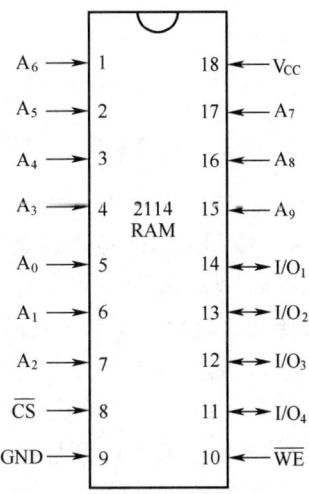

图 3.25　Intel 2114 SRAM 外观

V_{CC} 是工作电压管脚，GND 为接地管脚。

$\overline{CS}$ 是 2114 的片选端,只有对该管脚输入有效的低电平信号后,芯片才处于激活状态,可以接收外部的各种信号。$\overline{WE}$ 为读写控制信号,是一个开关量,低电平为写,高电平为读,需要注意的是在有些芯片中,读写控制信号是分开的,用 $\overline{RD}$ 表示读,$\overline{WR}$ 表示写。

图 3.25 显示的 2114 芯片容量为 1024×4bit,有 4096 个基本存储电路,将它们排成 64×64 的存储矩阵(矩阵),用 $A_3\sim A_8$ 六根地址线作为行译码,可产生 64 根行选择线,用 $A_0\sim A_2$ 与 A_9 四根地址线作为列译码,产生 16 根列选择线,而每根列选择线控制一组 4 位同时进行读或写操作。存储器内部有 4 路输入/输出三态门电路,并由 4 根双向数据线 $I/O_1\sim I/O_4$ 与外部数据总线相连。当 $\overline{CS}=0$ 与 $\overline{WE}=0$ 时,经与门 1 输出线的高电平将输入数据控制线上的 4 个三态门打开,使数据写入;当 $\overline{CS}=0$ 与 $\overline{WE}=1$ 时,经与门 2 输出的高电平将输出数据控制线上的 4 个三态门打开,使数据读出,如图 3.26 所示。

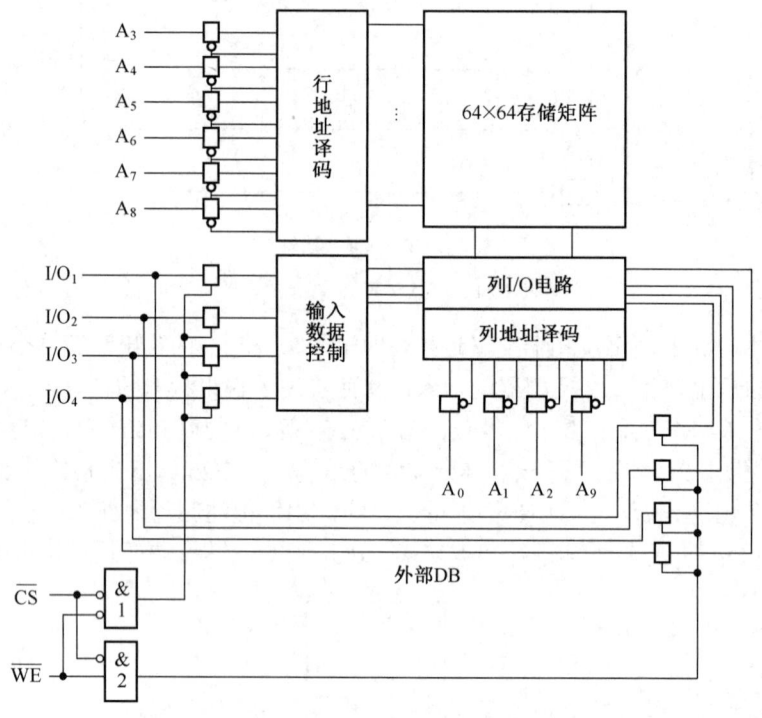

图 3.26 Intel 2114 SRAM 工作流程示意

3. SRAM 读写时序

(1) SRAM 读周期时序。SRAM 读周期时序是将存储体内部数据稳定输出到数据总线上所需经历的步骤,前面说到存储器只能作为总线从属设备存在,读或写都是以主设备为参照的。

以 2114 芯片为例,读操作按照"地址信号有效→片选 $\overline{CS}$ 信号有效→数据信号有效→撤销 $\overline{CS}$ 信号→撤销地址信号"流程完成,读控制信号 $\overline{WE}$ 在整个周期内维持高电平信号。

整个读周期 t_{RC} 由两部分时间构成,如图 3.27 所示,读存取时间 t_A 和数据维持时间 t_{OTD}。

读存取时间 t_A,指的是从地址信号有效开始,到数据信号稳定输出在总线上为止所持续的时间。在 t_A 范围内,地址信号出现并维持一段时间后,片选 $\overline{CS}$ 跳变为低电平有效信号,此时由地址信号确定的存储单元数据就会出现在总线上。

数据维持时间 t_{OTD},在 $\overline{CS}$ 信号经过 t_{CO} 时间趋于稳定后,读存取时间 t_A 结束,数据信号稳定在总线上，接收设备可以从总线上复制数据到它内部的寄存器中，从而完成读周期。读周期以地址信号的撤销为标志，但地址失效后数据信号仍然会持续 t_{OHA} 时间，以保证所读数据的可靠性。

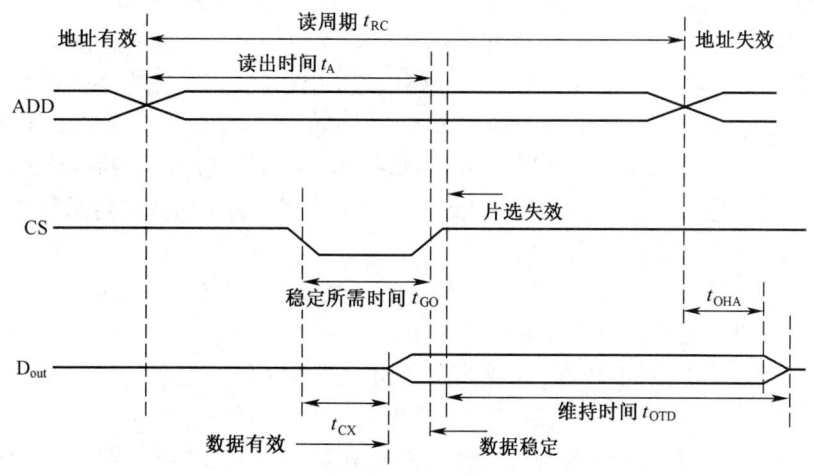

图 3.27　SRAM 读周期时序

（2）SRAM 写周期时序。SRAM 写周期时序指的是将外部数据通过总线送入指定存储单元，它包括滞后时间 t_{AW}，写入时间 t_W 和恢复时间 t_{WR}。在有效数据出现前，数据总线依然是上一周期结束时的状态，不可以将它们写入新的单元中。在地址信号给出后延迟 t_{AW} 时间，$\overline{WE}$、$\overline{CS}$ 均置低电平有效信号，激活芯片进行写操作，在这两路信号持续 t_{DTW} 稳定后，总线上给出要写入的数据 D_{in}，再持续 t_{DW} 稳定后，撤销 $\overline{WE}$、$\overline{CS}$ 信号，但这并不意味着写周期结束，数据信号仍然会延迟 t_{DH} 时间，以保证数据有效写入。SRAM 写周期时序如图 3.28 所示。

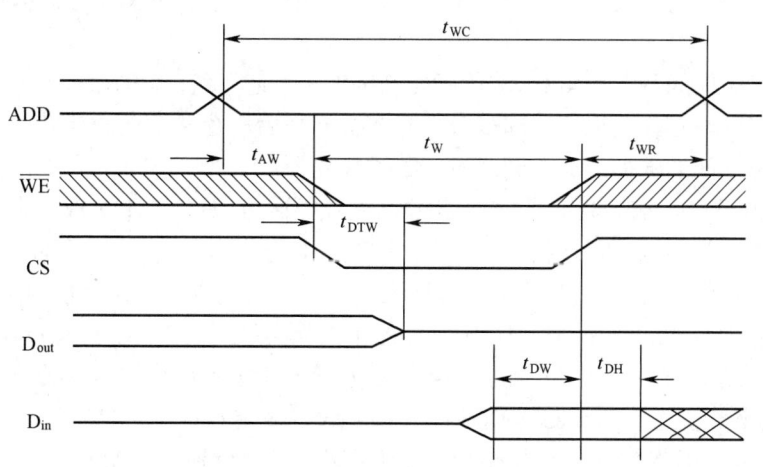

图 3.28　SRAM 写周期时序

SRAM 在与 CPU 连接时，在它读写时序关系确定的情况下，要注意它们之间时序关系的匹配，否则将导致 SRAM 无法工作。

前面介绍了 DRAM 和 SRAM 的相关知识，DRAM 被用作内存，应用更为广泛，而 SRAM

则被用来制作高速缓冲存储器，提高存储系统整体的访问效率。下面从六个方面对这两类 RAM 进行比较。

（1）速度。SRAM 采用双稳态 MOS 管组成的触发器电路，相较于用电容存储电荷的 DRAM，其速度优势是非常明显的，通常 SRAM 的存取周期只有 DARM 的 1/12～1/20。

（2）集成度。集成度指在单位面积的基片上能够容纳多少个基本存储单元，DRAM 基本单元只要一个晶体管和一个电容器即可，而要搭建 SRAM 基本单元电路则需要 4～6 个 MOS 管，因此构建相同数量的存储单元，SRAM 需要更多的元器件数量，其集成度也就会低很多。

（3）封装尺寸。微型化是现代芯片设计的趋势，小的封装更利于商业化推广，DRAM 在这方面具有更强的优势，除了上面说到的集成度高因素外，它采用分时传送行列地址信号的方式，可以将地址管脚的数量压缩一半。

（4）功耗。元器件数量越少，功耗就越低，DRAM 基本单元构成简单，因此功耗更小，发热量更低，稳定性更强，适合长时间工作。

（5）数据保持。RAM 必须在供电的情形下才能保持其间的信息，但 DRAM 由于自身采用电容存储电荷的原因，即便在供电的情形下，也会出现基本单元信息消失的现象，因此需配备刷新电路，周期性补充电荷，这样也会消耗一部分功率，而 SRAM 则不需要进行数据再生操作。

（6）位价格。价格与成本成正比例关系，DRAM 价格优势更为明显，适合商业应用推广。

3.2.6 存储扩展与连接

1. 存储扩展

单个芯片结构可能不符合与系统总线的连接标准，且存储容量有限，较难满足特定的存储需求，因此，可以选择若干个基础芯片，通过某种方式组合起来，形成一个既满足总线连接要求，又容量足够大的存储器，称为存储扩展。存储扩展通常有位扩展、字扩展和字位扩展三种方式。

（1）位扩展。位扩展可以增加存储字长，将多个芯片采用位扩展方式构建存储器需遵循以下规则：

1) 同一字空间的片选逻辑 $\overline{CS}$ 和读写控制都连在一起，统一控制。
2) 存储空间与芯片的地址空间一致，即在扩展之后，存储单元的数量并没有发生变化。
3) 不同位空间的数据线连接到对应的数据总线上。

图 3.29 中，两个 1K×4bit 的 2114 芯片通过位扩展方式形成 1K×8bit 的存储器，他们的片选端 $\overline{CS}$ 和读写控制端 $\overline{WE}$ 连接在一起，意味着它们会作为一个整体，同时被激活或不激活，同时进行一种类型的操作（读或写）。地址线 A_0～A_9 芯片内寻址，最多确定 1024 个单元，如当 A_0～A_9 状态为 0000000001 时，两个 2114 的 1 单元会被同时选中，由于每片 2114 只能与总线发生四位的数据交换，因此将左侧 2114 的数据管脚连接到系统数据总线的低四位 D_0～D_3，右侧芯片的数据管脚连接到高四位 D_4～D_7，即可收发 8 位数据。

通过位扩展，存储空间大小并未变化，但存储字长却得到了增加。

（2）字扩展。字扩展可以在不改变存储字长的前提下，增加存储空间的大小，字扩展需遵循以下规则：

1) 同一字空间芯片的片选端 $\overline{CS}$ 连接在一起。
2) 同一位空间的数据线在一起，并连接到对应的数据总线上。

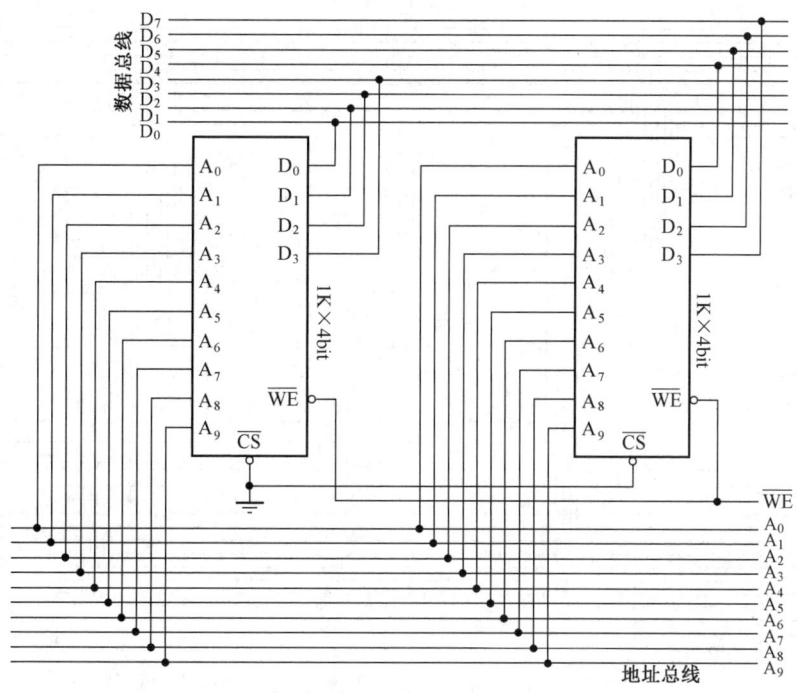

图 3.29　2 片 2114 芯片通过位扩展形成 1K×8bit 存储模块

3）根据各存储芯片的地址空间范围设计该芯片所需的片选信号，通常系统地址总线会被分成两个部分。低位地址线进入芯片内部寻址，确定存储单元；高位地址线通常会通过译码器产生片选信号。

4）各参与构建芯片的读写控制逻辑连接在一起，由于连接到不同片选端 $\overline{CS}$ 的芯片不会同时工作，因此读写连在一起可以简化电路设计。

图 3.30 中，4 个 1K×8bit 的芯片通过字扩展连接到一起，构建 4K×8bit 的存储器。各芯片的数据管脚都是 8 根，而系统数据总线也是 8 根，因此可以把 4 个芯片里相同位空间的数据总线连接到一起，并对应同一根数据线。系统提供了 12 根地址信号线 $A_0 \sim A_{11}$，由于每个芯片内只有 1K 个单元，只需 10 根低位地址线 $A_0 \sim A_9$ 就可以完成片内寻址，还剩两根地址线 A_{10}、A_{11}，将它们连接到 2-4 译码器的输入端，可输出四种状态，每个存储周期内只会有一种状态有效，将它们分别接入到各芯片的片选端 $\overline{CS}$，而在读写控制端 $\overline{WE}$，无论它是低电平还是高电平，只有 $\overline{CS}$ 端有效的芯片才会执行相应的读写指令。

字扩展后，4 个 1K×8bit 的芯片构建了 4K×8bit 的存储模块，当然，在一个存储周期内只会有一个芯片是在工作，而其他 3 个则处于未激活状态。

（3）字位扩展。字位扩展方式同时扩展地址空间和存储字长，一般的做法是：先将若干芯片进行位扩展构成一个模块，再对多个模块实施字扩展，达到存储构建目标。

图 3.31 中，用 4K×4bit 芯片构建 16K×8bit 的存储模块，先要确定所需基础芯片数量，再设计这些芯片的组合及与总线的连接方式。首先将两个 4K×4bit 的芯片位扩展，形成一个 4K×8bit 的模块，再将 4 个这样的模块进行字扩展，就能达到存储目标的要求，共需要 8 个 4K×4bit 的基础芯片。

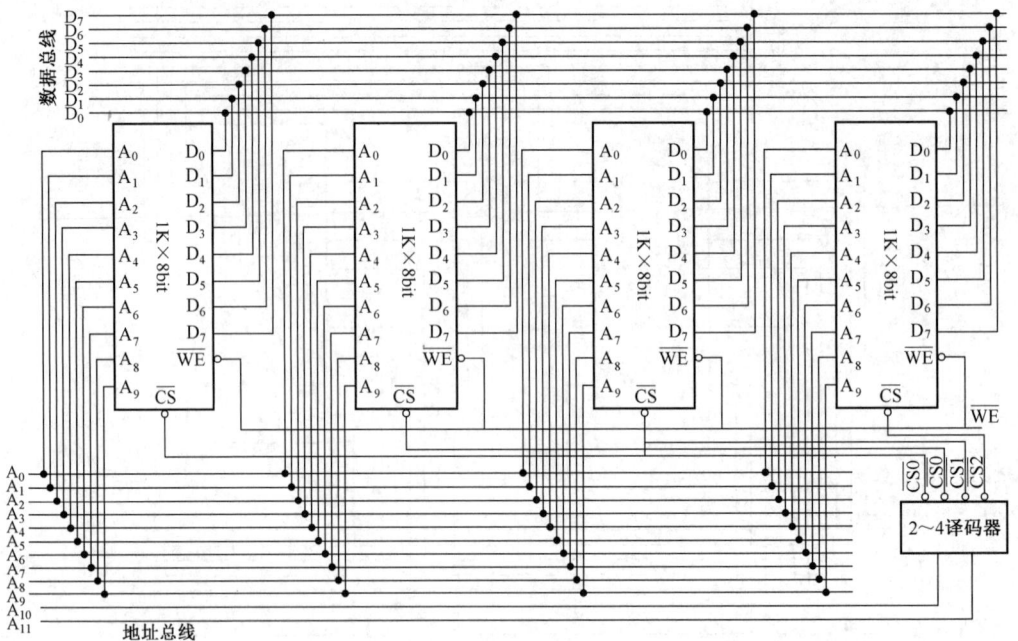

图 3.30　4 片 1K×8bit 芯片字扩展形成 4K×8bit 存储模块

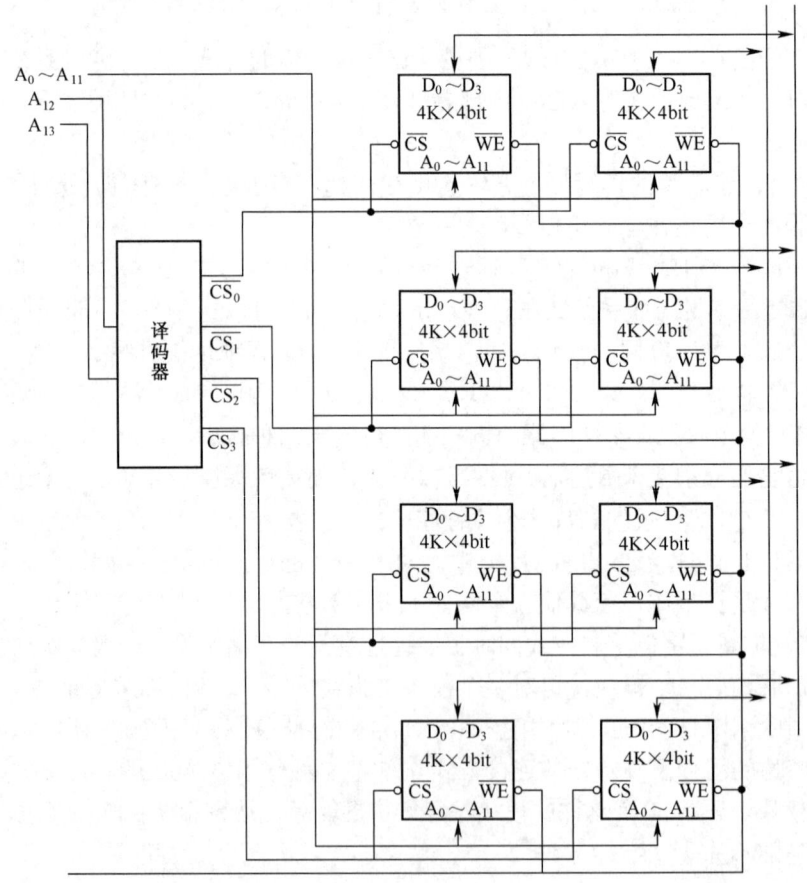

图 3.31　8 片 4K×4bit 芯片通过字位扩展形成 16K×8bit 存储模块

2. 存储器与 CPU 的连接

（1）连接信号类型。计算机中，CPU 对存储器进行读写，首先要给出地址信号，选择要操作的存储单元，再通过控制总线发出相应的读写控制命令，最后才能在数据总线上进行数据交换。所以，存储器芯片与 CPU 之间的连接，实质上是存储器与系统总线的连接，包括以下几部分：

1）地址线的连接。存储芯片的地址空间大小不同，寻址所需要的地址线数量也会不同，CPU 能够提供的地址线根数会比芯片上地址线引脚数量多。通常，CPU 的低位地址线与芯片地址管脚连接，高位地址线在存储扩展时使用，如用作片选信号。

2）数据线的连接。CPU 的数据线根数与存储芯片的数据引脚数量也不一定相等，需要通过位扩展使得它们两者之间相等。

3）控制线的连接。控制包括片选控制和读写控制。

芯片只有在它的片选端 $\overline{CS}$ 被置于有效电平时才工作，可以将地址线直接用作片选，当需要的片选信号较多时，一般采用译码器来完成。

图 3.32 是 3-8 译码器 74LS138，其译码输入端 A、B、C 接受地址信号，输入输出端 $Y_0 \sim Y_7$ 分别对应 ABC 的 8 种不同状态组合，只有当门控端 $G_1=1$，$\overline{G_2A} = \overline{G_2B} = 0$ 时，译码器才会工作。可将 G_1 端连接 V_{CC}，使其始终保持高电平，而 $\overline{G_2A}$ 和 $\overline{G_2B}$ 则连接到访存控制端 $\overline{MREQ}$，这样只要访存信号有效，译码器就会立即进入工作状态。

在设计 CPU 与存储器连接电路时，会将所有芯片的读写控制端都连接到系统读写控制线上，这样可以简化电路实现，且不影响相关功能。

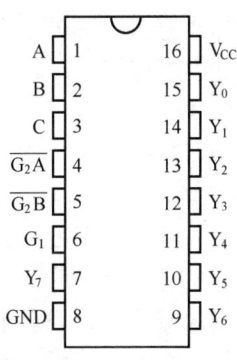

图 3.32　3-8 译码器 74LS138

（2）连接需考虑的问题，包括以下几个方面：

1）芯片选择。单个存储器芯片容量有限，在主存系统中，需要扩展多块芯片构成一定容量与结构的存储器，芯片选择是前提。在选片过程中，要考虑芯片容量、存储目标需求、时序匹配等问题。芯片选型应遵循的原则是：用尽可能少的芯片完成存储目标的构建，简化电路实现，减轻总线负载。

2）CPU 总线的负载能力。小型系统中，CPU 可以直接和存储器芯片相连，但当 CPU 和大容量的存储器相连时，应当考虑总线的驱动问题，即在总线上增加驱动器来提升 CPU 总线的驱动和负载能力。常用的总线驱动器有 74LS245、Intel 8286/8287。

3）时序配合问题。CPU 在对存储器进行读写时，都有固定时序，选用存储芯片时，要尽可能地减小它与 CPU 间的速度差，避免在总线周期里插入过多的 T_w 等待周期来解决速度不匹配的问题。

4）地址分配和片选问题。在实际应用中，存储芯片可能会被要求用在不同的地址空间，而片选的使用和地址空间是有直接关系的，需要根据各芯片的地址范围来确定它所使用的片选。

例 3.1　某 CPU 可提供 8 位数据信号，16 位地址信号，用开关量 $\overline{WR}$ 作为读写控制信号，$\overline{MREQ}$ 作为 CPU 访存控制信号。现要求根据以下用户需求构建存储器：

① 最小 8K 地址作为 ROM 区，存放一些固化的系统用信息。

②紧邻的 16K 地址做用户内存，存放当前正在运行的用户程序或数据。

③最高地址 4K 做系统程序工作区，存放加载进入内存的操作系统程序。

以存储扩展方式实现上述目标，现有一些规格的存储芯片可供选择：

RAM 芯片：1K×4bit、4K×8bit、8K×8bit。

ROM 芯片：2K×8bit、4K×8bit、8K×8bit。

另外，可以根据设计需要自行选取译码器和相关门电路。

解：

①确定各存储区域地址范围。CPU 地址线是 16 位，那么内存地址也应为 16 位地址格式。

最小 8K ROM 区，地址范围：0000H～1FFFH。

相邻 16K RAM 区，地址范围：2000H～5FFFH。

最大 4K RAM 区，地址范围：F000H～FFFFH。

②芯片选型及数量确定。依据芯片选型原则，备选芯片中有 8K×8bit 规格的 ROM，只要将它直接连接到总线上就能实现只读区的存储要求；16KB 的用户内存用 2 片 8K×8bit 的 RAM（地址空间范围分别为 2000H～3FFFH 和 4000H～5FFFH）完成字扩展，地址空间范围 4KB 系统程序工作区使用 1 片 4K×8bit 的芯片。如果选用上面型号的芯片进行存储器构建，共需要 4 片芯片。

③信号线连接。

数据线连接：所选芯片的存储字长均为 8 位，而系统总线也是 8 位，可将各芯片中位空间相同的引脚连接在一起，对应相应的数据总线。

地址线连接：所选芯片中，有 3 片地址空间为 8K 的芯片，需将 13 根地址线 A_0～A_{12} 连接到存储芯片的地址管脚，可实现 CPU 对芯片内所有单元的寻址。另一片有 4K 个单元的 RAM，寻址只需要 12 根地址线 A_0～A_{11}，A_{12} 在这里不会进入芯片内，其值始终置 1，可作为门控端输入信号，产生片选信号连接到芯片的 $\overline{CS}$ 端。系统地址总线中尚未使用的 A_{13}、A_{14}、A_{15} 作为输入信号连接到 74LS138 译码器的 A、B、C 端。

控制信号连接：设计电路连接之前，首先要弄清构成存储器的各芯片分别用几号片选，这与芯片的地址空间范围密切相关。表 3.4 中标出每个芯片首末地址的最高 3 位状态，它们对应着译码器的输出。图 3.33 为例 3.1 目标存储器结构。

表 3.4 例 3.1 各芯片所用片选号

存储模块（功能区）	芯片首地址	芯片末地址	对应片选输出
8KB ROM	0000,0000,0000,0000	0001,1111,1111,1111	Y_0#
字扩展 RAM_1（8KB）	0010,0000,0000,0000	0011,1111,1111,1111	Y_1#
字扩展 RAM_2（8KB）	0100,0000,0000,0000	0101,1111,1111,1111	Y_2#
4KB RAM_3	1111,0000,0000,0000	1111,1111,1111,1111	Y_7#

例 3.2 设 8086 可提供 16 位数据信号和 20 位地址信号，用 $\overline{MREQ}$ 控制访存，$\overline{WR}$ 写控制，$\overline{RD}$ 读控制，信号线 BHE 和 A_0 控制以字（16bit）或字节（8bit）两种形式进行访问。8086 对存储器实施分段管理，每个段的长度不超过 64KB，假设高地址 64KB 为系统区（ROM），与之相邻的 64KB 为用户程序区（RAM），画出 CPU 和存储器之间的连接图。

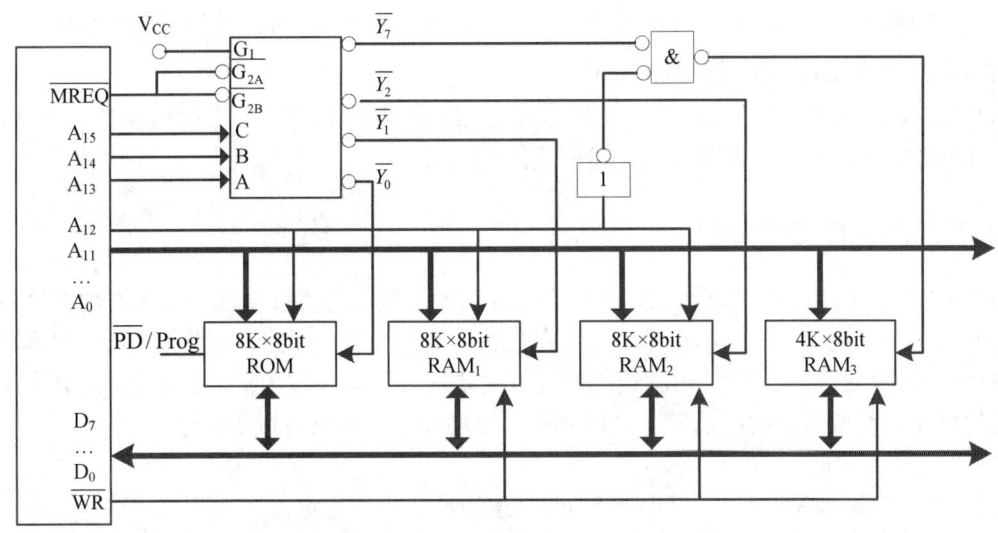

图 3.33　例 3.1 目标存储器结构

解：

① 芯片数量与地址空间。由于 8086 只支持 16 位的数据运算，虽然地址信号为 20 位，但不能一次运算，因此存储器采用分段方式，段内逻辑地址 16 位，按字节寻址空间 64K。8086 支持字和字节两种访问形式，访问字节时需要分奇偶存储体，用 $\overline{BHE}$ 和 A_0 的状态组合进行控制，具体控制方式见表 3.5。

表 3.5　字/字节访问控制方法

$\overline{BHE}$	A_0	访问形式
0	0	字
0	1	奇存储体
1	0	偶存储体
1	1	不访问

为了实现奇偶存储体能分开访问，各选用 2 片 32K×8bit 的 ROM 及 RAM 芯片通过字位扩展构建 64KB 的目标存储区。

② 信号线连接。

数据线： 选取存储字长为 8bit 的 ROM 或 RAM 芯片，要与 16bit 系统数据总线进行信息交换，需采用位扩展，低位存储芯片数据引脚与总线 $D_0 \sim D_7$ 相连，高位存储芯片与总线 $D_8 \sim D_{15}$ 相连。

地址线： 20 根地址线中，A_0 已被用于访问方式选择，每个芯片的地址空间为 32K，需 15 根地址线 $A_1 \sim A_{15}$ 完成片内寻址。高位地址线被接入 74LS138 译码器，由于 A_0 和 $\overline{BHE}$ 已确定连入译码器的 A、B 两个输入端，因此只能 A_{16} 作为最后一个输入信号接到 C。$\overline{MREQ}$ 与 $\overline{G_{2A}}$、$\overline{G_{2B}}$ 连接控制访存，A_{17}、A_{18}、A_{19} 通过与门连接到 G_1。

控制线： $\overline{Y_4}$ 有效时，ROM1 和 ROM2 被同时选中，共同向数据总线提供 16 位数据，实现字访问功能，$\overline{Y_5}$ 有效时访问奇存储体 ROM1，$\overline{Y_6}$ 有效时访问偶存储体 ROM2，数据以字节形式输出。同样的，$\overline{Y_0}$ 有效则 CPU 以字为单位访问 RAM$_1$ 和 RAM$_2$，$\overline{Y_1}$ 和 $\overline{Y_2}$ 有效则按字节分别访问奇存储体 RAM$_1$ 和偶存储体 RAM$_2$。

ROM 只读不写，其 $\overline{OE}$ 引脚连接 $\overline{RD}$ 信号线，RAM 可读可写，$\overline{OE}$ 连接 $\overline{RD}$，$\overline{WE}$ 连接 $\overline{WR}$。例 3.2 的电路连接图，可以参照上述描述自己绘制。

3.2.7 访存速度提升措施

随着 CPU 处理能力的不断增强，各种类型外围设备数量的持续增加，系统对内存容量及速度的要求也越来越高。对于单机来说，内存是各种信息聚集、存储、转发的中心，提高其访问速度已成为亟需解决的问题。内存速度的提升主要依赖于硬件技术水平的发展，此外存储体系结构的优化、存取方式的改进等也会起到很大推动作用。通常有以下做法：

（1）采用高性能存储芯片。
（2）优化存储体系结构，如配置恰当的高速缓冲－内存容量比。
（3）采用双端口存储器。
（4）并行方式访存，增加存储字长。

1. 高速内存芯片

芯片设计与制造技术水平的增强，是存取速度稳定提升的源动力，除了前面提到的 SDRAM，还有 RDRAM、CDRAM 等。

（1）SDRAM。SDRAM 是具有同步接口的 DRAM，它在响应控制输入前会等待一个时钟信号，这样就能和计算机的系统总线同步。SDRAM 经过 SDR、DDR、DDR2、DDR3、DDR4 及 DDR5 几个阶段的发展，在传输带宽极大增加的前提下，功耗也大幅下降。

有关 SDRAM 的相关知识，在 3.2.3 节中已有比较详尽的介绍，此处不再赘述。

（2）RDRAM。Rambus DRAM 是美国 RAMBUS 公司开发的一款内存产品，可工作在 600MHz、800MHz 和 1066MHz 三种频率下，容量规格有 64M、128M、256M、512M 四种，RDRAM 制造成本偏高，发热量较大，这些都限制了它在普通用户市场的推广。而同时期的 DDR 则能以较低的价格，良好的性能，逐渐占领了内存主流市场。RDRAM 一个比较突出的问题就是必须成对使用，使用时所有的空插口必须屏蔽，鉴于上述原因，RDRAM 难以在内存市场上占据一席之地，于 2003 年左右彻底退出市场。

RDRAM 存储字长 16 位，比 DDR 内存的 64bit 位宽要小很多，但它的工作频率却非常高，可以达到 400MHz 乃至更高，它也能够在时钟的上升期和下降期各传输一次数据，即一个时钟周期内传输两次数据。部分 RDRAM 带有纠错功能（ECC），有 ECC 功能的 RDRAM 存储字长 18 位，比普通 RAMBUS 增加 2 位，但外观上很难将两者区分。

DRAM 行缓冲器的信息在写回存储器后便不再保留，而 RDRAM 则可以继续保持原有信息，CPU 在访问存储系统时，可在缓冲器里命中部分内容，不需要再对内存操作，从而提升访问速度。RDRAM 还可以把数据集中起来以分组的形式传送，一次访问所能读出的数据长度可以达到 256 字节。

2. 双端口存储器

双端口存储器是指一个存储器具有两组相互独立的读写控制线路，每一个端口都有自己的片选控制和输出驱动控制，可以并行实施操作，相比较普通存储器，数据通道数量增加，存取效率会更高。如图 3.34 所示,当通过两个端口操作地址不相同的单元时,即便同时操作,也不会发生冲突,冲突只会发生在同时存取同一存储单元时,为避免冲突的发生,可以设置信号量标志$\overline{\text{BUSY}}$,当两个端口都有存取操作要进行时,由判优逻辑决定操作顺序。例如,当通过端口 L 和端口 R 要操作的是同一对象单元时,L 的优先级较高,那么机器就会将 R 端口的$\overline{\text{BUSY}}$信号线置 0,暂时禁止对 R 的操作。

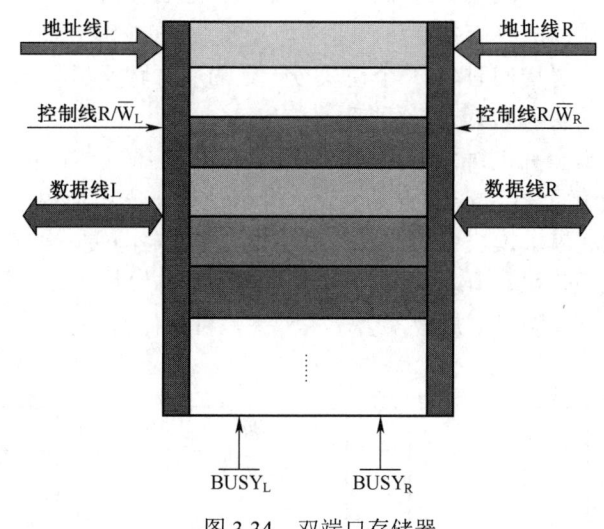

图 3.34 双端口存储器

3. 并行访问存储器

(1) 单体多字系统。当指令或数据在存储体内连续存放时,一个访问周期里 CPU 可以连续读出多个字信息,例如从内存中取指令执行这类操作,如果从某一地址开始连续取出多条指令,再逐条将它们送至 CPU 执行,避免了每读取一个单元的数据,都要事先确定它的地址,节省了用于这方面的时间开销,增大了存储器的带宽,提高了单体存储器的速度。如图 3.35 所示,一个单体四字的结构,每字 W 位。在地址寄存器获取相应值后,在一个存取周期内可读出 $4 \times W$ 位信息,内存的带宽也是单字访问方式的 4 倍,即单体多字存储访问。

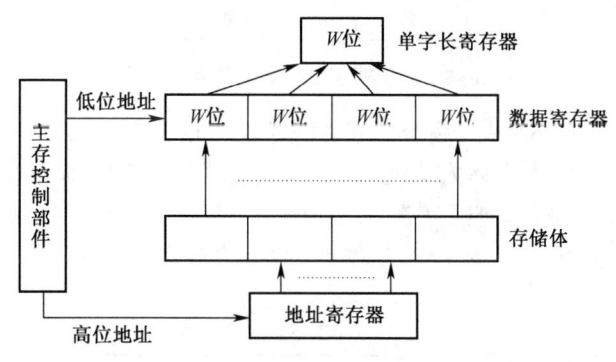

图 3.35 单体多字存储访问

计算机系统中,根据访问局部性原理,与正在访问的指令或数据物理位置相邻的信息,在接下来的周期中被访问到的概率也非常大,因此机器通常会对指令或数据进行预读取,这样可以加快机器处理的速度,但它的前提是信息在存储器中必须连续存放。

(2)多体并行系统。多体并行系统是由多个存储模块构成的存储系统,每个模块有相同的容量以及存取速度,各模块都有独立的地址寄存器(MAR)、数据寄存器(MDR)、地址译码、驱动电路和读写电路,他们能够顺序工作,也能交叉工作,但是并行读出的数据在总线上需要分时传送。

由于存在多个存储模块,因此 CPU 送来的地址信息包含体号与体内地址两个部分,访问方式有顺序访问和交叉访问两种。并行访问时,M 个模块同时启动,同时读写,读出的 M 个字在总线上分时传送;交叉访问时,M 个模块按一定的顺序轮流启动各自的存取周期,启动两个相邻模块的最小时间间隔为单模块存取周期的 $1/M$。

多体并行系统内存储单元的编址有两种方式:高位顺序编址和低位交叉编址。对于高位顺序编址的多体并行系统而言,高位地址表示体号,低位地址表示体内地址,指令在存储体内按地址顺序存放,他们在单个模块中的地址是连续的,扩充较方便,如图 3.36 所示。不同的存储体可以同时访问,可以设计让存储体承担不同的用途,如某些存放指令,另一些则用于 I/O 操作,让 CPU 和外设在访存问题上不会产生冲突,真正做到并行工作。

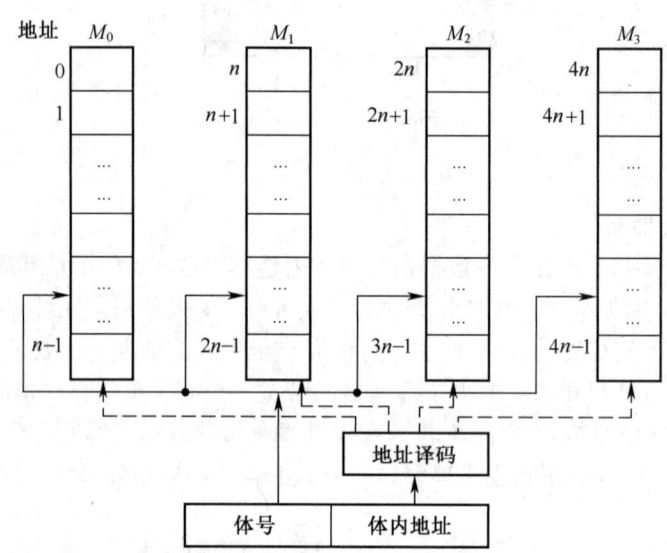

图 3.36 高位顺序编址的多体并行系统

对于低位交叉编址的多体并行系统而言,程序连续存放在相邻体中,称为交叉存储,低位地址表示体号,高位地址表示体内地址。这种编址方式又称为模 M 编址,其中 M 为模块数。每个模块的存取周期是不变的,但是 CPU 交叉访问,使得这几个存储体的读写过程重叠进行。表 3.6 为模 4 交叉编址地址表。图 3.37 低位交叉编址的多体并行系统。

表 3.6 模 4 交叉编址地址表

体号	体内编址序列	对应二进制地址最低二位
M_1	$0,4,8,12,\cdots,4j+0,\cdots$	0 0
M_2	$1,5,9,13,\cdots,4j+1,\cdots$	0 1

续表

体号	体内编址序列	对应二进制地址最低二位	
M_3	2,6,10,14,…,4j+2,…	1	0
M_4	3,7,11,15,…,4j+3,…	1	1

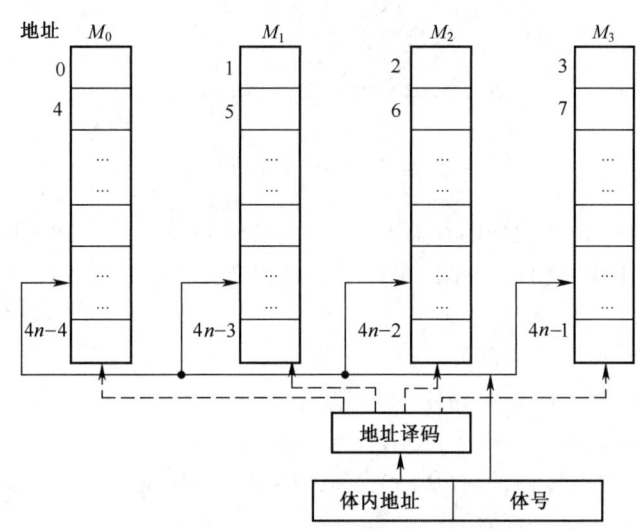

图 3.37 低位交叉编址的多体并行系统

多个存储模块交叉编址，可以明显提高存储系统的传输带宽，且不会改变各模块的存取周期。对于 M 个存储体构成的系统，每间隔 T/M 时间就会启动一个存储体，T 为存储周期。第一个存储周期内，所有的存储模块都会完成启动，而从第二个周期开始，每个周期内都会有 M 个字读出，也即是带宽是原先的 M 倍。

对于高位顺序存储器（高位顺序编址的多体并行系统），虽然 M 个并行模块同时启动，同时读取，但读取 n 个字是从一个模块的某个地址开始连续进行，该模块读完了再去读下一个相邻的模块，因此在连续读数据方面，它和单体存储器并没什么区别，所需的时间是 $n \times T$，但如果是从每个模块同时读数据，它的速度优势就会显现出来。而对于低位交叉存储器（低交叉编址的多体并行系统），存储访问是依次在各存储体内进行的，类似于流水线处理方式，假设总线传输周期为 t，则连续读取 n 个字所需的时间为 $T+(n-1) \times t$。图 3.38 和图 3.39 对比了 4 个存储体并行访问方式和交叉访问方式所需时间的差异。

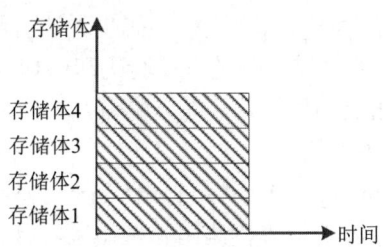

图 3.38 4 个存储体并行访问方式

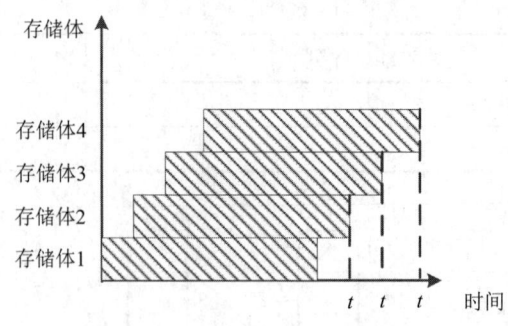

图 3.39 4 个存储体交叉访问方式

例 3.3 设有由 4 个模块组成的存储器，存储字长为 32bit，存取周期 150ns，数据总线宽度与存储字长相等，总线周期为 80ns。求顺序存储和交叉存储的带宽。

解：

高位顺序编址方式（顺序存储）：

连续读出 4 个字所需时间是 150ns×4=600ns；

按字节为单位度量，读出数据量是 4B×4=16B；

带宽=单位时间内数据传输量=16B/(600×10-9)=2.7×10^7Bps。

低位交叉编址方式（交叉存储）：

连续读出 4 个字所需时间是 150ns+(4−1)×80=390ns；

带宽=16B/(390×10-9)=4.1×10^7Bps。

提高存储器访问速度的方式有改进硬件性能和改善存储访问方式两类。硬件性能是基础，高性能芯片能支持更高的工作频率和更大的位宽，能够在一个存取周期内完成多次读写操作，是带宽增长的主要途径。访问方式的改进是在已有硬件环境基础上，对存储性能的再次提升，双端口存取和并行访问，在访问通道数量、信息存放方式、存储模块工作模式等方面都做了改进，支持双通道并行存储访问，多存储体在一个周期内产生多次输出，提升存取性能。

3.2.8 存储器校验

计算机系统运行时，各个部件间频繁地交换数据，为保证数据在经历传输后仍然正确，通常使用检验码来检测和纠正错误，常使用的检验码有三种，分别是奇偶校验码、海明校验码和循环冗余校验码（CRC）。

奇偶校验码最简单，但只能检测出奇数个位置出错，且具体有几位出错无法判断，但经研究是奇数位数发生错误的概率大很多，奇偶校验码也无法检测出错误位置，也就无法纠错，只能要求发送方重新发送数据。奇偶校验码是奇校验码和偶校验码的统称，通过在数据编码之后加一位校验码组成，奇校验加上校验位后，整个编码中 1 的个数为奇数，同样的，偶校验加上校验位后，编码中 1 的个数为偶数。

海明校验码由 Richard Hamming 于 1950 年提出，是一种被广泛采用的有效的数据校验方法，只要添加少数几个校验位，就能最多检测出二位出错，且还能判断出一位错的具体位置，并进行自动纠正。

海明校验是利用奇偶性来检错和纠错的校验方法，其原理为为 k 个数据位加上 r 个校验位，从而形成一个 k+r 位的新编码，通过若干个校验位检测一个数据位的方法，将每一个数据位分配在几个不同的校验位组合中，只要某个数据位发生错误，就会引起相关的几个校验位的值发生变化。该方法不但可以发现错误，还能确定出错的位置，为自动纠错提供依据。

1. 海明校验码基础

假设为 k 个数据位设置 r 个校验位，则校验位能表示 2^r 个状态，可用其中的一个状态指出"没有发生错误"，用其余的 2^r-1 个状态指出有错误发生在某一位，校验位长度 r 的取值与数据位长度 k 直接相关，通常为满足以下不等式关系的最小值

$$2^r \geqslant k+r+1$$

表 3.7 列举了部分 k 和 r 之间的对应关系，可见，海明校验所需的校验码位数并未随数据位线性增加，而是呈现对数增长的趋势。

表 3.7　海明校验码中数据位与校验位的长度对应关系

数据位长度 k	校验位 r 最小取值
1	2
2～4	3
5～11	4
12～26	5
27～57	6
58～120	7

校验码出现在 2 的幂次方位置，即 $1,2,4,8,\cdots,2^{r-1}$ 等，计作 $P_1,P_2,P_3,\cdots,P_r$，编码中没有安置校验位的位置都是数据位，表示为 $D_k,D_{k-1},D_{k-2},\cdots,1$，数据位和校验位在一起构成混合编码。譬如，一串二进制编码由 4 位构成，为了能对它检测，需设置 3 个校验位，位置安排如下。

海明校验的规则是：对于数据位第 i 位，由校验位位号之和等于 i 的那些校验位进行校验。表 3.8 中，数据位 D_4 位号为 3，它被位号分别为 1、2 的 P_1、P_2 所校验，数据位 D_3 位号为 5，它被位号分别为 1、4 的 P_1、P_3 所校验；同样的，位号是 6 的 D_2 被 P_2、P_3 校验，D_1 则被 P_1、P_2、P_3 共同校验。通过上面的分析，再来推导每个校验位分别校验哪些数据位，可以看出 P_1 负责校验数据位 D_1、D_3、D_4，P_2 校验 D_1、D_2、D_4，P_3 校验 D_1、D_2、D_3，数据位与校验位校验对应关系如图 3.40 所示。

表 3.8　7 位海明校验中数据位与校验位位置分布

位置编号	1	2	3	4	5	6	7
编码性质	P_1	P_2	D_4	P_3	D_3	D_2	D_1

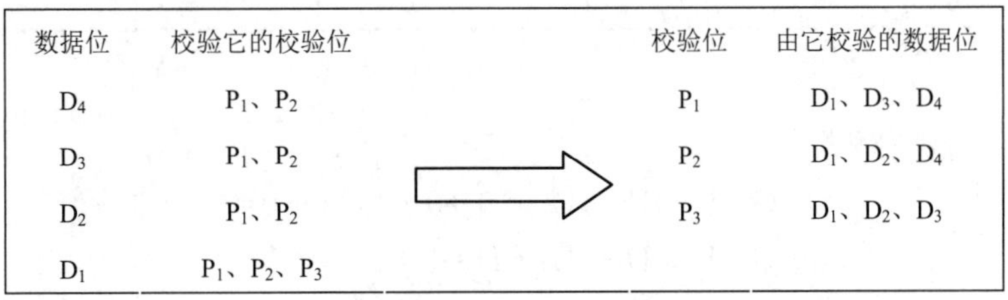

数据位	校验它的校验位	校验位	由它校验的数据位
D_4	P_1、P_2	P_1	D_1、D_3、D_4
D_3	P_1、P_3	P_2	D_1、D_2、D_4
D_2	P_2、P_3	P_3	D_1、D_2、D_3
D_1	P_1、P_2、P_3		

图 3.40　7 位海明校验中数据位与校验位校验对应关系

2. 海明校验过程

校验位和它负责校验的数据位在一起构成了一个组，在各组内设置校验码时，需遵循奇配原则或偶配原则中的一个，如在第一组 G_1：$\{P_1,D_1,D_3,D_4\}$ 中，奇配原则就是让组内"1"的个数为奇数，用异或表达式描述为：

$$G_1=P_1 \oplus D_1 \oplus D_3 \oplus D_4=1$$

假设需要校验的数据串是 1010 时，由于 $D_1 \oplus D_3 \oplus D_4=0 \oplus 0 \oplus 1=1$，则 $P_1=0$，其余各组校验码的确定与此类似。

同样的，当给出一串海明校验混合编码时，也可通过奇偶性判断编码是否有错，以及出错的位置。

例 3.4 按偶配原则，为数据 1100 设置相应的海明校验码。

解：

①确定校验码长度和位置。数据码长度为 4 时，由公式可计算出需要校验码 3 位，它们处在 2 的幂次方位置，即 1、2、4 位置，见表 3.9。

表 3.9　7 位海明校验中数据位与校验位置分布

位置编号	1	2	3	4	5	6	7
编码性质	P_1	P_2	1	P_3	1	0	0

②计算校验码取值。根据前面的分析，三个校验码 P_1、P_2、P_3 被分在三个组中：

$$G_1: \{P_1,D_1,D_3,D_4\}$$
$$G_2: \{P_2,D_1,D_2,D_4\}$$
$$G_3: \{P_3,D_1,D_2,D_3\}$$

依照偶配原则

$G_1=P_1 \oplus D_1 \oplus D_3 \oplus D_4=0$，$D_1 \oplus D_3 \oplus D_4=0 \oplus 1 \oplus 1=0$ → $P_1=0$

$G_2=P_2 \oplus D_1 \oplus D_2 \oplus D_4=0$，$D_1 \oplus D_2 \oplus D_4=0 \oplus 0 \oplus 1=1$ → $P_2=1$

$G_3=P_3 \oplus D_1 \oplus D_2 \oplus D_3=0$，$D_1 \oplus D_2 \oplus D_3=0 \oplus 0 \oplus 1=1$ → $P_3=1$

按偶配原则，数据串 1100 对应的海明码是 0111100。

例 3.5 已知接收到采用偶配原则海明校验的二进制序列 0100111（表 3.10），试问该序列在传输过程中是否发生错误，如有错误，发生在哪一位？

表 3.10　采用偶配原则海明校验的二进制序列

位置编号	1	2	3	4	5	6	7
编码性质	P_1	P_2	D_4	P_3	D_3	D_2	D_1
编码值	0	1	0	0	1	1	1

解：

采用前面的分组分析结果

$$G_1=P_1 \oplus D_1 \oplus D_3 \oplus D_4=0 \oplus 1 \oplus 1 \oplus 0=0$$
$$G_2=P_2 \oplus D_1 \oplus D_2 \oplus D_4=1 \oplus 1 \oplus 1 \oplus 0=1$$
$$G_3=P_3 \oplus D_1 \oplus D_2 \oplus D_3=0 \oplus 1 \oplus 1 \oplus 1=1$$

在偶配原则下，G_1、G_2、G_3 的取值都应该是 0，但实际计算出的结果 $G_1=0$，$G_2=G_3=1$。明显可以得出，只有 D_2 出错，才会导致 G_2、G_3 两组出错，但 G_1 不会出错，而 G_3、G_2、G_1 组合刚好为 110，表示第 6 位出错。

3.3 高速缓冲存储器（Cache）

3.3.1 设置 Cache 的原因

通常，内存工作频率会远低于 CPU 的工作频率，如 100MHz 的 Pentium 处理器每 10ns 就执行完一条指令，但 DRAM 的典型访问时间是 60~120ns，这样造成的结果是：CPU 在执行完指令后，常常需要"等待"一些时间才能再次访问内存，极大降低了 CPU 工作效率，Cache 的出现可以很好地缓解这个矛盾，它是位于 CPU 与内存间的一种容量较小但速度很高的存储器。Cache 由存储部件和控制部件组成，存储部件也是采用半导体存储器件，存取速度比内存快几倍甚至十几倍，Cache 控制器部件包括主存地址寄存器、Cache 地址寄存器，主存－Cache 地址变换部件及替换控制部件等。

CPU 在访问内存时具有局部性特征，在一段时间内访存操作往往集中于内存某个局部，而非均衡访问，譬如执行循环调用的子程序，即所谓的程序访问的"时空局部性"原理，也是 Cache 设置的理论依据。机器工作时，如果把即将要访问的信息预先存入 Cache 中，访问存储系统时，优先访问 Cache，如果要访问的信息刚好在 Cache，称为访问命中，否则，称为不命中，再到内存中调取所需的指令或数据。CPU 可以对 Cache 进行直接读写，由于 Cache 的存取速率快，使得 CPU 不再需要长时间等待，其利用率大幅提高，整个系统的性能也会因此提升。

从 Intel 486 开始，主板上就设计了 Cache 插槽，用户可以根据需要自己配置 Cache，586 级的 CPU 芯片中已集成了部分 Cache，同时还保留了 Cache 插槽供用户扩充，而到了 Pentium Ⅱ时代后，Cache 已全部集成到了 CPU 芯片中，主板上再也没有 Cache 插槽。当前，CPU 芯片中集成了至少 16KB 的指令 Cache 和 16KB 的数据 Cache，以及 64KB 以上的 L2 Cache。由于机器工作时，使用频率高的指令或数据相对较少，从功耗和成本等方面考虑，没有必要将 Cache 的容量设置得过大。

3.3.2 Cache 地址结构与映射

1. 内存与 Cache 地址结构

从 Cache-主存层次要实现的目标看，要使存储系统的速度接近于 Cache，容量接近于内存。Cache 的存在对用户程序而言是透明的，CPU 每次访存时，依然和未使用 Cache 的情况一样，只给出主存地址，但在 Cache－主存层次中，CPU 首先访问的是 Cache，只在不命中的情况下再去访问主存，如图 3.41。

由于内存容量远超 Cache，因此只会有少量的内存内容能被映射到 Cache 中，并且这些内容是动态更新的，即是说内存与 Cache 间的数据交换会比较烦琐。与 CPU 访问存储器按字单元进行读写不同，主存和 Cache 之间一次交换的数据单位是一个数据块。数据块的大小是固定的，由若干个字组成，且主存和 Cache 的数据块大小相同。

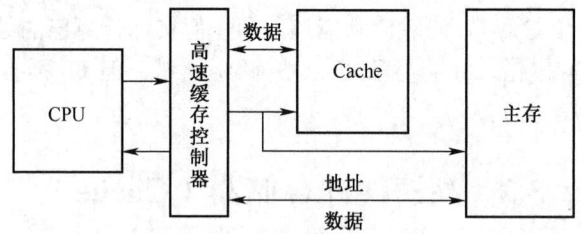

图 3.41　CPU 存储访问顺序

如图 3.42 和图 3.43 所示，内存和 Cache 的逻辑地址都是由块地址和块内地址组成，块内地址都是 b 位，即它们的块同等大小，有 2^b 个字节单元，若一个字由 s 个字节构成，则一个数据块内的字单元数 $B=2^b/s$。内存空间比 Cache 空间要大很多，因此，它的存储块数量（$M=2^m$）也会比 Cache 的块数（$C=2^c$）要多。

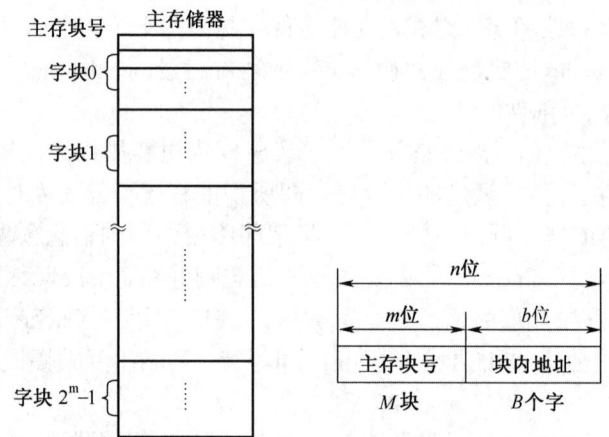

图 3.42　内存空间分块与块内地址结构

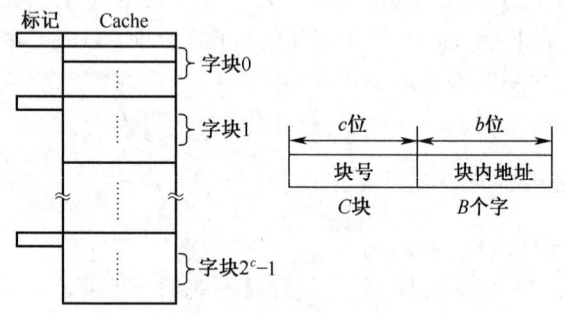

图 3.43　缓存空间分块与块内地址结构

2. 内存—Cache 地址映射

访存时，CPU 只提供内存地址，而访存顺序却是优先访问 Cache，因此需要一种机制将待访问的主存地址转换成 Cache 地址，这种转换是和主存块与 Cache 块之间的映射关系紧密联系的。当 CPU 访问 Cache 不命中时，需要将欲访问的字所在主存块调入 Cache 中，此时，按什么样的策略映射，将直接影响到主存地址与 Cache 地址的对应关系，常见的有三种映射方法：

直接映射、全相联映射和组相联映射。

（1）直接映射。主存的一个字块只能映像到 Cache 的一个确定的字块中。映射关系为

$$i = j \bmod C$$

其中 i 为映射到的 Cache 块号，j 是要映射的内存块号，C 是 Cache 块的数量。直接映射方式下，每个内存块只能映射到一个固定编号的 Cache 块，但一个 Cache 可以被多个内存块所映射，见表 3.11。

表 3.11 直接映射方式下内存块与 Cache 块对应关系

Cache 块号	内存块号
0	0，C，…，2^m-C
1	1，$C+1$，…，2^m-C+1
…	…
$C-1$	$C-1$，$2C-1$，…，2^m-1

直接映射方式时，内存的逻辑地址格式如图 3.44 所示。其中，地址信号中最低 b 位是块内地址，标注该地址单元在字块中的位置；中间 c 位为 Cache 块地址，表明单元所在的内存块被映射到 Cache 的哪个字块中；最高 t 位则表明该 Cache 块对应的多个内存块中，是哪个块完成的映射。

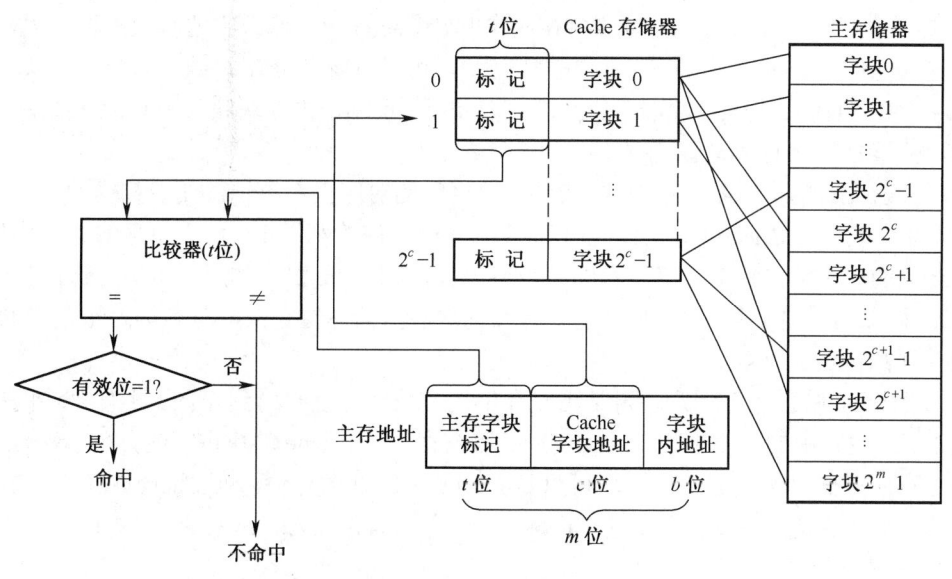

图 3.44 直接映射的逻辑地址格式

地址信号送出后，Cache 控制器会首先收到该信号，它要查询 CPU 要访问的地址所在字块是否已经在 Cache 中了，如果是（命中情况），就只要在 Cache 中访问就可以了，如果不是（不命中情况），就需要到内存中去访问，再将该字块从内存调入 Cache，并将它的数据状态设置为"1"（有效）。判断命中与否的方法是：Cache 根据地址码的中间 c 位找到相应的 Cache 字块，并根据它的"标记"是否与内存地址的高 t 位相符来判断，若相符且字块有效位为"1"，

表明要访问的内存单元所在的块已经在 Cache 中有映射,如此,只要根据 b 位块内地址就能在 Cache 中准确地找到这个单元。

例 3.6 在直接地址映射方式下,将内存与 Cache 空间分字块,块内按字寻址,每块大小 8 个字,内存分成 8192 个块,Cache 分成 16 个块,现 CPU 给出 16 位内存地址 0x0111。

① 描述 Cache－主存结构对存储访问的处理过程。

② 对该地址的访问,如果在 Cache 中"命中",指出它在 Cache 中的具体位置。

解:

使用直接映射方式,一个内存块只能唯一对应一个 Cache 块,但一个 Cache 块能被多个内存块所映射。本题中,一个 Cache 块能对应 8192/16=512 个内存块。块内 8 个字,按字寻址,需地址线 3 根;16 个 Cache 块,块号编址需地址线 4 根;每个 Cache 块能对应 512 个内存块,内存块号编址需 9 根地址线。分析内存地址的组成,见表 3.12。

表 3.12 内存地址组成

内存块号	Cache 块号	块内地址
0000 0001 0	0010	001

① CPU 给出的是内存地址,但依然会首先访问 Cache,根据 Cache 的 9 位标记判断该地址所处的内存块是否已经映射到了 Cache 中,如果它已在缓冲中,且有效位标识为"1",就直接在 Cache 中访问 0x0111 单元。若 Cache 块标记与内存块号不匹配,或是有效位标识为"0",CPU 需要到内存中进行访问,并将该内存块映射到 Cache 中,修改它的有效标识为"1"。

② 内存地址 0x0111 如果在 Cache 里"命中",可以确定它处在 Cache 的第 3 个块,即 2#块,在数据块里的位置是第 2 个单元,也就是 1#单元。是哪个内存块映射到 Cache 的 2#块呢? 要注意,并不是内存的 2#块,而是 2+16×2=34 号块。

直接映射方式的优点是内存块与 Cache 块之间的对应关系单一,便于查找,而且比较电路相对简单,缺点是 Cache 块冲突率较高,降低了 Cache 的利用率。由于主存的每一块只能映射到 Cache 的一个特定块上,当主存的某个块 需调入 Cache 时,如果对应的 Cache 特定块已被占用,而 Cache 中的其他块即使空闲,主存的块也只能通过替换的方式调入特定块的位置,不能放置到其他块的位置上。

(2) 全相联映射。全相联映射是指主存中任一块都可以映射到 Cache 中任一块的方式,也就是说,当主存中的一块需调入 Cache 时,可根据当时 Cache 的块占用或分配情况,选择一个块给主存块存储,所选的 Cache 块可以是 Cache 中的任意一块。设 Cache 共有 C 块,主存共有 M 块,当主存的某一块 j 需调进 Cache 中时,它可以存入 Cache 的块 0,块 1,…,块 i,…,块 $C-1$ 中的任意一块上, 如图 3.45 所示。

与直接映射相比,内存块标识从 t 位增加到 $t+c$ 位,同样 Cache 的标记位也变多了,当内存块调入 Cache 中时,会将内存块号和 Cache 块号的映射关系在相联存储器中进行登记。CPU 访存时,会根据主存地址中的主存块号 M 在相联存储器中查找 Cache 块号,若找到,则本次访 Cache "命中",即是说主存地址到 Cache 地址的转换是通过查找一个由相联存储器实现的块表来完成的, 如图 3.46 所示。

全相联映射方式的优点是 Cache 的空间利用率高,但缺点是相联存储器庞大,比较电路复杂,因此只适合于小容量的 Cache 使用。

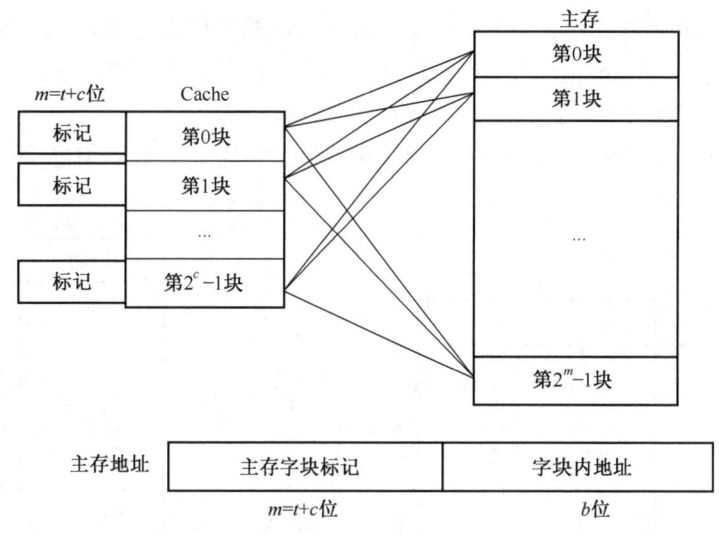

图 3.45 全相联映射

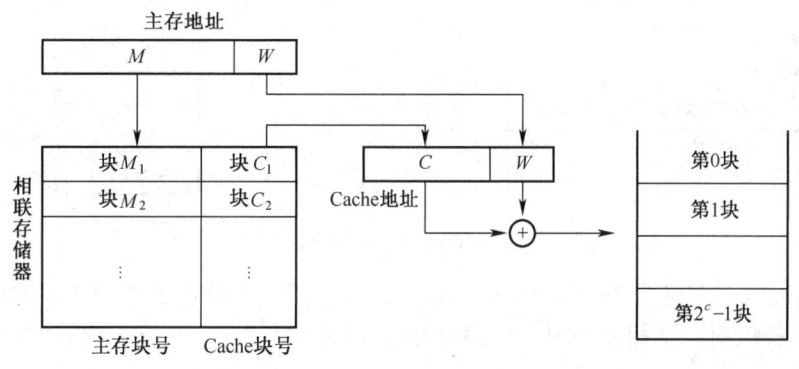

图 3.46 全相联映射实现原理

（3）组相联映射。直接映射和全相联映射之间的优缺点是互补的，综合它们的优点，提出组相联映射方式。将 Cache 字块分成 Q 个组，每组包含 R 个块，内存块与 Cache 的组之间采用直接映射，而与组内的各块则采用全相联映射。也就是说，主存的某块能够映射到 Cache 的特定组中的任意一块。主存的某块 j 与 Cache 的组 k 之间满足如下关系：

$$k = j \bmod Q$$

其中，k 为 Cache 组号，j 是内存块号。

图 3.47 中，以二路组相联为例进行说明，假设 Cache 被划分成 32 个存储块，两个块为一组，共有 16 个组，内存分段，每个段中包含有 16 个存储块。组相联映射时，内存段中的每个存储块只能映射到 Cache 的一个固定组，但可以对应组内的任意一个块。譬如，内存中的块 1，以直接映射的方式对应到 Cache 的组 1，但它可以存放在组 1 中的块 2 或块 3 的位置，这就采用了全相联映射的思想。

组相联映射时，内存的地址结构也被分成 3 个部分，看上去与直接映射有些类似。它的最低 b 位是块内地址，标注字单元在存储块里的相对位置，最高 s 位是内存块标号，中间的 s

第 3 章 存储系统 93

位是 Cache 组号，而不是 Cache 块号，如果是块号，则演变成直接映射。r 是标注组内块数用到的位数，$r=1$，表示 Cache 组里包含有 $2^r=2$ 个块，对应二路组相联；$r=2$，每个 Cache 组里包含有 $2^2=4$ 个块，对应四路组相联。考虑极端的情况，$r=0$ 时，一个 Cache 组里只有一个块，组相联映射就变成了直接映射，$r=c$ 时，整个缓冲就一个组，组相联映射就演化为全相联映射。

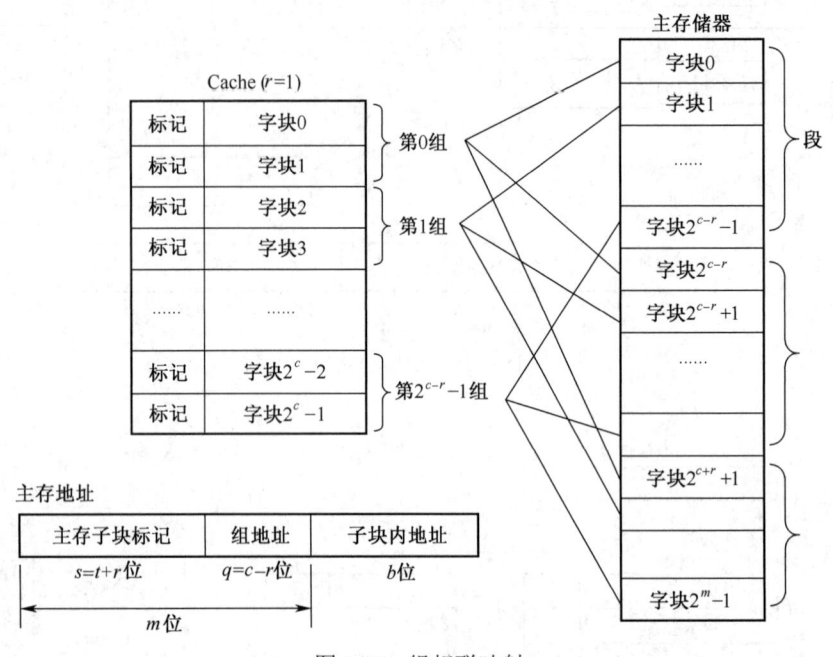

图 3.47　组相联映射

例 3.7　设内存容量 512KW，Cache 容量 4KW，每个存储块 8W，CPU 访存按字进行。分别设计在直接映射、全相联映射、二路组相联及四路组相联方式下，内存的地址格式。

解：
内存容量 512KW，按字寻址需要地址线 19 根，可划分成 512KW/8W=64K 个字块。
Cache 容量 4KW，按字寻址需要地址线 12 根，可划分成 4KW/8W=512 个字块。
每个存储块有 8 个字单元，3 根地址线可完成块内单元寻址；512 个 Cache 块，需要 9 根地址线进行块号标注。

①直接映射方式下，一个 Cache 块能被 64K/512=128 个内存块所映射，每给出一个 Cache 块号，需要用 $\log_2 128=7$ 位标注一个与它对应的内存块号（也就是 128 个内存块中，当前是哪一个与它完成的映射），见表 3.13。

表 3.13　直接映射

内存块号	Cache 块号	块内地址
7bit	9bit	3bit

②全相联映射方式下，内存块能与 Cache 中所有的块建立对应关系，64K 个块需要 16 根地址线进行标注，该方式下只有内存块号和块内地址两个字段，见表 3.14。

表 3.14　全相联映射

内存块号	块内地址
16bit	3bit

③二路组相联方式下，Cache 的 512 个块被分成 256 个组，同样的，内存也分 256 个段，每个段中 256 个存储块。每个块按直接映射方式，只能与一个特定的组建立对应关系，但可以对应组内的任意存储块。对于 Cache 中的某个组，256 个段中的每个段都可能会有内存块向它映射，同样也需要用内存块号指出究竟是哪个内存块完成的映射，见表 3.15。

表 3.15　三路组相联

内存块号	Cache 块号	块内地址
8bit	8bit	3bit

④四路组相联方式下，内存地址结构设计与二路组相联类似，只不过 Cache 的组数变成了 128 个，内存段数为 512 个，每段里存储块数量 128 个，见表 3.16。

表 3.16　四路组相联

内存块号	Cache 块号	块内地址
9bit	7bit	3bit

3.3.3　Cache 工作机制

1. Cache 命中率

Cache 的容量和块长是影响命中率的重要因素，而命中率是衡量 Cache 效率的重要指标，命中率高则意味着更多的存储访问会在缓冲中完成，整个存储效率会因此而大幅提高。

在 CPU 工作的一段时间里，设 N_c 表示在 Cache 中进行存取的次数，N_m 表示在主存完成存取的次数，命中率 h 为

$$h = N_c /(N_c + N_m)$$

若 t_c 表示命中时 Cache 的访问时间，t_m 表示未命中时主存的访问时间，则存储系统的平均访问时间 t_a 为

$$t_a = h \times t_c + (1-h) \times t_m$$

Cache 的效率 e 是指 Cache 在内存—缓存体系中发挥的作用有多大，通常用时间比例来描述。

$$e = t_c / t_a$$

例 3.8　设 CPU 在执行某程序时，访问 Cache 命中 4800 次，访问内存 200 次。已知 Cache 存取周期 30ns，内存存取周期 150ns，求内存—缓存体系的平均访问时间和效率，在使用 Cache 后系统的性能提升了多少？

解：

Cache 的命中率 h=4800/(4800+200)=0.96；

内存—缓存系统平均访问时间 ta=0.96×30ns+(1-0.96)×150ns=34.8ns；

使用 Cache 后系统性能提升了 150/34.8-1=3.31 倍。

例 3.9 某机器的内存容量为 4MB，Cache 容量为 16KB，每个存储块包含有 8 个字，每个字由 4 个字节组成。Cache 初始状态为空，CPU 依次读出 0,1,2,…,89 号字，并循环再读 9 次，求 Cache 的命中率，若 Cache 的速度是内存的 5 倍，内存—缓冲系统速度是只有内存时的几倍？

解：

每个存储块中包含有 8 个字，即 0#,1#,…,7#字在 0 号块中；8#,9#,…,15#字在 1 号块中，以此类推。以 0 号块为例，在 0#字不命中后，它所处的整个字块会被调入 Cache 中，之后的 1#,2#,…,7#字都会访问命中，因此 0 到 89 号字中第一次访问不命中的字均是每个字块的第一个字，即 0#、8#、16#、24#、32#、40#、48#、56#、64#、72#、80#、88# 12 个。

Cache 可划分成 16KB/(8×4B)=512 个块，可以容纳 12 个内存字块同时在缓冲中，随后 9 轮的循环读取都会在 Cache 中进行。

可做如下统计：CPU 总共访问内存—缓存系统 900 次，其中 12 次需要访问内存，另外 888 次直接在 Cache 完成。

命中率 h=888/900=0.986。

设 Cache 的存取时间为 t，则内存的存取周期为 $5t$，存储系统评价访问时间为：$t_a=t\times 0.986+(1-0.986)\times 5t=1.056t$。采用 Cache 后，存储系统的平均访问时间已经非常接近缓存，速度是没有缓存时的 $5t/1.056t$=4.73（倍）。

通过分析发现，Cache 能在存储体系中发挥非常重要的作用，使得存储访问时间大幅压缩。是否缓存容量越大，访问命中率就会越高呢？答案是肯定的，极端情形下，当内存和 Cache 容量相等时，命中率达到 100%。但并不是 Cache 容量越大，存储系统的效率就越高，反而可能会下降，因为除速度外，还要考虑硬件成本、功耗等因素。如图 3.48 所示，随着容量的增加，刚开始时命中率提升明显，但缓冲容量到一定程度后，再扩容对命中率提升的贡献明显减小，反而成本、功耗增加，集成度降低。

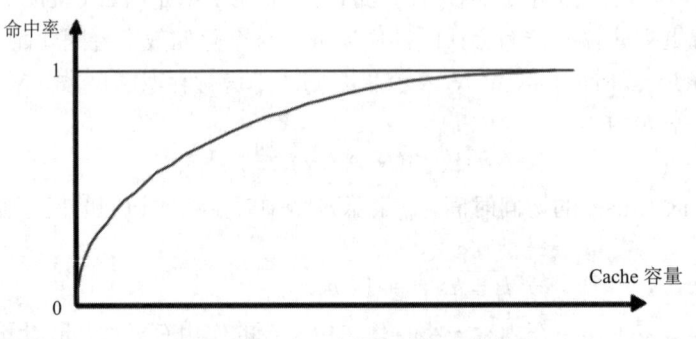

图 3.48 Cache 容量与命中率的关系

2. Cache 字块置换

前面介绍到 Cache 只是内存局部内容的镜像，也就是说，内存中还有相当多的数据并不在 Cache 中，当缓冲访问不命中时，刚在内存中被访问的字块也会调入 Cache。当从主存向 Cache 传送一个新块，而 Cache 中可用位置已被占满时，就会产生 Cache 替换的问题。替换问题与 Cache 的映射方式紧密相关：对直接映射 Cache 来说，只要把此可用位置上的主存块换出 Cache 即可；对全相联和组相联方式来说，要从若干个可用位置中选取一个位置，把其中的主存块换出 Cache，Cache 字块置换流程如图 3.49 所示。

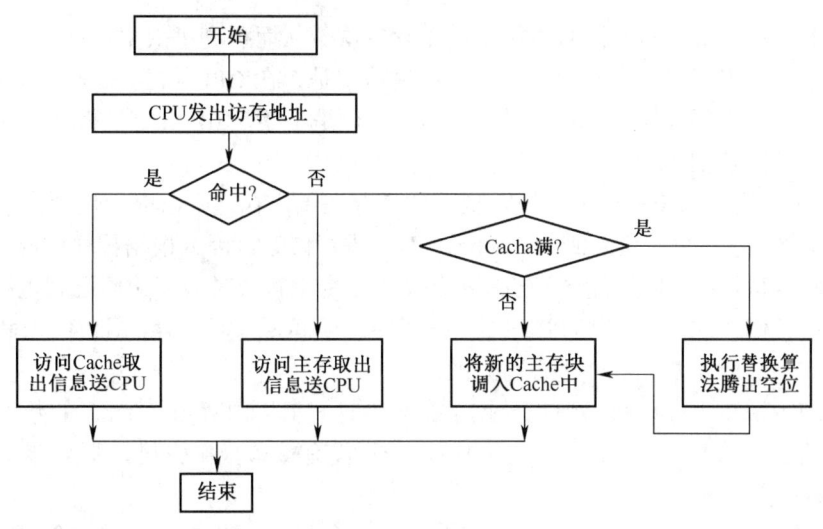

图 3.49 Cache 字块置换流程图

常用的替换算法有下面几种：

（1）近期最少使用（LRU）算法。LRU（Least Recently Used）算法是把 CPU 最近一段时间最少访问的块替换出去。这种替换方法需要实时记录 Cache 中各块的使用情况，统计它们被访问的次数，以便确定哪个块近期最少使用。Cache 控制机构中需设置计数器，Cache 每命中一次，命中块计数器清零，其他各块计数器增 1，当需要替换时，将计数值最大的块换出。LRU 算法相对合理，但实现起来比较复杂，系统开销较大。这种算法保护了刚调入 Cache 的新数据块，具有较高的命中率。LRU 算法不能肯定调出去的块近期不会再被使用，所以这种替换算法不能算作最合理、最优秀的算法，但是研究表明，采用这种算法可使 Cache 的命中率达到 90%左右。

（2）最低频率（LFU）算法。LFU（Least Frequently Used）算法。它是基于"如果一个数据在最近一段时间内使用次数很少，那么在将来一段时间内被使用的可能性也很小"的思路。LFO 算法将一段时间内被访问次数最少的那个块替换出去。每块设置一个计数器，从 0 开始计数，每访问一次，被访块的计数器就增 1。当需要替换时，将计数值最小的块换出，同时将所有块的计数器都清零。LFU 和 LRU 算法的不同之处在于，LRU 的淘汰规则基于访问时间，而 LFU 基于访问次数。

（3）先进先出（FIFO）算法。FIFO 算法根据字块进入 Cache 的先后顺序依次调换，它不需要记录各个字块的使用情况，实现过程较为简单。但它没有遵循程序访问的局部性原理，可能会导致字块抖动现象频繁发生，即刚刚被置换出去的块在下一个访问周期又要被调换回来，增加了系统的开销，延长了存储访问的时间。

3. 内存—缓存数据一致性

Cache 中的内容是部分主存内容的副本，应该与主存内容保持一致。如果 CPU 在访问 Cache 的过程中，更改了其间的内容，如何让主存内容和它保持一致，是缓冲工作过程中需要解决的关键问题，有几种修改内存对应字块的方式可供选择，统称为写策略。

（1）写回法（write-back）。当 CPU 在访问 Cache 过程中发生了写行为时，不同时修改主存中的对应部分，只当被修改字块要被置换出去时才写回主存。对于某些字块的写操作多次都在 Cache 中命中的情况，写回法减少了访问主存的次数从而提高了效率。这种策略在执行时，字块中的每个字都需配置一个修改标识位，标注该字是否在 CPU 访问过程中被修改过。当被修改的字所在的字块要置换出 Cache 时，根据标识位是 1 还是 0，决定是将字块内容写回主存还是简单地置换出 Cache。

对于 Cache 写访问未命中的情况，要写的字存在于内存之中，需为包含该字的内存块在 Cache 寻找一个位置，将此块复制到 Cache 后对其进行修改，因为根据程序访问局部性原理，在之后一段时间里，对该块重复访问的概率较大。复制主存块时虽读访问已到主存，但此时并不对主存块进行修改，因为换出的 Cache 块很可能此期间要写回主存，写访问未命中时将内存块读入缓冲后，然后在 Cache 中进行写修改。

写回法减少了写主存次数，但也导致了在某段时间内，内存与 Cache 的数据一致性遭到破坏，极端情况，若某个字块在进入缓冲后，一直没有被置换出去过，那么该字块在内存和 Cache 中的信息会长时间不一样。

（2）写直达法（write-through）。写直达法又称全写法，当 Cache 访问命中时，Cache 与主存需同时进行写操作，相比较于写回法，写直达法显然及时地保持了缓冲与主存的内容一致性，但这并不等于说完全解决了一致性问题。例如，在共享存储的多处理器系统中各 CPU 都有自己的 Cache，某个主存块如果在 Cache 中都有复制的话，某个 CPU 以写直达法来修改它的 Cache 和主存时，其他 Cache 中的原内存镜像就与内存当前内容不一致了，即使在单处理器系统中，也有 I/O 设备不经过 Cache 向主存写入的情况。

在 Cache 不命中时，需在内存中完成写操作，而不是像写回法那样，将字块调入缓存中再写，也有可能在内存中完成修改后，并不将它调入 Cache，因为在这种策略下，将不命中的字块调入缓存，只在读操作时会有作用，写的时候作用不大。

写直达法是写 Cache 与写主存同步进行，优点是 Cache 字块无需设置修改位以及相应的判测逻辑，简化了电路设计。它的不足之处也显而易见，频繁地修改内存字块，不仅使系统运行的时间变长，同时也降低了 Cache 的功效。

（3）写一次法（write-once）。写一次法是一种结合了写回法与写直达法的策略，即写命中和写未命中的处理与写回法基本相同，只是第一次写命中时要同时写入主存。这种策略主要用于某些处理器的片内 Cache，如 Pentium 处理器的片内数据 Cache 就采用的是写一次法，因为片内 Cache 写命中时，写操作就在 CPU 内部高速完成，若没有内存地址及其他指示信号送出，不便于系统中的其他 Cache 监听。采用写一次法，在第一次片内 Cache 写命中时，CPU 要在总线上启动一个存储写周期，其他 Cache 监听到此主存块地址及写信号后，即可把它们各自保存的可能有的该块复制的内容作废，之后若有对片内该 Cache 字块再次或多次写命中，则按回写法处理，无需再送出信号。这样虽然第一次写命中时花费了一个存储周期，但对维护系统全部 Cache 的一致性有利，而大多的 Cache 写操作不涉及到片外，对指令流水线执行有利。

3.3.4 缓存的类型

近年来，缓冲技术得到了长足发展，Cache 的级数有所增加，并在功能上进行区分，Cache 工作的整体效率大幅提升。

1. 分级缓存

在处理器发展进程中，二级缓存的容量增长是最明显的，也是最能体现 CPU 性能改进的一项指标。以 Intel 系列处理器为例，Pentium 4 时 0.18ms 工艺的 Willamette 拥有 256K 二级缓存，0.13ms 的 Northwood 核心拥有二级缓存容量为 512K，采用 0.09ms 工艺的 Prescott 容量已增大到 1M。Intel 酷睿系列 CPU 较之前的 X86 系列，构架已发生了很大变化，二级缓存容量再次翻倍，如 Allendale 的二级缓存达到了 2M，高端酷睿更是扩展到 4M。工艺改进到 45nm 后，高端 E8X00 系列二级缓存已高达 6M。

三级缓存是为在二级缓存中读取未命中的数据而设计的一种缓存类型，在拥有三级缓存的 CPU 中，只有约 5%的数据需要从内存中调用，减少了 CPU 访存的次数。与内存一缓存工作原理相似，三级缓存的容量较二级缓存会大一些，那些暂时不会被访问到的数据被放到三级缓冲中，只有 CPU 在二级缓存里访问不命中时，才会访问三级缓存。

一级缓存都内置在 CPU 内部并与 CPU 同速运行，提高了 CPU 的运行效率。一级缓存越大，CPU 工作越顺畅，但受到 CPU 内部结构的限制，一级缓存的容量都很小。

CPU 访问缓存系统时，首先访问一级缓存，但它毕竟容量有限，程序高速执行过程中，出现一级缓存频繁不命中情况时，二级缓存作用就显现出来。二级缓存会比一级缓存的速度慢，但是它比一级缓存的空间容量要大，被用来充当一级缓存和内存之间数据临时交换的存储体。

三级缓存的存在可以进一步降低访问内存造成的延迟，提升大数据量计算时处理器的性能，这对大型游戏软件的运行帮助很大，在服务器领域增加三级缓存之后，系统性能会有显著的提升。

三个层级的缓存构成了金字塔形的缓存系统，各自发挥不同的作用。一级缓存最为重要，其间存放着 CPU 存取最为频繁的指令及数据，各种类型的 CPU 都会在其内部集成一级缓存。二级缓存容量越大，对机器速度提升的贡献就越大，尤其是在 Intel 系列 CPU 中，二级缓存发挥着非常重要的作用。三级缓存只是可选的设置，除了服务器，对家庭或办公用机器而言存在的意义并不大，但运行大型程序或游戏时三级缓存就显得重要了，目前新型 CPU 已经有三级缓存了。

当前，衡量 CPU 性能指标除频率外，缓存的大小也是重要的参考因素，从理论上讲，二级缓存越大，CPU 性能就越好，但这并不是说二级缓存容量加倍就能够给处理器带来成倍的性能增长。例如，当 CPU 处理的大部分数据的大小都在 256KB 以内时，只要处理器可用的一级、二级缓存容量达到 256KB 以上，那就能够应付正常的应用。

2. 分立缓存

缓存还有数据缓存（d-Cache）和指令缓存（i-Cache）之分，它们分别用来存放数据和操作这些数据的指令，而且两者可以同时被访问，减少了争用 Cache 所造成的冲突，提高了处理器效能。

采用分立缓存技术，将指令和数据分开，有利于 CPU 采用流水线方式执行指令。流水线工作时，往往在一个操作周期里，会同时执行预取一条指令和执行之前指令的取数据操作，若采用指令和数据统一的 Cache，会造成取指令和取数据的访存冲突，使得流水线断流的现象发生，严重影响其工作效率，而采用分立缓存技术，则不会产生冲突，有利于流水线的实现。

3.4 辅助存储器

3.4.1 辅存简介

计算机存储系统中不直接向 CPU 提供指令和数据的各种存储设备，称为辅助存储器（辅存）。主存储器存取速度快，但容量小；辅助存储器的存储容量大，存储每个数据所需的费用低，在存储系统中起扩大存储容量的作用。当前，辅助存储设备主要是磁表面存储器，它以涂覆于非磁性材料表面的磁性薄层作为存储介质，包括磁鼓、固定头磁盘、移动头磁盘和磁带等。

辅助存储器由一种或多种存储设备组成，磁盘存储器存取时间短，存储容量大，是最主要的辅助存储设备。在一些应用场合中，为了获得大容量的外部存储系统，一个辅助存储系统通常由几台甚至几十台磁盘存储器构成。磁带也是一种常见的磁表面存储装置，与磁盘存储器相比较，它的存储容量容量偏小，存取时间也较长。但磁带保存数据成本低，易于脱机存放，常被用于存放长期保存的数据，充作档案库存储器。

辅助存储器在向 CPU 提供数据时，需要先把数据送到内存，CPU 在内存中调用访问。对于内存－辅存体系来说，程序运行时不需要将全部的代码或数据都送入内存，只要核心模块所在页面或功能段驻留内存即可，其他的依旧存放在辅存"仓库"中。在操作系统分配给各程序的内存空间有限的前提下，采用中断机制和某种置换策略，让内存和辅存之间通过数据模块（页面或段）的进出切换，达到每个程序都独占内存的效果，称为虚拟存储器。

数据在磁表面存储器中以块为单位进行放置和存取，在对数据块操作之前，会先确定该块首地址，设备控制器根据该地址找到块，并整体与内存进行交换，后面章节将会介绍到的 DMA 控制，就是 PC 机中内存与硬盘交换数据的最常用方式，在 DMA 控制器申请到总线控制权成为主设备后，CPU 将 DMA 传输对应的内存首地址和块长度送到功能寄存器 AR、WC 中，硬盘缓冲区地址送到 DAR 寄存器中，随即块中的每个字从源设备经由 DMA 装置的数据寄存器（BR）传送到目标设备上，一次 DMA 传输结束后，WC 寄存器会产生溢出，中断 CPU，完成总线控制权的交替。

根据寻块的方式不同，磁表面存储器分为两种类型，一是顺序存取设备，存储设备的读写装置（磁头）从当前块位置开始，顺序查找，直到找到所需要的块，磁带属于这一类；二是直接存取设备，它的存取速度相对较快，磁盘就是计算机中应用最广泛的直接存取设备，在给出块在磁盘组中的位置后，可以直接将磁头移动到那里进行读写。

除磁表面存储器外，其他的一些设备，如光盘、U 盘等也是常见的辅助设备。光盘的基片表面上涂有一层塑料薄膜，写入时激光把薄膜表面熔成凹坑，读出时根据介质表面对激光束的反射程度不同，判断存储的信息是"0"还是"1"。由于激光的聚集性好，单位面积上可以集成更多的信息点，因此光盘的存储容量也会很大，但它在常规环境里不能写入，且携带不方便，限制了它的进一步普及。U 盘已成为当下使用最普遍的辅助存储设备，它容量大，有十几 G 到上百 G 的容量类型可选，使用寿命长，支持几十万次的反复读写操作，更重要的是它体积很小，随身携带非常方便。

3.4.2 硬盘结构与性能参数

1. 温彻斯特结构

机械硬盘都以温彻斯特技术为基本原理，将若干个涂着磁性材料的同轴盘片，与磁头共同密封在一个盒子里面，通过磁头的电磁转换功能完成对磁盘的读写。机械硬盘的磁头并不与盘片接触，通过盘片高速旋转产生的流动风托起磁头，因为接触式读写会造成盘片表面物理磨损，缩短硬盘的使用寿命。磁头被安装在一个能沿盘片径向运动的臂杆上，随着臂杆的摇动读写盘片上不同的磁道，机械硬盘的内部结构如图3.50所示。

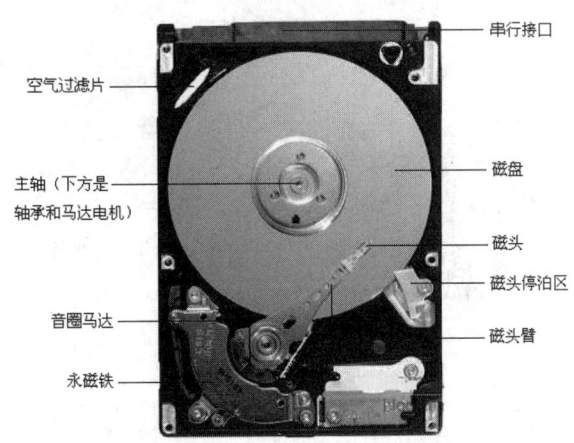

图 3.50 机械硬盘内部结构

硬盘的盘片是硬质磁性合金盘片，片厚一般在 0.5mm 左右，直径主要有 1.8in、2.5in、3.5in 和 5.25in 4 种，其中 2.5in 和 3.5in 盘片应用最广。盘片的转速与盘片大小有关，考虑到惯性及盘片的稳定性，盘片越大转速越低。一般来讲，2.5in 硬盘的转速在 5400~7200r/min 之间；3.5in 硬盘的转速在 4500r/min~5400r/min 之间；5.25in 硬盘转速则在 3600r/min~4500r/min 之间。随着技术的进步，2.5in 硬盘的转速最高已达 15000r/min，3.5in 硬盘的转速最高已达 12000r/min。硬盘通常由多张盘片构成，这些盘片安装在主轴电机的转轴上，在主轴电机的带动下高速旋转。每张盘片的容量称为单碟容量，硬盘容量就是所有盘片容量的总和。

硬盘驱动器采用高精度、轻型磁头驱动/定位系统。这种系统能使磁头在盘面上快速移动，可在极短的时间内精确地定位在由指令指定的磁道上。硬盘驱动器内的电机都是无刷电机，在高速轴承支持下机械磨损很小，可以长时间连续工作。高速旋转的盘体产生明显的陀螺效应，所以，在硬盘工作时不宜搬动，否则将增加轴承的工作负荷。由于定位系统限制，磁头臂只能在盘片的内外磁道之间移动。

在盘片内侧，最靠近轴承的位置，有一个特殊的区域，它不存放任何数据，称为启停区，硬盘不工作时，磁头停留在启停区。当需要从硬盘读写数据时，磁盘开始旋转，旋转速度达到额定的高速时，磁头就会因盘片旋转产生的气流而抬起，这时磁头才向盘片存放数据的外侧区域移动。

硬盘的参数通常称为 CHS 参数，即柱面数（Cylinder）、磁头数（Head）和扇区数（Sector）。下面对硬盘的一些常用概念，如磁头号、磁道、柱面、扇区以及簇等进行解释，图 3.51 给出了硬盘盘片信息结构。

（1）磁头号。硬盘有多个盘片，每个盘片有两个磁表面，根据需要可以全部或部分设置成记录面，记录面从 0 开始编号，第 1 个盘片的正面称为 0 面，反面称为 1 面；第 2 个盘片的正面称为 2 面，反面称为 3 面……依此类推，每个盘面安置一个磁头用于读写数据。第一个盘面的正面的磁头称为 0 号磁头，背面称为 1 号磁头；第二个盘片的正面磁头称为 2 号磁头，背面称为 3 号磁头，依此类推，盘面数和磁头数相等。

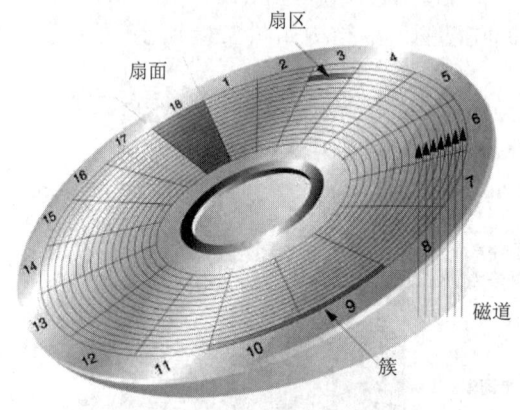

图 3.51　硬盘盘片信息结构

（2）磁道。磁盘在格式化时被划分成许多同心圆，这些同心圆轨迹叫作磁道（Track）。磁道自外向内从 0 开始顺序编号，如某个记录面上有 180 条磁道，最外道是 0 号磁道，最内道是 179 号磁道。早先磁盘中，每条磁道上存储的信息量相同，由于内外磁道的半径不一样，因此存储的密度也不相同，外道的密度要低于内道密度，因此盘片上磁道越向外侧，空间浪费就越严重。为了解决这个问题，提高硬盘容量，采用等密度结构生产硬盘，寻址也不再按 3D 方式进行，而是直接以扇区为单位线性寻址，外道的扇区数量多于内道，容量也高于内道。除了存储密度外，各磁道的线速度也不一样，外圈的线速度比内圈的线速度大，在相同时间里，磁头会在外道读取更多的扇区，拥有更高的传输率。

（3）柱面。所有盘面上的相同编号磁道构成一个圆柱，称为柱面（Cylinder），数据的读写按柱面进行，即磁头读写数据时首先在同一柱面内从 "0" 磁头开始进行操作，依次向下在同一柱面的不同磁头上进行操作，只在某个柱面所有的磁头全部读写完毕后磁头才转移到下一柱面。选取磁头只需通过电子切换即可，而选取柱面则必须通过臂杆的机械移动才能完成，电子切换比在机械上磁头向邻近磁道移动快得多，因此，数据的读写按柱面进行，而不按盘面进行。

（4）扇区。磁道并不是连续记录数据，而是被划分成一段段的圆弧，称为扇区（Sector），操作系统用扇区将信息组织存储在硬盘上，每个扇区由 512 个字节的数据和控制信息组成。扇区中除了包含数据（校验码）外，标识符也是一类重要的信息，它标明了它在磁盘中所处的具体位置，如磁头号（盘面号）、柱面号及扇区号等。扇区标识可以采用顺序编号的方式，但某些情形下，会增加磁头找寻扇区的等待时间；另一种编号方式是采用比例交叉方式，如磁道上有 17 个扇区，按 3:1 交叉编号，扇区号分别为 1、7、13、2、8、14、3、9、15、4、10、16、5、11、17、6、12。图 3.52 为扇区交叉标号方式示意图。

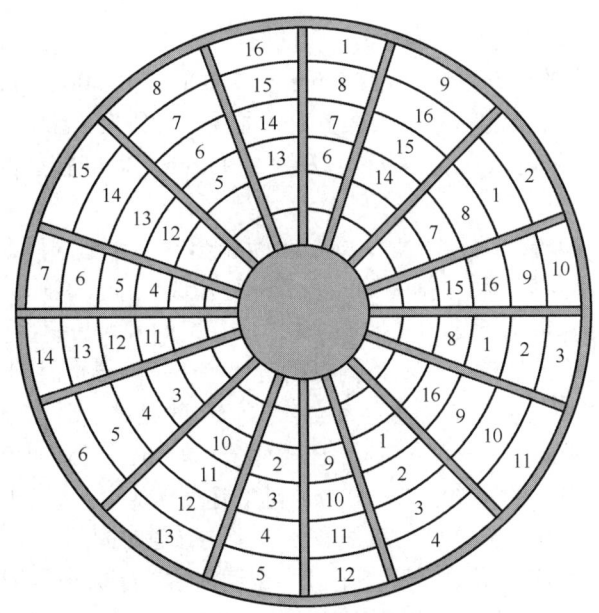

图 3.52　扇区交叉标号方式

（5）簇。将物理相邻的若干个扇区称为一个簇，它是信息的逻辑存储单位。操作系统读写磁盘的基本单位是扇区，而文件系统的基本单位是簇（Cluster）。扇区是磁盘最小的物理存储单元，但由于操作系统无法对数目众多的扇区进行寻址，所以将相邻的扇区组合在一起，形成一个簇，然后再对簇进行管理，每个簇可以包括 2、4、8、16、32 或 64 个扇区。为了方便地管理磁盘空间和读取硬盘上的文件信息，操作系统规定一个簇中只能放置一个文件的内容，因此文件所占用的空间，只能是簇的整数倍，即使文件实际大小不足以占满一簇，它也要占一簇的空间，所以，很多情况下文件所占空间要略大于文件的实际大小，只有在少数情况下，即文件的实际大小恰好是簇的整数倍时，文件的实际大小才会与所占空间完全一致。

簇是指可分配的用来保存文件的最小磁盘空间，计算机中所有的文件信息都保存在簇中。簇越小，保存信息的效率就越高。在 FAT16 文件系统中，每个分区最多有 65535 个簇，簇大小默认值为 32KB；在 FAT32 文件系统中使用的簇比 FAT16 小，默认为 4KB；在 NTFS 文件系统中，当分区的大小在 2GB 以下时，簇的大小应该比相应的 FAT32 簇小，即小于 4KB；当分区的大小在 2GB 以上时，簇的大小应该都为 4KB。

2．硬盘性能参数

（1）容量。硬盘容量指的是硬盘可以存储多少数据，在短短十几年的时间里，硬盘容量从几十、几百 MB 增加到了上百 GB，其发展速度的确非常迅速。硬盘容量的扩张主要通过增加单碟容量和增加盘片数来实现，单碟容量的增加可以通过技术手段实现，如前面提到的将磁道的存储方式由等容量存储变更成等密度存储。增加盘片数量同样可以扩充存储容量，但采用过多的盘片也会造成硬盘封装体积变大、机械故障发生的概率增加等情况发生。

硬盘的存储容量公式为

存储容量 ＝ 磁头数×磁道（柱面）数×每道扇区数×每扇区字节数

（2）转速。转速是硬盘内电机主轴的旋转速度，用一分钟内能完成的最大转数来描述，单位 rpm。转速高低是衡量硬盘性能的重要参数，是决定硬盘数据吞吐率的关键因素，决定了硬盘的 I/O 速度。硬盘的转速越快，寻找文件簇的时间就越短，硬盘读写的速度也会相应加快。

目前市场上 IDE 硬盘的转速主要分为 5400rpm、7200rpm 和 10000rpm 三种，其中 7200rpm 硬盘是当前的主流产品，完全能够满足绝大多数普通用户的需要，台式电脑硬盘的转速普遍为 7200rpm，笔记本电脑受供电以及散热限制，多为 5400rpm，SCSI 接口的服务器硬盘的转速一般都在 10000rpm 以上。

（3）平均访问时间。磁盘服务时间，即磁盘完成一个 I/O 请求所花费的时间，它由寻道时间、旋转延迟（又称潜伏期）和数据传输时间三部分构成。由于每次传输的数据长度不固定，不同接口支持的数据传输率也不尽相同，因此传输所花费的时间长短也会不一样，一般用平均访问时间来度量硬盘工作的性能，平均访问时间近似等于平均寻道时间加上平均潜伏期。

寻道时间指的是将磁头从当前位置移动至需要访问的磁道上所需要的时间，寻道时间越短，I/O 操作越快，目前磁盘的平均寻道时间一般在 3~15ms。寻道时间由两个因素决定：一是磁头当前位置和目标位置的距离，二是臂杆移动的速度。一次磁盘访问，磁头移动的距离可能是零，也可能是最内道和最外道间的直线长度，平均寻道时间用二者的算术平均值刻画。

旋转延迟指盘片旋转将请求数据所在扇区移至读写磁头下方所需要的时间，旋转延迟取决于磁盘转速，通常使用磁盘旋转一周所需时间的一半表示。同一转速的硬盘平均潜伏期是固定的，如 7200rpm 时约为 4.167ms，5400rpm 时约为 5.556ms，而 7200rpm 相对于 5400rpm 硬盘的最大优势就在于更短的平均潜伏期。

（4）硬盘缓存。硬盘缓存是为了协调硬盘与主机间的速度差而设置的。例如，当内存数据要写入机械硬盘保存时，由于硬盘速度相对慢许多，存盘操作需较长时间才能完成，因此，需要在两者间设置"缓存区"来暂存数据，缓解速度差异造成的同步性能低下的矛盾，这就是硬盘缓存主要的作用。

硬盘缓存有三个作用：一是预读取，当硬盘收到主机的读数据命令后，控制器会控制磁头把与目标簇物理位置临近的若干个簇中的数据也读到缓存中，根据程序访问局部性原理，这些簇接下来被访问到的概率也非常高，当需要读取这些相邻簇中的数据时，硬盘则不需要再次启动机械读取操作，而是直接把缓存中的数据传输到内存中就可以了，由于缓存的速度远远高于磁头读写的速度，所以能达到明显改善读写性能的目的，且能够降低频繁机械读写造成磁盘损伤的可能性。二是对写入的数据进行缓存，同样的，当硬盘控制器接到写命令后，也不会马上将数据写入到盘片上，而是先暂时存储在缓存里，然后发送一个"已写入"信号给主机，这时系统就会认为数据已经写入，硬盘在空闲时再将缓存中的数据写入到盘片上，虽然对于写入数据的性能有一定提升，但也带来了安全隐患——如果数据还在缓存里的时候突然掉电，那么这些数据就会丢失。对此，一般的解决办法是：掉电时，磁头会借助惯性将缓存中的数据写入零磁道以外的暂存区域，等到下次启动时再将这些数据写入目的地。第三个作用是临时存储最近访问过的数据，根据访问局部性原理，硬盘缓存会将访问比较频繁的一些数据存储在其中，再次读取时就可以直接从缓存中直接传输。

大容量缓存可以在硬盘工作时，将更多的数据存储在缓存中，以提高硬盘的访问速度，但并不是缓存越大硬盘性能就越出众，缓存的应用还与调度算法相关，即便缓存容量很大，但没有一个高效率的算法，缓存中数据的命中率也会偏低，无法有效发挥出大容量缓存的优势。

（5）数据传输率。数据传输率（Data Transfer Rate，DTR）是指硬盘读写数据的速度，单位为 MB/s。硬盘数据传输率分为内部数据传输率和外部数据传输率两种。

内部数据传输率（内部 DTR）也称为持续传输率，是指磁头与缓冲区之间的数据传输率，它依赖于硬盘的旋转速度。外部数据传输率（外部 DTR）又叫作突发数据传输率或接口传输率，它标称的是系统总线与硬盘缓冲区之间的数据传输率，它与硬盘接口类型和硬盘缓存的大小有关。内部 DTR 是硬盘的真正数据传输能力，为充分发挥内部 DTR，外部 DTR 理论值都会比内部 DTR 高，但内部 DTR 决定了外部 DTR 的实际表现。

由于磁盘中外圈的磁道偏长，磁头在单位时间内比内圈磁道划过更多的扇区，所以内部 DTR 磁头在最外圈时最大，在最内圈时最小，这就是为什么在日常安装操作系统时，会默认安装在 C 盘中，因为盘片中靠外的磁道被划分到 C 盘逻辑分区中，它的数据传输率最高，速度最快。

平常硬盘所采用的 ATA66、ATA100、ATA133 等接口，就是以硬盘的理论最大外部数据传输率来表示，如 ATA133 则代表外部数据传输率理论最大值是 133MB/s，这些只是硬盘理论上最大的外部 DTR，在实际工作中不会达到这个数值。

3. 常见接口标准的硬盘

硬盘接口是硬盘与主机间的连接电路，起到传递数据、控制等各类信号的作用。硬盘接口类型很大程度上影响硬盘与主机之间的通信速度，因此，硬盘接口也是度量硬盘性能的一项重要指标。

硬盘接口分为 IDE、SATA、SCSI、光纤（FC）和 SAS 五种。

IDE（Integrated Drive Electronics）接口硬盘即传统的桌面级硬盘（Advanced Technology Attachment，ATA），是一种并行总线硬盘，转速为 7200rpm，主流容量通常有 80GB、250GB 等。ATA 发展至今经过多次修改，在标准不断升级过程中，始终保持着向后兼容性，IDE 接口硬盘实物如图 3.53 所示。到目前为止，一共推出 7 个版本：ATA-1~ATA-7。ATA-7 是 ATA 接口的最后一个版本，也叫 ATA133，支持 133 MB/s 数据传输速度，目前 ATA 硬盘已经逐渐不再被使用。其后发展分支出更多类型的硬盘接口，如 Ultra ATA、DMA、Ultra DMA 等接口都属于 IDE 硬盘。

图 3.53 IDE 接口硬盘实物

SATA（Serial ATA）接口硬盘又叫串口硬盘，采用点对点的连接方式，支持热插拔，转速为 7200rpm，主要容量有 750GB、1TB、2TB、4TB 等。SATA 接口硬盘具备很强的纠错能力，与以往相比其最大的区别在于能对传输数据进行检查，如果发现错误会自动矫正，提高了数据传输的可靠性，如图 3.54 所示。

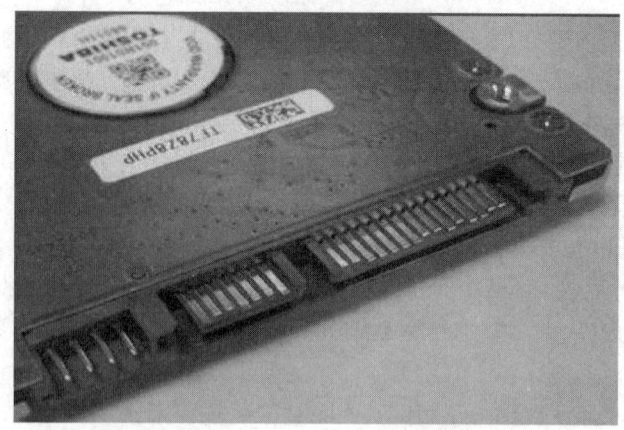

图 3.54 SATA 接口硬盘

SCSI（Small Computer System Interface），是同 IDE 完全不同的接口，SCSI 并不是专门为硬盘设计的接口，是一种广泛应用于小型机上的高速数据传输技术。SCSI 接口具有应用范围广、多任务、带宽大、CPU 占用率低，以及热插拔等优点，但较高的价格使得它很难以普及，因此 SCSI 硬盘主要应用于中、高端服务器和高档工作站中，如图 3.55 所示。

图 3.55 SCSI 接口硬盘

SAS（Serial Attached SCSI）也是采用串行技术以获得更高的传输速度的接口，和并行 SCSI 接口相比较，SAS 不仅在接口速度上得到显著提升，而且由于采用了串行线缆，不仅可以实现更长的连接距离，还能够提高抗干扰能力。

SAS 的接口技术可以兼容 SATA，二者的兼容性主要体现在物理层和协议层的兼容。在物理层，SAS 接口和 SATA 接口完全兼容，SATA 硬盘可以直接使用在 SAS 接口环境中，从接口标准上而言，SATA 是 SAS 的一个子标准，因此 SAS 控制器可以直接操控 SATA 硬盘，但是 SAS 却不能直接使用在 SATA 的环境中，SATA 控制器并不能对 SAS 硬盘进行控制。SAS 是一种全双工、点对点、双端口的接口，主要用于高性能企业存储领域。这种类型的硬盘转速为 15000rpm，主要容量有 750GB、1TB、2TB、4TB 等，如图 3.56 所示。

光纤接口（Fibre Channel，FC）硬盘是为提高多硬盘存储系统的速度和灵活性开发的，它极大提高了多硬盘系统的通信速度，FC 接口硬盘在使用光纤联接时具有热插拔性、高带宽、远程连接等特点，如使用多模光纤联接时最远可达 500m，使用单模光纤联接时最远可达 10km，对于较大规模存储网络系统来说，光纤接口硬盘是最好的选择，但受限于其高昂的售价，常用于高端服务器领域，如图 3.57 所示。

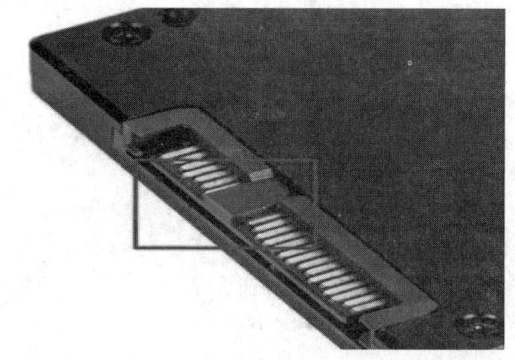

图 3.56　SAS 接口硬盘

图 3.57　光纤接口硬盘

3.4.3　固态硬盘

固态硬盘（Solid State Drives，SSD）是用电子存储芯片阵列而制成的外部存储设备，是以存储单元为中心，加上控制电路、读写电路等相关装置的存储设备。固态硬盘在接口的规范和定义、功能及使用方法上与普通机械硬盘的相同，在产品外形和尺寸上也与普通硬盘基本一致，被广泛应用于军事、工业控制、电力等诸多领域。固态硬盘与机械硬盘在内部构造上是完全不一样的，如图 3.58 所示，机械硬盘是依靠浮动磁头读写高速旋转的记录盘片来存取信息，而固态硬盘则是直接对存储芯片进行相关操作，在速度上的优势非常明显。作为厂商只需购买 NAND 存储器，再配合适当的控制芯片，就可以制造固态硬盘了，当前固态硬盘普遍采用 SATA-3 接口、SAS 接口、MSATA 接口、PCI-E 接口、NGFF 接口、CFast 接口等。

固态硬盘的存储介质有两种，一种是采用闪存（FLASH 芯片），另外一种是采用 DRAM。

1．基于闪存的固态硬盘

基于闪存的固态硬盘，采用 FLASH 芯片作为存储介质，这也是通常所说的 SSD，它的外观多变，有笔记本硬盘、存储卡、优盘等样式。这种 SSD 最大的优点就是可以移动，而且数据保护不受电源控制，能适应于各种环境，但使用年限不长，适合于个人用户使用。在基于闪存的 SSD 中，存储单元分为两类：单层单元（Single Layer Cell，SLC）和多层单元（Multi-Level Cell，MLC）。SLC 的特点是成本高、容量小、速度快，MLC 的特点是容量大、成本低，但是速度慢。MLC 的每个单元是 2bit 的，是 SLC 的两倍，但每个 MLC 单元结构复杂，出错的几率相对较高，必须及时修正，这项操作导致其性能落后于结构简单的 SLC。此外，SLC 的重复写次数高达 100000 次，是 MLC 的 10 倍。

图 3.58　固态硬盘和机械硬盘内部结构比较

2. 基于 DRAM 的固态硬盘

基于 DRAM 的固态硬盘，采用 DRAM 作为存储介质，目前应用范围较窄，它仿效传统硬盘的设计，可被操作系统的文件系统工具进行卷设置和管理，并提供工业标准的 PCI 和 FC 接口用于连接主机或者服务器，应用方式可分为 SSD 硬盘和 SSD 硬盘阵列两种。基于 DRAM 的固态硬盘是一种高性能的辅助存储器，而且使用寿命很长，但是需要独立电源来保证数据不丢失。

将固态硬盘和传统的机械硬盘做简单的比较，可发现和传统的机械硬盘相比，固态硬盘具有低功耗、无噪音、抗震动、低热量的特点。这些特点不仅使得数据能更加安全地得到保存，而且也延长了靠电池供电的设备连续运转时间。例如，韩国三星公司于 2006 年 3 月推出的 32GB 固态硬盘，采用了和机械硬盘相同的 1.8in 规格，耗电量只有后者的 5%，写入速度却是它的 1.5 倍，读取速度是机械硬盘的 3 倍，并且没有噪音。2007 年，新帝公司（晟碟）推出了 64GB 与 32GB 的固态硬盘产品，有 2.5in、SATA 接口与 1.8in、UATA 接口两种规格，用来取代传统的机械硬盘，现在的固态硬盘容量已达到 TB 量级。随着技术的不断发展，固态硬盘的性能已经完全超越了传统的机械硬盘，并且在读写速度的提升方面更有潜力。

目前固态硬盘普及的最大问题仍然是成本和写入次数，无论是基于闪存的 SSD 还是基于 DRAM 的 SSD，其制造成本都远高于机械硬盘，因此只有小容量固态硬盘的价格能够被大多数人所接受。而且 Flash Memory 都有一定的写入寿命，这也成为市场接受固态硬盘的另一障碍，解决方案是固态硬盘采用 SLC 颗粒，其使用寿命较长，但价格也较高。未来必须等待成本进一步的降低，以及 SSD 架构改良，有效增加固态硬盘的使用寿命。

早先，由于固态硬盘价格高昂，只用于军事及工业用途上，随着 NAND 闪存成本不断下降，如今固态硬盘已经在一般的笔记本电脑上使用了，服务器产品中也在逐步尝试使用。固态硬盘数据损坏后难以修复,当负责存储数据的闪存颗粒有毁损,现有的数据修复技术是不可能在损坏的芯片中还原数据的,这点上它不如传统机械硬盘。

3.4.4 磁存取原理与记录方式

1. 硬盘读写原理

所有磁存储设备都通过电磁学原理读写数据,电流通过导体的时候,导体周围会产生磁场,磁场对其范围内的磁性物质会产生影响,当电流方向或电压极性变换时,磁极也随之变换。磁存储设备中的读写磁头是 U 型导体,U 型磁头被线圈包裹,当电流通过线圈时,会在驱动磁头中产生磁场,调换电流极性也会改变磁极,实际上,磁头的电压可在两级快速改变。

在磁盘盘片表面涂上一层磁化物质,这些物质通常是一些带杂质的氧化铁。存储介质上的每个磁性粒子都有自己的磁场,没有记录信息时,这些磁场的磁极是杂乱的,由于每个粒子的磁场指示方向都随机,出现了相互抵消的情况,显现出无明显磁极的现象。当驱动的读写磁头产生磁场时,磁场会在 U 型磁铁的两级之间跳动。因为磁场通过导体比通过空气要容易,所以磁场会向外弯曲,利用临近的存储介质到达另一端,磁场直接穿过介质将磁性粒子极化,使其方向与磁场保持一致,在介质表面形成明显的磁场,磁极的方向由通过线圈的电流方向决定。当磁头与介质间的距离较小时,记录磁畴也会变小,数据密度就会变大。

通量逆转是存储介质表面磁性粒子的磁极发生了改变的结果。磁头在介质上创建颠倒的磁通量是为了记录数据。写入任意字节,都需要在介质表面创建正一负和负一正的颠倒磁通量。在转换区域里的通量逆转被用来保存数据,该过程称为编码,根据所采用的编码方式,将数据编码成一系列的通量逆转。

如图 3.59 所示,写入数据时,为磁头加入电压,电压极性改变,磁场电极也随之改变,数据在磁通变换区被准确记录下来。读取数据时,磁头就成磁通变换区的探测器,磁头只在通过通量逆转区域才产生电压脉冲或尖峰电压,因为导体只有以某种角度通过磁力线时才生成电流,由于磁头与磁场平行移动,所以磁头产生电压的唯一机会就是当它通过磁极或磁通变换区进行读取的时候。图 3.60 为磁通量变化和与读出电流间的关系。

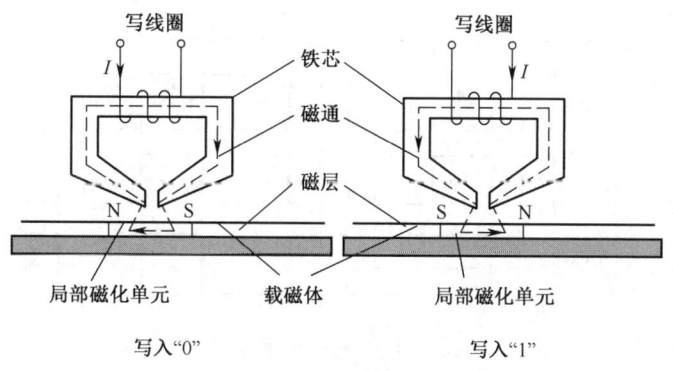

图 3.59 通过磁极变换写入数据

硬盘读写依据的是基本电磁法则,电流通过磁头时,磁体生成可以保存在介质中的磁场,驱动写入数据。磁头通过介质表面驱动读取数据,由于磁头在磁场中会出现电流变化,它会产生微弱电流指示信号中是否出现在磁通变换区里。

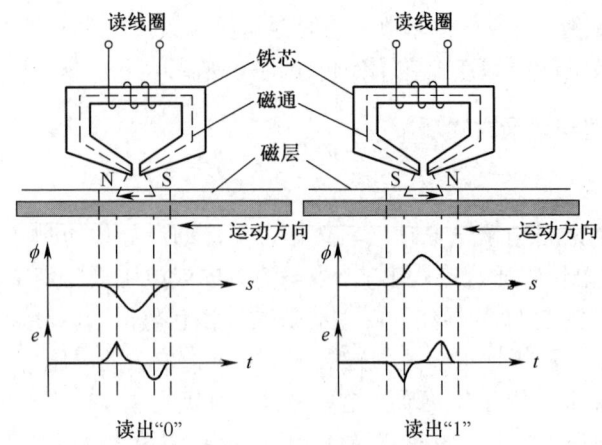

图 3.60 磁通量变化与读出电流间的关系

2. 磁记录方式

磁记录方式是一种编码方法，对磁表面存储器来说，记录方式是指采用何种形式的脉冲电流使磁化元能向两个方向磁化，来实现对"1"或"0"信息的记录。采用高效可靠的磁记录方式，是提高记录密度和可靠性的重要途径，图 3.61 比较了 6 种磁记录方式。

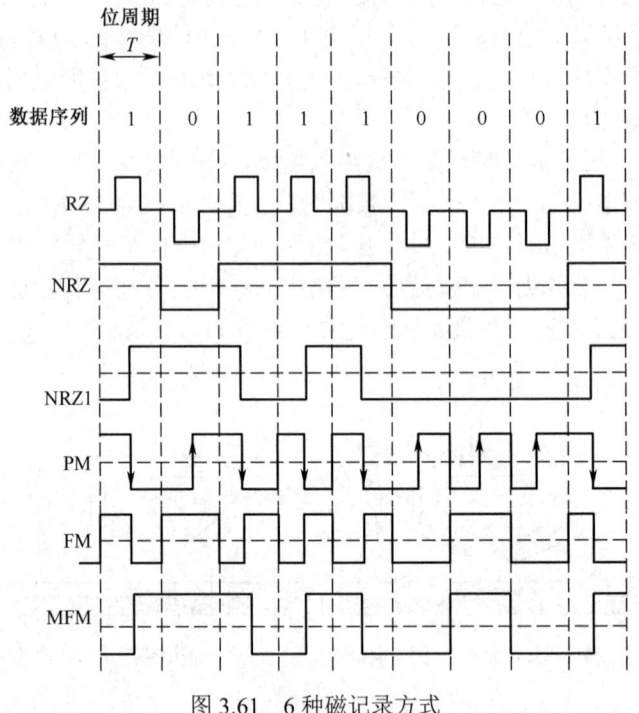

图 3.61　6 种磁记录方式

常用的磁记录方式有以下几种：

（1）归零制。归零制（Return to Zero，RZ）是用正脉冲写入"1"，用负脉冲写入"0"，每写完一位数据，写入电流都必须恢复到"0"，归零制由此而得名。这种方法简单易行，但抗干扰能力较弱，往往会把各种干扰的电流信号也同时写入。

(2) 不归零制。不归零制（No Return to Zero，NRZ）的特点是线路中始终保持电流，正方向电流写入"1"，反方向电流写入"0"。其特点是：对连续记录的多位"1"或"0"，写电流方向不变，因此，这种记录方式比归零制减少了磁化翻转的次数。由于写"0"、写"1"的电流相差较大，抗干扰能力较强，但功耗比较大。

(3) 不归零"1"制。不归零"1"制（NRZ1）是一种改进的不归零制，也叫见"1"就翻的不归零制。其特点是流过磁头的电流在记录"1"时改变方向，记录"0"时电流方向不变，磁化元仍保持原来的磁化状态不变。

以上三种都属于直接记录方式，适合于记录密度较低的场合，其特点是不编码，直接记录信息的"0""1"排序记录，都采用调幅制的记录方式，目前已应用不多。

(4) 调相制。调相制（Phase Modulation，PM）是一种按位编码记录的方式，其特点是：不管是写入"1"还是"0"，写入电流都要在中点改变一次方向。写"1"时，写入电流由负变正；写"0"时，写入电流由正变负。基波相位为0°时，写入"1"，基波相位为180°时，写入"1"，调相制因此而得名。由于相位不易受干扰，因此其抗干扰的能力强，此外，采用调相制可方便地从读出信号中提取自同步脉冲，即具有自同步能力，调相制在磁带存储器中得到广泛应用。

(5) 调频制。调频制（Frequency Modulation，FM）是根据写电流频率的不同来记录信息，也是一种按位编码的记录方式，其特点是，当记录"0"时，写入电流不改变方向，写入"1"时，写入电流要改变一次方向，而且不管是写入"1"还是"0"，相邻的两位之间必须改变写入电流的方向。调频制的记录密度高，抗干扰能力强。

(6) 改进的调频制。改进的调频制（MFM）在信息记录方式上与调频制（FM）基本相同，只不过MFM只有当连续记录两个或两个以上的"0"时，才在每位的起始位置处改变一次电流，而不是所有"0"的起始处都改变电流方向。由于具有这一特征，在写入相同数据序列时，MFM的翻转次数要低于FM，在相同长度的磁层上，MFM记录的信息量会有所增加，记录密度也会提高。FM在记录一个二进制位时最多两次翻转，而MFM最多只要翻转一次就可以了，因此存储密度增加了一倍。

在MFM的基础上，记录方式还可以进行进一步改进，称为M2FM，它的记录规则是：在连续记录数据"0"时，仅在第一位起始处改变电流方向，此后位的交界处电流方向不再发生改变。表3.17为各记录方式电流波形与记录规则。

上面介绍了几种磁表面存储器信息记录方式，哪一种的性能更为优秀，需要从多个方面进行评测，如编码效率、自同步能力、读分辨力、频带宽度、抗干扰能力以及电路实现的复杂性等，但其中最主要的两项指标即是编码效率和自同步能力。

(1) 编码效率。编码效率是指在磁表面存储器上记录一位二进制信息，需要磁化翻转的次数。例如，FM、NRZ、NRZ1等三种方式一次磁化翻转就可以记录一位信息，编码效率是最高的，达到100%，而PM、FM等方式两次翻转记录一位信息，它们的编码效率就是50%。编码效率越高意味着二进制位的存储密度越大，信息状态变化的频率越低，数据读写的速度越快。

(2) 自同步能力。自同步方法是数字磁记录中的一种同步信号产生方法，同步时钟信号的产生方法有两种：一是在专用的同步磁道上记录同步时钟信号，数据则记录在另外一些数据磁道上，读数据时靠同步磁道产生的信号来检测数据磁道上信号；二是自同步，将数据和同步信号都记录在同一磁道上，读出时采用锁相电路，从读出信号中分离出同步信号，来检测数据。

在高密度记录数据时,用第一种方法,会导致不能正确的检测出数据,因此,目前高密度磁记录中均采用自同步。

表 3.17 各记录方式电流波形与记录规则

记录方式	写入电流波形 1 0 1 1 0 1 0 0	记录规则
归零制（RZ）		正脉冲写"1" 负脉冲写"0"
不归零制（NRZ）		正电流写"1" 负电流写"0"
不归零"1"制（NRZ1）		电流改变方向写"1" 电流不改变方向写"0"
调相制（PM）		写入电流由负变正"1" 写入电流由正变负"0"
调频制（FM）		电流改变方向写"1" 电流不改变方向写"0" 但各位间电流必须改变方向

自同步能力是指从单条磁道中读出的二进制信息序列中,将同步时钟信号和数据信号进行分离的难易程度。图 3.62 中列出了 NRZ1 方式的驱动电流、磁通变化、感应电势、同步脉冲以及读出代码的读出信息波形图。自同步能力可以用最小磁化翻转间隔和最大磁化翻转间隔的比值 R 进行描述,R 越大,自同步能力也就越强。例如,NRZ 和 NRZ1 两种方式在连续记录信息 "0" 时,磁层都不发生翻转,NRZ 方式在连续记录 "1" 时,磁层同样也不发生翻转,因此,NRZ 和 NRZ1 两种磁表面记录方式都不具备自同步能力。而另外一些记录方式,如 PM、FM 和 MFM 等则具有自同步能力,如 FM 方式最大磁化翻转间隔是 T(T 是一位信息的磁记录时间),最小磁化翻转时间间隔是 $T/2$,则它的自同步能力 $R=1/2$。

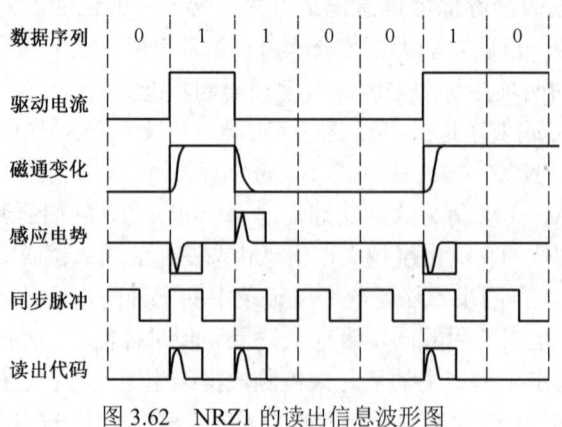

图 3.62 NRZ1 的读出信息波形图

3.4.5 磁盘阵列与分布式系统

当数据存储的需求巨大时，单靠一个硬盘根本无法完成信息存储的任务，需要引入磁盘阵列才能更好地进行存储。当前，随着虚拟化的普及以及大数据、云计算、互联网+等概念的落实，传统存储阵列的疲态凸显，在处理能力、扩展性、可维护性、可靠性，以及成本方面都呈现出更多的劣势，分布式存储已成为信息存储的主要途径。

1. 磁盘阵列

（1）RAID 工作原理与特点。磁盘阵列（Redundant Arrays of Inexpensive Disks，RAID），又称独立冗余磁盘阵列。RAID 把多块独立的物理硬盘按不同的方式组合起来形成硬盘组，由一个控制器控制多个硬盘的相互连接，使它们的读写同步，增加效率。RAID 技术能提供比单个硬盘更强的存储性能和数据备份能力，在扩大容量的同时，也提升数据存储的安全性和可靠性。磁盘阵列的组成方式称为 RAID 级别（RAID Levels），在用户看起来，磁盘阵列就像是一个硬盘，用户可以对它进行分区、格式化等操作，与对单个硬盘的操作完全相同。磁盘阵列一项重要的功能是提供自动数据备份，在用户数据发生丢失或损坏后，利用备份信息可以使数据得以恢复，保障了用户数据的安全性。

与单个硬盘工作机制相似，当主机要将数据保存到阵列时，阵列控制器将该数据写入缓存中，并通知主机存盘操作已经完成，数据可继续驻留在缓存中直到缓存已满，或者要为新数据腾出空间，亦或者阵列需停机时，控制器才会将数据从缓存写入阵列硬盘中。这种缓存回写技术使得主机不必等待 RAID 校验计算过程的完成，即可处理下一个读写任务，主机读写效率大为提高。

RAID 的特点可归纳为以下三个方面：

1）成本低，功耗小，传输速率高。在 RAID 中，多个磁盘驱动器可以同时传输数据，而这些磁盘驱动器在逻辑上又是一个磁盘驱动器，所以 RAID 可以达到单个磁盘驱动器几倍、几十倍的速率。因为在早期发展中，CPU 的速度增长很快，而磁盘驱动器的数据传输速率无法大幅提高，所以 RAID 是解决二者间速度不匹配的一种有效途径。

2）提供容错功能。除了循环冗余校验码可以进行数据校验之外，普通磁盘驱动器无法提供容错功能。RAID 容错是建立在每个磁盘驱动器的硬件容错功能之上的，它可以提供更高的安全性。

3）与传统的磁盘驱动器相比较，RAID 在同样的容量下，价格要低许多。

（2）RAID 级别。RAID 技术分为几种不同的等级，分别可以提供不同的速度、安全性和性价比，根据实际情况选择适当的 RAID 级别可以满足用户对存储系统可用性、性能和容量的要求。到目前为止，RAID 级别有明确标准分别是 0、1、2、3、4、5 等，工程实际中常用的是 0、1、3、5 四个级别，此外还有 6、7、10、30、50 等。RAID 为使用者降低了成本，增加了执行效率，并提高了系统运行的稳定性。

1）RAID 0：又称数据分块，把数据分成若干相等大小的块，把它们写到阵列中不同的硬盘上，这种技术又称数据条带化（Stripping）。将数据分布在 N 个磁盘上，读写时是以并行方式对各硬盘同时进行操作，理论上，其容量和数据传输率是单个硬盘的 N 倍。当然，若阵列控制器有多个硬盘通道时，对多个通道上的硬盘进行 RAID 0 操作，I/O 性能会更高。如图 3.63 所示，数据被分成 A、B、C 等若干个大小相等的块，交替写到磁盘中。

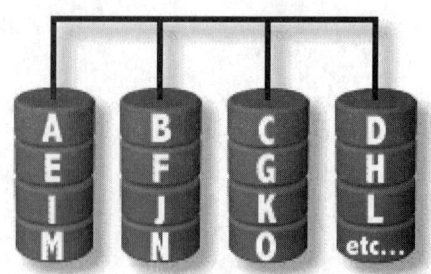

图 3.63 RAID 0 磁盘阵列

从严格意义上说，RAID 0 并不是 RAID，因为它没有数据冗余和校验，只是实现了数据的分散存储。由于数据块被并行地保存在不同的磁盘上，因此 RAID 0 具有很高的数据传输率。另外，由于组成 RAID 0 的所有硬盘空间都可以用来保存数据，因此该层级的存储空间利用率最高。RAID 0 适用于类似 Video/Audio 信号存储、临时文件的转储等对速度要求严格的应用。由于没有任何的数据冗余，所以安全性低，只要 RAID 里的任何一块磁盘损坏，都会发生所有数据丢失情况，RAID 0 模式中，硬盘个数越多，安全性越低。

2）RAID 1：也称为 RAID 镜像（Disk Mirroring），因为一个磁盘上的数据被完全复制到另一个磁盘上，如果一个磁盘的数据发生错误，或者硬盘出现了坏道，那么另一个硬盘可以补救因磁盘故障而造成的数据损失。另外，RAID 1 还可以实现双工，即可以复制整个控制器，这样在磁盘故障或控制器故障发生时，数据都可以得到保护。镜像和双工的缺点是需要多出一倍数量的驱动器来复制数据，但系统的读写性能并不会由此而提高，这是一项不小的开销。

RAID 1 主要是通过数据镜像实现数据冗余，在两对分离的磁盘上产生互为备份的数据，因此 RAID 1 具有很高的安全性，即便一半数量的磁盘出现故障时还能不间断地工作，但是整个系统的处理能力会受到影响。RAID 1 通过两次读写来实现磁盘镜像，虽然加大了磁盘控制器的负载，但保证了镜像磁盘随时与原磁盘上的数据完全一致。从图 3.64 中可以中看出，RAID 1 的数据空间浪费严重，只有一半的磁盘空间利用率，是 RAID 各种等级中成本最高的一种。只有当系统需要极高的可靠性时，才会选择使用 RAID 1，因此 RAID1 常用于对容错要求极严的应用场合。

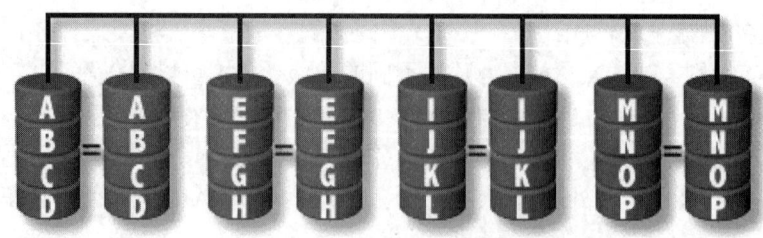

图 3.64 RAID 1 磁盘阵列

虽然 RAID 1 有很强的安全性，能保证在原盘损坏时系统工作不中断，但还是应当及时地更换损坏的硬盘并利用备份数据重新建立镜像，避免备份盘在发生损坏时，造成不可挽回的数据损失。

3）RAID 2：是为大型机和超级计算机开发的带海明校验的磁盘阵列。磁盘驱动器组中设置了专门的校验盘,用于校验和纠错。如图 3.65 所示,七个磁盘驱动器组建的 RAID 2,右边三组磁盘为纠错盘,左边四组磁盘存放数据。RAID 2 对大数据量的读写具有极高的性能,但进行少量数据的读写时性能反而不好,所以 RAID 2 实际使用较少。

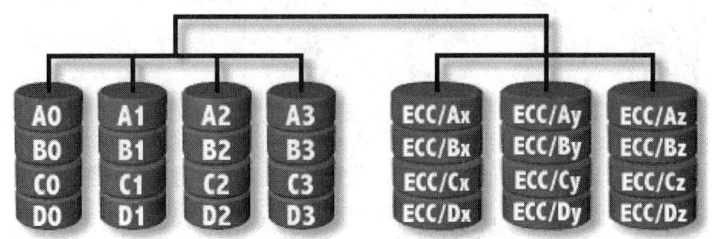

图 3.65　RAID 2 磁盘阵列

RAID 2 的特殊性体现在,使用的磁盘驱动器越多,校验盘在其中占的百分比越少,若要读写速度和磁盘利用率都比较高,就要增加存储校验码的硬盘,来确保数据冗余,但这样一来会增加购置成本。

4)RAID 3:RAID 3 支持带奇偶校验码的数据并行传输,和 RAID 0 一样,也采用 Stripping 技术将数据分块存储。在数据安全方面用奇偶校验做检测,只需要一个额外的校验盘,奇偶校验值的计算是以各个硬盘的相对应位进行异或,然后将结果写入奇偶校验硬盘。它访问数据时一次处理一个带区,可以提高读取和写入速度,以并行的方式来存放数据,但速度没有 RAID 0 快,因为校验位少,因此计算时间相对而言比较少。RAID 3 的特点是当有某个盘片发生故障时,非故障磁盘的读写操作并不会因此停止。写操作将继续对除故障盘外的数据盘和校验盘进行操作,读操作则通过对非故障数据盘和校验盘的异或计算重构故障盘上的原始数据。

RAID3 的优点是并行 I/O 传输和单盘容错,具有很高可靠性。RAID 3 最大的问题在于,由于数据条状分散存储,向任意一个数据盘写入数据,都需要同时重写校验盘中的相关信息,因此,对于那些经常需要执行大量写入操作的应用来说,校验盘的负载将会很大,影响程序的运行速度,从而导致整个 RAID 系统性能的下降。鉴于此,RAID 3 更加适合应用于那些写入操作较少,读取操作较多的应用环境,如数据库和 Web 服务器等。RAID 3 磁盘阵如图 3.66 所示。

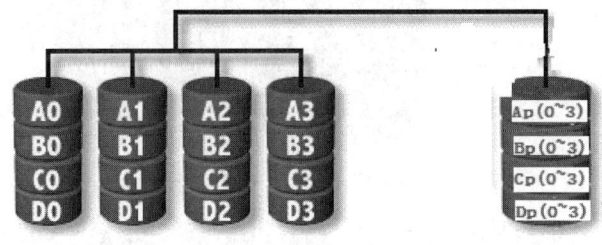

图 3.66　RAID 3 磁盘阵列

5)RAID 4:RAID 4 是带奇偶校验码的独立磁盘结构,与 RAID 3 很相似,不同的是 RAID 4 对数据的访问是按磁盘进行的,从图 3.66 中可以看出,RAID 3 是按 A0、A1、A2、A3……这样的顺序访问,而图 3.67 中 RAID 4 是按 A0、B0、C0、D0……顺序访问。RAID 3 常常需访问阵列中所有的硬盘，而 RAID 4 只要访问某个磁盘即可。在损坏数据恢复时，RAID 4 实现起来难度相对 RAID 3 要大很多，磁盘控制器的设计复杂度也较高。

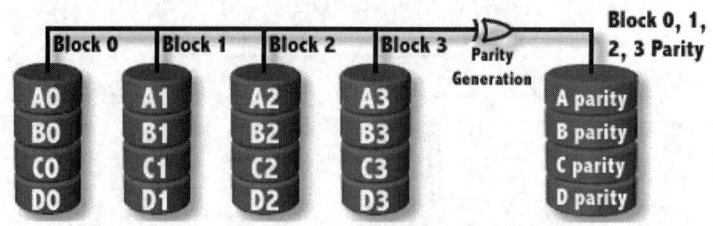

图 3.67　RAID 4 磁盘阵列

6）RAID 5：RAID 5 也叫带分布式奇偶位阵列。如图 3.68 所示，每个条带上都有一个"块"大小的位置存放奇偶校验位。与 RAID 3 和 RAID 4 不同之处在于，RAID 5 把校验信息分布在所有的磁盘上，减轻了校验盘的负担。RAID 5 能提供较为完美的整体性能，是被广泛应用的一种磁盘阵列方案，适用于输入/输出密集、高频率读写的应用程序，如事务处理等。为了实现 RAID 5 级的冗余度，至少需要由三个磁盘组成磁盘阵列。

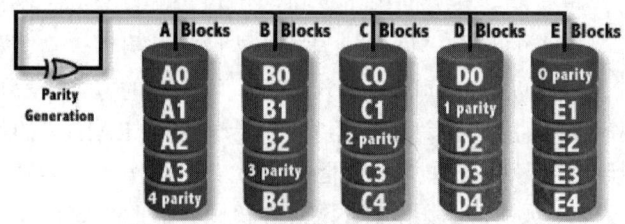

图 3.68　RAID 5 磁盘阵列

7）RAID 6：RAID 6 是带有两种分布存储的奇偶校验码的磁盘结构，使用分配在不同磁盘上的第二种奇偶校验来实现增强型的 RAID 5。它能承受多个驱动器同时出现故障，但是，用于计算奇偶校验值和验证数据正确性所花费的时间比较多，造成了系统的负载较重，大大降低整体磁盘性能，而且，系统需要一个复杂的控制器，如图 3.69 所示。

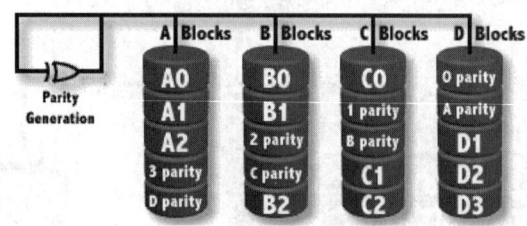

图 3.69　RAID 6 磁盘阵列

RAID 6 在 RAID 5 的基础上发展而成，它的工作模式与 RAID 5 很相似，不同的是 RAID 5 将校验码在一个磁盘里，而 RAID 6 却将它们写到两个磁盘里，增强了磁盘的容错能力，因此，RAID 6 阵列中允许出现故障的磁盘达到两个，但相应的阵列磁盘数量最少也要四个。

8）RAID 7：RAID 7 自身带有智能化实时操作系统和用于存储管理的软件工具，可完全独立于主机运行，不占用 CPU 资源。RAID 7 存储操作系统主要用来系统初始化和安排磁盘阵列的数据传输，并把它们转换到相应的物理存储驱动器上。通过存储操作系统来设定和控制读写速度，可使主机 I/O 传递性能达到最佳。如果一个磁盘出现故障，还可自动执行恢复操作，并可管理备份磁盘的重建过程，这与其他的 RAID 级别具有明显区别。

图 3.70 中每个"柱体"由多个磁盘构成，而不是像前面的图形那样一个"柱体"表示一个磁盘。从中可以看出，每个磁盘都有独立的 I/O 通道，它们与主通道相连，操作系统可以直接控制对每个磁盘的访问，让各磁盘在不同的时间进行读写，改善 I/O 的性能，同时也提高了数据传输能力。在 RAID 7 中，同样提供了一个磁盘作为专门的校验盘，它适合于任何一个磁盘进行数据恢复。

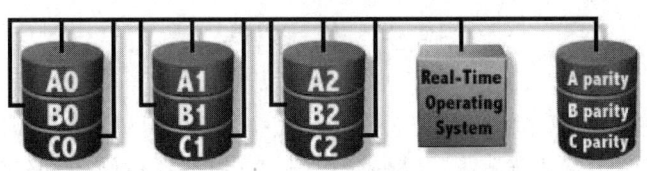

图 3.70　RAID 7 磁盘阵列

此外，还有 RAID 10，RAID 30，RAID 50 等级别，如 RAID 30 具有 RAID 0 和 RAID 3 的特性，由两组 RAID 3 的磁盘（每组 3 个磁盘）组成阵列，使用奇偶位校验，这两磁组盘再组成一个 RAID 0 的阵列，实现跨磁盘抽取数据。相关内容，读者可以自行查阅资料进行学习，这里不再赘述。

2．分布式系统

分布式系统（Distributed System）是指文件系统管理的物理存储资源不一定直接连接在本地节点上，而是通过计算机网络与节点相连。分布式系统的设计基于客户机/服务器模式，一个网络可能包括多个供多用户访问的服务器，P2P 模式下一些系统既可用作客户机，又能充当服务器。使用分布式系统可以轻松定位和管理网络中的共享资源，使用统一的命名路径完成对所需资源的访问，提供可靠的负载平衡，可以与文件复制服务（FRS）联合在多台服务器之间提供冗余，以及与 Windows 权限集成以保证安全。

分布式系统的主要特点如下：

（1）高可用性。可用性指分布式系统在面对各种异常时可以提供正常服务的能力，系统的可用性可以用系统停服务的时间和正常服务时间的比例来衡量，如 4 个 9 的可用性（99.99%）要求一年停机的时间不能超过 $365 \times 24 \times 60/10000 = 53$ 分钟。

（2）高可靠性。可靠性指分布式系统数据安全方面的指标，数据可靠不丢失，主要通过多机冗余、单机磁盘 RAID 等措施来提高可靠性。

（3）高扩展性。拓展性指分布式系统通过扩展集群服务器规模从而提高系统存储容量、计算和性能的能力。业务量增大，对底层分布式系统的性能要求越来越高。自动增加服务器来提升服务能力，分为 Scale Up 与 Scale Out 两种，前者指增加和升级服务器硬件，后者指增加服务器数量。衡量可扩展性的标准是服务器集群的线性可扩充性，系统整体性能与服务器数量呈线性关系。

（4）数据一致性。数据一致性指分布式系统多个副本之间的数据一致性，有强一致性、弱一致性、最终一致性、因果一致性、顺序一致性。

（5）高安全性。安全性指分布式系统不受恶意访问和攻击，保护存储数据不被窃取。互联网是开放的，任何人在任何时间、地点通过任何方式都可以访问网站，针对现存的和潜在的各种攻击与窃取手段，要有相应的应对方案。

（6）高性能。衡量分布式系统性能常见的指标是系统的吞吐量和系统的响应延迟，系统的吞吐量是在一段时间内可以处理的请求总数，可以用 QPS（Query Per Second）和 TPS（Transaction Per second）衡量。系统的响应延迟是指某个请求发出到接收到返回结果所消耗的时间，通常用平均延迟来衡量。这两个指标往往是矛盾的，追求高吞吐量，比较难做到低延迟；追求低延迟，吞吐量会受影响。

3.5 本章小结

存储器是计算机的记忆中枢和数据仓库，是系统的核心部件。Cache、内存和辅存在体系结构上形成两级层次，很好地解决了存储系统访问的速度和容量问题，形成在速度上接近缓存，而容量上又比内存大很多的存储体系。

CPU 可以直接访问的存储部件有静态存储器（SRAM）和动态存储器（DRAM）两种，由于采用的构造元件不同，两类存储器在各方面的性能差异也较大。SRAM 使用触发器单元存储数据，读写迅速，且信息不易丢失，常用来制造高速缓冲存储器（Cache）；而 DRAM 则使用电容存储电荷的方式记录数据，在集成度、功耗、封装体积等方面的指标都要优于 SRAM，但他存取速度相对较慢，且需要定时刷新以保持单元内的数据。刷新的方式有集中刷新、分散刷新和异步刷新三种，集中刷新会造成存储器在一段时间内无法正常读写，而异步刷新有效利用了刷新周期的长度，将刷新操作合理地分散到刷新周期内的各个存取周期内，是最为合理的刷新方式。

产商不可能生产出所需要的所有存储器型号，这时需要通过存储扩展的方式来构建目标存储器，存储扩展有位扩展、字扩展和字位扩展三种形式。存储校验是克服由于传输造成的数据失真的有效手段，海明校验在奇偶校验的基础上，通过添加多个校验位的方式，实现纠一位错的功能。

Cache 中内容是内存的局部镜像，内存的一些存储块映射到 Cache 中后，在其中访问速度会加快很多，映射方式有直接映射、全相联映射和组相联映射三种方式。映射操作的主要关注点包括 Cache 块置换算法以及 Cache 与内存数据的一致性问题。

辅存存储机器运行中暂时用不到的数据，磁盘是最常见的外部存储设备，其性能主要从容量和速度两个方面评测，硬盘内部数据传输率主要受制于盘片转速、臂杆移动速度等因素，而接口类型则直接影响数据的输入/输出速度。

习题

3.1 存储器的层次结构主要体现在什么地方？为什么要分这些层次？计算机如何管理这些层次？

3.2 说明存取周期和存取时间的区别。

3.3 什么是存储器的带宽？若存储器的数据总线宽度为 32 位，存取周期为 200ns，则存储器的带宽是多少？

3.4 某微型机字长为32位，其存储容量是64KB，按字编址，它的寻址范围是多少？若主存以字节编址，试画出主存字地址和字节地址的分配情况。

3.5 试比较静态RAM和动态RAM。

3.6 什么叫刷新？为什么要刷新？说明刷新有几种方法。

3.7 一个8K×8bit的动态RAM芯片，其内部结构排列成256×256形式，存取周期为0.1μs。试问采用集中刷新、分散刷新和异步刷新三种方式的刷新间隔各为多少？

3.8 某8位微型机地址码为18位，若使用4K×4bit的RAM芯片组成模块板结构的存储器，试问：

（1）该机所允许的最大主存空间是多少？

（2）若每个模块板为32K×8bit，共需几个模块板？

（3）每个模块板内共有几片RAM芯片？

（4）共有多少片RAM？

（5）CPU如何选择各模块板？

3.9 设CPU共有16根地址线，8根数据线，并用$\overline{MREQ}$（低电平有效）作访存控制信号，R/$\overline{W}$作读写命令信号（高电平为读，低电平为写）。现有下列存储芯片：ROM（2K×8bit、4K×4bit、8K×8bit），RAM（1K×4bit、2K×8bit、4K×8bit），及74138译码器和其他门电路（门电路自定）。试从上述规格中选用合适芯片，画出CPU和存储芯片的连接图。要求：

（1）最小4K地址为系统程序区，4096～16383地址范围为用户程序区。

（2）指出选用的存储芯片类型及数量。

（3）详细画出片选逻辑。

3.10 写出1100、1101、1110、1111对应的海明校验码。

3.11 已知收到的海明校验码（按配偶原则配置）为1100100、1100111、1100000、1100001，检查上述代码是否出错？第几位出错？

3.12 计算机中设置Cache的作用是什么？能否将Cache的容量扩大，最后取代主存？为什么？

3.13 设主存容量为256KB，Cache容量为2KB，块长为4，试问：

（1）设计Cache地址格式，Cache中可装入多少块数据？

（2）在直接映射方式下，设计主存地址格式。

（3）在四路组相联映射方式下，设计主存地址格式。

（4）在全相联映射方式下，设计主存地址格式。

（5）若存储字长为32位，存储器按字节寻址，写出上述三种映射方式下主存的地址格式。

3.14 假设CPU执行某段程序时共访问Cache命中4800次，访问主存200次，已知Cache的存取周期为30ns，主存的存取周期为150ns，求Cache的命中率以及Cache—主存系统的平均访问时间和效率，试问该系统的性能提高了多少？

3.15 一个组相联映射的Cache由64块组成，每组内包含4块。主存包含4096块，每块由128字组成，访存地址为字地址。试问主存和高速缓冲存储器的地址各为几位？画出主存地址格式。

3.16 设某机主存容量为 4MB，Cache 容量为 16KB，每字块有 8 个字，每字 32 位，设计一个四路组相联映射（即 Cache 每组内共有 4 个字块）的 Cache 组织。

（1）画出主存地址字段中各段的位数。

（2）设 Cache 的初态为空，CPU 依次从主存第 0,1,2,…,89 号单元读出 90 个字（主存一次读出一个字），并重复按此次序读 8 次，试问命中率是多少？

3.17 某磁盘存储器转速为 3000rps，共有 4 个记录盘面，每毫米 5 道，每道记录信息 12 288 字节，最小磁道直径为 230mm，共有 275 道，求：

（1）磁盘存储器的存储容量。

（2）最高位密度（最小磁道的位密度）和最低位密度。

（3）磁盘数据传输率。

（4）平均等待时间。

第 4 章 输入/输出系统

教学内容与重点：

- 接口的功能与组成
- 外围设备编址方式
- I/O 控制的四种方式
- 中断处理流程
- DMA 控制器工作原理与组成

输入/输出（I/O）系统作为计算机系统的一个重要组成部分，能够实现计算机与外界之间的信息交换，各种外部信息，包括程序、数据等，都必须通过输入设备才能输入至计算机。而计算机内部的各种信息也只有通过输出设备才能实现显示和打印等动作。在实际的计算机控制系统中，CPU 与外部设备之间常需要进行频繁的信息交换，包括数据的输入/输出、外部设备状态信息的读取及控制命令的传送等，这些都是通过接口来实现的。

这一章，将主要讨论 I/O 接口和系统中的数据传送机制，其内容包括 I/O 接口、I/O 端口寻址方式、CPU 与外设之间的数据传送方式等。

4.1 I/O 接口概述

在各种计算机系统中，为实现外部设备与系统的连接，人们使用了大量的输入/输出设备，如键盘、鼠标、显示器、软/硬磁盘存储器等；在某些控制场合，还用到了模/数转换器、数/模转换器等。以上这些设备和装置的工作原理、驱动方式、信息格式，以及工作速度等各不相同，其数据处理速度也各不相同，但都比 CPU 的处理速度要慢。所以，这些外部设备不能与 CPU 直接相连，而必须经过中间电路再与系统连接，这部分中间电路被称作 I/O 接口电路，简称 I/O 接口（或接口电路），如图 4.1 所示。I/O 接口是位于系统与外设间的、能够协助完成数据传送和传送控制任务的那部分电路。

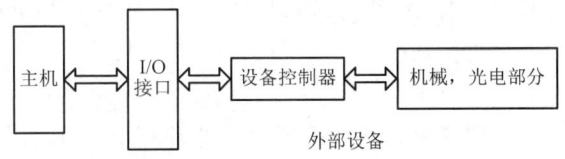

图 4.1 I/O 接口的逻辑位置

在计算机中，包括系统板上的可编程接口芯片和插在 I/O 总线槽中的用来连接 I/O 设备的电路板都属于 I/O 接口电路。任何一个计算机应用系统的研制与设计，其硬件部分实际上主要是接口的研制与设计。接口电路属于硬件系统，而软件是控制这些电路按要求工作的驱动程序，任何接口电路的应用，都离不开软件的驱动与配合。因此，在学习这部分知识时，必须注意其软硬结合的特点。

4.1.1　I/O 接口要解决的问题

外部设备的种类繁多，有机械式、电动式、电子式和其他形式，它们涉及的信息类型也不相同，可以是数字量、模拟量或开关量。CPU 与外设之间交换信息时需要解决以下问题。

1. 速度匹配问题

CPU 的制造工艺发展可以用飞速来形容，当前，其工作频率都稳定在千兆数量级上，处理速度非常快，在单位时间内能够完成大量数据的加工处理，主机的另一个重要组成部分——内存，它的制造水平提升虽比不上 CPU 那样迅速，但对数据存取的速度也很快，而为主机提供源数据和输出目的地的外设的速度却有高有低，而且不同的外设速度差异甚大。一些数据块传输设备，如硬盘，尚能与主机较好地互换信息，但一些字符设备，如键盘、鼠标等，他们的工作速度与主机相去甚远，在他们之间传递信息时，会出现速度快的一方长时间等待速度慢的一方的现象，接口的存在可以有效地缓解这一问题。

2. 信号电平和驱动能力问题

计算机内主机的工作电平通常都很低，这样可以降低功耗，减小发热量，增加机器的持续工作时间，如 CPU 的信号都是 TTL 电平（一般在 0～5V 之间，笔记本计算机 CPU 的工作电压更低）。外设通常都含有机械设备部分，需要的驱动电平要比这个范围宽得多，需要的驱动功率也较大。也就是说，同样的数据在计算机内部和外部的表示电平是不一样的，接口的一项重要功能就是实现主机和外设之间不同电平标准间的转换。

3. 信号形式匹配问题

CPU 只能处理数字信号，而外设的信号形式多种多样，有数字量、开关量、模拟量（电流、电压、频率、相位），甚至还有非电量，如压力、流量、温度、速度等。通过接口，数字量和非数字量之间能够实现相互转换，这在工程应用中很常见，无论外部的信息以何种形式表示，只要进入计算机进行处理，都要由接口将它转换成能够直接处理的数字脉冲量，同样，计算机产生的数字控制信号，也要经接口变换成模拟量。

4. 信息格式问题

CPU 在系统总线传送的是 8 位、16 位、32 位、64 位等并行二进制数据，而外设使用的信号形式信息格式各不相同，有些外设是数字量或开关量，有些外设使用的是模拟量；有些外设采用电流量，而有些是电压量；有些外设能够直接使用并行数据，而有些则只能处理串行数据。接口具有信息格式转换的功能，如串行转换接口（USB），能使各种串行存储设备和计算机之间进行有效连接。

5. 时序匹配问题

CPU 的各种操作都是在时钟信号作用下完成的，各种操作都有自己的工作周期，而各类外设也有自己的定时与控制逻辑，而且大都与 CPU 时序不一致。为了防止主机与外设之间的信息沟通紊乱，各种外设不能直接与 CPU 的系统总线相连，而是要经过接口协调之后方能连接。

4.1.2　I/O 接口的功能

I/O 接口作为连接电路，通常为外部设备提供若干个不同地址、不同功能的寄存单元，每个寄存单元称为一个 I/O 端口。I/O 接口逻辑结构示意如图 4.2 所示，I/O 接口内部通常由数据、状态、控制三类寄存器组成，CPU 可分别对数据、状态、控制三种端口（port）寻址，并与之交换信息。这三类端口被简称为数据口、状态口、控制口。

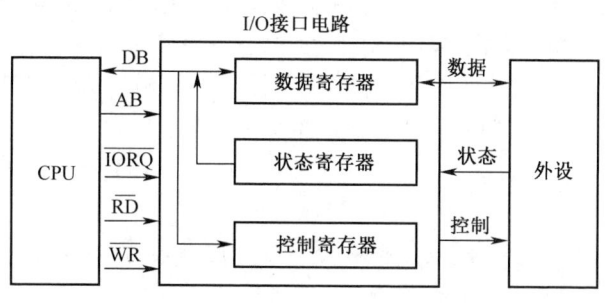

图 4.2　I/O 接口逻辑结构示意图

以寄存器类型端口为例，数据寄存器可分为输入缓冲寄存器和输出缓冲寄存器两种。在输入时，由输入缓冲寄存器保存外设发往 CPU 的数据；在输出时，由输出缓冲寄存器保存 CPU 发往外设的数据。有了输入/输出缓冲寄存器，就可以在高速工作的 CPU 与慢速工作的外设之间起协调与缓冲作用。状态寄存器主要用来保存外设当前的各种状态信息，从而让处理器了解数据传送过程中正在发生或最近已发生的状况。控制寄存器用来存放处理器发来的控制命令与其他信息，确定接口电路的工作方式和功能。以上三种寄存器是 I/O 接口电路中的核心部分，在较复杂的 I/O 接口电路中还包括有数据总线和地址总线缓冲器、端口地址译码器、内部控制器、对外联络控制逻辑等部分。

I/O 接口电路通常包括如下基本功能。

1. 数据锁存与缓冲

由于 CPU 和总线十分繁忙，而外设的处理速度相对较慢，所以有必要把数据放在输入接口和输出接口中缓存起来。在输入接口中，通常要安排三态门等缓冲隔离环节。仅当 CPU 选通时，才允许选定的输入设备将数据送到系统总线，此时其他输入设备与数据总线隔离。在输出接口中，一般需要安排锁存器等锁存环节，将输出数据锁存起来。这时外设有足够的时间处理高速系统传送过来的数据，同时又不妨碍 CPU 和总线去处理其他事务。

2. 设备寻址

对计算机系统来说，通常会连接很多个 I/O 设备，而每一个 I/O 设备的接口电路，又会包括多个端口，如数据口、控制口、状态口，以及对外联络控制逻辑等其他端口，其中每种端口的数目可能还不止一个，所以，每个端口都必须要有自己对应的端口地址，以便系统对某个端口访问时，要能迅速找到相应的端口。I/O 接口电路的功能之一就是能对 CPU 给出的地址信号进行译码，选中它要操作的端口，其原理与第 3 章存储系统中介绍的内存单元译码类似，即要确定要操作的接口编号和接口电路上的端口编号。只有通过地址译码选中的 I/O 接口单元允许与总线相通，传送数据，而未被选中的 I/O 接口呈现为高阻状态，与总线隔离。

3. 提供控制逻辑与状态信号

I/O 接口处在计算机与外设之间，在进行数据交换时，既要面向 CPU 进行联络，又要面向外设进行联络。I/O 接口电路必须提供完成这一功能所需的控制逻辑与状态信号。这些信号具体包括状态信号、控制信号和请求信号等。同时，由于计算机直接处理的信号与外设所使用的信号在表现形式上可能不相同，外设使用的信号可能是一定范围内的非数字量，所以在输入/输出时，必须将这些信号转变成适合的形式才能传输。

此外，在 I/O 接口电路中还有输入/输出控制、读写控制及中断控制等逻辑。当然，并不是所有接口都具备上述全部功能，控制的外设不同，I/O 接口电路的功能可能不完全一样。

I/O 接口电路是外设和计算机之间传送信息的交换部件，它使两者之间能很好地协调工作，每个外设都要通过 I/O 接口电路才能和主机相连。随着大规模集成电路技术的发展，出现了许多通用的可编程接口芯片，可用它们来方便地构成 I/O 接口电路。

4.1.3 CPU 与 I/O 接口信号

CPU 与 I/O 之间的接口信号通常包括数据信号、地址信号、状态信号和控制信号等。

1. 数据信号

计算机系统中，数据通常包括数字量、模拟量和开关量等三种类型。数字量指由键盘或其他读入设备输入的，以二进制形式表示的数，或是以 ASCII 码表示的数或字符，其位数通常为字节的整数倍。模拟量是指在计算机控制系统中，某些现场信息（如压力、声音等）经传感器转换为电信号，再通过放大得到模拟电压或电流。这些信号不能直接输入至计算机，需先经模/数（A/D）转换才能输入计算机；同样，计算机对外部设备的控制先必须将数字信号经数/模（D/A）转换转变成模拟量，再经相应的幅度处理后才能去控制执行机构。开关量是指只含两种状态的量（如电灯的开与关、电路的通与断等），故只需用一位二进制数即可描述，比如一个字长为 16 位的机器一次输出就可以控制 16 个这样的开关量。

2. 地址信号

地址信号为单向信号，由 CPU 发往设备接口，经过译码确定具体处于外设接口电路上的端口。

3. 状态信号

状态信号作为一种 CPU 与 I/O 之间的连接信号，由 I/O 接口发往 CPU，用来指示输入/输出设备当前的状态。当有输入时，查看输入设备是否准备好，若准备好，则状态信号为 Ready（就绪）；当有输出时，看输出设备是否空闲，若空闲，则状态信号为 Empty（闲），若输出设备正在输出信号，则状态信号显示为 Busy（忙）。

4. 控制信号

控制信号是指用来控制输入/输出设备工作的信号，由 CPU 发往接口电路，控制设备的启动与停止，以及读写操作等。

数据信号、地址信号、状态信号及控制信号作为 CPU 与 I/O 设备间的连接信号，都会依照一定的时序传送。但很多计算机都只有通用的输入（IN）指令和输出（OUT）指令，因此，状态信号与控制信号通常也以数据信号的形式来传送。在传送过程中为了区分这些信号，它们必须要有自己专用的端口地址，CPU 在传送这些信号时，可以根据不同的任务，寻址不同的端口，从而实现不同的操作。例如，一个外设端口的信号宽度是 8 位，而状态与控制端口仅有 1 位或 2 位，故不同外设的状态信号与控制信号可共用一个端口。

4.1.4 I/O 接口的类型

I/O 接口的分类可以从不同的角度来考虑。

1. 按数据传送方式

按数据传送方式，I/O 接口分为串行接口和并行接口。这里所说的数据传送方式指的是外设和 I/O 接口一侧的传送方式，而在主机和 I/O 接口一侧，数据总是并行传送的。在并行接口中，外设和接口间的传送宽度是一个字节（或字）的所有位，一次传输的信息量大，随着数据端口宽度的增加，传输率也会随之提高。在串行接口中，外设和接口间的数据是一位一位串行传送的，一次传输的信息量小，某个方向上的数据传输只需一根数据线。在远程终端和计算机网络等设备离主机较远的场合下，用串行接口比较经济合算。

2. 按主机访问 I/O 设备的控制方式

按主机访问 I/O 设备的控制方式，I/O 接口分为程序查询式接口、程序中断接口、DMA 接口，以及更复杂一些的通道控制接口等。

3. 按功能选择的灵活性

按功能选择的灵活性，I/O 接口分为可编程接口和不可编程接口。可编程接口的功能及操作方式是由程序来改变或选择，用编程的手段可使一块接口芯片执行多种不同的功能。不可编程接口则不能由程序来改变其功能，只能用硬连线逻辑来实现不同的功能。

4. 按通用性分类

按通用性分类，I/O 接口分为通用接口和专用接口。通用接口是可供多种外设使用的标准接口，通用性强。专用接口是为某类外设或某种用途专门设计的。

5. 按输入/输出的信号分类

按输入/输出的信号分类，I/O 接口分为数字接口和模拟接口。数字接口的输入/输出全为数字信号，以上列举的并行接口和串行接口都是数字接口，而模/数转换器和数/模转换器属于模拟接口。

6. 按应用来分类

按应用来分类，则 I/O 接口可分为以下几种。

（1）运行辅助接口。运行辅助接口是计算机日常工作所必需的接口器件，包括数据总线、地址总线和控制总线的驱动器和接收器接口，时钟电路接口，磁盘接口等。

（2）用户交互接口。这类接口包括计算机终端接口、键盘接口、图形显示器接口及语音识别与合成接口等。

（3）传感接口。传感接口包括温度传感接口、压力传感接口和流量传感接口等。

（4）控制接口。这类接口用于计算机控制系统。

4.2 I/O 端口寻址方式

外部设备与处理器进行信息交换必须通过访问该外设相对应的端口来实现，具体访问这些外设端口的过程叫做寻址。端口的寻址方式通常有两种：存储器映像的 I/O 寻址方式和 I/O 端口单独寻址方式。

4.2.1 存储器映像的 I/O 寻址方式

存储器映像的 I/O 寻址方式（存储器映像寻址）又称为 I/O 端口与内存单元统一编址，是把每个 I/O 端口都当作一个存储单元看待，I/O 端口与存储器单元在同一个地址空间中进行编址。通常是在内存地址空间中划分出一小块连续的地址分配给 I/O 端口，被端口占用了的地址，存储器不能再使用，像 Motorola 公司生产的 MC6800/68000 系列就采用了这种寻址方式。存储器映像的 I/O 端口寻址方式的连接方式如图 4.3 所示。在图 4.3 中，由于 I/O 端口地址是整个存储器地址空间的一部分，故可用存储器读写信号 $\overline{\text{MEMR}}/\overline{\text{MEMW}}$ 来控制其读写，而不需要专门的 $\overline{\text{IOR}}/\overline{\text{IOW}}$ 控制信号，至于到底访问哪个空间可通过地址译码来实现。例如，对于 64KB 存储器存储空间，利用这种寻址方式时可将该存储空间分为高半地址与低半地址两部分，其中高半地址为 I/O 端口地址，低半地址为存储器地址。具体可利用 A_{15} 的状态来区分两种地址，即当 $A_{15}=0$ 时，$A_{14} \sim A_0$ 用于指定存储单元；$A_{15}=1$ 时，$A_{14} \sim A_0$ 用于指定 I/O 端口。

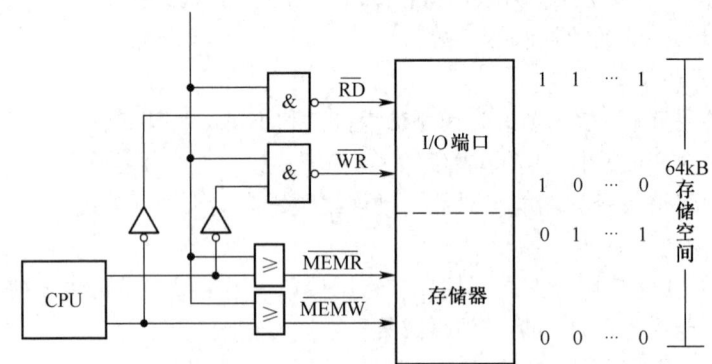

图 4.3 存储器映像的 I/O 端口寻址方式的连接方式

存储器映像寻址的主要优点是：可以用访问内存的方法来访问 I/O 端口，由于访问内存的指令种类很多、寻址方式多样，因此这种编址方式为访问外设带来了很大的灵活性。从原则上讲，所有用于内存的指令都可以用于外设，不再需要专门的 I/O 指令。同时，I/O 控制信号也可与存储器的控制信号共用，这样就给应用带来了很大的方便。

存储器映像寻址的主要缺点是：外设占用了一部分地址空间，这就减少了内存可用的地址范围，因此对内存容量有潜在的影响。此外，从指令上不易区分当前是对内存进行操作还是对外设进行操作。

4.2.2 I/O 端口单独寻址方式

I/O 端口单独寻址方式是将 I/O 端口和存储器分开寻址。由于它们编址的独立性，所以，处理器需要提供两类访问指令：一类用于存储器访问，它具有多种寻址方式；另一类用于 I/O 端口的访问，这类指令往往比较简单。在这种寻址方式中，CPU 访问 I/O 端口必须采用专用 I/O 指令，故也叫专用 I/O 指令方式（Special I/O Instruction Mode）。这些专用的 I/O 指令通常有两类，即输入（IN）指令、输出（OUT）指令及其相关指令组。对于不同的处理器，具有各不相同的指令格式。

由于系统需要的 I/O 端口寄存器通常要比存储器单元少得多，所以设置 256～1024 个端口对于一般微型机系统已经足够，故对 I/O 端口的选择只需用到 8～10 根地址线。图 4.4 为 I/O 端口单独寻址方式示意图，图中对 I/O 端口的选择用到了 8 根地址线。与存储器映像寻址相比，处理器（CPU）对 I/O 端口和存储单元的不同寻址是通过不同的读写控制信号 $\overline{\text{IOR}}$、$\overline{\text{IOW}}$、$\overline{\text{MEMR}}$、$\overline{\text{MEMW}}$ 来实现的。

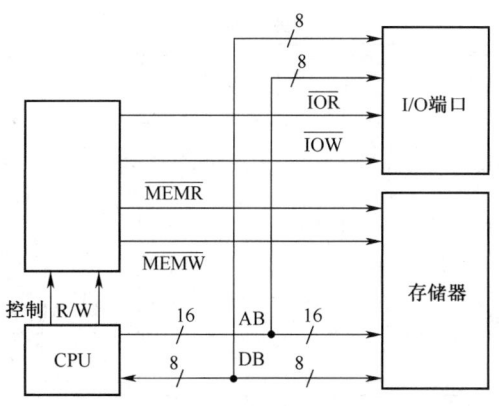

图 4.4 I/O 端口单独寻址方式示意

在 Intel 8086/8088 中就采用了 I/O 端口单独寻址方式。这些指令包含直接寻址和寄存器间接寻址两种类型。对以 8086 为 CPU 的 PC 系列机而言，如采用直接寻址，则其指令格式为：输入指令（IN AL,PORT），输出指令（OUT PORT, AL），这种直接寻址方式的端口地址为一个字节长，可寻址 256 个端口；如采用间接寻址，则其指令格式为：输入指令（IN AL,DX），输出指令（OUT DX,AL），这种间接寻址方式的端口地址为两个字节长，由 DX 寄存器间接给出，可寻址 64K 个端口地址。

I/O 端口单独寻址方式的优点是：I/O 端口的地址空间独立，且不占用存储器地址空间。地址线较少，且寻址速度相对较快；专门 I/O 指令的使用，使编制的程序清晰，便于理解和检查。这种寻址方式的缺点是 I/O 指令较少，访问端口的手段远不如访问存储器的手段丰富，导致程序设计的灵活性较差；需要存储器和 I/O 端口两套控制逻辑，增加了控制逻辑的复杂性。

4.3 I/O 控制方式

当信息在 CPU 与外部设备之间传输时，为提高工作效率，保证传送的可靠性，按照传送控制方式的不同，通常包括无条件传送、查询传送、中断传送，以及 DMA（Direct Memory Access）方式和通道控制方式。

4.3.1 无条件传送方式

无条件传送就又称为同步传送方式，是一种最简单的程序控制传送方式。当程序执行到输入/输出指令时，CPU 不需了解外设端口的状态，直接进行数据的传送。这种信息传送方式，只限于外设的定时是固定的且已知的场合，外设必须在 CPU 限定的时间内把数据准备就绪，并完成数据的接收或发送。例如，让数码管显示输出代码时，数码管可随时接收 CPU 所传送的数据，并可立即显示。当 CPU 与外部设备交换数据时，总认为它们处于就绪状态，随时可进行数据传送。

按这种方式传送信息时，外部设备必须已准备好，系统不需要查询外设的状态。在输入时，只给出 IN 指令；而在输出时，则仅给出 OUT 指令。这种传送方式的输入/输出接口电路最简单，一般只需要设置暂存数据的三态缓冲器和外设端口地址译码器就可以了，其接口示意如图 4.5 所示。

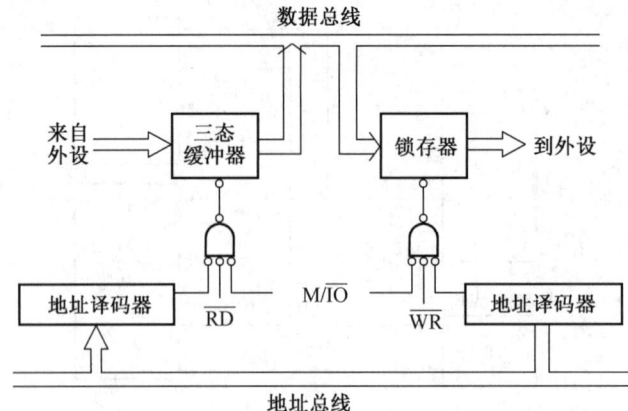

图 4.5　无条件传送方式接口示意

在输入时，可认为来自外设的数据已输入至三态缓冲器，此时 CPU 执行 IN 指令，指定的端口地址经地址总线送至地址译码器，并和 M/$\overline{\text{IO}}$、$\overline{\text{RD}}$ 信号相"与"后，选通这个输入接口的三态缓冲器，将输入设备送入 I/O 接口的数据经数据总线输至 CPU。

在输出时，CPU 执行 OUT 指令，将输出数据经数据总线加到输出锁存器的输入端。指定端口的地址由地址总线送至地址译码器，并和 M/$\overline{\text{IO}}$、$\overline{\text{WR}}$ 信号相"与"后，选通该输出接口的锁存器，将输出数据暂存锁存器，由它再把数据输出到外设。

无条件传送的接口电路和程序控制都比较简单，但有它特殊的应用条件：输入时外设必须已准备好数据，输出时接口锁存器必须为空。即 I/O 接口和 I/O 设备在无条件传送时必须保持就绪状态。

图 4.6 为一个无条件传送的接口电路举例。其中 8 位锁存器构成输出口，数据的锁存通过时钟信号 CLK 来控制，并经反向驱动器驱动 8 个发光二极管发光。三态缓冲器构成输入口，它与 8 个开关相连，当 CPU 选通三态缓冲器时，读取各开关的状态。两个端口均利用 A_{15} 来选通，所以输入口和输出口的 I/O 地址同为 8000H。

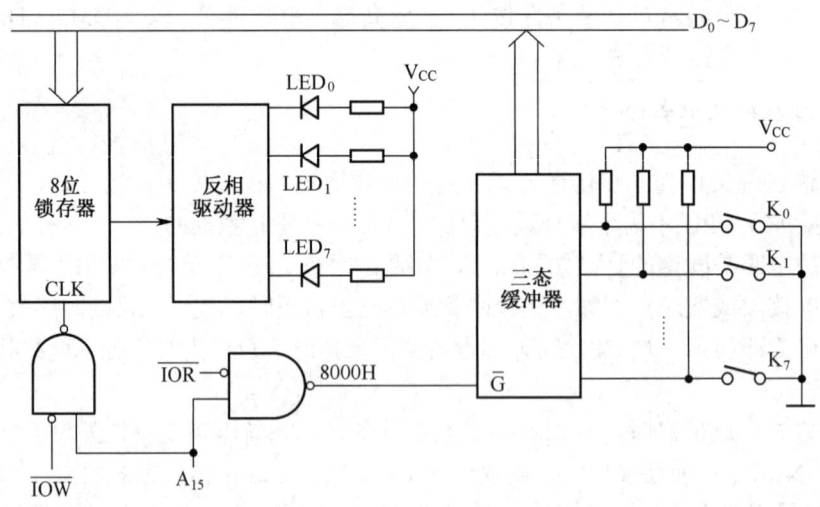

图 4.6　无条件传送的接口电路举例

4.3.2 查询传送方式

程序控制下的查询传送方式，又称异步传送方式。它在执行输入/输出操作之前，需通过测试程序对外部设备的状态进行检查。当所选定的外设已准备就绪后，才开始进行输入/输出操作。其工作流程包括两个基本工作环节，如图 4.7 所示。

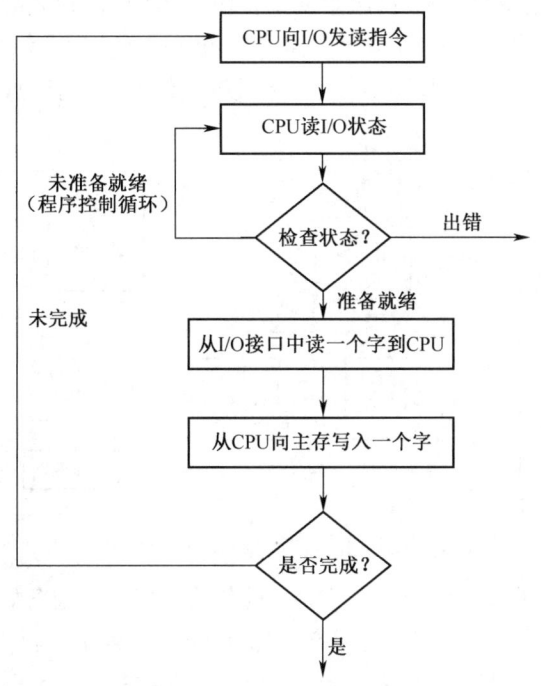

图 4.7 查询传送方式流程图

查询传送方式中查询环节主要通过读取状态寄存器的标志位来检查外设是否就绪，若没有就绪，则程序不断原地踏步，直至就绪后才继续进行下一步工作。但在实际运行中，有时由于外设故障导致不能就绪，使查询程序进入一个死循环。为解决这个问题，通常可采用加超时判断来处理这种异常情况，即循环程序超过了规定时间，则自动退出该查询环节。

系统是否就绪，可在状态寄存器中设置某一位为标志位来确定。若系统中有多个端口的状态需查询，可定义多个标志位，并将它们集中在同一个状态寄存器内，查询时可采用轮询办法进行。此时，CPU 将依次按照既定的顺序依次查询各标志位，若某个标志位就绪，则对其进行服务，服务完成后继续进行查询。

当查询环节完成后，将对数据端口实现寻址，并通过输入指令从数据端口输入数据，或利用输出指令从数据端口输出数据。

查询传送方式中 CPU 与 I/O 设备的关系是 CPU 主动，I/O 被动，即 I/O 操作由 CPU 启动。其优点是：比无条件传送方式更容易实现数据的有准备传送，控制程序也容易编写，且工作可靠，适应面宽。但由于需要不断测试状态信息，使大量 CPU 工时将被查询环节消耗掉，导致传送效率较低。对 CPU 负担不重，所配外设对象不多，实时性要求不太高的情况下可使用这种传送方式。

1. 查询式输入

由于 CPU 与 I/O 设备的工作往往不同步，故当 CPU 执行输入操作时，很难保证外设已经准备好输入信息；同样，CPU 在执行输出操作时，也很难保证外设已准备好接收输出信息。所以，在程序控制下的查询传送方式中，必须在传送前先检查外设的状态。对查询式输入而言，接口部分除了有数据传送的端口外，还必须有传送状态信息的端口，其接口电路如图 4.8 所示。其中 8 位锁存器与 8 位三态缓冲器构成数据寄存器，该接口的输入端连接输入设备，输出端直接与系统的数据总线相连。状态寄存器由 1 位锁存器和 1 位三态缓冲器构成。输入设备可通过控制信号对该状态端口进行控制，CPU 也可通过数据线 D_0 访问该状态端口。

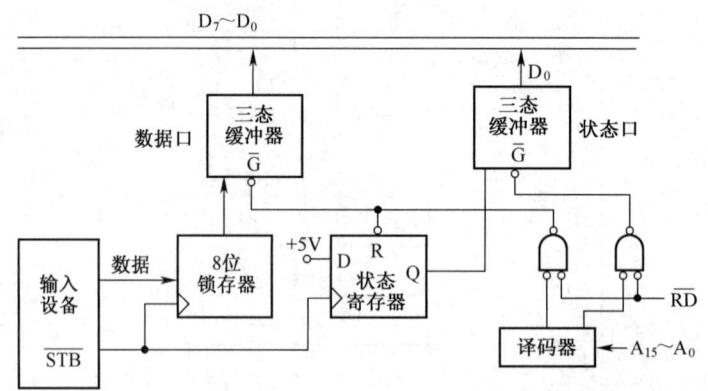

图 4.8　查询式输入的接口电路

查询式输入的具体工作过程如下：当输入设备的数据已经准备好后，一方面将数据送入 8 位锁存器，另一方面触发 D 触发器，使状态信息标志位 D_0 为 1。当 CPU 要求外设输入信息时，先检查状态信息。若数据已经准备好，则输入相应数据，并使状态信息清"0"。否则，等待数据准备就绪。图 4.8 中读入的数据为 8 位，而状态信息为 1 位，其对应数据和状态信息如图 4.9 所示。当有多个外设时，状态信息可使用同一端口，但使用不同的位。图 4.10 为查询式输入的程序流程图。

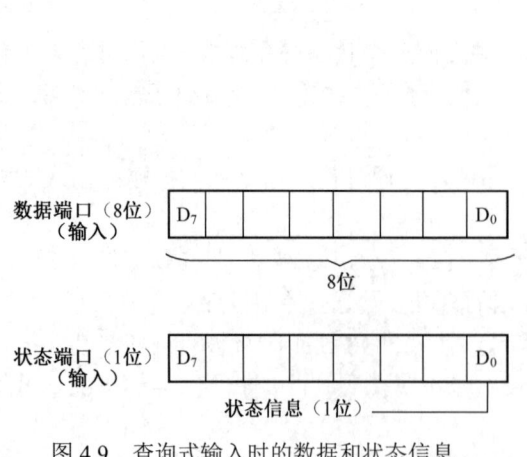

图 4.9　查询式输入时的数据和状态信息

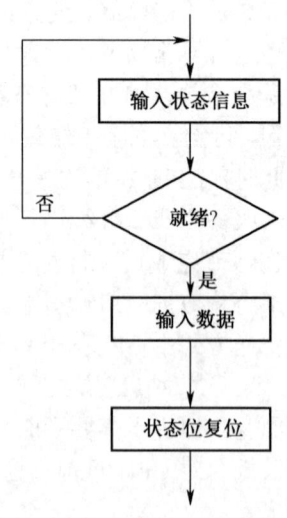

图 4.10　查询式输入的程序流程图

查询式输入的相应程序段为:

```
NEXTIN:   IN   AL, STATUS_PORT    ;从状态端口输入状态信息
          TEST AL, 01H            ;测试标志位是否为 1
          JZ   NEXTIN             ;未就绪,继续查询
          IN   AL, DATA_PORT      ;从数据端口输入数据
```

2. 查询式输出

查询式输出与查询式输入一样,CPU 必须了解外设此时的状态。若外设有空,则执行输出指令,否则就继续查询,直至有空为止。因此,查询式输出的接口电路同样必须包含状态信息端口,如图 4.11 所示。其中,8 位锁存器作为数据寄存器,其输入端与数据总线相连,输出端连接输出设备。与查询式输入一致,状态寄存器同样由 1 位锁存器和 1 位三态缓冲器构成。输出设备可通过另外的信号线对该状态端口进行控制,CPU 则可利用数据线 D_7 查询该状态口的信息。

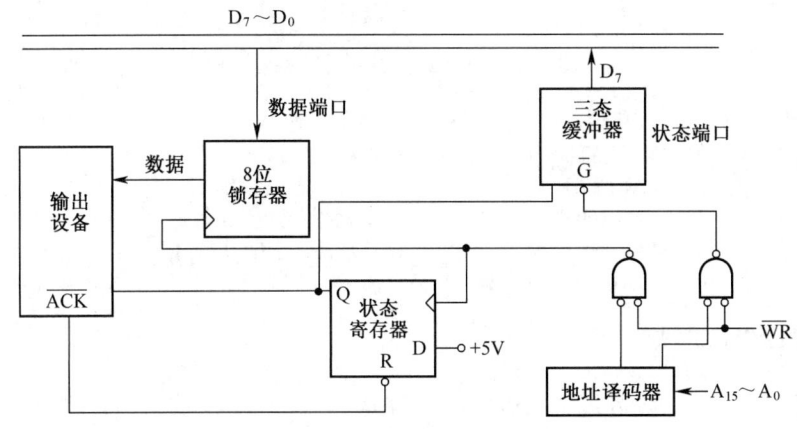

图 4.11 查询输出接口电路

查询式输出的具体工作过程如下:当输出设备将数据输出后,会发出一个 $\overline{ACK}$ 信号,使 D 触发器翻转为 0。CPU 查询到这个状态信息后,便知道外设空闲,可以执行输出指令,将新的输出数据发送到数据总线上,同时把数据端口地址发送到地址总线上。由地址译码器产生的译码信号和 $\overline{WR}$ 相"与"后,发出选通信号,将输出数据送至 8 位锁存器。同时,将 D 触发器置为 1,并通知外设进行数据输出操作。

图 4.11 中读入的数据为 8 位,状态信息为 1 位,其对应数据和状态信息如图 4.12 所示。与查询式输入一样,对多个外设可使用同一端口来存放状态信息,但使用不同的位。图 4.13 为查询式输出程序流程图。

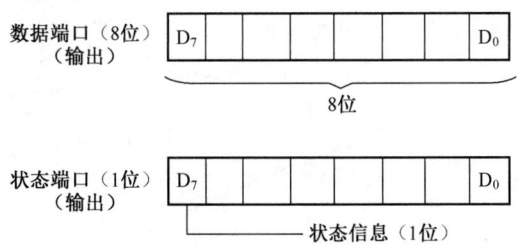

图 4.12 查询式输出时的数据和状态信息

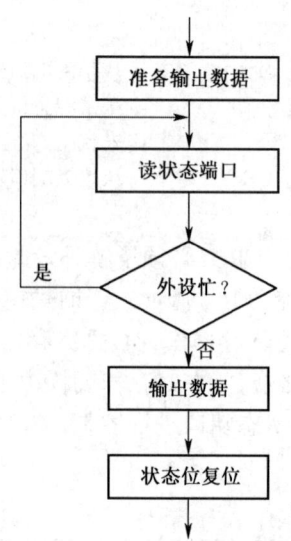

图 4.13　查询式输出的程序流程图

查询式输出的相应程序段为：

```
NEXTOUT:   IN AL, STATUS_PORT   ;从状态端口输入状态信息
           TEST AL, 80H         ;测试标志位 D7
           JNZ NEXTOUT          ;未就绪，继续查询
           MOV AL, BUF          ;从缓冲区 BUF 取数据
           OUT DATA_PORT, AL    ;从数据端口输出
```

4.3.3　中断传送方式

程序直接控制方式中，高速的 CPU 只能在循环中等待低速的外部设备完成任务后，才能进行其他工作，系统的效率低下。如果能在 CPU 发出命令后，即可进行其他工作，而让外部设备完成任务后，再通知 CPU 进行下一个数据的传送，则可以更好地利用 CPU 提高系统的性能，这就是中断传送方式。

1. 中断与中断源

中断是现代计算机有效合理地发挥效能和提高效率的一个十分重要的功能。中断技术在计算机中应用非常广泛，它不仅可用于数据传输、提高数据传输过程中 CPU 的利用率，还可以用来处理一些需要实时响应的事件，如异常、时钟、掉电、特殊状态等。在操作系统中，还使用中断来进行一些系统级的特殊操作，如虚拟存储器中页面的调入、调出等。

计算机中，当 CPU 执行程序过程时，由于随机的事件引起 CPU 暂时停止正在执行的程序，而转去执行一个用于处理该事件的程序（中断服务程序），处理完后又返回被中止的程序断点处继续执行，这一过程就称为中断。中断方式的原理示意图如图 4.14 所示。

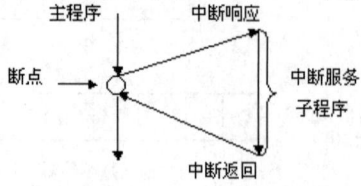

图 4.14　中断方式的原理示意

引起中断的事件就称为中断源，即引起中断的原因或来源。中断源有以下几种：

（1）外设中断源。例如，键盘、打印机、磁盘等外设在工作中要求 CPU 为它服务时，会向 CPU 发送中断请求。

（2）故障中断源。当系统出现某些故障时（如存储器出错、运算溢出等），相关部件会向 CPU 发出中断请求，以便使 CPU 转去执行故障处理程序来解决故障。

（3）软件中断源。在程序中向 CPU 发出中断指令（8086 为 INT 指令），可迫使 CPU 转去执行某个特定的中断服务程序，中断服务程序执行完后，CPU 又回到原程序中继续执行中断指令之后的其他代码。

（4）为调试而设置的中断源。系统提供的单步中断和断点中断，可以使被调试程序在执行到某个特定位置处时，自动产生中断，从而便于程序员检查中间结果，寻找错误所在。

中断方式提高了 CPU 的工作效率，但是它同时也提高了系统的硬件开销。因为系统需增加含有中断功能的接口电路，用来产生中断请求信号。以输入方式为例，接口电路如图 4.15 所示。

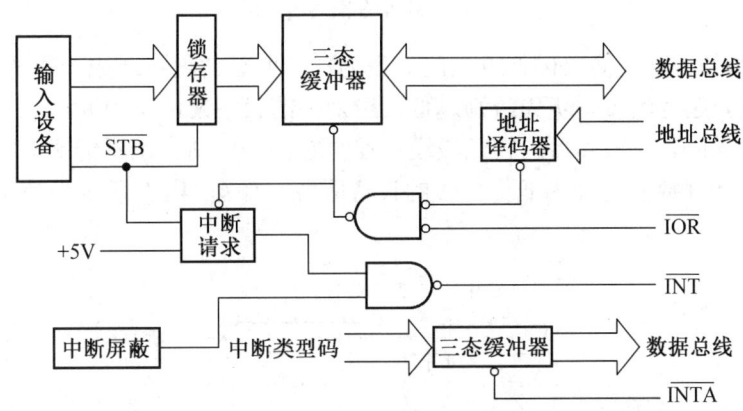

图 4.15 中断请求信号的产生

数据输入的过程中当外设发数据存储指令 $\overline{STB}$ 到数据入锁存器，中断请求信号 INT 使得中断请求触发器置 1，表示有中断产生。若该请求没有被中断控制器中的屏蔽寄存器屏蔽，控制器会通过 INTR 引脚去中断 CPU，当 INTR 上的优先级高于 CPU 当前正在处理任务的优先级时，CPU 就会暂时放弃当前任务的处理，转而执行该请求的中断服务程序。此时，CPU 需要获取中断向量，以得到中断服务程序的入口地址。

2. 中断优先级

当系统中有多个设备提出中断请求时，就有一个该优先响应谁的问题，即优先级判定的问题，解决优先级判定问题一般可有三种方法：软件查询法、简单硬件方法及专用硬件方法。

（1）软件查询法。实现软件查询法的硬件电路较为简单，如将 A、B、C 三台设备的中断请求信号做"或"运算后作为系统 INTR，这时，A、B、C 三台设备中只要有一台设备提出中断请求，都可以向 CPU 发中断请求。转入中断处理后，再用软件查询法确定为哪个设备申请提供服务。软件查询法的程序设计思想很浅显，查询的前后顺序就给出了设备的优先级，软件查询法流程图如图 4.16 所示。

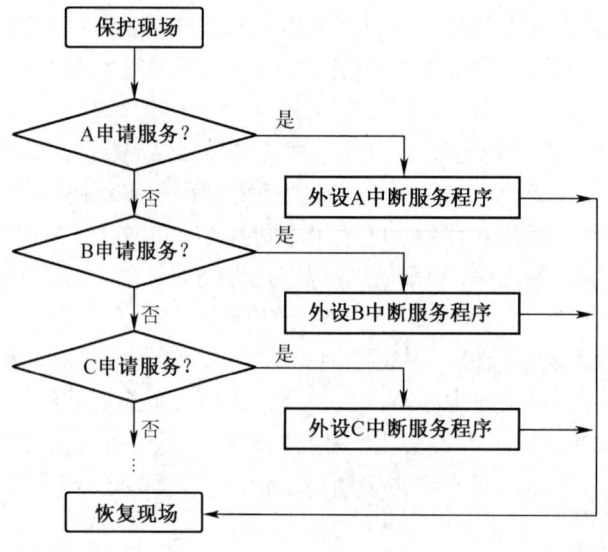

图 4.16 软件查询法流程图

(2) 简单硬件方法。简单硬件方法的原理为：将所有的设备连成一条链，靠近 CPU 的设备优先级最高，越远的设备优先级别越低，级别高的设备发出了中断请求，则会在它接到中断响应信号的同时，封锁其后的较低级设备使得它们的中断请求不能响应，只有等它的中断服务结束以后才开放，允许为低优先级的设备服务。如图 4.17 所示为菊花链式优先权排队电路。

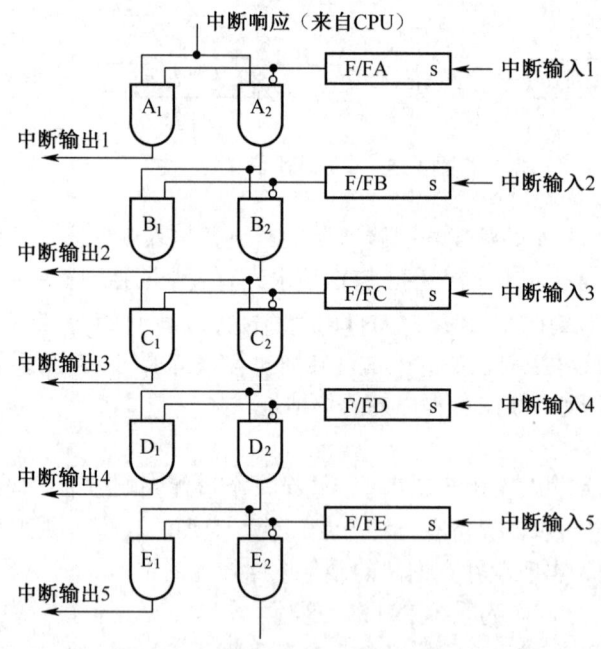

图 4.17 菊花链式优先权排队电路示意

(3) 专用硬件方法。专用硬件方法采用可编程的中断控制器芯片，如 Intel 8259A。有了中断控制器以后，CPU 的请求引脚 INTR 和应答引脚 $\overline{\text{INTA}}$ 不再与接口直接相连，而是与中断控制器相连，外设的中断请求信号通过 $IR_0 \sim IR_7$ 进入中断控制器，经优先级管理逻辑确认为级别最高的那个请求的类型号会经过中断类型寄存器，在当前中断服务寄存器的某位上置 1，并向 CPU 发出 INTR 请求，CPU 发出 $\overline{INTA}$ 信号后，中断控制器将中断类型码送出。在整个过程中，优先级较低的中断请求都受到阻塞，直到较高级的中断服务完毕之后，服务寄存器的对应位清"0"时，较低级的中断请求才有可能被响应。中断控制器的系统连接示意图如图 4.18 所示。利用中断控制器可以通过编程来设置或改变其工作方式，使用起来方便灵活。

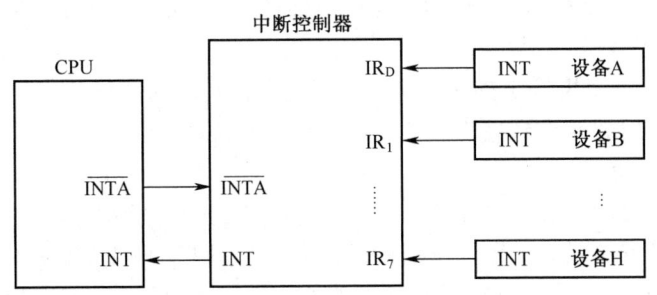

图 4.18　中断控制器的系统连接示意

3. 中断响应与服务

中断源向 CPU 发出中断请求，若优先级别最高，CPU 在满足一定的条件下，可以中断当前程序的运行，保护好被中断的主程序的断点及现场信息；然后，根据中断源提供的信息，找到中断服务程序的入口地址，转去执行新的程序段，这就是中断响应。

中断响应是有条件的，如内部允许中断、中断未被屏蔽、当前指令执行完等，简言之，就是提出申请的优先级要高于 CPU 当前任务的优先级，而且要在 CPU 接受申请的时间段内。

中断响应以后，就会暂停当前程序的执行，转去执行一个中断服务程序，以完成为相应设备的服务。中断服务程序流程图如图 4.19 所示。

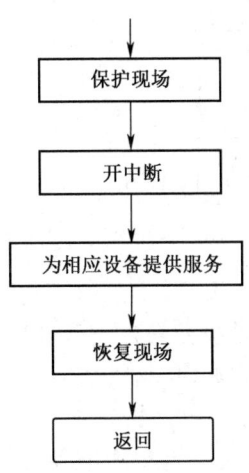

图 4.19　中断服务子程序流程图

（1）保护现场。通过一系列的入栈指令完成。目的是为了保护那些主程序中有冲突的寄存器，如一些通用寄存器和程序状态字寄存器等，他们在主程序和中断服务程序中都可能会被用到，因此在转入中断服务程序之前，他们中的内容需要进入系统堆栈中保存。如果中断服务程序中所使用的寄存器与主程序中所使用的寄存器等没有冲突的话,这一步骤可以省略。

(2) 开中断。开中断目的是为了能实现中断的嵌套,中断服务程序执行过程中可以响应其他的中断请求,并为之服务,这个称为中断嵌套。但是,在进行保护现场操作时,计算机实施的是对堆栈的系统操作,这时机器是不响应外部中断的,只有该操作完成之后,进行中断服务程序执行时,计算机系统才处于开中断状态。

(3) 中断服务。中断服务是指根据中断向量提供的中断服务程序入口地址,找到相应程序并执行。

(4) 恢复现场。恢复现场是指中断服务完成之后,恢复到中断前的 CPU 工作现场,它是与保护现场对应的,但要注意数据恢复的次序,以免混乱。

4. 中断传送控制方式

图 4.20 所示为中断传送方式的实例。其中,数据通过 8 位锁存器和三态缓冲器与总线相连。当输入装置准备就绪以后,发出选通信号 STB,将数据存入锁存器,并使 D 触发器翻转为 1。若此时允许中断,产生中断请求信号 INTR。CPU 响应此中断请求后,暂停当前任务,转入中断服务程序,执行数据输入的指令,并将中断请求标志复位。待中断处理结束后,CPU 返回断点处继续执行原来的任务。

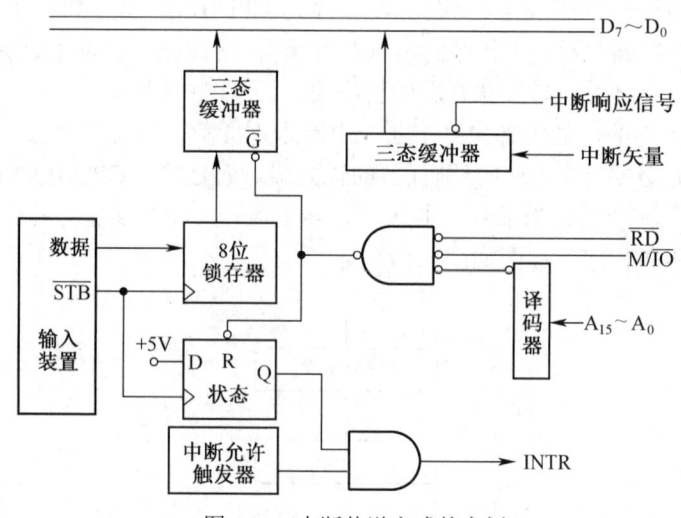

图 4.20　中断传送方式的实例

CPU 只发出 I/O 控制指令来启动设备,然后继续执行其他工作,在 I/O 设备准备过程中,它与 CPU 并行工作。I/O 设备传输数据到缓冲寄存器中,存满则对 CPU 发出中断请求,要求把数据传输到 CPU。在中断传送方式中,中断服务程序必须是预先设计好的,且其程序入口地址已知,调用时间则由外部信号决定。中断传送方式的显著特点是:能节省大量的 CPU 时间,实现 CPU 与外设并行工作,提高计算机的使用效率,并使 I/O 设备的服务请求得到及时处理。可适应于计算机工作量饱满,且实时性要求又很高的系统。但这种控制方式的硬件比较复杂,软件开发与调试也相应比查询传送方式困难。图 4.21 为中断控制方式处理流程图。

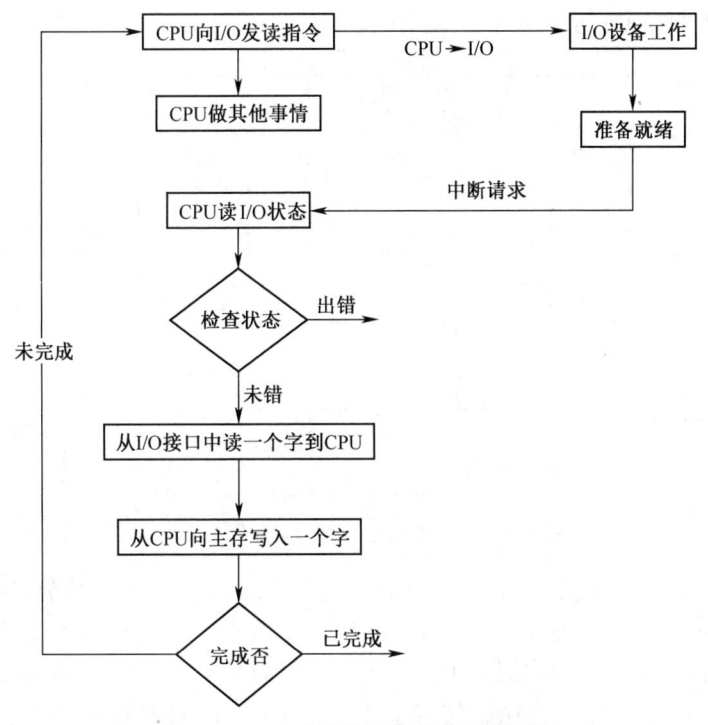

图 4.21 I/O 中断控制方式处理流程图

4.3.4 DMA 方式

1. DMA 方式的工作原理

查询传送和中断传送方式下，数据传送都由 CPU 执行指令来完成，CPU 全程参与 I/O 过程，只不过中断传送方式下，在设备准备数据的空档时，CPU 可以进行自己的工作，而不是像查询传送方式那样等待。CPU 很大一部分时间都花费在数据输入/输出操作上，单个数据的传送都是通过指令完成,每条指令的执行都需要花费一定的时间,这样也降低了数据交换速度。而且，指令系统仅支持 CPU 与存储器，或 CPU 与外设间的数据传送，当外设需要与存储器交换数据时，需要利用 CPU 做中转，这也增加了系统的开销。此外，由于传送多数是以数据块的形式进行的，且伴随着地址指针的改变，以及传送计数器的改变等附加操作，这使得传输速度进一步降低。为解决这个问题，减少不必要的中间步骤，可采用 DMA 方式。

DMA 方式又叫直接存储器存取方式，即在外设与存储器间传送数据时，不需要通过 CPU 中转，由专门的硬件装置 DMA 控制器（DMAC）即可完成。由于这种传送是在硬件控制下完成的，不需 CPU 的介入，故具有较高的工作效率。

与上述几种传送方式比较起来，DMA 方式具有下列特点：

(1) 它使主存与 CPU 的固定联系脱钩，主存既可被 CPU 访问，又可被外设访问；
(2) 在数据块传送时，主存地址的确定、传送数据的计数等都由硬件电路直接实现；
(3) 主存中要开辟专用缓冲区，及时供给和接收外设的数据；
(4) DMA 方式传送速度快，CPU 和外设并行工作，提高了系统的效率；
(5) DMA 方式在传送开始前要通过程序进行预处理，结束后要通过中断方式进行后处理。

DMA 方式的工作原理可用图 4.22 表示。

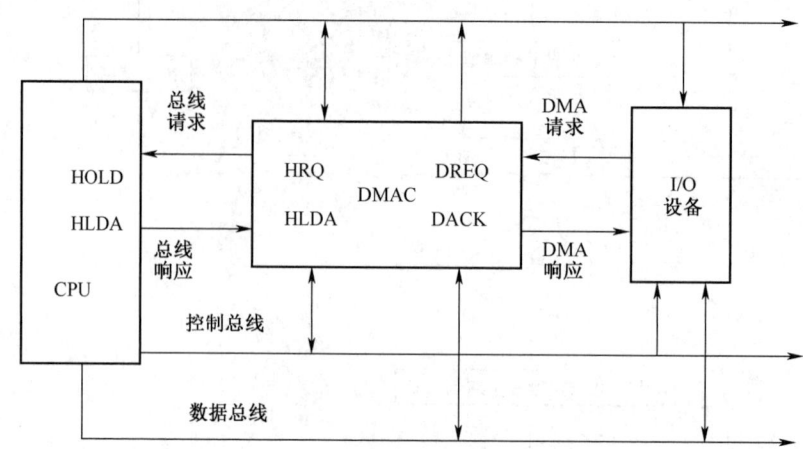

图 4.22　DMA 方式的工作原理

外设准备好数据后,通过 I/O 接口向 DMAC 发出请求信号 DREQ,称为 DMA 申请,DMAC 收到此信号后,向 CPU 发出 HOLD 信号,申请总线控制权,成为总线主设备,以便进行下一步的数据传送。CPU 完成当前机器周期后相应发出 HLDA 回复信号,若响应 DMAC 的总线控制申请,则交出总线控制权。DMAC 接管总线后,并向 I/O 设备发出 DMA 请求的响应信号 DACK,至此,内存与外设的通信连接建立完成。随后,CPU 对 DMAC 进行初始化设置,将本次 DMA 操作的内存初始地址、需传送的字节数、设备数据端口地址等对 DMAC 的相关功能寄存器进行赋值。接下来,由 DMAC 进行控制,在存储器和外设间交换数据。并循环检查传送是否结束,直至数据全部传送完毕。

DMA 方式的工作流程如图 4.23 所示。在整个 DMA 方式工作期间,不同传送周期有不同的时序要求,且随 DMA 芯片的不同而有所差异。DMA 方式完成后,自动撤销发向 CPU 的总线请求信号,CPU 恢复对总线的控制,可以正常通过总线发送数据。

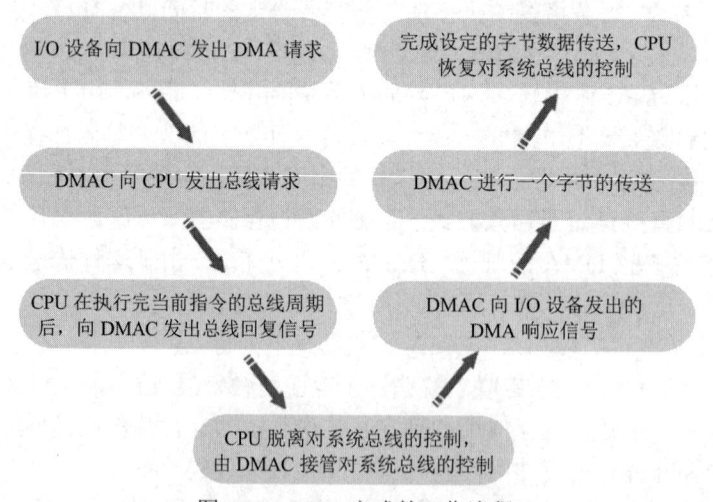

图 4.23　DMA 方式的工作流程

伴随着大规模集成电路技术的发展,DMA 方式可以应用于存储器与外设间信息交换,并扩展到两个存储器之间，或者两种高速外设之间进行信息交换。

2. DMA 方式的功能与组成

（1）DMA 控制器的基本功能。DMAC 是在存储器和外部设备之间实现快速数据传送的处理芯片。它具有独立访问内存的能力，具备 CPU 的数据读写功能，提供内存地址和必要的读写控制信号，将数据总线上的信息写入存储器或从存储器读出。DMAC 也具有控制数据总线、地址总线和状态总线来访问存储器和 I/O 端口的能力。DMAC 具有如下功能：

1）在响应外设的 DMA 数据传输请求后，向 CPU 发出总线控制权请求，成为总线主设备，代替 CPU 进行 I/O 过程控制。在 CPU 回复 DMA 请求后，接管总线的控制权，进入 DMA 工作模式。

2）CPU 通过初始化 DMAC 内部功能寄存器的方式，告知 DMA 操作的内存起始地址、数据传输长度，以及对应的设备端口地址。

3）根据 CPU 的读写信号确定内存和外设的数据输入/输出。

4）对已传送的字节数进行计数，根据溢出情况判断 DMA 操作是否结束。在 DMA 传送结束以后，再次中断 CPU，放弃总线控制权，让 CPU 重新掌控总线。

（2）DMA 控制器的基本组成。DMA 控制器是采用 DMA 方式的外围设备与系统总线之间的接口电路，这个接口电路是在中断接口的基础上再加 DMA 机构组成。如图 4.24 所示，DMAC 主要由以下硬件构成。

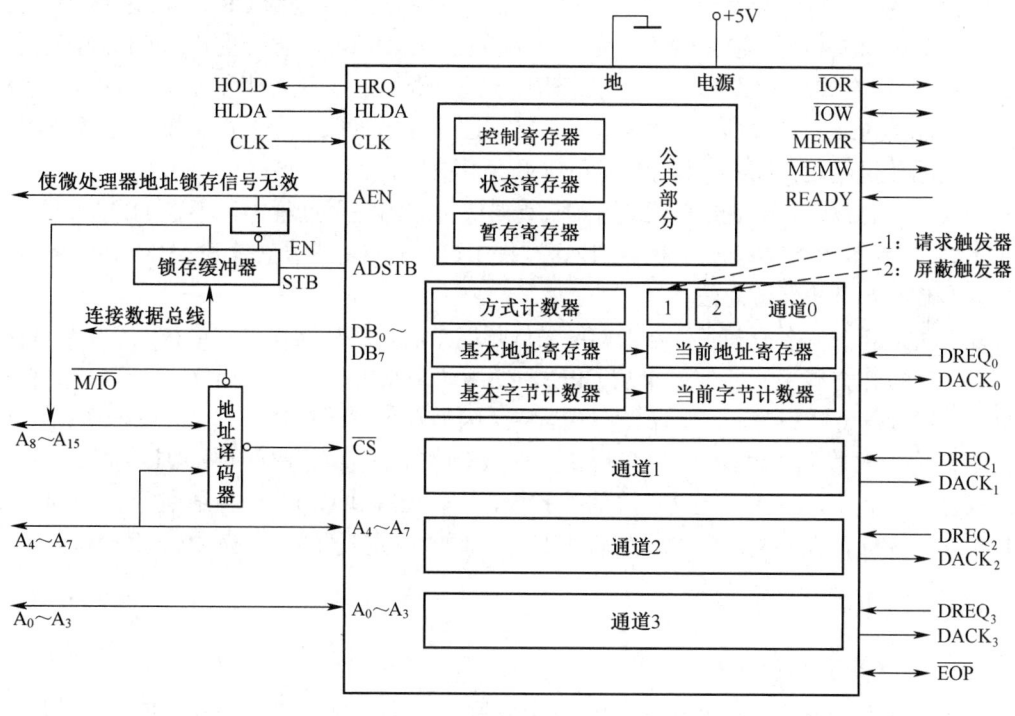

图 4.24　DMA 基本组成图

1）内存地址寄存器（MR）：存放参与 DMA 传输操作的内存区域首地址。DMA 传送前，将数据在内存中的起始位置送到内存地址寄存器，DMA 控制器会从这个地址开始存数据或取数据。

2）字计数器 WC：用于记录传送数据块的长度。字计数器的内容是在数据传送之前由程序预置，交换的字数通常以补码形式表示。在以 DMA 方式传送时，每传送一个字，字计数器就加"1"，当计数器溢出即最高位产生进位时，表示这批数据传送完毕，触发 DMA 控制器向 CPU 发中断信号。

3）数据缓冲寄存器 DR：用于暂存每次传送的数据。输入时，传送的数据由设备送往 DR，再由 DR 通过数据总线传送至内存。输出时，传送的数据由内存通过数据总线送到 DR，然后再送到设备。

4）DMA 触发装置：每当设备准备好一个数据字后给出一个控制信号，使 DMA 请求信号 DREQ 有效，向 DMAC 发出 DMA 请求，DMAC 又向 CPU 发出总线使用权的请求。该装置通过外设的输入信号触发 DMA 操作。

5）DMA 控制逻辑：由控制和时序电路以及状态标志等组成，用于修改内存地址计数器和字计数器，指定传送类型，对各种信号进行协调和同步。

6）中断机构：当字计数器溢出时，意味着一组数据交换完毕，由溢出信号触发中断机构，向 CPU 提出中断。

（3）DMA 控制器的操作方式。DMA 控制器有三种常见的操作方式，即单字节操作方式、字组操作方式和连续操作方式。

1）单字节操作方式。在单字节操作方式下，DMA 控制器操作每次均只传送一个字节，获得总线控制权后，每传送完一个字节的数据，便将总线控制权还给 CPU，按这种操作方式，即使有一个数据块要传送，也只能传送完一个字节后，由 DMA 控制器重新向 CPU 申请总线。

2）字组操作方式。字组操作方式也叫请求方式或查询方式。这种方式以有 DMA 请求为前提，能够连续传送一批数据。在此期间，DMA 控制器一直保持总线控制权。但当 DMA 请求无效，数据传送结束，DMA 控制器便释放总线控制权。

3）连续操作方式。连续操作方式是指在数据块传送的整个过程中，不管 DMA 请求是否撤销，DMA 控制器始终控制着总线。在传送过程中，当 DMA 请求失效时，DMA 控制器将等待它变为有效，却并不释放总线。

上述三种操作方式各有特色，从 DMA 操作角度来看，连续操作方式最快，字组操作方式次之，单字节操作方式最慢。但如果从 CPU 的使用效率来看，则正好相反，以单字节操作方式最好，连续操作方式最差，字组操作方式居中。因为在单字节操作方式下，每传送完一个字节，CPU 就会暂时收回总线控制权，并利用 DMA 操作的间隙，进行中断响应、查询等工作。而在连续操作方式下，CPU 一旦交出总线控制权，就必须等到 DMA 操作结束，这将影响 CPU 的其他工作。因此，在不同应用中，应根据具体需要，确定不同的 DMA 控制器操作方式。

4.3.5 通道控制方式

1. 通道的概念与功能

在大型计算机系统中，所连接的 I/O 设备数量多，输入/输出频繁，要求整体的速度快，单纯依靠主 CPU 采取中断和 DMA 等传送控制方式已不能满足要求，于是通道控制方式被引入计算机系统。

（1）通道的概念。通道控制方式是 DMA 方式的进一步发展，实质上，通道也是实现外设和主存之间直接交换数据的控制器。与 DMA 控制器相比，两者的主要区别在于：

1) DMA 控制器是通过专门设计的硬件控制逻辑来实现对数据传送的控制；而通道则是一个具有特殊功能的处理器，它具有自己的指令和程序，通过执行通道程序来实现对数据传送的控制，故通道具有更强的独立处理数据输入输出的功能。

2) DMA 控制器通常只能控制一台或少数几台同类设备；而一个通道则可以同时控制许多台同类或不同类的设备。

（2）通道的功能。主机可以接若干个通道，一个通道可以接若干个设备控制器，一个设备控制器又可以接一台或多台外部设备。因此，从逻辑结构上讲，通道控制方式具有 4 级连接：主机→通道→设备控制器→外部设备。

通道是一种高级的 I/O 控制部件，它在一定的硬件基础上利用软件手段实现对 I/O 的控制和传送，更多地免去了 CPU 的介入，从而使主机和外设的并行工作程度更高。当然，通道并不能完全脱离 CPU，它还要受到 CPU 的管理，如启动、停止等，而且通道还应该向 CPU 报告自己的状态，以便 CPU 决定下一步的处理。

通道大致具有以下几个方面的功能：

1) 接受 CPU 的 I/O 指令，按指令要求与指定的外设进行联系；

2) 从主存取出属于该通道程序的通道指令，经译码后向设备控制器和设备发送各种命令；

3) 实施主存和外设间的数据传送，如为主存或外设装配和拆卸信息，提供数据中间缓存的空间以及指示数据存放的主存地址和传送的数据量；

4) 从外设获得设备的状态信息，形成并保存通道本身的状态信息，根据要求将这些状态信息送到主存的指定单元，供 CPU 使用；

5) 将外设的中断请求和通道本身的中断请求按次序及时报告 CPU。

2. 通道类型与控制

（1）通道的类型。按通道独立于主机的程度，其可分为结合型通道和独立型通道两种类型。结合型通道在硬件结构上与 CPU 结合在一起，借助于 CPU 的某些部件作为通道部件来实现外设与主机的信息交换。这种通道结构简单，成本较低，但功能较弱。独立型通道对外设的管理和控制完全独立于主机，这种通道功能强，但设备成本高。

按照输入/输出信息的传送方式，通道可分为 3 种类型。

1) 字节多路通道。字节多路通道是一种简单的共享通道，用于连接与管理多台低速设备，以字节交叉方式传送信息，其传送方式如图 4.25 所示。字节多路通道先选择设备 A，为其传送一个字节 A_1；然后选择设备 B，传送字节 B_1；再选择设备 C，传送字节 C_1；最后交叉地传送 A_2，B_2，C_2，…，所以字节多路通道的功能好比一个多路开关，交叉接通各台设备。

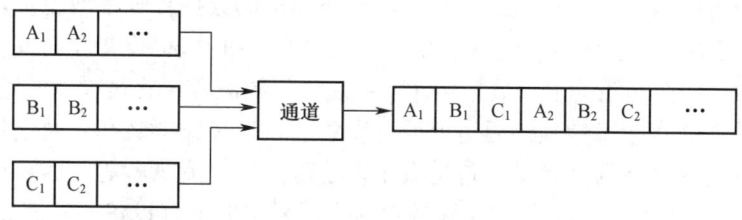

图 4.25　字节多路通道传送方式

字节多路通道，包括多个按字节方式传送信息的子通道。每个子通道服务于一个设备控制器，每个子通道都可以独立地执行通道程序。各个子通道可以并行工作，但是，所有子通道的控制部分是公共的，各个子通道可以分时地使用。

通道不间断地、轮流地启动每个设备控制器，当通道为一个设备传送完一个字节后，就转去为另一个设备服务。当通道为某一设备传送时，其他设备可以并行地工作，准备需要传送的数据字节或处理收到的数据字节。这种轮流服务是建立在主机的速度比外设的速度高得多的基础之上的，它可以提高系统的工作效率。

2）选择通道。对于高速设备，字节多路通道效率非常低。选择通道又称高速通道，在物理上它也可以连接多个设备，但这些设备不能同时工作，在一段时间内通道只能选择一台设备进行数据传送，此时该设备可以独占整个通道。因此，选择通道一次只能执行一个通道程序，只有当它与主存交换完信息后，才能再选择另一台外部设备并执行该设备的通道程序。如图 4.26 所示，选择通道先选择设备 A，成组连续地传送 A_1，A_2，…；当设备 A 传送完毕后，选择通道又选择通道 B，成组连续地传送 B_1，B_2，…，再选择设备 C，成组连续地传送 C_1，C_2，…。

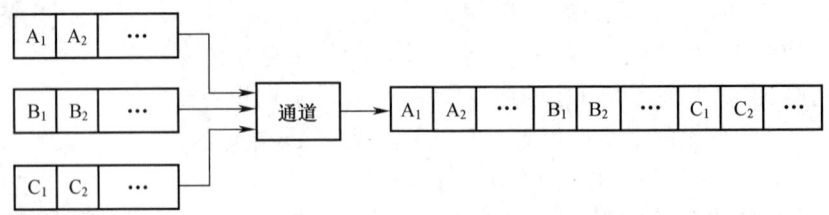

图 4.26　选择通道传送方式

选择通道主要用于连接高速外设，如磁盘等，信息以成组方式高速传送。但是，在数据传送过程中还有一些辅助操作（如磁盘机的寻道等），此时会使通道处于等待状态，所以虽然选择通道具有很高的数据传输率，但整个通道的利用率并不高。

3）数组多路通道。数组多路通道是把字节多路通道和选择通道的特点结合起来的一种通道结构。它的基本思想是：当某设备进行数据传送时，通道只为该设备服务；当设备在执行辅助操作时，通道暂时断开与这个设备的连接，挂起该设备的通道程序，去为其他设备服务。

数组多路通道有多个子通道，既可以执行多路通道程序，即像字节多路通道那样，所有子通道分时共享总通道，又可以用选择通道那样的方式成组地传送数据。因此，数组多路通道既具有多路并行操作的能力，又具有很高的数据传输率，使通道的效率充分得到发挥。

三种类型的通道组织在一起，可配置若干台不同种类、不同速度的 I/O 设备，使计算机的 I/O 组织更合理、功能更完善、管理更方便。

通道在单位时间内传送的位数或字节数，叫作通道的数据传输率或流量，它标志了计算机系统中的系统吞吐量，也表明了通道对外设的控制能力和效率。在单位时间内允许传送的最大字节数或位数，叫做通道的最大数据传输率或通道极限流量，它是设计通道的最大依据。

字节多路通道的实际流量是该通道上所有设备的数据传输率之和。而选择通道和数组多路通道在一段时间内只能为一台设备传送数据，这时的通道流量就等于这台设备的数据传输率。因此，这两种通道的实际流量等于连接在这个通道上的所有设备中流量最大的那一个。

（2）通道的逻辑结构。通道的逻辑结构如图 4.27 所示，下面介绍与通道工作相关的三个寄存器。CCWR 是通道命令字寄存器，它用来存放通道命令字（CCW），CCW 是控制 I/O 操作的关键参数，很多通道命令字构成的通道程序，放在主存中。CAWR 是通道地址字寄存器，它指出了通道命令字（CCW）在主存中的地址，初始值由程序预置，工作时通道就依照这个地址到主存中取出 CCW 并加以执行。CSWR 是通道状态字寄存器，记录了通道程序执行后本通道和相应设备的各种状态信息，这些信息称为通道状态字（CSW）。CSW 通常放在主存的固定单元中，该单元的内容在执行下一个 I/O 指令或中断之前是有效的，可供 CPU 了解通道、设备状态和操作结束的原因。

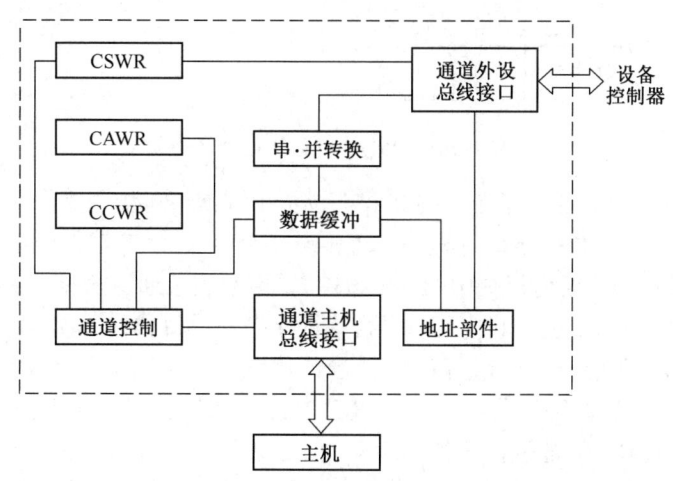

图 4.27　通道的逻辑结构

（3）通道指令。

1）通道 I/O 指令。在采用通道结构的计算机系统中，与输入/输出有关的指令分为两级。

（a）CPU 执行的 I/O 指令。在采用通道结构的系统中，这种 I/O 指令比较简单，它并不直接控制具体的 I/O 操作，只是负责通道的启动和停止，查询通道或设备的状态，控制通道去完成 I/O 操作。

如在 IBM 4300 中主要有下列几条 I/O 指令，用于 CPU 对通道和设备的管理。

SIO：启动 I/O 指令，使指令所指出的通道和设备接通，并且启动该通道，开始执行通道程序。

HIO：停止 I/O 指令，停止通道的现行操作，断开通道与设备的联系，使通道处于空闲状态，以开展其他操作或是让优先更高的 I/O 操作占用通道。

TIO：测试 I/O 指令，用于测试与通道相连接的设备状态，如空闲或忙碌状态。

TCH：测试通道状态指令，用于测试通道忙闲、是否断开、有否中断请求等。

（b）通道执行的通道指令。通道指令也就是通道命令字（CCW），用它来编制通道程序，并由管理程序存放在主存的某个位置。在 CPU 启动通道后，通道将执行通道程序来实现具体的 I/O 操作，直到通道命令字（CCW）执行完毕，I/O 传送完成。通道指令格式简单，功能专一，带有很强的面向外部设备的特征。

2）通道指令的格式。通道指令的格式因计算机不同而变化，下面以 IBM 4300 为例介绍通道指令格式，如图 4.28 所示。图中有一个长度为 64 位的指令，由 5 个字段信息构成。

（a）命令码。命令码字段 0～7 位，相当于机器指令的操作码，由它决定通道和设备执行什么操作。

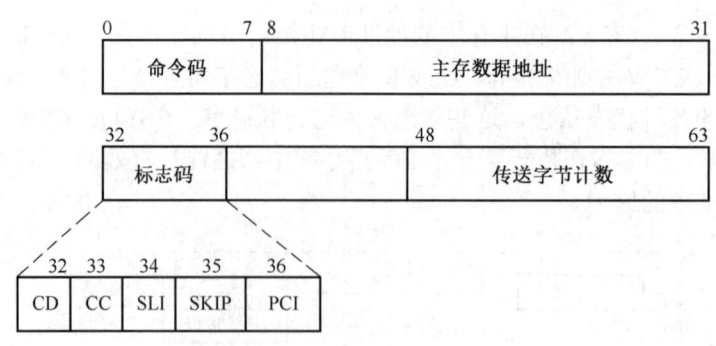

图 4.28 IBM 4300 通道指令格式

(b) 主存数据地址。通道指令中的 8～31 位给出本次 I/O 传送操作（读、写、反读）时主存缓冲区的首地址，在数据传送过程中，每传送一个字（或字节），数据地址修改一次。

(c) 传送字节计数。通道指令中的 48～63 位，用来表示通道执行 I/O 操作时所传送的数据块长度，通常以字节为单位。其值可以是传送的字节数，每传送一次计数值减 1；也可以是传送字节数的补数，每传送一次计数值加 1，当计数值为全 0 时，表示数据块传送完毕。

(d) 标志码。通道指令中的 32～36 位（共 5 位），用来定义通道程序的链接方式或通道命令的操作特征，统称为特征位，各位的含义如下。

数据链特征：用 CD 表示。CD=1，表示接下去的一条通道指令也是数据传送命令。执行完本条通道指令后不必断开与通道的逻辑联系，接着取出下条通道指令来执行即可。第二条通道指令的命令码和第一条的命令码相同。

命令链特征：用 CC 表示。CC=1，表示本条通道指令执行完毕，接着有不同操作命令的通道指令要执行。执行完本条通道指令后要断开与通道的逻辑联系，接着取下条通道指令。前后两条通道指令的命令码是不相同的。

只要通道指令中的 CD 或 CC 位为 1，就表示通道程序还没有结束；当 CD 和 CC 位全为 0 时，表示本条通道指令是通道程序的最后一条指令，通道程序将结束。

封锁错误长度特征：用 SLI 表示。所谓长度错误是指当通道指令中所给定的传送字节个数与外部设备请求传送的字节个数不相等时，通道指令执行完毕将产生长度错误标志，并向 CPU 发出中断请求。若 SLI=1，即使产生了长度错误标志，也不发送错误信号，不产生中断请求，继续执行通道指令。

封锁写入主存特征：用 SKIP 表示。SKIP=1 时，禁止将外部设备读出的数据写入主存。本特征位若与数据链特征位连用，则可从外部设备的一批连续数据中任选一部分写入主存。

程序控制中断特征：用 PCI 表示。PCI=1，表示执行本通道指令时允许产生一个中断条件。

下面给出一个例子来说明通道程序如何实现磁带与主存之间的数据传送。假定 CPU 调用时已由 I/O 指令启动了通道与磁带机，则通道从主存某固定单元中读出通道地址字 CAW。然后再从 CAW 中取出通道程序首地址，开始执行通道程序。表 4.1 是一个通道程序举例，共有 5 条通道命令字。

表 4.1 中的 5 条 CCW 的含义如下：

(a) 倒带：由于磁头可能处于磁带的中部，故应先倒带，使磁带反转到起始端。

(b) 走带：磁带正向越过 3 个数据块（记录区），但不读出。

表 4.1　通道程序举例

操作码	内存首址（十六进制）	标志特征位					字计数值（十进制）
		CD	CC	SLI	SKIP	PCI	
倒带		0	1	0	0	0	
走带	0003	0	1	0	0	0	
读带	31B0	1	0	0	0	0	256
读带但不写入主存		1	0	0	1	0	512
读带	5000	0	0	0	0	0	512

（c）读带：读出 256 个字节的数据，写入首地址为 31B0H 的主存缓冲区。

（d）读带但不写入主存：由于上一条通道指令中，链接特征位 CD=1、CC = 0，所以这一条指令的操作与上一条相同，仍为读出。但封锁写入主存位 SKIP=1，所以不写入主存。其作用相当于正向越过 256 字节的磁带长度。

（e）读带：从磁带中读出 512 个字节的数据，写入首址为 5000H 的主存缓冲区。根据链接特征位，第 5 条是本通道程序的最后一条，至此结束。

（4）通道的工作过程。通道完成一次数据传输的主要过程分为如下 3 步。

1）在用户程序中使用访管指令进入管理程序，由 CPU 通过管理程序组织一个通道程序，并启动通道。

2）通道执行 CPU 为它组织的通道程序，完成指定的数据输入/输出工作。

3）通道程序结束后向 CPU 发中断请求。CPU 响应这个中断请求后，第二次调用管理程序对中断请求进行处理。

这样，每完成一次输入/输出工作，CPU 只需要两次调用管理程序，大大减少了对用户程序的打扰。CPU 执行管理程序和用户程序与通道执行通道程序的时间关系如图 4.29 所示。

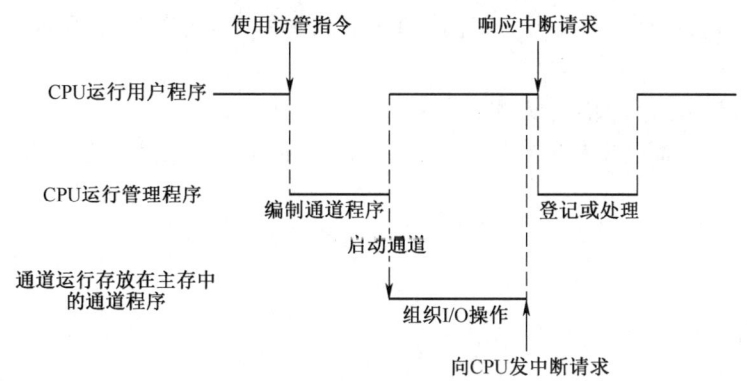

图 4.29　CPU 执行管理程序和用户程序与通道执行通道程序的时间关系

4.4　本章小结

在计算机与外部世界进行信息交换的过程中，输入/输出系统提供了所需的控制和各种手段。输入/输出设备是通过输入/输出接口接到计算机主机中的。I/O 接口是 CPU 与外设进行信息交换的中转站,主要由数据寄存器、状态寄存器、控制寄存器和命令译码、端口地址译码及控制电路组成。输入/输出接口是采用硬件与软件相结合的方法,研究微处理器如何与外部设备进行最佳匹配,以实现 CPU 与外界高效、可靠的信息交换的一门技术。

  CPU 与 I/O 设备之间要传送的信息主要有数据信息、状态信息和控制信息。I/O 端口编址方式有存储器映像的 I/O 寻址方式(统一编址)和 I/O 端口单独寻址方式(独立编址)。

  计算机系统中可采用的 I/O 传送控制方式主要有无条件传送方式、查询传送方式、中断传送方式、DMA 方式及通道控制方式。无条件传送方式和查询传送方式简单,方法灵活,但应用受限,CPU 要不断地执行指令并等待外设准备就绪,降低了 CPU 的工作效率。中断传送方式是各类计算机中广泛使用的一种数据交换方式,当某一外设的数据准备就绪后,它可"主动"向 CPU 发出请求信号,CPU 响应中断请求后,暂停运行主程序,自动转移到该设备的中断服务程序,为该设备进行服务,结束时返回主程序。因此,中断传送方式可提高 CPU 的利用率,使 CPU 与外设实现并行工作。对于需要高速、频繁地进行外设与内存间大批量数据交换时,采用 DMA 方式会得到更好的效果。通道是一个特殊功能的处理器。它有自己的指令和程序,专门负责数据输入/输出的传输控制,从而使 CPU 将"传揄控制"的功能下放给通道,CPU 只负责"数据处理"功能。这样,通道与 CPU 分时使用内存,实现了 CPU 内部的数据处理与 I/O 设备的并行工作,进一步提高了 CPU 的效率。

习题

4.1 I/O 设备有哪些寻址方式?各有何特点?
4.2 试比较查询传送方式、中断传送方式和 DMA 方式对 CPU 工作效率的影响。
4.3 什么是 I/O 接口,与端口有何区别?为什么要设置 I/O 接口?I/O 接口如何分类?
4.4 调用中断服务程序和调用用户自定义子程序有何区别?
4.5 DMA 方式有何特点?什么样的 I/O 设备与主机交换信息时采用 DMA 方式,请举例说明。
4.6 中断传送方式与 DMA 方式有何异同?
4.7 何谓中断?简述中断的全部过程。中断源可以分为哪几类?各自有何特点?

第 5 章 运算系统

教学内容与重点：

- 数的定点、浮点编码表示
- 定点算术四则运算、移位运算
- 浮点加减运算
- 快速进位链、ALU 的组成与结构

5.1 无符号数和有符号数

在计算机中参与运算的数有两大类：无符号数和有符号数。

5.1.1 无符号数

在计算机中，数据通常是以存储码的形式存放在存储器中，而运算时则需要将它们转移到寄存器中，通常把计算机寄存器的位数称为机器字长，它是标注机器运算能力的重要指标。无符号数即是没有符号的数，寄存器的每一位都用来存放数值。

5.1.2 有符号数

有符号数即有符号的数，在寄存器中存放时，需要使用一位来表示符号。在相同的机器字长条件下，无符号数和有符号数所对应的数值范围是不同的，如当机器字长为 8 位，无符号数表示的范围为 0~256，而有符号数的补码表示范围为 -128~127。

1. 机器数和真值

为了表示有符号数的符号状态，通常以最高位来表示符号（"0"表示"正"，"1"表示"负"），其他位表示有效数字，来组成有符号数。人们把符号"数值化"的数称为机器数，而把带"+"或"-"符号的数称为真值。

例如，有符号整数，+1010 在机器中表示为 01010，-1010 在机器中表示为 11010；

又如，有符号小数，+0.1001 在机器中表示为 0.1001，-0.1001 在机器中表示为 1.1001。

将符号数值化后，符号和数值形成了一种新的编码形式，这种形式在运算中将进行怎样的处理与符号位和数值位所构成的实际编码有关，常用的编码形式有原码、补码、反码和移码。

2. 原码表示法

原码是机器数中最为简单的一种表示形式，符号位为 0 表示正数，符号位为 1 表示负数，数值位用真值的绝对值来表示。为了区别整数和小数，约定整数的符号位与数值位之间用逗号隔开；小数的符号位与数值位之间用小数点隔开。整数原码的定义为

$$[x]_{原} = \begin{cases} 0, x & 2^n > x \geq 0 \\ 2^n - x & 0 \geq x > -2^n \end{cases}$$

式中，x 为真值，n 为整数的位数。例如，当机器字长为 8 位时，若 $x = +1011010$，则$[x]_原$ = 0,1011010；若 $x = -1011010$，则$[x]_原 = 2^8 - (-1011010) = 1, 1011010$。

小数原码的定义为

$$[x]_原 = \begin{cases} x & 1 > x \geqslant 0 \\ 1-x & 0 \geqslant x > -1 \end{cases}$$

式中，x 为真值。例如，当机器字长为 8 位时，若 $x=+0.1001101$，则$[x]_原=0.1001101$；若 $x=-0.1001101$，则$[x]_原=1 - (-0.1001101)=1.1001101$；若 $x = 0$，则如果将 0 看成+0，$[+0]_原 = 0,0000000$，如果将 0 看成-0，$[-0]_原 = 1,0000000$。

从上面可以看出，0 的原码表示有两种形式，将 0 看成小数也可以得出这个结论。

原码表示非常简单，容易进行转换。但在使用原码进行加减运算时，会导致一些问题。主要是由于对数字 0 的表示不唯一，当运算结果为 0 时，可能会出现两种表示形式，这在机器中是不允许出现的。

3. 补码表示法

（1）补数的概念。补数在日常生活中经常可见，如当时钟当前指向 6 点，但需要将它调整到 3 点时，可以按照顺时针方向转动指针 9 格，也可以按照逆时针方向转动 3 格。假设顺时针转向为正，逆时针方向为负，则有 6+（-3）= 3，6 + 9 = 15。这里 3 和 15 指向同一位置，因为时钟转一圈能表示 12 个小时，当转满一圈后会重新计数，所以 15-12=3；这样就和逆时针转动 3 圈的效果是一致的。在数学上，可以将 12 称为模，记作 mod 12，而这里的+9 和-3 称为以 12 为模的补数，记作

$$-3 \equiv +9 \pmod{12}$$

同理

$$-4 \equiv +8 \pmod{12}$$

可见，对于确定模的数而言，可以找到它的补数，这样就可以将减法运算用加法来实现。

例如，设 A、B 的模是 16，当 $A=8$，$B=3$ 时，请用正数加法的形式来表示 $A-B$。具体解法如下。

对于模 16 而言，-3 的补数是+13，故

$$-3 \equiv +13 \pmod{16}$$

所以，$A - B = 8-3 = 8 + 13 = 21$（作加法），对 16 取模，21 相当于 $21-16 = 5$。进一步延伸可知：$5 \equiv 5 + 16 \equiv 5 + 32 \equiv \cdots$。

由此，得出以下结论：

1）负数可以用它的正补数来代替，正补数等于负数加上模。

2）正数和负数互为补数时，它们的绝对值之和是模数。

3）正数的补数是其本身。

（2）补码表示。补码是补数的概念转换而来。例如，机器字长为 8 位，-3 的原码表示为 1,0000011，8 位机器字长的模数为 256，所以-3 的补数为 253，253 的原码表示为 1,1111101。故 1,1111101 就是-3 的补码表示。

整数补码的定义为

$$[x]_{\text{补}} = \begin{cases} 0, x & 2^n > x \geq 0 \\ 2^{n+1} + x & 0 > x \geq -2^n \end{cases} \quad (\mod \ 2^{n+1})$$

式中，x 为真值，n 为整数的位数。例如，机器字长为 8 位时，若 x = +0000011，则 $[x]_{\text{补}}$ = 0,0000011；若 x = -0000011，则 $[x]_{\text{补}}$ = 10,0000000 + (-0000011) = 1,1111101。从上面的例子可以看出，补数是补码的实际数学含义。

小数补码的定义为

$$[x]_{\text{补}} = \begin{cases} x & 1 > x \geq 0 \\ 2 + x & 0 > x \geq -1 \end{cases} \quad (\mod \ 2)$$

式中，x 为真值。例如，机器字长为 8 位时，若 x = 0.1000010，则 $[x]_{\text{补}}$ = 0.1000010；若 x = -0.1000010，则 $[x]_{\text{补}}$ = 10.0000000 +(-0.1000010) = 1.0111110；若 x = 0，如果将 0 看成+0，则 $[+0]_{\text{补}}$ = 0,0000000，如果将 0 看成-0，则 $[-0]_{\text{补}}$ = 2^8 + (-0000000) = 10,0000000 − 0000000 = 0,0000000（机器字长为 8 位）。可以得出，0 的补码表示形式是一致的，将 0 看成小数也可以得出这个结论。从上述整数和小数的补码公式中可以看出，如果 x = -1，应该将-1 看成整数，利用整数补码公式进行求解。故

$$[-1]_{\text{补}} = 2^8 + (-0000001) = 10,000000 - 0000001 = 1,1111111$$

但如果将-1 看成小数，也可以根据小数公式求出补码 1.0000000，这是由于补码中的 0 只有一种表现形式，故它比原码能多表示一个"-1"。

根据以上求解补码的过程中，可以发现在形成补码的时候又出现了减法运算，引入补码后可以将加减运算统一成加法的形式进行，且补码形式对 0 的表示唯一。

4. 反码表示法

反码主要用来作为原码和补码之间转换的中间过渡码。反码的定义如下。

整数反码的定义为

$$[x]_{\text{反}} = \begin{cases} 0, x & 2^n > x \geq 0 \\ (2^{n+1} - 1) + x & 0 \geq x > -2^n \end{cases} \quad [\mod(2^{n+1} - 1)]$$

式中，x 为真值，n 为整数的位数。例如，当机器字长为 8 位时，若 x = +0000011，则 $[x]_{\text{反}}$ = 0,0000011；若 x = -0000011，则 $[x]_{\text{反}}$ = (10,0000000 −1) + (-0000011) = 1,1111100。

小数反码的定义为

$$[x]_{\text{反}} = \begin{cases} x & 1 > x \geq 0 \\ (2 - 2^{-n}) + x & 0 \geq x > -1 \end{cases} \quad [\mod(2 - 2^{-n})]$$

式中，x 为真值，n 为小数的位数。例如，若 x = 0.1000010，则 $[x]_{\text{反}}$ = 0.1000010；若 x = -0.1000010，则 $[x]_{\text{反}}$ = (10.0000000 − 0.0000001) +(-0.1000010) = 1.0111101；若 x = 0，如果将 0 看成+0，则 $[+0]_{\text{反}}$ = 0,0000000，如果将 0 看成-0，则 $[-0]_{\text{反}}$ = (10,0000000−0,0000001)+(-0000000) = 1,1111111（机器字长为 8 位）。

可以得出，0 的反码表示形式也有两种，显然将 0 看成小数也可以得出这个结论。

结合补码的例子可以看出，负数的补码是在其反码值的基础上末位加 1 得到，而负数的反码是原码除符号位外的各位取反。

5. 移码表示法

与其他的机器数不同的是：移码符号位与其对应的补码相反，数值部分采用补码的数值部分。使用这种方式，可以解决从形式上直接判断数的真值大小的问题。从数学定义的角度来看，移码的定义为

$$[x]_{移} = 2^n + x \qquad 2^n > x \geqslant -2^n$$

式中，x 为真值，n 为整数的位数（机器数为 8 位的有符号数，整数的位数为 7）。

移码本质上就是在真值的基础上加一个常数 2^n，在数轴上可以表示成图 5.1 所示的图形。

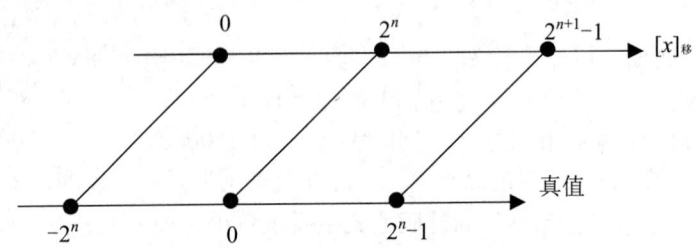

图 5.1 移码在数轴中的表示

例如，当 $x = 21$ 时，真值对应的二进制数为 10101，

$$[x]_原 = [x]_反 = [x]_补 = 0,0010101，$$
$$[x]_移 = 2^7 + 10101 = 1,0010101；$$

当 $x = -21$ 时，真值对应的二进制数为 -10101，

$$[x]_原 = 1,0010101，$$
$$[x]_反 = 1,1101010，$$
$$[x]_补 = 1,1101011，$$
$$[x]_移 = 2^7 - 10101 = 0,1101011；$$

当 $x = 0$ 时，

$$[+0]_移 = 1,0000000，$$
$$[-0]_移 = 1,0000000。$$

由此可见 0 的移码也是唯一的，此外移码和补码仅差一个符号位，即将补码的符号位由 0 改为 1 或由 1 改为 0，就可以得到该数的移码。而且发现采用移码能够从机器数的形式上直接判断两数真值的大小，这解决了补码形式不易判断两数大小的问题。

5.2 数的定点表示与浮点表示

在上一节关于数的表示时，举例的数要么是纯整数要么是纯小数，而在很多实际应用过程中，数通常既有整数部分又有小数部分。而在计算机中，没有一个专门的器件来表示小数点，而是通过约定的方式隐含规定小数点在数中的位置。根据小数点的位置是否固定，可以分为定点和浮点两种表示方式。

5.2.1 定点表示

小数点固定在某个位置的数为定点数。把小数点固定在数值部分的最高位之前时，机器内的数为纯小数，这种机器称为小数定点机；把小数点固定在数值部分的最低位之后时，机器内的数为纯整数，这种机器称为整数定点机，定点数的表示方法如图 5.2 所示。对于小数定点机来说，定点小数原码的表示范围为 $-(1-2^{-n}) \sim (1-2^{-n})$，定点小数补码的表示范围为 $-1 \sim (1-2^{-n})$；对于整数定点机来说，定点整数原码的表示范围是 $-(2^n-1) \sim (2^n-1)$，定点整数补码的表示范围为 $-2^n \sim (2^n-1)$。

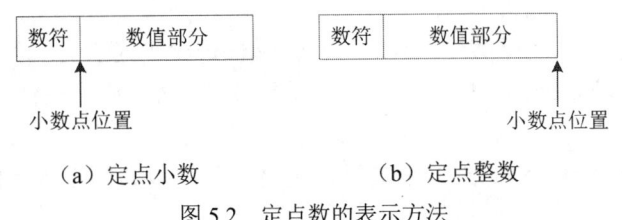

图 5.2 定点数的表示方法

5.2.2 浮点表示

在科学计算中，计算机处理过程中经常会遇到非常大或非常小的数值，如果采用有限位的定点数来表示，则很难满足数值和精度的要求。如电子的质量为 9×10^{-28}g，太阳的质量为 2×10^{33}kg，它们都不适宜直接用定点小数或定点整数表示。浮点表示是指小数点的位置不固定，根据需要可以浮动。

浮点数的一般表现形式为

$$N = S \times r^j$$

式中，S 为尾数或有效值，用定点小数表示；j 为阶码，用定点整数表示，阶码的值决定了数中小数点的实际位置；r 为基数或基值，在计算机中，基数可取 2、4、8 或 16。

尾数和阶码可以采用原码、补码、反码、移码中任意一种编码方法来表示，但阶码通常采用移码表示法。

以基数 $r=2$ 为例，当 $N = +0.01100101 \times 2^{-101}$ 时，阶码为 -101，尾数为 $+0.01100101$；当 $N = -0.11010011 \times 2^{+110}$ 时，阶码为 $+110$，尾数 -0.11010011。

浮点数在机器中通常用四个部分来表示，如图 5.3 所示。使用这种数据格式的机器称为浮点机。

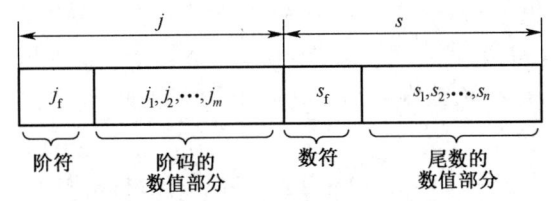

图 5.3 浮点数的典型格式

浮点数由阶码 j 和尾数 s 两部分组成。阶码是整数，阶符和阶码的位数 m 反映浮点数的表示范围及小数点的实际位置;尾数是小数,数符反映浮点数的正负,位数 n 反映浮点数的精度。

1. 规格化浮点数

当一个数用浮点来表示的时候,其表示形式并不是唯一的。

例如:

$$N = 11.10101$$
$$= 1.110101 \times 2^{01}$$
$$= 0.1110101 \times 2^{10}$$
$$= 0.01110101 \times 2^{11}$$
$$= 1110.101 \times 2^{-10}$$

由上例可知,可将 N 的尾数左右移动,阶码相应地减小或增大,数值本身并没有发生改变。但如果 N 的尾数位数是固定的,如 8 位,则在右移的过程中,最低位的"1"有可能被丢弃,造成精度的损失。

为了规范表示浮点数,消除形式上的不确定性,其尾数必须为规格化数,即将其绝对值限定在某个范围之内。

当浮点数的基数为 2 时,则规格化浮点数的尾数 S 应该满足条件 $\frac{1}{2} \leq |S| < 1$,则该浮点数为规格化浮点数,否则称为非规格化浮点数。为了便于计算机硬件对尾数的机器数形式做出规格化判断,通常对于原码表示的尾数,当最高有效位 S_1 为 1 时,浮点数为规格化;对于补码表示的尾数,当符号位 S_f 与最高有效位 S_1 不同时,浮点数为规格化。

对于非规格化浮点数,可以通过修改阶码和左右移动尾数的方法来使它规格化。可以通过基数为 2 时的规格化判断原理类推出其他基数的规格化浮点数的判断方法。

2. 浮点数的表示范围

浮点数的表示范围由最大正数、最小正数、最大负数和最小负数四个点界定。其中,最大负数又称为负精度 $-\delta$,最小正数称为正精度 $+\delta$,它们决定了浮点数所能表示的最精确值,相当于浮点数的分辨率。当一个数大于最大正数或小于最小负数,且浮点数无法表示时,称该数上溢;当一个数大于最大负数且小于最小正数(0 除外),且浮点数无法表示时,称该数下溢,此时溢出的数绝对值非常小,机器一般按照机器零进行处理。设浮点数阶码的数值位取 m 位,尾数的数值位取 n 位,当浮点数为非格式化数时,且阶码和尾数都采用原码表示法时,由浮点数表示公式 $N = S \times r^j$ 可知:最大正数位阶符为 0,阶码全 1,数符为 0,尾数全 1,即最大正数为 $2^{2^m-1} \times (1-2^{-n})$;最小正数位阶符为 1,阶码全 1,数符为 0,尾数最低位为 1,其余位为 0,即最小正数为 $2^{-(2^m-1)} \times 2^{-n}$;最大负数位阶符为 1,阶码全 1,数符为 1,尾数最低位为 1,其余位为 0,即最大负数为 $-2^{-(2^m-1)} \times 2^{-n}$;最小负数位阶符为 0,阶码全 1,数符为 1,尾数全 1,即最小负数为 $-2^{2^m-1} \times (1-2^{-n})$。由此可知浮点数在数轴上的表示范围如图 5.4 所示。

1985 年,电气与电子工程师协会(Institute of Electrical and Electronics Engineers,IEEE)提出了 IEEE 754 浮点数标准。该标准的制定,极大地简化了浮点程序在不同计算机之间移植的过程,也很大程度上提高了计算机进行浮点数运算的质量。这种标准制定的浮点数形式如图 5.5 所示。

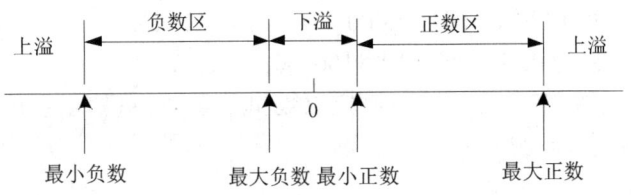

图 5.4 浮点数在数轴上的表示范围

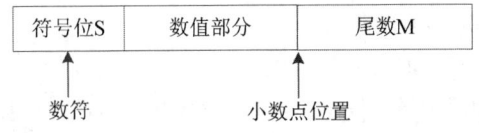

图 5.5 IEEE 754 浮点数标准的浮点数形式

IEEE 754 制定了常用的三种浮点数：短实数、长实数、临时实数。三种浮点数位数的分配见表 5.1。

表 5.1 三种浮点数位数分配表

	符号位 S	阶码 E	尾数 M	总位数
短实数	1	8	23	32
长实数	1	11	52	64
临时实数	1	15	64	80

其中，符号位 S 表示浮点数的正负，0 为正，1 为负。阶码用移码来表示，其中包含 1 位符号位，例如，当为短实数时，采用偏移量为 127 的移码，阶码 = 127 + 数值。尾数 M 采用规格化原码表示法，因为其尾数的最左边的位必定是 1，所以可以把这个 1 丢掉，然后将其后的位放入字段中，将这个丢掉的 1 称为隐藏位。短实数中，IEEE 754 中的 23 位尾数实际上是表示了 24 位有效数字；对于临时实数不采用隐藏位的做法。

3. 浮点数的举例

例 5.1 设浮点数字长 16 位，其中阶码 5 位（含 1 位阶符），尾数 11 位（含 1 位数符），将十进制数 $+\dfrac{19}{128}$ 转换成二进制定点数和浮点数，并分别写出它的定点机和符点机中的机器数形式。

解：

令 $x = +\dfrac{19}{128}$，首先将 x 转换成 2 进制原码的形式，19 的二进制为 10011，除以 128 相当于将 10011 右移 7 位，故有如下表达式。

二进制原码形式为：$x = 0.0010011000$；

定点数表示为：$x = 0.0010011000$；

浮点数规格化表示为：$x = 0.1001100000 \times 2^{-10}$。

定点机中 $[x]_原 = [x]_补 = [x]_反 = 0.0010011000$。

浮点机中$[x]_原$为1,0010或0.1001100000；$[x]_补$为1,1110或0.1001100000；$[x]_反$为1,1101或0.1001100000；$[x]_{阶移,尾补}$为0,1110或0.1001100000。

例 5.2 将十进制数-75表示成二进制定点数和浮点数，并写出它在定点机和浮点机中的机器数形式，浮点数要求同例5.1。

解：

令 $x = -75$，又因 $75 = 64（2^6）+8（2^3）+2（2^1）+1（2^0）$，故有如下表达式。

二进制形式为：$x = -1001011$；

定点数表示为：$x = -0001001011$；

浮点数规格化表示为：$x = -(0.1001011000) \times 2^{111}$。

定点机中$[x]_原 = 1,0001001011$，$[x]_补 = 1,1110110101$，$[x]_反 = 1,1110110100$。

浮点机中$[x]_原$为0,0111或1.1001011000；$[x]_补$为0,0111或1.0110101000；$[x]_反$为0,0111或1.0110100111；$[x]_{阶移,尾补}$为1,0111或1.0110101000。

5.3 定点数的四则运算及移位运算

5.3.1 定点数加减运算

加法和减法运算是计算机中最基本的运算，且两种运算的本质相同，减法运算可以看成被减数加上一个减数的负值，即 $A - B = A + (-B)$。在计算机中，加法运算的过程和笔算的原理是相同的，即按从右到左顺序一位一位地求和，并将进位累加到左侧相邻的高位。加法器是实现加法的硬件电路，加法器原理可以参考"数字电路"课程的加法器原理相关内容。由于原码、反码机器数在执行加减运算时过程较为复杂，通常不使用它们进行定点数的加减运算，而是采用补码形式，在浮点数的运算中，运用移码实现阶码的加减运算。

1. 补码加减运算

假设有两个整数分别为 x 和 y，先根据补码的定义来求$[x+y]$的补码。

因为整数的补码公式为

$$[x]_补 = \begin{cases} 0, x & 2^n > x \geq 0 \\ 2^{n+1} + x & 0 > x \geq -2^n \end{cases} \pmod{2^{n+1}}$$

从模除运算的角度来看，n 位定点整数的补码（$n+1$ 位）的模为 2^{n+1}，因此其补码公式也可写成：

$$[x]_补 = 2^{n+1} + x \pmod{2^{n+1}}$$

所以得出

$$[x]_补 = 2^{n+1} + x \pmod{2^{n+1}}$$
$$[y]_补 = 2^{n+1} + y \pmod{2^{n+1}}$$
$$[x]_补 + [y]_补 = 2^{n+1} + x + 2^{n+1} + y \pmod{2^{n+1}}$$
$$= 2^{n+1} + (x+y) \pmod{2^{n+1}}$$
$$= [x+y]_补 \pmod{2^{n+1}}$$

同理，n 位小数的补码公式为

$$[x]_{\text{补}} = \begin{cases} x & 1 > x \geqslant 0 \\ 2+x & 0 > x \geqslant -1 \end{cases} \quad (\bmod\ 2)$$

从模除运算的角度来看，$n+1$ 位定点小数的补码的模为 2，因此其补码公式可写成：

$$[x]_{\text{补}} = 2 + x \quad (\bmod\ 2)$$

所以得出

$$[x]_{\text{补}} = 2 + x \quad (\bmod\ 2)$$
$$[y]_{\text{补}} = 2 + y \quad (\bmod\ 2)$$
$$[x]_{\text{补}} + [y]_{\text{补}} = 2 + x + 2 + y \quad (\bmod\ 2)$$
$$= 2 + (x+y) \quad (\bmod\ 2)$$
$$= [x+y]_{\text{补}} \quad (\bmod\ 2)$$

综上所述，补码的加法公式为

整数时

$$[x+y]_{\text{补}} = [x]_{\text{补}} + [y]_{\text{补}} \quad (\bmod\ 2^{n+1})$$

小数时

$$[x+y]_{\text{补}} = [x]_{\text{补}} + [y]_{\text{补}} \quad (\bmod\ 2)$$

又因为 $[x-y]_{\text{补}} = [x+(-y)]_{\text{补}} = [x]_{\text{补}} + [-y]_{\text{补}}$，所以，补码的减法公式为

整数时

$$[x-y]_{\text{补}} = [x]_{\text{补}} + [-y]_{\text{补}} \quad (\bmod\ 2^{n+1})$$

小数时

$$[x-y]_{\text{补}} = [x]_{\text{补}} + [-y]_{\text{补}} \quad (\bmod\ 2)$$

当机器数采用补码时，减法采用加法来实现，当求 $x - y$ 时，可以先求出 $[-y]$ 的补码，然后按照补码加法公式进行运算。由于参加运算的是 $[x]_{\text{补}}$ 和 $[y]_{\text{补}}$，所以还应从 $[y]_{\text{补}}$ 求出 $[-y]_{\text{补}}$，这个过程称为求补操作。求补操作的方法是：连同符号位在内的每一位取反，末位加 1 而得。

例 5.3 已知 $x = 0.0110$，$y = -0.0111$，利用补码求 $[x+y]$ 和 $[x-y]$。

解：

因为 $x = 0.0110$，$y = -0.0111$，所以 $[x]_{\text{补}} = 0.0110$，$[y]_{\text{补}} = 1.1001$，$[-y]_{\text{补}} = 0.0111$，故

```
[x]补 + [y]补 =  0. 0 1 1 0           [x]补 + [-y]补 =  0. 0 1 1 0
              + 1. 1 0 0 1                          + 0. 0 1 1 1
              ─────────────                         ─────────────
                1. 1 1 1 1                            0. 1 1 0 1
```

由此可得 $[x+y]_{\text{补}} = 1.1111$；$[x-y]_{\text{补}} = 0.1101$，最终结果为 $[x+y] = -0.0001$；$[x-y] = +0.1101$。

例 5.4 已知 $x = -1001$，$y = -0101$，利用补码求 $[x+y]$ 和 $[x-y]$。

解：

因为 $x = -1001$，$y = -0101$，所以 $[x]_{\text{补}} = 1,0111$，$[y]_{\text{补}} = 1,1011$，$[-y]_{\text{补}} = 0,0101$，故

```
[x]补 + [y]补 =  1, 0 1 1 1           [x]补 + [-y]补 =  1, 0 1 1 1
              + 1, 1 0 1 1                          + 0, 0 1 0 1
              ─────────────                         ─────────────
            ①1, 0 0 1 0                              1, 1 1 0 0
```

由此按照模 2^{4+1} 可得 $[x+y]_{\text{补}} = 1,0010$；$[x-y]_{\text{补}} = 1,1100$，最终结果为 $[x+y] = -1110$；$[x-y] = -0100$。

2. 溢出判断

在计算机中，当运算结果超出机器字所能表示的范围时，称为溢出。在采用补码进行定点运算过程中，计算机必须检查溢出现象，并进行处理，否则会得出错误的结果。

例5.5 设机器字长为8位，其中1位为符号位，令 $x = -85$，$y = +56$，用补码求$[x-y]$。

解：

首先将 $x=-85$、$y=+56$ 转换成二进制原码形式，则 $x = 1,1010101$、$y = 0,0111000$。所以 $[x]_补 = 1,0101011$，$[y]_补 = 0,0111000$，$[-y]_补 = 1,1001000$，故

$$
\begin{array}{r}
[x]_补 + [-y]_补 = 1,0101011 \\
+ 1,1001000 \\
\hline
\boxed{1}\,0,1110011
\end{array}
$$

由此按照模 2^{7+1} 的意义，最左边的1自然丢弃，故$[x-y]_补 = 0,1110011$，转换成真值为115，与真实结果 -141 不相符，运算出错，这是因为 $-141 < -128$ 超出了机器字长所能表示的范围。为此，在补码运算过程中，需要对溢出问题做出相应的处理。那么如何进行补码定点加减运算溢出的判断呢？再来看一个例子。

例5.6 假设机器数为5位，其中1位为符号位，用补码完成以下运算：

① $x = +1000$，$y = +1001$，计算 $x+y$；
② $x = -1000$，$y = -1001$，计算 $x+y$；
③ $x = -1000$，$y = +1001$，计算 $x-y$；
④ $x = +1000$，$y = -1001$，计算 $x-y$。

解：

①
$$
\begin{array}{r}
[x]_补 + [y]_补 = 0,1000 \\
+ 0,1001 \\
\hline
1,0001
\end{array}
$$
$x+y = -15$

②
$$
\begin{array}{r}
[x]_补 + [y]_补 = 1,1000 \\
+ 1,0111 \\
\hline
\boxed{1}\,0,1111
\end{array}
$$
$x+y = +15$

③
$$
\begin{array}{r}
[x]_补 + [-y]_补 = 1,1000 \\
+ 1,0111 \\
\hline
\boxed{1}\,0,1111
\end{array}
$$
$[x-y]_补$
$x-y = +15$

④
$$
\begin{array}{r}
[x]_补 + [-y]_补 = 0,1000 \\
+ 0,1001 \\
\hline
1,0001
\end{array}
$$
$[x-y]_补$
$x-y = -15$

对上例进行简单的分析：第①题本质是两个正数相加，得到的结果应该是正数（8+9=17），而采用补码运算的结果却是-15；第②小题本质是两个负数相加，得到的结果应该是负数（-8-9=-17），而采用补码运算的结果却是+15；第③小题本质是一个负数减去一个正数，得到的结果应该是负数（-8-9=-17），而采用补码运算的结果却是+15，本题也可以理解为两个负数相加；第④小题本质是一个正数减去一个负数，结果应该是正数[8-(-9)=17]，而采用补码运算的结果却是-15，本题也可以理解为两个正数相加。这四小题的运算结果都不正确，正是因为发生了溢出。

从上例的四种情况来看，可以将第①题和第④题看成一种情况，将第②题和第③题看成一种情况，也就是说，对于加减运算，当两个符号不同的数相加或两个符号相同的数相减时，是不会发生溢出的；只有当两个符号不同的数相减或两个符号相同的数相加时，才有可能发生溢出。在计算机中，要设计合理、高效的方法来准确判断加减运算是否发生了溢出，通常有两种方法来判断补码定点加减运算的溢出情况。

（1）单符号位判溢法。下面以例 5.6 作为基础案例，首先将该例改成如下表述：设机器字长为 5 位，其中 1 位为符号位，来说明机器如何判断溢出的。机器字长为 5 位的补码能表示的值范围为-16～+15，运算结果超过这个范围时即为溢出。表 5.2 中列出了例 5.6 中的四种溢出情况。

表 5.2　例 5.6 中的四种溢出情况

真值						补码运算					
	x	=	8			$[x]_\text{补}$	=	0,	1	0	0	0
+	y	=	9			+ $[y]_\text{补}$	=	0,	1	0	0	1
x + y	=	17	>15	溢出	$[x+y]_\text{补}$	=	1,	0	0	0	1
	x	=	-8			$[x]_\text{补}$	=	1,	1	0	0	0
+	y	=	-9			+ $[y]_\text{补}$	=	1,	0	1	1	1
x + y	=	-17	<-16	溢出	$[x+y]_\text{补}$	=	0,	1	1	1	1
	x	=	-8			$[x]_\text{补}$	=	1,	1	0	0	0
-	y	=	-9			+ $[-y]_\text{补}$	=	1,	0	1	1	1
x - y	=	-17	<-16	溢出	$[x+y]_\text{补}$	=	0,	1	1	1	1
	x	=	8			$[x]_\text{补}$	=	0,	1	0	0	0
-	y	=	9			+ $[-y]_\text{补}$	=	0,	1	0	0	1
x - y	=	17	>15	溢出	$[x-y]_\text{补}$	=	1,	0	0	0	1

由于计算机中的加减运算都是利用加法器实现的，由此可以得出：不论加法还是减法，只要实际参与运算的两个数符号相同（减法时的两个数是被减数和"求补"后的减数），如果结果与原操作数的符号不同，则一定发生了溢出。

假设 X_f 和 Y_f 分别表示操作数 X 和 Y 的补码符号位，S_f 是加减运算结果 S 的补码符号位。那么可以得出如下判溢公式：

$$OV = \overline{X_\text{f}}\,\overline{Y_\text{f}} S_\text{f} + X_\text{f} Y_\text{f} \overline{S_\text{f}}$$

当 $OV = 1$ 时，表示发生溢出。

例 5.7　已知机器字长为 5 位，其中含 1 位符号位，当 $x = -\dfrac{9}{16}$，$y = -\dfrac{8}{16}$，采用补码进行计算 $x+y$ 时，请采用单符号位判溢法判断是否会发生溢出。

解：

因为 $x = -\dfrac{9}{16} = -0.1001$，$y = -\dfrac{8}{16} = -0.1000$，可得 $[x]_\text{补} = 1.0111$、$[y]_\text{补} = 1.1000$，故

$$[x]_补 + [y]_补 = 1.0111$$
$$+\ 1.1000$$
$$\boxed{1}\ 0.1111$$

因此 $OV = \overline{X_f}\overline{Y_f}S_f + X_f Y_f \overline{S_f} = 0 + 1 = 1$，故发生了溢出。

扩展：如果假设 x 和 y 都是 $-\dfrac{8}{16}$，采用补码运算$[x+y]$时，利用单符号位判溢法来判断是否会发生溢出？

由 $x = y = -\dfrac{8}{16}$ 可得 $x = y = -0.1000$，因此 $[x]_补 = [y]_补 = 1.1000$，故

$$[x]_补 + [y]_补 = 1.1000$$
$$+\ 1.1000$$
$$\boxed{1}\ 1.0000$$

因此 $OV = \overline{X_f}\overline{Y_f}S_f + X_f Y_f \overline{S_f} = 0 + 0 = 0$，所以未发生溢出，得$[x+y] = -1$。

（1）进位判溢方法。进一步观察例 5.6 可知，假设 C_n 是最高有效位($X_n \pm Y_n$)的进位，C_f 是符号位的进位，可以发现当最高数值位产生的进位与符号位产生的进位如果不同，则表示发生了溢出，如果相同，则没有发生溢出。其表达式为

$$OV = C_n \oplus C_f$$

例如在例 5.7 中，当 $x = -\dfrac{9}{16}$，$y = -\dfrac{8}{16}$，$C_n = 0$，$C_f = 1$ 时，$OV = C_n \oplus C_f = 0 \oplus 1 = 1$ 表示发生了溢出；当 x 和 y 都是 $-\dfrac{8}{16}$，$C_n = 1$，$C_f = 1$ 时，$OV = C_n \oplus C_f = 1 \oplus 1 = 0$ 表示没有发生溢出。

（2）双符号位判溢法。双符号位判溢法也称变形补码判溢法。在补码加减运算中，只使用一位符号位时，当发生溢出时，正确的符号位被溢出的数值位挤掉了。如果将符号位扩展为两位，在进行运算时，即使出现了溢出，数值位挤掉了一个符号位，但另一个符号位仍然正确。这种采用两个符号位表示的补码称为变形补码。运算的规则是操作数 x 和 y 采用双符号位补码表示，正数的双符号位为 00，负数的双符号位为 11，然后进行加减运算，具体表达式为

$$\begin{array}{cccccc} x_{f1} & x_{f2} & x_n & x_{n-1} & \cdots & x_1 \\ +\ y_{f1} & y_{f2} & y_n & y_{n-1} & \cdots & y_1 \\ \hline S_{f1} & S_{f2} & S_n & S_{n-1} & \cdots & S_1 \end{array}$$

当运算结果的两位符号位 $S_{f1}S_{f2}$ 不同（为 10 或 01）时，发生溢出。即

$$OV = S_{f1} \oplus S_{f2}$$

如果结果符号位为 01，则表示产生了正溢出；如果结果符号位为 10，则表示结果为负溢出。

例 5.8 当机器字长为 5 位，其中 1 位是符号位时，如果 $x = +1011$，$y = +0110$，用变形补码计算$[x+y]$。

解：

由分析可知 $[x]_{变形补} = 00,1011$，$[y]_{变形补} = 00,0110$，故

$$[x]_{变形补} + [y]_{变形补} = \begin{array}{r} 00,1011 \\ + 00,0110 \\ \hline 01,0001 \end{array}$$

此时，符号位 $S_{f1}S_{f2}$ 为 01，表示溢出。因为第 1 位符号位 S_{f1} 为 0，表示结果真正的符号为正，结果正溢出。

例 5.9 当机器字长为 5 位，其中 1 位是符号位时，如果 $x = -1011$，$y = -0110$，用变形补码计算 $[x+y]$。

解：

由分析可知 $[x]_{变形补} = 11,0101$，$[y]_{变形补} = 11,1010$，故

$$[x]_{变形补} + [y]_{变形补} = \begin{array}{r} 11,0101 \\ + 11,1010 \\ \hline 1\ 10,1111 \end{array}$$

此时，符号位 $S_{f1}S_{f2}$ 为 10，表示溢出。因为第 1 位符号位 S_{f1} 为 1，表示结果真正的符号为负，结果负溢出。

3. 补码加减法运算器的实现

补码加减运算器的核心是一个二进制并行加法器，符号位同数值位一起参加运算，其逻辑框图如图 5.6 所示。其中 A 表示累加器，运算开始时用于存放被加（减）数的补码，X 存放加（减）数的补码。G_A 表示加法标记，G_S 表示减法标记。当 G_A 有效时，表示是加法运算，直接将加数的补码送至加法器；当 G_S 有效时，由"求补控制逻辑"将 X 取反后送至加法器，并使加法器的最低位进位为 1，产生减数的补数，即 $[-x]_{补}$。最后对运算的结果进行溢出判断，如果产生溢出，则置溢出标记 V 为 1。

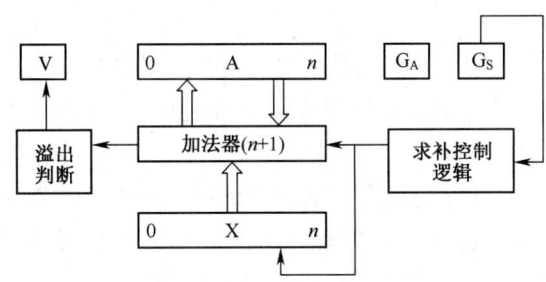

图 5.6 补码加减运算器的逻辑框图

5.3.2 定点数的移位运算

在计算机中进行运算时，经常会使用到移位运算，移位运算可以对数据进行放大和缩小的操作，另外，在没有乘除运算器的机器中，移位运算可以实现乘除运算。日常生活中，单位的换算可以看成最常用的移位运算，如 1m = 10dm = 100cm，对于数值而言，10 相当于将 1 向左移动了 1 位，末位补 0（小数点右移 1 位）；100 相当于将 1 向左移了 2 位，后面补了两个 0（小数点右移 2 位）。可见对于十进制数据，当小数点向左移 1 位，数据相当于除以 10，缩

小了 10 倍；当小数点向右移动 1 位，数据相当于乘以 10，放大了 10 倍。同理，可以推广到 N 进制，对于 N 进制数据而言，当小数点向左移 1 位，数据相当于除以 N，缩小了 N 倍；当小数点向右移动 1 位，数据相当于乘以 N，放大了 N 倍。

在计算机中，小数点的位置是事先约定的，因此，针对于机器数的小数点作 n 位移动时，其实质就是将该数乘以或除以 2^n（$n = 1,2,\cdots,n$）。当计算机中没有乘除运算器时，常用移位运算器和加法器实现乘除运算。

由于计算机中的字长是固定的，所以当进行机器数移位时，寄存器中的高位或低位会出现空位的现象。如何处理这些空位与机器数是有符号数还是无符号位数有关。对于有符号数的移位称为算术移位，对无符号数的移位称为逻辑移位。

1. 逻辑移位

针对无符号数的移位称为逻辑移位。移位的结果只是数据各位在位置上发生了改变，数值发生了放大或缩小。逻辑移位的规则是：逻辑左移时，高位移出，低位补 0；逻辑右移时，低位移出，高位补 0。移出的数据一般放入标志位 C_y（进位/借位标志）。

2. 算术移位

算术移位针对的对象是有符号数，对于有符号数而言，机器数主要有三种编码形式，分别是原码、反码和补码。对于正数而言，原码、反码和补码都和真值相同，故移位后出现的空位均以 0 填补；当左移移出的数据位为 1 时，发生溢出；当右移的数据位为 1 时，损失精度。对于负数，原码、反码和补码的形式不同，当进行移位运算时，出现的空位填补的规则也不同。算术移位的基本原则是：不论是正数还是负数，移位后其符号位均不变，只引起数值的变化。在这个原则的指导下，可以分析一下负数算术移位规则。

（1）负数的原码移位：由于负数的原码数值部分与真值相同，故移位时只需要使符号位保持不变，空位均以 0 填补即可。当左移移出的数据位为 1 时，发生溢出；当右移的数据位为 1 时，损失精度。

（2）负数的反码移位：由于负数的反码是除符号位外各位取反，故在移位时出现的空位填补与原码相反的值，即全部填补 1。当左移移出的数据位为 0 时，发生溢出；当右移的数据位为 0 时，损失精度。

（3）负数的补码移位：由于补码是反码加 1 而得，所以可以发现补码从低位向高位的第一个 1 是补码的重要分割点，在这个 1 左边的各位均与对应的补码相同，在它右边的各位（包括这个 1）均与对应的原码相同。所以在负数补码进行左移时，出现的空位在低位，填补与原码相同的值，即填补 0；而进行右移时，出现在高位，则填补与反码相同的值，即填补 1。当左移移出的数据位为 0 时，发生溢出；当右移的数据位为 1 时，损失精度。

例 5.10 设机器数字长为 8 位，其中 1 位符号位，若 $x = \pm 50$ 时，写出三种机器数左移、右移一位和两位的表示形式及对应的真值，并分析结果的正确性。

解：

① 首先将 $x = +50$ 转换为二进制 $+110010$，则 $[x]_\text{原} = [x]_\text{补} = [x]_\text{反} = 0,0110010$，$x = +50$ 的移位结果及分析见表 5.3。

表 5.3　$x = +50$ 的移位结果及分析

移位操作	机器数 $[x]_原 = [x]_补 = [x]_反$	对应的真值	结果分析
移位前	0,0110010	+50	
左移 1 位	0,1100100	+100	正确
左移 2 位	0,1001000	+72	丢 1，溢出
右移 1 位	0,0011001	+25	正确
右移 2 位	0,0001100	+12	丢 1，损失精度

②同理，将 $x = -50$，转换为二进制 -110010，则 $[x]_原 = 1,0110010$、$[x]_反 = 1,1001101$、$[x]_补 = 1,1001110$，$x = -50$ 的移位结果及分析见表 5.4。

表 5.4　$x = -50$ 的移位结果及分析

移位操作		机器数	对应的真值	结果分析
移位前		1,0110010	-50	
左移 1 位		1,1100100	-100	正确
左移 2 位	原码	1,1001000	-72	丢 1，溢出
右移 1 位		1,0011001	-25	正确
右移 2 位		1,0001100	-12	丢 1，损失精度
移位前		1,1001101	-50	
左移 1 位		1,0011011	-100	正确
左移 2 位	反码	1,0110111	-72	丢 0，溢出
右移 1 位		1,1100110	-25	正确
右移 2 位		1,1110011	-12	丢 0，损失精度
移位前		1,1001110	-50	
左移 1 位		1,0011100	-100	正确
左移 2 位	补码	1,0111000	-72	丢 0，溢出
右移 1 位		1,1100111	-25	正确
右移 2 位		1,1110011	-12	丢 1，损失精度

为了避免算术左移最高数据位丢 1，在移位操作时，也可以使用 C_y 位，即在算术左移时，符号位移至 C_y，最高数据位就可以避免移丢。

根据算术移位的特点，可以设计如图 5.7 所示的算术移位硬件框图。例如，当真值为正时，在实现左移时，符号位保持不变，数据位高位丢弃，低位添 0；右移时，符号位保持不变，低位丢弃，高位添 0（可视为符号位的值）。又当真值为负时，可分析原码、反码、补码的添补规则，设计相应的硬件框图。

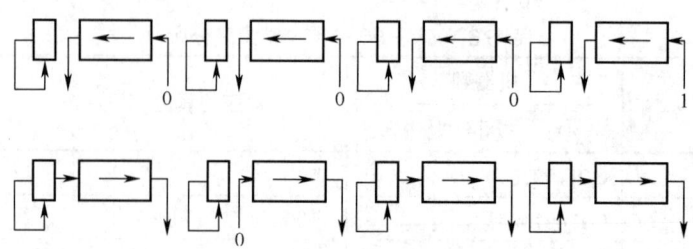

(a) 真值为正　(b) 负数的原码　(c) 负数的补码　(d) 负数的反码

图 5.7　算术移位硬件框图

5.3.3　乘法运算

乘除法运算在科学计算中占有很重要的地位，在计算机中，主要有三种方式来实现乘法运算。

（1）软件实现：这种方式主要在一些处理能力有限的低档机中，由于这类机器的指令系统中没有乘除法指令，只具有加减法指令和移位指令。在硬件上没有乘法器和除法器，只具有加法器和移位器。此时，可以运用串行乘除运算的算法，循环使用累加、左移指令编写一段程序来实现乘法运算，循环使用减法、右移指令来实现除法。这个方法简单，但速度慢。

（2）硬件乘法器和除法器：在这种机器中，在硬件上，设置有并行加法器、移位器和若干循环、计数控制逻辑电路；在指令系统中设置有乘除法指令。依据串行乘除运算的算法，将它们以硬联逻辑或者微程序的方式构成乘法器和除法器。这种方式相对于软件实现的方法，运算速度有一定的提高，但硬件设计也相对复杂。

（3）高速的阵列乘法器和阵列除法器来实现：这种方式是以牺牲硬件成本为代价，硬件设计非常复杂，采用专用的、具有并行运算能力的阵列乘法器和除法器。

定点数的乘法运算主要采用原码和补码实现，学习乘法运算的方法可以帮助了解乘法器的设计原理，同时也能帮助实现乘法的编程。接下来本书从笔算乘法入手，详细讲述串行乘法运算的方法。

1. 二进制真值笔算乘法分析

在对两个二进制数进行笔算乘法时，如同十进制乘法运算，首先对它们的绝对值进行二进制乘法，得到积的绝对值；然后进行符号位计算，正数乘以正数得正数，负数乘以负数得正数，正数乘以负数得负数。假设 $x=+1101$，$y=+1011$，其绝对值的二进制乘法运算如下：

```
          1 1 0 1
      ×   1 0 1 1
          1 1 0 1      x×1×2⁰      x 不移位
        1 1 0 1        x×1×2¹      x 向左移 1 位
      0 0 0 0          x×0×2²      0 向左移 2 位
      1 1 0 1          x×1×2³      x 向左移 3 位
    1 0 0 0 1 1 1 1
```

由于 x 和 y 都是正数，所以成绩的结果应该为正数，即 $x \times y = +10001111$。

上述例子中，首先计算 x 乘以 y 的最低位，得到位积 P0；接着计算 x 乘以 y 的次低位，得到位积 P1，将该积放在 P0 的左边一位处；以此类推，最终将所有的位积相加，得到最终结果。可见，二进制乘法运算中包含着被乘数 x 的多次左移，以及 4 个位积的加法运算。

如何将笔算乘法的规律应用到计算机中呢？如果完全模仿上述步骤，会有两个较大的困难：一是 4 个位积的一次性相加，机器难以实现；二是乘法位数扩大了一倍，机器寄存器资源和运算时间会大幅增加。

为了便于硬件实现，对上述计算过程计算机进行了改进。

（1）4 个位积一次性相加难以实现，可以在每求出一个位积后就与部分积相加求和。这里的部分积指的是每次位积的和，初始值为 0。

（2）每次位积在累加前，都要向左移动一位，而且不同的位积需要移动不同的位数，在硬件实现中较难实现。通过观察发现，每个位积与部分积求和后，最右边的若干位在以后的计算中是不变的。不变的规律是，位积 P0 与部分积相加后，最低位不变，位积 P1 与部分积相加后，次低位不变，以此类推。所以在每次位积和部分积相加后，将和右移一位即可。

根据以上改进措施，将 $x \times y = x \times 1011$ 的乘法运算步骤分解如下：

第 0 步：将部分积初始值设为 0；
第 1 步：被乘数 x 加上部分积 0（$x + 0 = 1101 + 0 = 1101$）；
第 2 步：将部分积右移一位，得到新的部分积 0110（移出位为 1，结果最低位）；
第 3 步：被乘数 x 加上部分积 0110（$x + 0110 = 1101 + 0110 = 10011$）；
第 4 步：将部分积右移一位，得到新的部分积 1001（移出位为 1，结果次低位）；
第 5 步：0 加上部分积，得到新的部分积 1001；
第 6 步：将部分积右移一位，得到新的部分积 0100（移出位为 1，结果低位第 3 位）；
第 7 步：被乘数 x 加上部分积 0100（$x + 0100 = 1101 + 0100 = 10001$）；
第 8 步：将部分积右移一位，得到新的部分积 1000（移出位为 1，结果低位第 4 位）。

所以最终的结果为 10001111。

将上述步骤列举在表 5.5 中。

表 5.5 $x \times y$ 的运算过程

部分积	乘数	说明
0 0 0 0 + 1 1 0 1	1 0 1 <u>1</u>	初始部分积为 0 乘数为 1，加被乘数
1 1 0 1 → 0 1 1 0 + 1 1 0 1	<u>1 1 0 1</u>	部分积、乘数→1 位，部分积移出位放入乘数高位 乘数为 1，加被乘数
1 0 0 1 1 → 1 0 0 1 + 0 0 0 0	1 <u>1 1 1 0</u>	部分积、乘数→1 位，部分积移出位放入乘数高位 乘数为 0，加 0
1 0 0 1 → 0 1 0 0 + 1 1 0 1	1 1 <u>1 1 1 1</u>	部分积、乘数→1 位，部分积移出位放入乘数高位 乘数为 1，加被乘数
1 0 0 0 1 → 1 0 0 0	1 1 1 <u>1 1 1 1</u>	部分积、乘数→1 位，形成最终结果

上述计算过程中主要运算步骤总结如下：

（1）乘法运算可采用移位和加法运算来实现，两个 N 位数相乘，可以分解为 N 次加法运算和 N 次移位运算。

（2）需要进行对乘数和部分积实现 N 次的移位运算。

（3）乘数的最低位决定被乘数是否参与加法运算，在加法过程中，只有部分积的高位与被乘数相加，部分积的低位移至乘数的最高位。

2. 原码乘法的实现

（1）原码一位乘。原码一位乘运算规则与上述改进的二进制真值乘法规则基本一致，总结如下：

1）乘积的符号位通过两个乘数的原码符号位异或运算获得。

2）乘积的数值部分由两数的绝对值相乘，具体运算步骤可参考二进制真值乘法的运算步骤。

由于每次运算都是根据乘数的一位来计算位积，因此，该算法被称为原码一位乘运算。值得注意的是，虽然数值部分是绝对值运算，但部分积仍保留了一位符号位，用于存储在加法运算中可能出现的溢出，并在接下来的移位中移至数值位，具体方法可参考上小节例子的第 3 步和第 7 步。如果高位出现空位，高位补 0。接下来以小数为例，写出原码一位乘运算的数学通式。

假设 $[x]_原 = x_f.x_1x_2 \cdots x_n$，$[y]_原 = y_f.y_1y_2 \cdots y_n$，则

$$[x]_原 \cdot [y]_原 = x_f \oplus y_f.(0.x_1x_2 \cdots x_n)(0.y_1y_2 \cdots y_n)$$

式中，$0.x_1x_2 \cdots x_n$ 为 x 的绝对值，记作 x^*；$0.y_1y_2 \cdots y_n$ 为 y 的绝对值，记作 y^*。其中，绝对值乘法通式为

$$\begin{aligned} x^* \cdot y^* &= x^*(0.y_1y_2 \cdots y_n) \\ &= x^*(y_1 2^{-1} + y_2 2^{-2} + \cdots + y_n 2^{-n}) \\ &= 2^{-1}(y_1 x^* + 2^{-1}(y_2 x^* + 2^{-1}(\cdots + 2^{-1}(y_{n-1} x^* + 2^{-1}(y_n x^* + 0)) \cdots))) \end{aligned}$$

将上式中的写成递推公式为

$$\begin{aligned} z_0 &= 0 \\ z_1 &= 2^{-1}(y_n \cdot x^* + z_0) \\ z_2 &= 2^{-1}(y_{n-1} \cdot x^* + z_1) \\ &\vdots \\ z_i &= 2^{-1}(y_{n-i+1} \cdot x^* + z_{i-1}) \\ &\vdots \\ z_n &= 2^{-1}(y_1 \cdot x^* + z_{n-1}) \end{aligned}$$

（2）原码一位乘运算的硬件实现。根据原码一位乘的原理，可知如果按照上述原理设计硬件结构，需要以下资源：

1）三个寄存器：分别用于存放被乘数，乘数和部分积，其中，乘数和部分积的寄存器需要具有移位功能。

2）一个 $n+1$ 位的并行加法器。

3）一个计数器。

设计的原码一位乘运算硬件框图可以参考图 5.8。图 5.8 中寄存器 A 用于存放部分积，寄存器 B 用于存放被乘数的绝对值，寄存器 Q 用于存放乘数的绝对值。运算开始时，寄存器 A 清零，B、Q 分别存放被乘数$|x|$和乘数$|y|$，计数器初始设置为乘数的数值位数 n，用来控制乘法的次数。S 通过被乘数和乘数的异或运算得到乘积的符号，G_M 表示乘法标记。

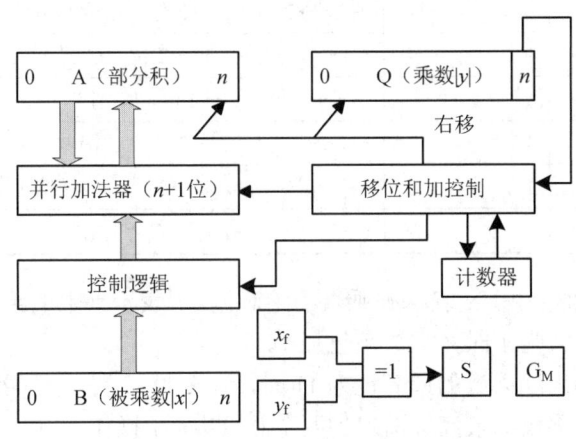

图 5.8　原码一位乘运算硬件框图

运算开始前，寄存器 A 清零，$|x|$和$|y|$分别装入寄存器 B 和 Q 中，计算器中装入被乘数的位数 n。运算开始后，首先利用异或运算，求出乘积的符号，并存放到 S 中，然后根据 Q_n 的值来确定是否执行 A+B，接着寄存器 A 和 Q 联合向右移动一位（A 的最低位移入到 Q 的最高位）。重复 n 次，最终得到乘法结果。

（3）原码两位乘的简单介绍。乘法运算的速度，可以通过增加运算过程中一次处理的位数来提高。原码两位乘的处理过程与原码一位乘的原理基本一致，符号位和数值位分开处理。在处理数值位时一次用两位乘数的状态来决定部分积的形成，这种乘法的处理方法称为原码两位乘。

同时处理两位乘数，将两位乘数分为 4 种状态：

①00：原部分积右移 2 位得到新的部分积。

②01：原部分积加被乘数后右移 2 位得到新的部分积。

③10：原部分积加 2 倍被乘数后右移 2 位得到新的部分积。

④11：原部分积加 3 倍被乘数后右移 2 位得到新的部分积。

上述四种情况中，情况①、②较容易实现，不再赘述；情况③加 2 倍被乘数可以通过被乘数左移 1 位实现；情况④加 3 倍被乘数，直接获得较难，可以采用先减去被乘数；然后再加 4 倍的被乘数得到。在运算过程中将减被乘数采用加上$[-x]_\text{补}$的方法；加 4 倍被乘数实际上是加上被乘数左移 2 位后的值，在实际操作中，可以采用将部分积右移 2 位后再加上被乘数，之后再右移 2 位。如果将刚刚的算法过程顺序重新进行组合，则可以描述为：将原部分积加上$[-x]_\text{补}$后右移 2 位，再加上被乘数后右移 2 位。从这种表述中可以看出加上被乘数后右移 2 位实际上是处理乘数 01 的操作。为此，可以将加 4 倍操作的后部分化成乘数高两位加 1 的操作。这里将这个 1 暂存在 C_j 触发器中，当机器完成了 C_j 置 1，即表示需要对高两位乘数加 1，也就是使用高两位乘数来完成当前两位乘数的加 4 倍被乘数的操作。原码两位乘的运算规则见表 5.6。

表 5.6 原码两位乘的运算规则

乘数判断位 $y_{n-1}y_n$	标志位 C_j	操作	备注
0 0	0	$z \to 2$ 位，$y^* \to 2$ 位，C_j 保持 0	
0 1	0	$z+x^* \to 2$ 位，$y^* \to 2$ 位，C_j 保持 0	
1 0	0	$z+2x^* \to 2$ 位，$y^* \to 2$ 位，C_j 保持 0	
1 1	0	$z+[-x]_补 \to 2$ 位，$y^* \to 2$ 位，C_j 置 1	
0 0	1	$z+x^* \to 2$ 位，$y^* \to 2$ 位，C_j 清 0	00+1=01
0 1	1	$z+2x^* \to 2$ 位，$y^* \to 2$ 位，C_j 清 0	01+1=10
1 0	1	$z+[-x]_补 \to 2$ 位，$y^* \to 2$ 位，C_j 保持 1	10+1=11
1 1	1	$z \to 2$ 位，$y^* \to 2$ 位，C_j 保持 1	11+1=100

表 5.6 中 z 表示原有部分积，x^* 表示被乘数的绝对值，y^* 表示乘数的绝对值，$\to 2$ 表示右移 2 位。值得注意的是，当 C_j 为 1 时，乘数高位加 1。

在运算的过程中，当出现乘数的最高位为 11 时，需要将 C_j 置 1，再次进行运算，所以进行原码两位乘时，需要在乘数的最高位前增加两个 0，以便于操作。

例 5.11 设 $x=0.111111$，$y=-0.111001$，用原码两位乘求 $[x*y]_原$。

解：

①求出乘积的符号位。则有

$$S = x_f \oplus y_f = 0 \oplus 1 = 1$$

②求解数值部分的值。首先由计算可得 $x^* = 0.111111$，$[-x]_补 = 1.000001$，$2x^* = 1.111110$，$y^* = 0.111001$，计算过程见表 5.7。

表 5.7 原码两位乘数值部分的运算过程

	部分积	乘数 y^*	C_j	说明
	000.000000	0011100<u>1</u>	<u>0</u>	运算开始时，部分积和 C_j 均为 0
+	000.111111			$y_{n-1}y_nC_j = 010$，加 x^*，$C_j=0$
	000.111111			
	000.001111	<u>11</u>001<u>1</u>10	<u>0</u>	部分积和乘数同时 $\to 2$ 位
+	001.111110			$y_{n-1}y_nC_j = 100$，加 $2x^*$，$C_j=0$
	010.001101	11		
	000.100011	<u>01</u>1<u>1</u>00<u>11</u>	<u>0</u>	部分积和乘数同时 $\to 2$ 位
+	111.000001			$y_{n-1}y_nC_j = 110$，加 $[-x^*]_补$，$C_j=1$
	111.100100	0111		
	111.111001	<u>00</u>0<u>11</u>1<u>00</u>	1	部分积和乘数同时 $\to 2$ 位
+	000.111111			$y_{n-1}y_nC_j = 001$，加 x^*，$C_j=0$
	000.111000	000111		得出结果

计算结果为 $[x*y]_原 = 1.111000000111$。

3. 补码乘法的实现

原码乘法的实现是相对比较容易的，但在计算机内部的加减运算都是采用补码进行运算，因此如果在进行乘法运算时采用原码的话，那么就需要在计算之前将原码转换成为补码，这样就必然导致计算的过程更加复杂。所以在很多计算机中，直接采用补码进行乘法运算，这样就避免了码制的转换，提升了机器的效率。

（1）补码一位乘校正法。设被乘数$[x]_{补}=x_f.x_1x_2\cdots x_n$，乘数$[y]_{补}=y_f.y_1y_2\cdots y_n$，则有如下两种情况。

1）当被乘数 x 的符号任意，y 为正数时，根据补码的定义，x、y 的补码可以表示为

$$[x]_{补}=x_f.x_1x_2\cdots x_n=2+x=2^{n+1}+x \quad (\bmod\ 2)$$

$$[y]_{补}=0.y_1y_2\cdots y_n$$

则有

$$\begin{aligned}[x]_{补}\bullet[y]_{补}&=[x]_{补}\bullet y=(2^{n+1}+x)\bullet y=2^{n+1}\bullet y+x\bullet y \quad (\bmod\ 2)\\&=2^{n+1}\bullet(0.y_1y_2\cdots y_n)+x\bullet y \quad (\bmod\ 2)\\&=2+x\bullet y \quad (\bmod\ 2)\\&=[x\bullet y]_{补}\end{aligned}$$

所以，当 $y>0$ 时，则有

$$[x\bullet y]_{补}=[x]_{补}\bullet[y]_{补}=[x]_{补}\bullet y$$

2）当被乘数 x 的符号任意，y 为负数时，同理，根据补码的定义，x、y 的补码可以表示为

$$[x]_{补}=x_f.x_1x_2\cdots x_n=2+x=2^{n+1}+x \quad (\bmod\ 2)$$

$$[y]_{补}=2+y=1.y_1y_2\cdots y_n$$

$$y=[y]_{补}-2=1.y_1y_2\cdots y_n-2=0.y_1y_2\cdots y_n-1$$

由$[y]_{补}$可知，$y=[y]_{补}-2=1.y_1y_2\cdots y_n-2=0.y_1y_2\cdots y_n-1$，所以有

$$\begin{aligned}[x\bullet y]_{补}&=[x\bullet(0.y_1y_2\cdots y_n-1)]_{补}\\&=[x\bullet 0.y_1y_2\cdots y_n-x]_{补}\\&=[x\bullet 0.y_1y_2\cdots y_n]_{补}+[-x]_{补}\end{aligned}$$

因为 $0.y_1y_2\cdots y_n>0$，故当 $y<0$ 时，

$$[x\bullet y]_{补}=[x]_{补}\bullet(0.y_1y_2\cdots y_n)+[-x]_{补}$$

通过对比 1）、2）的最终表示形式可知，两公式的前半部分都是一致的，仅相差一个是否要加上$[-x]_{补}$。为了统一表现形式，可以利用乘数 y 的符号位来表示是否增加校正的$[-x]_{补}$，故校正法描述的补码一位乘公式为

$$[x\bullet y]_{补}=[x]_{补}\bullet(0.y_1y_2\cdots y_n)+y_f\bullet[-x]_{补}$$

从上式中可知，当使用补码来进行乘法运算时，可将乘数 y 补码的数值部分直接做乘法，然后根据乘数 y 的符号位对结果进行修正：若符号位为正（0），则无需修正；若符号位为负（1），则减去被乘数 x 后得到结果。这种方法称为补码一位乘校正法。

例 5.12 已知$[x]_{补}=0.1101$，$[y]_{补}=1.0101$，求$[x\bullet y]_{补}$。

解：

因为 $y<0$，所以按照补码一位乘校正法有

$$[x\bullet y]_{补}=[x]_{补}\bullet(0.y_1y_2\cdots y_n)+[-x]_{补}$$

考虑到运算过程，在没有发生溢出的情况下，可能出现绝对值大于 1 的情况，故部分积和

被乘数取双符号位。其中，$[x]_{补}$=0.1101，$[y]_{补}$=1.0101，$[-x]_{补}$=1.0011，例 5.12 的运算过程见表 5.8。

表 5.8　例 5.12 的运算过程

部分积	乘数 y	说明
0 0.0 0 0 0 + 0 0.1 1 0 1	0 1 0 <u>1</u>	运算开始时，部分积为 0 乘数为 1，加上被乘数$[x]_{补}$

0 0.1 1 0 1
   0 0.0 1 1 0
   0 0.0 0 1 1
+ 0 0.1 1 0 1
	<u>1</u> 0 1 <u>0</u>
	<u>0</u> 1 0 <u>1</u>
		部分积和乘数同时→1 位
		乘数为 0，部分积和乘数同时→1 位

0 1.0 0 0 0
   0 0.1 0 0 0
   0 0.0 1 0 0
+ 1 1.0 0 1 1
	0 1
	<u>0</u> 0 1 <u>0</u>
	<u>0</u> 0 0 <u>1</u>
		乘数为 1，加上被乘数$[x]_{补}$
		部分积和乘数同时→1 位
		乘数为 0，部分积和乘数同时→1 位
		加上$[-x]_{补}$校正

1 1.0 1 1 1	0 0 0 1	得出结果

最终结果为$[x \cdot y]_{补}$=1.01110001。

（2）补码一位乘比较法（Booth 算法）。使用补码一位乘校正法进行补码运算时，根据乘数的符号来决定校正项。英国的布斯（A.D.Booth）夫妇根据校正导出了一种新的方法，这个方法称为补码一位乘比较法或 Booth 算法。其推导过程如下

$$[x \cdot y]_{补} = [x]_{补} \cdot (0.y_1 y_2 \cdots y_n) + y_f \cdot [-x]_{补}$$

$$= [x]_{补} \cdot (y_1 2^{-1} + y_2 2^{-2} + \cdots + y_n 2^{-n}) - [x]_{补} \cdot y_f$$

$$= [x]_{补} \cdot (-y_f + y_1 2^{-1} + y_2 2^{-2} + \cdots + y_n 2^{-n})$$

$$= [x]_{补} \cdot [-y_f + (y_1 - y_1 2^{-1}) + (y_2 2^{-1} - y_2 2^{-2}) + \cdots + (y_n 2^{-(n-1)} - y_n 2^{-n})]$$

$$= [x]_{补} \cdot [(y_1 - y_f) + (y_2 - y_1) 2^{-1} + \cdots + (y_n - y_{n-1}) 2^{-(n-1)} + (0 - y_n) 2^{-n}]$$

将上式中的 y_f 重新记为 y_0，最后一项 0 记为 y_{n+1}，则有

$$[x \cdot y]_{补} = [x]_{补} \cdot [(y_1 - y_0) + (y_2 - y_1) 2^{-1} + \cdots + (y_n - y_{n-1}) 2^{-(n-1)} + (y_{n+1} - y_n) 2^{-n}]$$

这样就可以由乘数的相邻两位来决定原部分积是加$[x]_{补}$还是$[-x]_{补}$或加 0 后，再右移一位得到新的部分积。又因为在二进制中，相邻两位的差只有三种情况，见表 5.9。

表 5.9　$y_i y_{i+1}$ 与 $y_{i+1} - y_i$ 对部分积的操作影响

$y_i y_{i+1}$	$y_{i+1} - y_i$	操作
0 0	0	部分积右移一位
0 1	1	部分积加$[x]_{补}$，再右移一位
1 0	-1	部分积加$[-x]_{补}$，再右移一位
1 1	0	部分积右移一位

特别提醒的是，按照 Booth 算法进行补码乘法时，需要添加附加位 y_{n+1}，且符号位直接参与运算。由 Booth 算法的运算规则不受乘数的符号位约束，控制线路相对简单，所以其在计算机中普遍采用。

例 5.13 已知$[x]_{补}=0.1101$，$[y]_{补}=1.0101$，请采用 Booth 算法求$[x \cdot y]_{补}$。

解：

由$[x]_{补}=0.1101$，可得$[-x]_{补}=1.0011$。例 5.13 的 Booth 算法求解过程见表 5.10。

表 5.10 例 5.13 的 Booth 算法求解过程

部分积	乘数 y_n	附加位 y_{n+1}	说明
0 0 . 0 0 0 0 + 1 1 . 0 0 1 1	1 . 0 1 0 <u>1</u>	<u>0</u>	运算开始时，部分积为 0 $y_n y_{n+1}=10$，部分积加$[-x]_{补}$
1 1 . 0 0 1 1 1 1 . 1 0 0 1 + 0 0 . 1 1 0 1	<u>1</u> 1 . 0 1 <u>0</u>	1	部分积和乘数同时→1 位 $y_n y_{n+1}=01$，部分积加$[x]_{补}$
0 0 . 0 1 1 0 0 0 . 0 0 1 1 + 1 1 . 0 0 1 1	1 <u>0</u> <u>1</u> 1 . 0 <u>1</u>	<u>0</u>	部分积和乘数同时→1 位 $y_n y_{n+1}=10$，部分积加$[-x]_{补}$
1 1 . 0 1 1 0 1 1 . 1 0 1 1 0 0 . 1 1 0 1	0 1 <u>0</u> <u>0</u> 1 1 . <u>0</u>	<u>1</u>	部分积和乘数同时→1 位 $y_n y_{n+1}=01$，部分积加$[x]_{补}$
0 0 . 1 0 0 0 0 0 . 0 1 0 0 + 1 1 . 0 0 1 1	0 0 1 <u>0</u> <u>0</u> <u>0</u> 1 <u>1</u>	<u>0</u>	部分积和乘数同时→1 位 $y_n y_{n+1}=10$，部分积加$[-x]_{补}$
1 1 . 0 1 1 1	0 0 0 1		得出结果

最终结果为$[x \cdot y]_{补}=1.01110001$。

（3）Booth 算法的硬件实现。根据 Booth 算法的原理，可设计出如图 5.9 的 Booth 算法硬件框图。其中存放被乘数补码的 X 寄存器、存放乘数补码的 Q 寄存器和进行累加运算的 A 寄存器均为 $n+2$ 位，其中 X 中含有两位符号位，Q 中含有最高 1 位符号位和最低 1 位附加位。Q 的低 2 位直接影响着移位和控制逻辑。

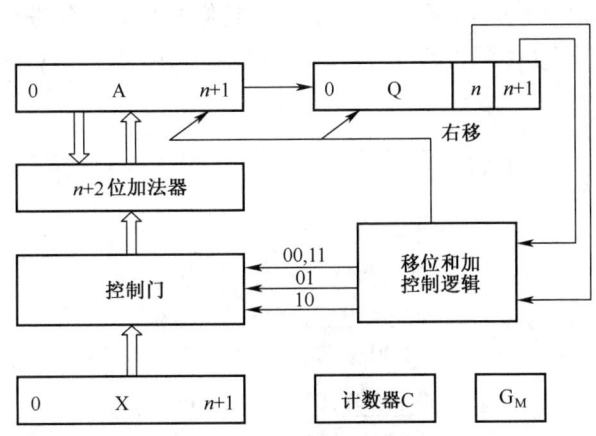

图 5.9 Booth 算法硬件框图

（4）补码两位乘。与原码乘法相类似，补码乘法也可以通过两位乘实现效率的提升。根据补码一位乘的规则，将 $y_i y_{i+1}$ 和 $y_{i-1} y_i$ 两种状态要执行的操作进行合并，即直接考虑 $y_{i-1} y_i y_{i+1}$ 可能产生的操作来得到补码两位乘。补码两位乘运算步骤是先由 $y_i y_{i+1}$ 得出第一次右移规则，

再由 $y_{i-1}y_i$ 得出第二次右移规则，最后将两次右移合并为右移两位规则。由此可得出补码两位乘的运算规则见表 5.11，具体步骤可自行推导。

表 5.11 补码两位乘的运算规则

判断位 $y_{i-1}y_iy_{i+1}$	操作
0 0 0	$[z_{i+1}]_{补} = 2^{-2}[z_i]_{补}$
0 0 1	$[z_{i+1}]_{补} = 2^{-2}\{[z_i]_{补} + [x]_{补}\}$
0 1 0	$[z_{i+1}]_{补} = 2^{-2}\{[z_i]_{补} + [x]_{补}\}$
0 1 1	$[z_{i+1}]_{补} = 2^{-2}\{[z_i]_{补} + 2[x]_{补}\}$
1 0 0	$[z_{i+1}]_{补} = 2^{-2}\{[z_i]_{补} + 2[-x]_{补}\}$
1 0 1	$[z_{i+1}]_{补} = 2^{-2}\{[z_i]_{补} + [-x]_{补}\}$
1 1 0	$[z_{i+1}]_{补} = 2^{-2}\{[z_i]_{补} + [-x]_{补}\}$
1 1 1	$[z_{i+1}]_{补} = 2^{-2}[z_i]_{补}$

以上对乘法运算的规则的分析是以小数为例，但整数乘法的规则完全相同，只需将上述运算过程中的"."改为","即可。

乘法运算在实现上通过移位和累加操作共同完成，与加减运算不同的是符号部分进行逻辑运算，数值部分进行移位累加运算。

5.3.4 除法运算

1. 二进制真值笔算除法分析

当两个二进制数进行除法运算时，实际上是将它们的数值部分进行除法，得到商值和余数，然后根据两个数的符号计算商的符号位。下面以 $x=0.1011$，$y=-0.1101$ 为例，笔算 x/y 的运算过程如下

$$
\begin{array}{r}
0.1101 \\
0.1101\overline{)0.10110} \\
\end{array}
$$

$\underline{0.01101}$	$2^{-1} \cdot y$
0.010010	
$\underline{0.001101}$	$2^{-2} \cdot y$
0.00010100	
$\underline{0.00001101}$	$2^{-4} \cdot y$
0.00000111	

所以，商：$x/y = -0.1101$；余数：$x\%y = 0.00000111$。其运算的过程可以归纳如下：

（1）每次上商为"1"还是"0"，是通过比较运算时被除数（即余数）和除数（是初始除数右移相应位数）的大小得出。若被除数大于或等于除数，商上"1"；否则，商上"0"。

（2）每做一次减法，总保持余数不动，低位补"0"，再减去右移后的除数。

（3）上商的位置不固定。

（4）商的符号位需要单独处理，当 x、y 的符号相同时，商为正，否则为负。

通过对上述规则的分析发现，计算机在处理这些规则时有一定的困难，主要有：

①被除数和除数的大小判断。

②余数不动，除数移位，会导致加法器的位数必须为除数的两倍。

③商的结果从高位到低位，不利于存储。

对于上述的第①个问题，可以采用绝对值比较的方法予以解决；第②个和第③个问题可以类比乘法运算的解决思路，采用移位操作予以解决，从而得出除法运算对应的规则。

2. 原码除法

下面以小数为例来说明原码除法的基本规则。

设 $[x]_原 = x_f . x_1 x_2 \cdots x_n$，$[y]_原 = y_f . y_1 y_2 \cdots y_n$，则有

$$\left[\frac{x}{y}\right]_原 = (x_f \oplus y_f) . \frac{0.x_1 x_2 \cdots x_n}{0.y_1 y_2 \cdots y_n}$$

其中，$0.x_1 x_2 \cdots x_n$ 为 x 的绝对值，记为 x^*；$0.y_1 y_2 \cdots y_n$ 为 y 的绝对值，记为 y^*。商符由两数的符号位进行异或运算得到，商值由两数绝对值除法得到。值得注意的是，在进行定点数除法运算时一般有以下约定：

1）当进行整数定点除法运算时，因为商值和余数都应该是定点整数，故被除数应该大于等于除数，即

$$0 < |除数| \leqslant |被除数|$$

2）当进行小数定点除法运算时，因为商值和余数都应该是定点小数，故被除数应该小于等于除数，即

$$0 < |被除数| \leqslant |除数|$$

3）应该尽量避免被除数和除数为"0"。当被除数为"0"时，商值和余数均为"0"，没有任何意义，只会浪费机器时间；当除数为"0"时，结果为无穷大，机器无法表示。

4）参与运算的数及结果值的位数都相同，即被除数、除数、商值、余数的位数都相同。

（1）原码恢复余数法。根据上面的描述，商值是由两数的绝对值运算得出，上商为"0"还是"1"取决于被除数和除数的绝对值大小，因此在实际运算过程中常利用 $x^* - y^*$ 来实现，考虑到计算机中只有加法器，人们常将该运算转换为 $[x^*]_补 + [-y^*]_补$ 进行运算。以小数除法运算为例，当运算后的余数为负时，说明原来的余数小于除数，需要重新恢复到原来的余数，采用的方法是加上除数进行恢复，这种处理余数的方法称为恢复余数法。下面以举例的方式对原码恢复余数法的运算过程进行说明。

例 5.14 已知 $x=+0.1011$，$y=-0.1101$，求 $\left[\dfrac{x}{y}\right]_原$。

解：

由 $x = +0.1011, y = -0.1101$，可得 $[x]_原 = 0.1011$，$x^* = 0.1011$；$[y]_原 = 1.1101$，$y^* = 0.1101$，$[-y^*]_补 = 1.0011$。表 5.12 列出了原码恢复余数法的运算步骤。

表 5.12　恢复余数法的运算步骤

被除数（余数）	商	说明
0 . 1 0 1 1 +　1 . 0 0 1 1	0 . 0 0 0 0	$+[-y^*]_{补}$（减去除数）
1 . 1 1 1 0 +　0 . 1 1 0 1	0	余数为负，上商为"0" 恢复余数 $+y^*$
0 . 1 0 1 1 　　1 . 0 1 1 0 +　1 . 0 0 1 1	0	被恢复的被除数 余数和商左移一位 $+[-y^*]_{补}$（减去除数）
0 . 1 0 0 1 　　1 . 0 0 1 0 +　1 . 0 0 1 1	0 1 0 1	余数为正，上商为"1" 余数和商左移一位 $+[-y^*]_{补}$（减去除数）
0 . 0 1 0 1 　　0 . 1 0 1 0 +　1 . 0 0 1 1	0 1 1 0 1 1	余数为正，上商为"1" 余数和商左移一位 $+[-y^*]_{补}$（减去除数）
1 . 1 1 0 1 +　0 . 1 1 0 1	0 1 1 0	余数为负，上商为"0" 恢复余数 $+y^*$
0 . 1 0 1 0 　　1 . 0 1 0 0 +　1 . 0 0 1 1	0 1 1 0	被恢复的余数 余数和商左移一位 $+[-y^*]_{补}$（减去除数）
0 . 0 1 1 1	0 1 1 0 1	余数为正，上商为"1"

由表 5.12 可知，商值为 0.1101，商的符号位为 $x_f \oplus y_f = 0 \oplus 1 = 1$，所以商值 $[Q]_原 = 1.1101$，余数 $[R]_原 = 0.00000111$。

通过例 5.14 可以看出，上述运算过程中，共有 4 次左移运算，上商 5 次。

在原码恢复余数法中每当余数为负时，都需要恢复余数，这样增加了机器的运算时间，运算过程也不规范，对硬件的实现造成了不利因素，故需要进行改进。

（2）原码加减交替法（不恢复余数法）。加减交替法又称为不恢复余数法，它是对恢复余数法的一种改进。如果将本次的部分余数记为 R_i，下一次的部分余数记为 R_{i+1}，从恢复余数法的运算过程可知：

当 $R_i \geqslant 0$ 时，可上商为"1"，然后 R_i 左移一位，再减去除数的绝对值 y^*，即 $R_{i+1} = 2R_i - y^*$；
当 $R_i < 0$，可上商为"0"，然后恢复余数 $R_i + y^*$，再将恢复的余数左移一位，最后减去除数的绝对值，即 $R_{i+1} = 2(R_i + y^*) - y^* = 2R_i + y^*$。

这表明当部分余数小于"0"即不够减时，上商为"0"后可以不恢复余数，而是直接将部分余数左移一位后，加上除数的绝对值即可。因为这种方法只做加 y^* 或减 y^*，所以通常将它称为加减交替法。

例 5.15　已知 $x = +0.1011$，$y = -0.1101$，求 $\left[\dfrac{x}{y}\right]_原$。

解：

由 $x = +0.1011, y = -0.1101$，可得 $[x]_原 = 0.1011$，$x^* = 0.1011$；$[y]_原 = 1.1101$，$y^* = 0.1101$，$[-y^*]_补 = 1.0011$。表 5.13 列出了原码加减交替法的运算步骤。

表 5.13 原码加减交替法的运算步骤

被除数（余数）	商	说明
0 . 1 0 1 1 + 1 . 0 0 1 1	0 . 0 0 0 0	$+[-y^*]_补$（减去除数）
1 . 1 1 1 0 1 . 1 1 0 0 + 0 . 1 1 0 1	0 0	余数为负，上商为"0" 余数和商左移一位 $+y^*$（加上除数）
0 . 1 0 0 1 1 . 0 0 1 0 + 1 . 0 0 1 1	0 1 0 1	余数为正，上商为"1" 余数和商左移 1 位 $+[-y^*]_补$（减去除数）
0 . 0 1 0 1 0 . 1 0 1 0 + 1 . 0 0 1 1	0 1 1 0 1 1	余数为正，上商为"1" 余数和商左移 1 位 $+[-y^*]_补$（减去除数）
1 . 1 1 0 1 1 . 1 0 1 0 + 0 . 1 1 0 1	0 1 1 0 0 1 1 0	余数为负，上商为"0" 余数和商左移 1 位 $+y^*$（加上除数）
0 . 0 1 1 1	0 1 1 0 1	余数为正，上商为"1"

由表 5.13 商值为 0.1101，商的符号位为 $x_f \oplus y_f = 0 \oplus 1 = 1$，所以商值 $[Q]_原 = 1.1101$，余数 $[R]_原 = 0.00000111$。

从例子中可以看出，使用原码加减交替法时，n 位小数的除法共上商 $n+1$ 次（第一次商用来判断是否溢出），左移（逻辑左移）n 次，可用移位次数判断除法是否结束。如果被除数和除数选取（比例因子）得当，除法运算不会发生溢出，则第一次上商一定为"0"，如果省去这位商，上商次数为 n 即可，此时运算一开始，就将被除数左移一位减去除数，然后再根据余数上商。

值得注意的是，表 5.13 中操作数也可采用双符号位，此时移位操作可按照算术左移处理，最高符号位是真正的符号，次高位符号在移位时可被第一数值位占用。

1) 原码加减交替法的硬件结构。根据加减交替法的运算原理，可设计出如图 5.10 所示的硬件结构。

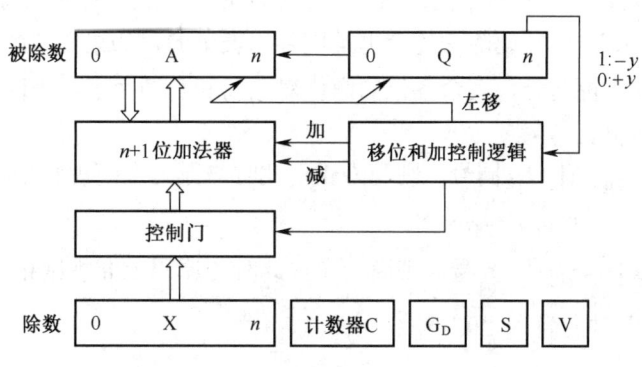

图 5.10 加减交替法的硬件结构

其中，A、X、Q 均为 $n+1$ 值位寄存器，A 用于存放被除数，X 用于存放除数。移位和加控制逻辑由 Q_n 位进行控制：当其值为 1 时，作减法；当其值为 0 时，作加法。计数器 C 用于控制逐位相除的次数 n，G_D 为除法标记，V 为溢出标记，S 为商符。

2）原码加减交替法控制流程。在运算开始前，所有寄存器清零，然后将被除数的原码存放在 A 中，除数的原码存放在 X 中，计数器 C 设为 n（除数的位数）。首先通过异或运算计算出商符，并存于 S 中。接着将 A、X 中数值的最高位变为 0，即将被除数和除数转换为绝对值。接着进行第一次运算，并判断上商是否溢出，如果溢出，则置溢出标准 V 为 1，停止运算，中断程序；如果无溢出，则先上商，接着 A、Q 中的数值同时左移一位，然后根据上一层商值的状态，决定进行加还是减运算，这样重复 n 次，再上最后一次$(n+1)$商，得到最终结果。其流程图如图 5.11 所示。

3. 补码除法

除法运算也可以采用补码进行运算，与原码除法类似，补码除法也有恢复余数法和加减交替法，恢复余数法由于使用得不多，这里不再赘述，可结合原码除法恢复余数法的原理进行推导分析，在此重点讨论加减交替法。

（1）补码加减交替法运算规则。使用补码加减交替法进行除法运算时，参与运算的数都是以补码形式存在，运算的结果也为补码形式。为了达到这样的效果，需要考虑以下三个问题。

1）商值的获得。想要得到除法运算的商值，首先应当比较被除数和除数的大小。其次才能得到商值。

（a）被除数和除数的大小判断。考虑到补码形式下，两数的大小不能简单地通过两者的减法来进行判断，所以被除数$[x]_{补}$和除数$[y]_{补}$的大小需要使用其他的方法。实质上，在求除运算过程中，比较两数的大小可以等价为比较两数绝对值的大小，在求商过程中，余数$[R]_{补}$和除数$[y]_{补}$的大小，也是等价于它们绝对值的大小。故可以将其归纳为以下两种情况。

情况一：当被除数与除数同号时，做$[x]_{补}-[y]_{补}$运算，如果$[R]_{补}$与$[y]_{补}$同号，表示够减，否则表示不够减。

情况二：当被除数与除数异号时，做$[x]_{补}+[y]_{补}$运算，如果$[R]_{补}$与$[y]_{补}$异号，表示够减，否则表示不够减。比较算法表见表 5.14。

（b）商值的确定。按照除法上商的规则，当够减时，商的绝对值上商为"1"，不够减时，商的绝对值上商为"0"，但补码除法的商也是用补码表示的，如果约定商的末位用"恒置 1"的舍入规则，那么除末位商外，其余各位的商值对正商和负商而言，上商的规则是不相同的，可归纳为以下两种情况。

情况一：如果$[x]_{补}$与$[y]_{补}$同号，则商为正，此时与原码上商规则相同，即"够减"时上商为"1"，"不够减"时上商为"0"。

情况二：如果$[x]_{补}$与$[y]_{补}$异号，则商为负，此时与原码上商规则相反，即"不够减"时上商为"1"，"够减"时上商为"0"。

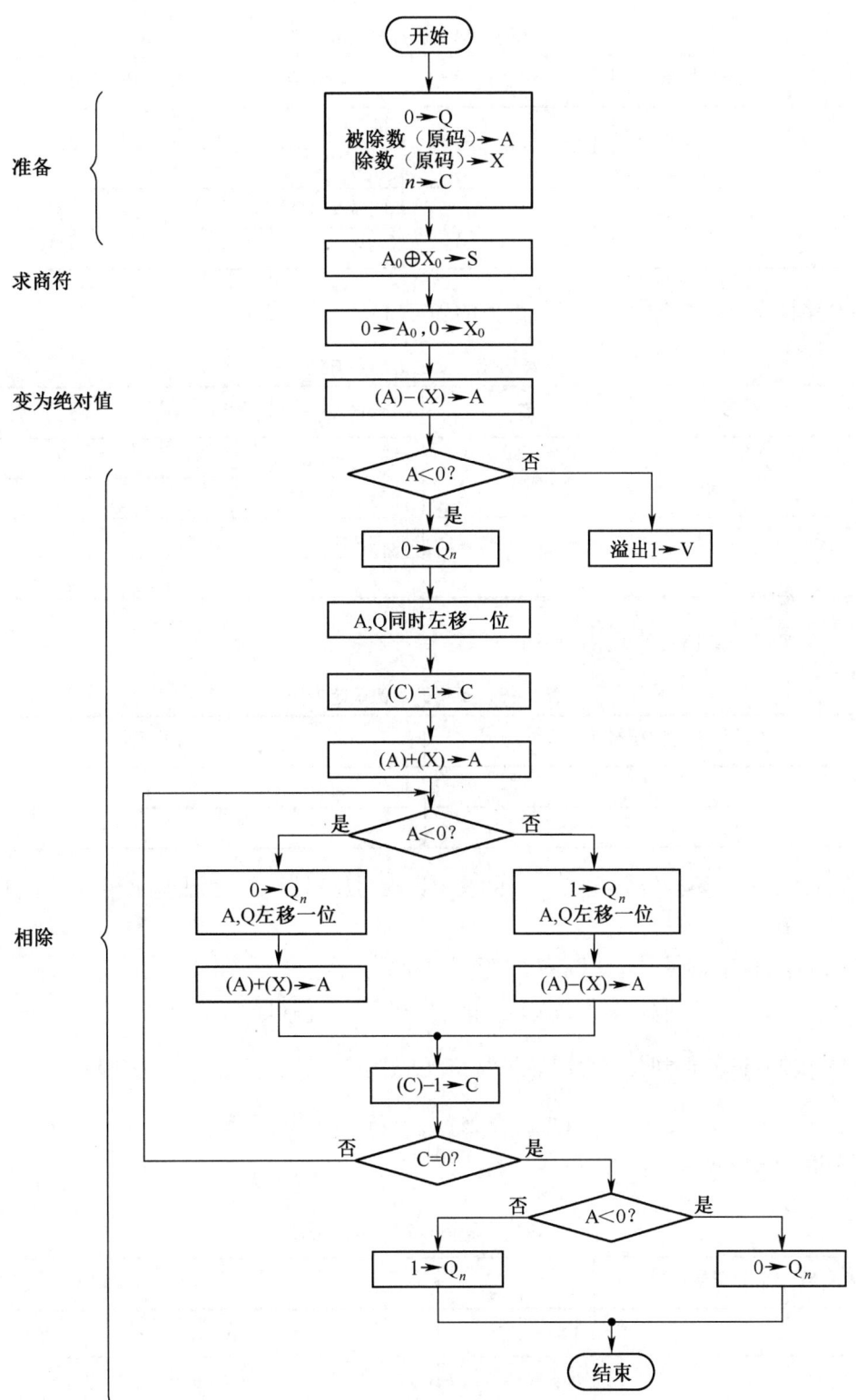

图 5.10 原码加减交替法流程图

表 5.14 比较算法表

$[x]_补$ 与 $[y]_补$ 的符号情况	求余数	$[R]_补$ 与 $[y]_补$ 的符号情况	是否够减
同号	$[x]_补 - [y]_补$	同号	是
		异号	否
异号	$[x]_补 + [y]_补$	同号	否
		异号	是

结合比较规则和上商规则，可得商值的确定方法，见表 5.15。

表 5.15 商值的确定方法

$[x]_补$ 与 $[y]_补$ 符号情况	商	$[R]_补$ 与 $[y]_补$ 的符号情况	商值
同号	正	同号（够减）	1
		异号（不够减）	0
异号	负	同号（不够减）	1
		异号（够减）	0

进一步简化，商值可直接由表 5.16 确定。

表 5.16 简化的商值确定方法

$[R]_补$ 与 $[y]_补$ 的符号情况	商值
同号	1
异号	0

2）新余数的获得。新余数 $[R_{i+1}]_补$ 的获得方法与原码加减交替法基本相似，运算的规则如下：

当 $[R_i]_补$ 与 $[y]_补$ 同号时，上商为"1"，新余数为

$$[R_{i+1}]_补 = 2[R_i]_补 - [y]_补 = 2[R_i]_补 + [-y]_补$$

当 $[R_i]_补$ 与 $[y]_补$ 异号时，上商为"0"，新余数为

$$[R_{i+1}]_补 = 2[R_i]_补 + [y]_补$$

新余数 $[R_{i+1}]_补$ 算法见表 5.17。

表 5.17 新余数 $[R_{i+1}]_补$ 的算法

$[R]_补$ 与 $[y]_补$ 的符号情况	上商	新余数 $[R_{i+1}]_补$
同号	1	$[R_{i+1}]_补 = 2[R_i]_补 + [-y]_补$
异号	0	$[R_{i+1}]_补 = 2[R_i]_补 + [y]_补$

3）商符的确定。在补码除法中，商符是在运算的过程中自动产生的。

在小数定点除法运算中，被除数的绝对值必须小于除数的绝对值，否则商大于1而溢出。因此，当$[x]_{补}$与$[y]_{补}$同号时，$[x]_{补}-[y]_{补}$所得的余数$[R_0]_{补}$必与$[y]_{补}$异号，上商为"0"，恰好与商符（正）一致；当$[x]_{补}$与$[y]_{补}$异号时，$[x]_{补}+[y]_{补}$所得的余数$[R_0]_{补}$必与$[y]_{补}$同号，上商为"1"，也恰好与商符（正）一致。所以，可视为在求商过程中商符自动获得了。

另外，商符还可以用于判断商是否溢出。例如，如果当$[x]_{补}$与$[y]_{补}$同号时，如果$[x]_{补}-[y]_{补}$所得的余数$[R_0]_{补}$与$[y]_{补}$同号，则表示上商为"1"，即发生了溢出，反之亦然。

以上3点是采用补码进行除法运算需要考虑的3个重要问题，接下来以两个实例对补码除法运算进行说明，以加深理解。

在实际运算时，考虑到操作的简单性和易于实现性，对商一般采用末位恒置1法，这种方法最多误差仅仅为2^{-n}。

例 5.16 已知 x=+0.1001，y=+0.1101，求 $\left[\dfrac{x}{y}\right]_{补}$。

解：

由 $x=+0.1001, y=+0.1101$，可得 $[x]_{补}=0.1001$，$[y]_{补}=0.1101$，$[-y]_{补}=1.0011$。表 5.18 列出了例 5.16 补码除法加减交替法的运算步骤。

表 5.18 例 5.16 补码除法加减交替法的运算步骤

被除数（余数）	商	说明
0.1001 + 1.0011	0.0000	$[x]_{补}$与$[y]_{补}$同号，$+[-y]_{补}$
1.1100 1.1000 + 0.1101	0 0	$[R]_{补}$与$[y]_{补}$异号，上商为"0" 余数和商左移一位 $+[y]_{补}$
0.0101 0.1010 + 1.0011	01 01	$[R]_{补}$与$[y]_{补}$同号，上商为"1" 余数和商左移1位 $+[-y]_{补}$
1.1101 1.1010 + 0.1101	010 010	$[R]_{补}$与$[y]_{补}$异号，上商为"0" 余数和商左移1位 $+[y]_{补}$
0.0111 0.1110	0101 0101<u>1</u>	$[R]_{补}$与$[y]_{补}$同号，上商为"1" 余数和商左移1位，末位商恒置1

最终求得的商值为 0.1011，即

$$\left[\dfrac{x}{y}\right]_{补}=0.1011$$

例 5.17 已知 x=-0.1001，y=+0.1101，求 $\left[\dfrac{x}{y}\right]_{补}$。

解：

由 $x = -0.1001, y = +0.1101$，可得 $[x]_{补} = 1.0111$，$[y]_{补} = 0.1101$，$[-y]_{补} = 1.0011$。表 5.19 列出了例 5.17 补码除法加减交替法的运算步骤。

表 5.19 例 5.17 补码除法加减交替法的运算步骤

被除数（余数）	商	说明
1.0111 +　0.1101	0.0000	$[x]_{补}$ 与 $[y]_{补}$ 异号，$+[y]_{补}$
0.0100 　　0.1000 +　1.0011	1 1	$[R]_{补}$ 与 $[y]_{补}$ 同号，上商为"1" 余数和商左移一位 $+[-y]_{补}$
1.1011 　　1.0110 +　0.1101	1　0 1　0	$[R]_{补}$ 与 $[y]_{补}$ 异号，上商为"0" 余数和商左移 1 位 $+[y]_{补}$
0.0011 　　0.0110 +　1.0011	1　0　1 1　0　1	$[R]_{补}$ 与 $[y]_{补}$ 同号，上商为"1" 余数和商左移 1 位 $+[-y]_{补}$
1.1001 　　1.0010	1　0　1　0 1　0　1　0　1	$[R]_{补}$ 与 $[y]_{补}$ 异号，上商为"0" 余数和商左移 1 位，末位商恒置 1

最终求得的商值为 1.0101，即

$$\left[\frac{x}{y}\right]_{补} = 1.0101$$

通过以上两个例子可以发现，n 位小数补码除法共上商 $n+1$ 次（含末位恒置 1），第一次商可用来判断是否溢出；其中，共移位 n 次，并用移位的次数判断除法是否结束。

（2）补码加减交替法的硬件结构。补码加减交替法的硬件结构和原码加减交替法的硬件结构基本相同。但补码加减交替运算过程中能自动形成商符，具体可以参考上一小节中关于商符的获得，所以图 5.10 中的 S 触发器省略即为补码加减交替法的硬件结构。值得注意的是，所有参与运算过程的寄存器中均存放补码。

（3）补码加减交替法的控制流程。在除法运算开始时，Q 寄存器清零，A、X 寄存器分别接受被除数和除数的补码，C 中存放除数的位数 n。接下来，判断两个操作数的符合情况，如果是同号则执行减法操作，否则执行加法操作，即上第一次商（商符），然后 A 和 Q 中的数值同时左移一位；再根据商值的情况来决定是进行减法操作或加法操作，重复执行 n 次后，再上一次末位商"1"（末位恒置 1 法），得到最终的结果。补码加减交替法流程图如图 5.12 所示。

以上主要对计算机定点四则运算方法进行详细的解释，可以根据这些原理，从硬件的角度来设计相应的乘法器和除法器，同时也可以根据算法的流程设计相应的算法来实现这些运算。这些内容的理解有助于对计算机内容的操作过程加深理解，对编写相关的程序也很有帮助。

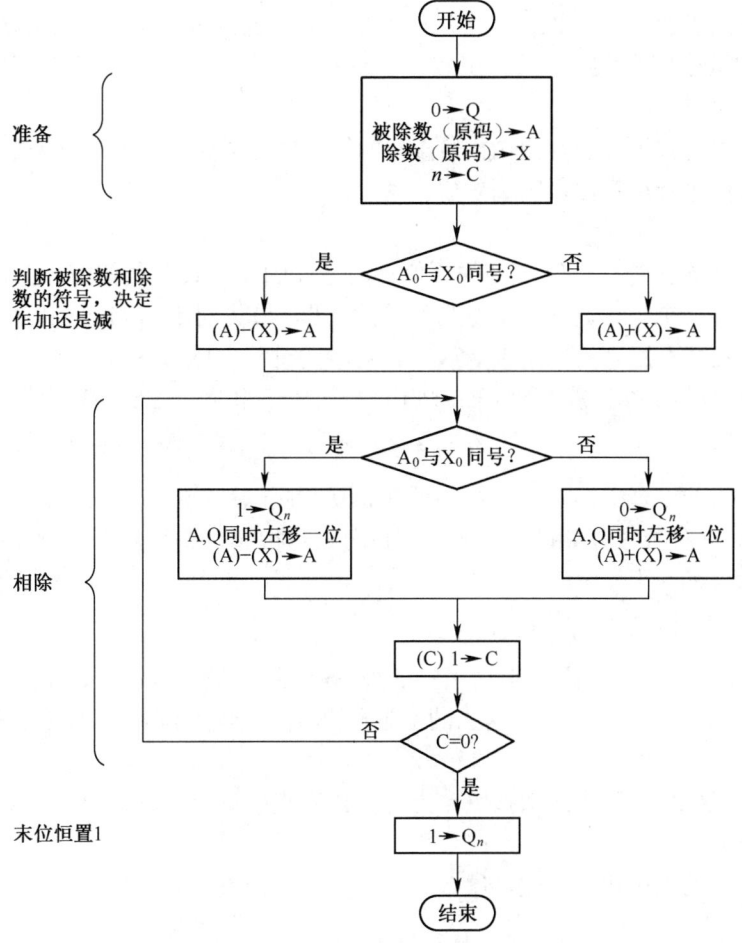

图 5.12　补码加减交替法流程图

5.4　浮点四则运算

根据前面的 5.2 节关于浮点数的讨论，浮点数的一般表现形式为

$$N = S \times r^j$$

其中，S 称为尾数或有效值，用定点小数表示。j 称为阶码，用定点整数表示，阶码的值决定了数中小数点的实际位置。r 称为基数或基值，在计算机中，基数可取 2、4、8 或 16。接下来关于浮点运算的讨论均以基为 2 进行讨论。

5.4.1　浮点加减运算

设有两个浮点数 x 和 y，则根据浮点数的一般表现形式有

$$x = S_x \cdot r^{j_x}$$
$$y = S_y \cdot r^{j_y}$$

经过规格化的浮点数表示中，尾数的小数点都位于第 1 位数值之前，但浮点数的大小受

到阶码的影响，所以实际的小数点位置并不相同，为此进行运算时，尾数不能直接进行运算。在进行浮点加减运算时需要经过以下 6 个步骤。

1. 0 操作数检查

在开始运算时，首先进行 0 操作数检查，如果发现两个操作数中有一个是 0，则可以直接得出结果，不需要进行运算，以提高效率。

2. 对阶

为了能让尾数直接进行运算，必须要使参与运算的浮点数阶数相同，在计算机中，将参与浮点加减运算的两个操作数的阶码变为相等的过程，称为对阶。对阶的目的是将尾数（此处与浮点数表示的尾数有区别）的小数点对齐。对阶的过程大体如下。

（1）首先判断两个操作数 x 和 y 的阶码 j_x 和 j_y 是否相等。这里判断相等的方式是将两个阶码作减法得到阶差：$\Delta j = j_x - j_y$。若 $\Delta j = 0$，则 $j_x = j_y$，不需要进行处理；若 $\Delta j \neq 0$，则需要进行对阶，对阶的过程根据下面（2）所述的步骤进行。

（2）对小阶（阶数较小）操作数的尾数进行右移操作，使得的小阶的阶码增大，直至与大阶相等。若 $\Delta j > 0$，则 $j_x > j_y$，S_y 每右移一位，j_y +1，直至 $j_x = j_y$。若 $\Delta j < 0$，则 $j_x < j_y$，S_x 每右移一位，j_x +1，直至 $j_x = j_y$。

在对阶的过程中，原则上要求是小阶向大阶对齐。采用这种方法的原因是：右移小阶时，舍去的是尾数的低位，而左移大阶时，舍去的是尾数的高位，显然小阶向大阶对齐更能保证精度。

3. 尾数求和

当完成对阶工作后，两个尾数按照定点运算规则直接进行加减运算。

4. 结果规格化

对于基数为 2 的规格化浮点数，尾数 S 的最高位必须是 1，所以

$$\frac{1}{2} \leqslant |S| < 1$$

首先分析一下补码规格化的特点，然后考虑规格化方法。现采用补码的双符号位表示法，则尾数 S 的补码规格化形式如下：

当 $S > 0$ 时，则有

$$[S]_\text{补} = 00.1\, x\, x\, \cdots\, x$$

当 $S < 0$ 时，则有

$$[S]_\text{补} = 11.0\, x\, x\, \cdots\, x$$

显然，当尾数的最高数值位与符号位不同时，即为规格化形式，但在 $S<0$ 时，有两种特殊情况需要进行处理。

（1）$S = -\dfrac{1}{2}$，则 $[S]_\text{补} = 11.100\cdots 0$。它在 $\left[\dfrac{1}{2}, 1\right)$ 之间，但不满足最高数值位于符号位不同的要求。为了便于硬件判断，特规定 $-\dfrac{1}{2}$ 不是规格化的数。

（2）$S = -1$，则 $[S]_\text{补} = 11.00\cdots 0$，因小数补码允许表示-1，故-1 可看成规格化的数。

当尾数加减运算后不符合上述要求时，则需要进行规格化。在进行规格化时，需要针对尾数的情况具体分析，一般情况下，规格化可分为左规和右规。

（1）左规。当尾数出现 $00.0\,x\,x\,\cdots\,x$ 或 $11.1\,x\,x\,\cdots\,x$ 时，尾数左移一位，阶码减 1，直至符合规格化的要求。这种处理方法称为左规。

（2）右规。当尾数出现 $01.x\,x\,\cdots\,x$ 或 $10.x\,x\,\cdots\,x$ 时，是发生了尾数溢出，此时需要将尾数右移一位，阶码加 1。这种处理方法称为右规。

5. 舍入处理

在对阶或者右规过程中，尾数要向右移动，可能会导致尾数的低位部分丢失，从而造成一定的误差，为了尽可能保持精度，需要采用某种方法进行舍入处理。现实世界中，两个实数之间有无穷多个实数，而计算机因为字长的限制，必须采用一个最接近的数表示实际的数。在浮点数运算器中，中间的运算结果一般放在一个更长的寄存器中，当运算结束时，将多余的位数舍去，恢复原来的浮点数个数，存入结果寄存器。这个过程中，将多余的位数舍去的策略称为舍入策略，它直接影响到浮点运算的精度。

常用的舍入策略有 3 种，分别是：截断法、末位恒置 1 法、0 舍 1 入法。截断法是将中间结果寄存器中的多余位数全部舍去；末位恒置 1 法不关心多余位的值是多少，在舍入时结果的最低位始终置 1；0 舍 1 入法类似于十进制运算中的"四舍五入"法，当多余位数的最高位为 1 时，在尾数最低位上加 1，当多余位数的最高位为 0 时，直接舍去。

IEEE 754 标准给出了 4 种舍入模式的建议。

（1）朝 $+\infty$ 舍入法：若为正数时，只要移出的位不全为 0，就向最低有效位进 1；若为负数时，则采用简单的截断法。

（2）朝 $-\infty$ 舍入法：若为正数时，只要移出的位不全为 0，就采用简单的截断法；若为负数时，则向最低有效位进 1。

（3）向 0 舍入：朝数轴的原点方向舍入，无论正数还是负数，都采用简单的截断法。

（4）就近舍入：舍入到最接近的数。

6. 溢出判断

在完成以上计算步骤后，浮点加减运算需要对结果进行溢出判断。根据浮点规格化中的知识可知，当尾数运算结果出现 $01.x\,x\,\cdots\,x$ 或 $10.x\,x\,\cdots\,x$ 时，并没有发生溢出，只有当将值进行右规后，再根据阶码才能判断浮点运算结果是否发生溢出。

如果机器数采用补码表示，尾数采用规格化形式，假设阶符取 2 位，阶码的数值部分取 7 位，数符取 2 位，尾数的数值部分取 n 位，则该浮点数能表示的范围如下：

最小负数 N_min：00,1111111；11.00$\cdots$0 = $2^{+127} \times (-1)$。

最大正数 P_max：00,1111111；00.11$\cdots$1 = $2^{+127} \times (1-2^{-n})$。

最大负数 N_max：11,0000000；11.01$\cdots$1 = $2^{-128} \times (-2^{-1} - 2^{-n})$。

最小正数 P_min：11,0000000；00.10$\cdots$0 = $2^{-128} \times (2^{-1})$。

当一个浮点数大于最大正数或小于最小负数时，称为浮点数的上溢；当它大于最大负数且小于最小正数时，称为浮点数的下溢。当浮点数发生下溢时，浮点数的值趋近于零，通常把它当成零来处理，称为机器零，不做溢出中断处理；故浮点数溢出中断处理是针对于浮点数发生上溢时的处理。分析上溢时的情况，显然，浮点机的溢出取决于阶码的符号。当阶码出现 01 时，发生上溢。当阶码出现 10 时，发生下溢，只需按照机器零来处理。

综上所述，浮点加减运算经过了 0 操作数检查、对阶、尾数求和、规格化和舍入处理等步骤，运算的过程相对于定点加减运算要复杂一些。

例 5.18 设 $x=2^{001}\times(-0.1001011)$，$y=2^{-010}\times(0.1100101)$，并假设阶符取 2 位，阶码的数值部分取 3 位，数符取 2 位，尾数的数值部分取 7 位，求 $x+y$。

解：

由 $x=2^{001}\times(-0.1001011)$，$y=2^{-010}\times(0.1100101)$，可得 $[x]_{补}=00,001$ 或 11.0110101，$[y]_{补}=11,110$ 或 00.1100101。显然两个操作数均不为 0。

① 对阶。其表达式为

$$[\Delta j]_{补}=[j_x]_{补}+[-j_y]_{补}=00,001+00,010=00,011$$

得 $[\Delta j]=3>0$，则 $j_x>j_y$，则将 y 的尾数向右移 3 位，j_y 加 3，即

$$[x]'_{补}=00,001 \text{ 或 } 00.0001100(101)$$

② 求和。其表达式

$$[S_x]'_{补}+[S_y]'_{补}=11.0110101+00.0001100$$
$$=11.1000001$$

即 $[x+y]_{补}=11.1000001(101)$。

③ 规格化。结果出现 $11.1 x x \cdots x$ 形式，需要进行左规 1 位，阶码减 1，即

$$S_{补}=[x+y]_{补}=11.0000011(01)，\ S_j=00,001+11,111=00,000\ （阶码减1）$$

④ 舍入。这里采用 0 舍 1 入法，舍去多余位，结果为

$$[S]_{补}=[x+y]_{补}=11.0000011$$

⑤ 溢出判断。$[S]_{补}$ 的阶符为 11，未发生溢出，故最终结果为

$$[S]_{补}=[x+y]_{补}=11.0000011$$

例 5.19 IEEE 754 定义的单精度浮点数的 32 位，它满足的基本要求如下。

① 十进制数的范围：正数 $+10^{-38} \sim +10^{38}$；负数：$-10^{38} \sim -10^{-38}$。

② 精度：7 位十进制数据。

请设计它的浮点数表示格式。

解：

① 由 $2^{10}>10^3$，可得 $(2^{10})^{12}>(10^3)^{12}$，即 $2^{120}>10^{36}$；又因为 $2^7>10^2$，所以 $2^7\times2^{120}>10^2\times10^{36}$，即 $2^{127}>10^{38}$，同理可得 $2^{-127}<10^{-38}$，即阶码表示的范围在 $-127\sim+127$，故阶码需要 8 位，其中 1 位阶符，7 位阶码的数值部分。

② 因为 $10^7\approx2^{23}$，故尾数的数值部分可取 23 位，加上 1 位的数符，尾数部分 24 位。

综上所述，32 位单精度浮点数共 32 位，其中阶码 8 位（含 1 位阶符），尾数 24 位（含 1 位数符）。

例 5.20 设机器数字长 16 位，阶码 5 位（含 1 位阶符），基数为 2，尾数 11 位（含 1 位数符）。对于两个阶码相等的数按补码浮点加法完成后，由于规格化操作可能出现的最大误差的绝对值是多少？

解：

两个阶码相等的数按照补码浮点加法完成后，仅当尾数溢出需右规时会引起误差。右规时尾数右移一位，阶码加 1，可能出现的最大误差是末尾丢 1，例如，结果为 00,1110 或

01.xxxxxxxxx1 的数，右规后得 00,1111；00.1xxxxxxxxx1。

考虑到最大阶码是 15，最后得到最大误差（舍去右规后的最低位 1）的绝对值为 $2^{15} \times 2^{-11} = 2^4$。

浮点补码加减运算的流程图如图 5.13 所示。

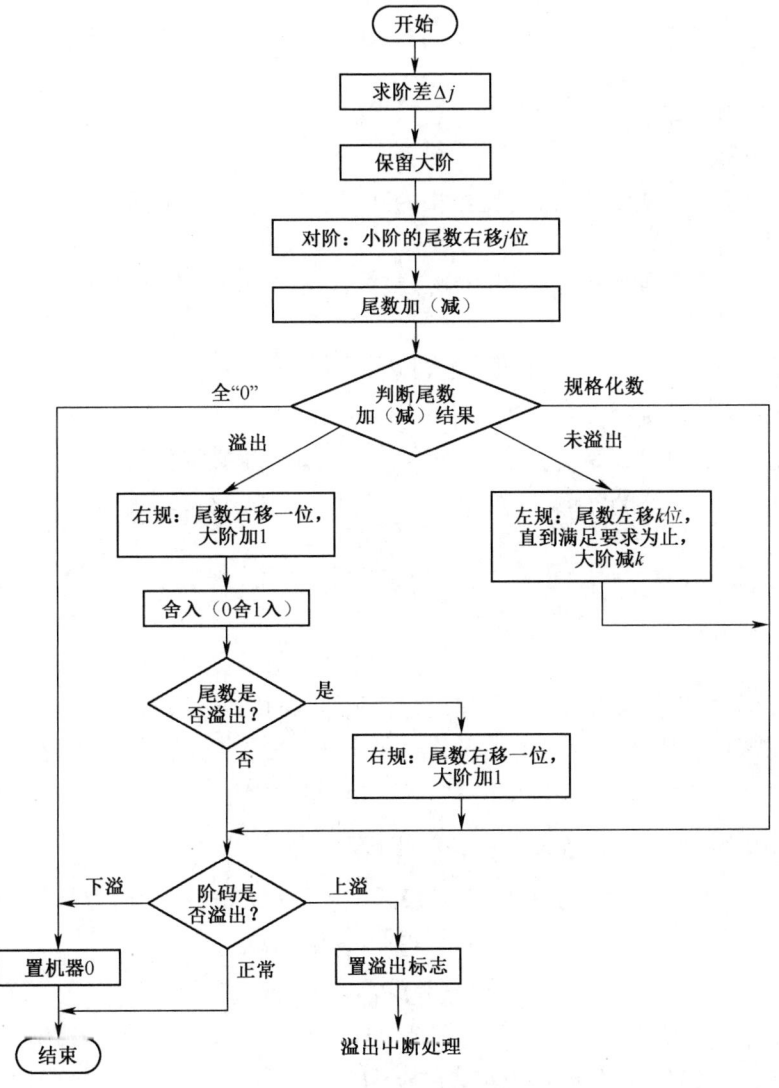

图 5.13 浮点补码加减运算的流程图

5.4.2 浮点乘除法运算

两个浮点数相乘的运算方法与十进制科学计数法的运算过程类似，运算的分为两个部分：一是求相乘两数的阶码之和，二是求相乘两数的尾数之积。

同理两个浮点数相除的运算方法也分两个部分：一是求相乘两数的阶码之差，二是求相乘两数的尾数之商。

设相乘的两个浮点数为 x 和 y，它们的表现显示为

$$x = S_x \cdot r^{j_x}$$
$$y = S_y \cdot r^{j_y}$$

则浮点数乘法的规则为

$$z = x \times y = (S_x \cdot S_y) \cdot r^{(j_x + j_y)}$$
$$z = \frac{x}{y} = \frac{S_x}{S_y} \cdot r^{(j_x - j_y)}$$

在乘法运算中主要考虑的步骤如下。

1. 0 操作数检查

当两个数中有一个数的值为 0，则结果为 0，无须进行下一步操作，直接得出结果。

2. 阶码运算

阶码相加可以采用补码或者移码的定点整数加法，同时对相加结果判溢。假设阶码采用补码运算，则

$$[j_z]_补 = [j_x]_补 + [j_y]_补$$

如果阶码用移码运算，则

$$[j_x]_移 = 2^n + j_x \qquad -2^n \leqslant j_x < 2^n \qquad n \text{ 为整数的位数}$$
$$[j_y]_移 = 2^n + j_y \qquad -2^n \leqslant j_y < 2^n \qquad n \text{ 为整数的位数}$$

所以

$$[j_x]_移 + [j_y]_移 = 2^n + j_x + 2^n + j_y$$
$$= 2^n + [j_x + j_y]_移$$

通过上式可以发现如果直接采用移码运算，则运算的结果多出了一个 2^n，无法得到结果的移码。为了能得到结果的移码形式，通过移码和补码的关系（数值位相同，符号位相反）可知

$$[j_y]_补 = 2^{n+1} + j_y \qquad (\mathrm{mod}\ 2^{n+1})$$

因此，如果采用下面的阶码计算方法，其表达式为

$$[j_x]_移 + [j_y]_补 = 2^n + j_x + 2^{n+1} + j_y$$
$$= 2^{n+1} + [2^n + (j_x + j_y)]$$
$$= [j_x + j_y]_移 \qquad (\mathrm{mod}\ 2^{n+1})$$

则可以直接得出移码的值。

同理，除法运算时，商的阶码也可以转换为

$$[j_x]_移 + [-j_y]_补 = [j_x - j_y]_移$$

由此可见，在进行移码加减运算时，只需要将加数或减数移码的符号位取反得到补码，然后进行运算，即可得到相应的移码。

3. 尾数运算

两个浮点数的尾数运算实质是定点小数的相应运算，在进行尾数相乘或相除时，可以参考定点小数的乘法或除法运算,采用其中的任何一种运算方法均可,具体内容可参考前文所述，这里不再赘述。

4. 规格化

运算的结果必须符合规格化要求，在进行尾数规格化时，通常有左规和右规两种。

5. 舍入处理

浮点数尾数相乘后的字长会扩大一倍，通常情况下，结果的尾数规格化后字长保持不变，所以乘积的若干低位将会截断，截断处理的方法同之前所述的截断处理策略。

除法运算时，为了防止结果溢出，在运算时会先比较被除数和除数的绝对值，对被除数和除数进行处理，保证所得结果必然是规格化定点小数，一般不需要进行截断处理。

例 5.21 设机器数阶取 3 位（不含阶符），尾数取 7 位（不含数符），要求阶码采用移码运算，尾数采用补码运算。若 $x = 2^{-101} \times 0.0110011$，$y = 2^{011} \times (-0.1110010)$，求 $x \cdot y$。

解：

由 $x = 2^{-101} \times 0.0110011$，$y = 2^{011} \times (-0.1110010)$，可得 $[x]_{补} = 11,011$ 或 00.0110011，$[y]_{补} = 00,011$ 或 11.0001110。

① 阶码运算。因为 $[j_x]_{移} + [j_y]_{补} = [j_x + j_y]_{移} (\bmod\ 2^{n+1})$，且 $[j_x]_{移} = 00,011$，$[j_y]_{补} = 00,011$，所以 $[j_x + j_y]_{移} = 00,011 + 00,011 = 00,110$（真值为-2），并可得 $[j_x + j_y]_{补} = 11,110$。

② 尾数运算。尾数运算采用了 Booth 算法，具体的运算过程可以参考 5.3.3 节。

由 Booth 算法可得

$$[S_x]_{补} = 00.0110011;\ [-S_x]_{补} = 11.1001101;\ [S_y]_{补} = 1.0001110$$

注意 S_y 单符号位即可，所以，尾数相乘的结果为

$$[S_x \cdot S_y]_{补} = 11.1010010\ 1001010$$

③ 规格化。由于尾数的结果出现了 $11.1xx\cdots x$ 的格式，所以需要进行左规，即

$$[x \cdot y]_{补} = 11,110; 11.10100101001010$$

左规后的格式为

$$[x \cdot y]_{补} = 11,101; 11.01001010010100$$

④ 舍入处理。因为尾数为负，按照负数补码的舍入规则，取 1 倍字长，丢失的 7 位直接丢弃，舍弃后的结果为

$$[x \cdot y]_{补} = 11,101; 11.0100101$$

$$x \cdot y = 2^{-011} \times (-0.1011011)$$

浮点数除法运算和浮点数乘法运算的主要步骤相类似，这里不再举例说明，值得注意的是，如果对尾数相除有所疑问的话，请参考 5.3.4 节关于定点数除法运算的例子。表 5.20 为浮点数乘法运算中尾数的 Booth 运算过程。

表 5.20 浮点数乘法运算中尾数的 Booth 运算过程

部分积	乘数 S_{y_n}	附加位 $S_{y_{n+1}}$	说明
00.0000000	1.0001110	0	运算开始时，部分积为 0
00.0000000	01.000111	0	$S_{y_n}S_{y_{n+1}} = 00$，→1 位
+ 11.1001101			$S_{y_n}S_{y_{n+1}} = 10$，部分积加 $[-S_x]_{补}$

续表

部分积	乘数 S_{y_n}	附加位 $S_{y_{n+1}}$	说明
11.1001101 11.1100110 11.1110011 11.1111001 + 00.0110011	0 $\underline{1}$01.0001$\underline{1}$ 0$\underline{1}$01.000$\underline{1}$ 1$\underline{0}$101.00$\underline{0}$	1 1 1	部分积和乘数同时→1 位 $S_{y_n}S_{y_{n+1}}$=11，→1 位 $S_{y_n}S_{y_{n+1}}$=11，→1 位 $S_{y_n}S_{y_{n+1}}$=01，部分积加$[x]_补$
00.0101100 00.0010110 00.0001011 00.0000101 + 11.1001101	1010 0$\underline{1}$0101.00 0$\underline{0}$10101.0 1$\underline{0}$010101	0 0 0	部分积和乘数同时→1 位 $S_{y_n}S_{y_{n+1}}$=00，→1 位 $S_{y_n}S_{y_{n+1}}$=00，→1 位 $S_{y_n}S_{y_{n+1}}$=10，部分积加$[-S_x]_补$
11.1010010	1001010		得出结论

5.4.3 浮点运算的硬件结构

从上述浮点运算的分析可以看出，浮点四则运算中，对于阶码而言只有加减运算，对于尾数而言有加减乘除四种运算。所以很容易推断出，浮点运算器主要由两个定点运算部件组成。一个部件用于完成阶码运算，它用来完成阶码加、减，以及控制对阶时小阶的尾数右移次数和规格化时对阶码的调整；另一个部件用于完成尾数运算，它用来完成尾数的四则运算以及判断尾数是否已规格化。当然在实际的电路中，还应当添加针对结果溢出判断的电路。由于浮点运算器相对而言更复杂，现代计算机一般将浮点运算器做成独立的可选部件，称之为浮点运算单元或协处理器，用户在使用时，既可以选择使用它，也可以不使用而采用编程的方法实现，当不选用协处理器时，将极大降低机器的运行速度。

5.5 算术逻辑单元（ALU）

算术逻辑单元（ALU）是针对整数二进制进行算术和位运算的组合逻辑电路，ALU 是很多计算电路的基础组成电路，例如中央处理器（CPU）、浮点运算单元（FPUs）、图像处理单元（GPUs）中都包含大量的 ALU。

5.5.1 ALU 的基本信号

ALU 的输入有两种：一是要操作的数据，称为操作数；二是指示要执行的操作代码，称为操作码。ALU 的输出是执行相应操作的结果。在很多 ALU 设计过程中，还为 ALU 设计了状态输入/输出功能，它们用来在 ALU 和外部寄存器之间传递关于之前操作或当前操作的信息。

图 5.14 是 ALU 框架图，在图中，箭头表示输入/输出信号，每个箭头代表一路或多路信息。控制信号从左边输入，状态输出信息从右边输出，数据流从上至下。ALU 内部拥有各种各样的输入和输出网络，这里网络用于在 ALU 内部与外部电路之间传输数字信号。当 ALU 工作时，外部电路通过 ALU 的输入端口将信号输入，ALU 则通过输出引脚向外部电路输出或传输信号。

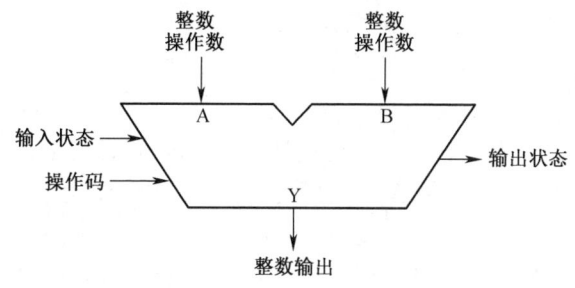

图 5.14　ALU 框架图

一个 ALU 有三条数据总线，分别是操作数输入总线 A 和 B，以及结果输出总线 Y；每条数据总线表示一组信号，用于传输一个二进制整数；通常，A、B 和 Y 的总线宽度相同，并与外部电路的原型机的字大小匹配。操作码的总线宽度决定 ALU 可以执行的不同操作最大数量。例如，一个 4 位的操作码，最多可以指定 16（2^4）个不同的 ALU 操作。

ALU 的输出状态用于传输各类关于当前 ALU 操作的补充信息，通常的输出状态标志有：

（1）进位输出标志（Carry-out）：表示在加法操作中结果的进位，或在减法操作中的借位，或在二进制移位操作中的溢出位。

（2）零标志（Zero）：用于标识 Y 中所有位都是逻辑 0。

（3）负标志（Negative）：用于标识算术运算的结果值为负数。

（4）溢出标志（Overflow）：标识运算的结果已经超过了 Y 表示的数值范围。

（5）奇偶标志（Parity）：用于表示 Y 中的位数是奇数还是偶数，是个逻辑值，如有偶数个 1 时则结果为 1，否则为 0。

在每个 ALU 操作结束时，状态输出信号通常存储在外部寄存器中，以便以后的 ALU 运算使用或使用它们控制条件分支，存储输出状态值的寄存器是一个多位寄存器，通常称为状态寄存器（Status Register）或条件代码寄存器（Condition Code Register）。

输入状态值会在 ALU 运算过程中对运算的结果产生影响，如之前运算的进位会对当前运算产生影响。

5.5.2　ALU 的电路操作

ALU 是组合逻辑电路，意味着它的输出只与当前的输入信号有关。在正常工作过程中，所有的 ALU 输入信号都应该是稳定的信号，当经过足够的时间传播后，ALU 操作的结果将输出在 ALU 的输出端，这里将"足够的时间"称为传播延时。连接在 ALU 输入端的外部电路需要确保在整个 ALU 操作过程中保持输入信号的稳定。在实际的应用过程中，连接在输入端的外部电路通过时序逻辑来控制，这些时序逻辑电路产生一个足够低频率的时钟控制信号，保证 ALU 输出的稳定。

例如，在执行加法过程时，CPU 将源寄存器中的操作数路由到 ALU 的操作数输入端，并启动 ALU 的运算器，同时控制单元将 ALU 的加法操作码配置到操作码输入端，来执行加法操作；接着，CPU 将接收到的 ALU 加法结果路由到目标寄存器。在 CPU 等待下一个时钟时，ALU 从输入信号到结果路由，再到目标寄存器的过程必须要完成，并在整个过程中所有信号必须保持稳定；当下一个时钟信号完成时，由于 ALU 结果已经存储在目标寄存器中，故可以开始下一次运算。

5.5.3 ALU 的发展

1945 年，数学家、计算机科学家冯·诺依曼（John Von Neumamn）在一份关于新型计算机 EDVAL 的基础报告中首次提出了 ALU 的概念。在信息技术早期，电子电路的成本、尺寸和功耗都相对较高，因此，早期的计算机都采用串行的结构，如 PDB-8，尽管它向程序员展示的是一个更大的字长，而实际上它内部只有一个一次只能处理一位数据的简单 ALU。1948 年，诞生的旋风 I 型（Whirlwind I）计算机是世界上最早拥有多个离散长度的 ALU 电路的计算机，它使用了 16 个这样的"数学单元"，使其能对 16 比特的数据进行运算。1967 年仙童（Fairchild）半导体公司引入了第一个作为集成电路实现的 ALU——Fairchild 3800，它是一个带有累加器的 8 位 ALU。很快，其他的 ALU 集成电路就出现了，如 AM2901 和 74181 这样的 4 位 ALU，这些设备通常具有"位片（bit slice）"功能，意味着它们具有"超前进位"的信号，便于使用多个相互连接的 ALU 芯片创建一个更大长度的 ALU，这些设备很快就流行起来，并被广泛应用到了位片式微型计算机中。

在 20 世纪 70 年代，微处理器已开始出现，尽管晶体管已经变得很小了，但在全字长的 ALU 上依然没有足够的模空间来容纳，因此，一些早期的微处理器使用了窄的 ALU，这导致了每个机器语言指令需要多个周期。例如，非常流行的 Zilog 80 就是采用 4 位的 ALU 来完成 8 位的加法。伴随着集成电路的发展，在集成电路上制作高复杂度的 ALU 成为了现实，极大增加了 ALU 的宽度并对 ALU 架构也有明显的提升。例如，现在的 ALU 上能够实现桶型移位器和二进制乘法器，这些操作在以前的 ALU 上需要多次操作才能完成。

5.5.4 快速进位链及其应用

1. 快速进位链的原理

加法器是计算机基本运算部件之一，它由多个一位全加器组合而成。关于全加器的知识，以及其他组合逻辑电路或时序逻辑电路的知识，请参考数字电路相关教材，在这里只对全加器的原理作简单的介绍。

要实现多位二进制相加，每个一位加法器必须既考虑向高位进位，又必须考虑由低位传来的进位。把这种将低位传来的进位与两个一位二进制数一起相加，产生一位和值及一位向高位进位的加法器称为全加器（Full Adder）；把那种只考虑两个二进制数相加的，产生一位和值及一位向高位进位的加法器称为半加器（Half Adder）。接下来本书以真值表的形式来分析全加器的逻辑表达，半加器请自行分析。

表 5.21 所示为一位全加器的真值表，从中可得全加器的输出 F_n 和进位输出 C_{n+1} 的表达式为

$$F_n = \overline{A_n}\,\overline{B_n}C_n + \overline{A_n}B_n\overline{C_n} + A_n\overline{B_n}\,\overline{C_n} + A_nB_nC_n$$
$$= A_n \oplus B_n \oplus C_n$$
$$C_{n+1} = \overline{A_n}B_nC_n + A_n\overline{B_n}C_n + A_nB_n\overline{C_n} + A_nB_nC_n$$
$$= A_nB_n + B_nC_n + C_nA_n$$

其中，A_n 和 B_n 是第 n 位的被加数和加数，C_n 位是第 n 位的进位输入，F_n 是第 n 位的和，C_{n+1}

是第 n 位的进位输出。

表 5.21　一位全加器的真值表

A_n	B_n	C_n	F_n	C_{n+1}
0	0	0	0	0
0	0	1	1	0
0	1	0	1	0
0	1	1	0	1
1	0	0	1	0
1	0	1	0	1
1	1	0	0	1
1	1	1	1	1

定义两个辅助函数 P_n 和 G_n 为

$$\begin{cases} P_n = A_n + B_n \\ G_n = A_n B_n \end{cases}$$

其中，P_n 为进位传递函数，表示当 A_n、B_n 有一个为"1"时，如果低位有进位，则本位向高位传递进位。G_n 为进位产生（本地进位）函数，表示当 A_n、B_n 都为"1"时，不论低位是否有进位，本位都需要向高位产生进位。因此，C_{n+1} 的表达式又可表示为

$$C_{n+1} = G_n + P_n C_n$$

由 C_n 的组成可以将逐级传递进位的结构转换为以进位链的方式实现快速进位，常见的进位链通常采用串行和并行两种。

（1）串行进位链。将 n 个一位全加器连接起来可组成 n 位并行加法器，图 5.15 所示为 4 位串行进位的并行加法器。从图 5.15 中容易得出，每个位之间的进位是串行传送，每一位的结果 F_n 必须等到低位 C_n 到来后才能计算，因此加法时间与位数相关，每一位的进位表达式可以表示为

$$C_1 = G_0 + P_0 C_0$$
$$C_2 = G_1 + P_1 C_1$$
$$C_3 = G_2 + P_2 C_2$$
$$C_4 = G_3 + P_3 C_3$$

由上式可以很方便地采用与非门实现 4 位串行进位链，如图 5.16 所示。

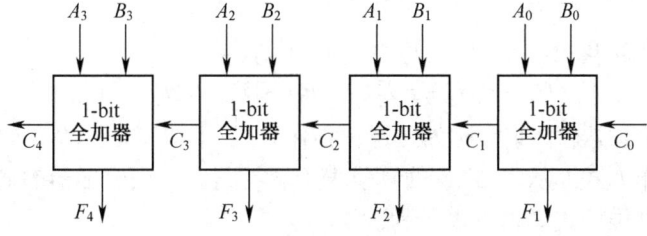

图 5.15　4 位串行进位的并行加法器

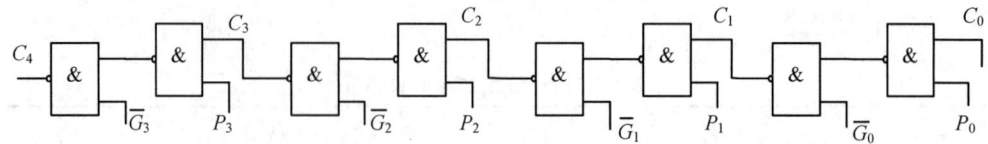

图 5.16　与非门实现的 4 位串行进位链

假设每个与非门的级延时时间为 t，那么图 5.16 构造的串行进位链，共需要 $8t$ 的时间产生最高位的进位。事实上，每增加一位全加器，进位时间就会增加 $2t$，故对于 n 位的全加器最长的进位延时是 $2nt$，这对要求高速运算的计算机显然是不利的。

（2）并行进位链。并行进位链是指并行加法器中的进位信号是同时产生的，又称先行进位、跳跃进位等。理想的并行进位链是 n 位全加器的 n 位进位同时产生，但实际实现有困难，通常并行进位链分为单重分组和双重分组。

1）单重分组跳跃进位。单重分组跳跃进位就是将 n 位全加器分成若干小组，小组内的进位同时产生，小组与小组之间采用串行进位，这种进位由组内并行、组件串行组成。先以 4 位并行加法器为例，进一步分析 C_{n+1} 的进位表达公式，即

$$C_{n+1} = A_n B_n + B_n C_n + C_n A_n$$
$$= A_n B_n + (A_n + B_n)C_n$$

从上式可以看出，如果出现以下两种情况，则一定产生进位 C_{n+1}。

（a）A_n 和 B_n 同时为 "1"。

（b）A_n 和 B_n 中有一个为 "1"，且低位进位 C_n 为 "1"。

接下来以递推的方式来描述进位的输出，即

$$C_1 = A_0 B_0 + (A_0 + B_0)C_0$$
$$C_2 = A_1 B_1 + (A_1 + B_1)C_1$$
$$= A_1 B_1 + (A_1 + B_1)A_0 B_0 + (A_1 + B_1)(A_0 + B_0)C_0$$
$$C_3 = A_2 B_2 + (A_2 + B_2)C_2$$
$$= A_2 B_2 + (A_2 + B_2)A_2 B_2 + (A_2 + B_2)(A_1 + B_1)A_1 B_1 +$$
$$(A_2 + B_2)(A_1 + B_1)(A_0 + B_0)C_0$$
$$C_4 = A_3 B_3 + (A_3 + B_3)C_3$$
$$= A_3 B_3 + (A_3 + B_3)A_2 B_2 + (A_3 + B_3)(A_2 + B_2)A_1 B_1 +$$
$$(A_3 + B_3)(A_2 + B_2)(A_1 + B_1)A_0 B_0 + (A_3 + B_3)(A_2 + B_2)(A_1 + B_1)(A_0 + B_0)C_0$$

将 P_n 和 G_n 代入 C_{n+1} 的公式中，可得的递推公式为

$$C_1 = G_0 + P_0 C_0$$
$$C_2 = G_1 + P_1 G_0 + P_1 P_0 C_0$$
$$C_3 = G_2 + P_2 G_1 + P_2 P_1 G_0 + P_2 P_1 P_0 C_0$$
$$C_4 = G_3 + P_3 G_2 + P_3 P_2 G_1 + P_3 P_2 P_1 G_0 + P_3 P_2 P_1 P_0 C_0$$

将上述以正逻辑为全加器输入时，称为正逻辑工作方式；同理，若以负逻辑作为全加器的输入时，称为负逻辑工作方式。从表 5.20 的真值表中容易得出，当全加器的输入均取反码时，其输出也为反码，故进位公式又可以表示为

$$C_1 = \overline{\overline{P_0} + \overline{G_0 C_0}}$$

$$C_2 = \overline{\overline{P_1} + \overline{G_1}\overline{P_0} + \overline{G_1}\overline{G_0}\overline{C_0}}$$

$$C_3 = \overline{\overline{P_2} + \overline{G_2}\overline{P_1} + \overline{G_2}\overline{G_1}\overline{P_0} + \overline{G_2}\overline{G_1}\overline{G_0}\overline{C_0}}$$

$$C_4 = \overline{\overline{P_3} + \overline{G_3}\overline{P_2} + \overline{G_3}\overline{G_2}\overline{P_1} + \overline{G_3}\overline{G_2}\overline{G_1}\overline{P_0} + \overline{G_3}\overline{G_2}\overline{G_1}\overline{G_0}\overline{C_0}}$$

根据以上公式可以得出，可以得出并行进位电路及其 4 位全加器逻辑可以通过与门、非门、与非门、或非门等组合逻辑电路加以实现，图 5.17 是四位一组并行进位链的逻辑图。

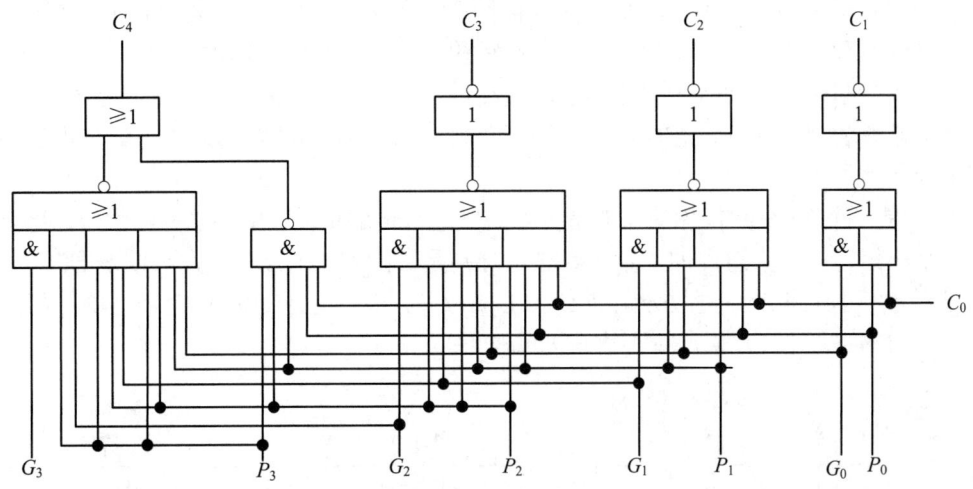

图 5.17　四位一组并行进位链

假设与或非门的级延时时间为 $1.5t$，与非门的级延时时间为 t，则 G_n 和 P_n 形成后，只需要 $2.5t$ 就可产生全部进位。

如果以 4 位一组作为分组，那么只需要 4 组即可构成一个 16 位的全加器，将低序号分组的最高进位作为高序号分组的最低进位，则可以得到单重分组跳跃进位链框图，如图 5.18 所示。

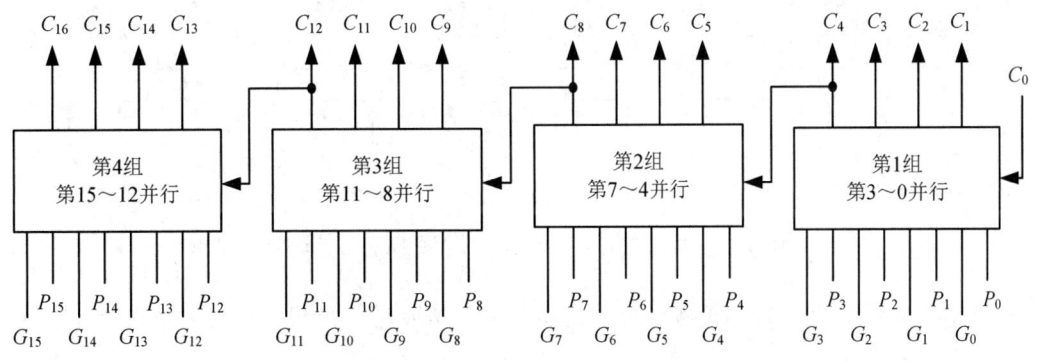

图 5.18　单重分组跳跃进位链框图

接下来讨论单重分组的延时问题，通过上面的分析容易得出，每一组在形成 G_n 和 P_n 后，经过 $2.5t$ 就可以产生该组的所有进位，所以对于图 5.18 所示的单重分组跳跃进位链，只需要经过 $4 \times 2.5t = 10t$ 就可以产生全部进位；而 $n=16$ 的串行进位链的全部进位的时间为 $16 \times 2t = 32t$，可见在相同位数的情况下，单重分组跳跃进位链的进位时间比串行进位链的进位时间大大缩短。但是，随着位数 n 的进一步增大，单重分组跳跃进位链的进位时间仍然很大。例如，当 $n=64$ 时，如果采用 4 位分组，则需要分成 16 组，那么组间有 16 位串行进位，所以在形成 G_n 和 P_n 后，还需要 $16 \times 2.5t = 40t$ 才能产生全部进位，显然进位时间过长。

2）双重分组跳跃进位。针对单重分组跳跃进位在位数 n 较大时，由于组间串行进位策略导致进位延时过长，如果在组间进位也采用并行进位，将大大缩短进位的时间。双重分组跳跃进位就是将 n 位全加器分成若干大组，每个大组中又包含若干小组，而每个大组内所包含的各个小组的最高进位是同时产生的，大组与大组之间采用串行进位。为了方便表示，接下来将各小组的传递进位和产生进位（本地进位）用小写的 p 和 g 描述，大组的使用大写的 P 和 G 描述。采用这种策略时，能同时产生各小组的最高进位，因为小组内的其他进位是同时产生的，故该策略常被称为组内并行、组间并行。值得注意的是，小组内的其他进位与最高进位并不是同时产生的。

图 5.19 是一个 32 位并行加法器双重分组跳跃进位链的框图。图中共分两大组，每个大组内包含 4 个小组，第一大组内的 4 个小组进位分别是 C_4、C_8、C_{12}、C_{16}，它们是同时产生的；第二大组内 4 个小组的最高进位分别是 C_{20}、C_{24}、C_{28}、C_{32}，它们也是同时产生的；而第一大组向第二大组的进位 C_{16} 是采用串行进位方式传递。

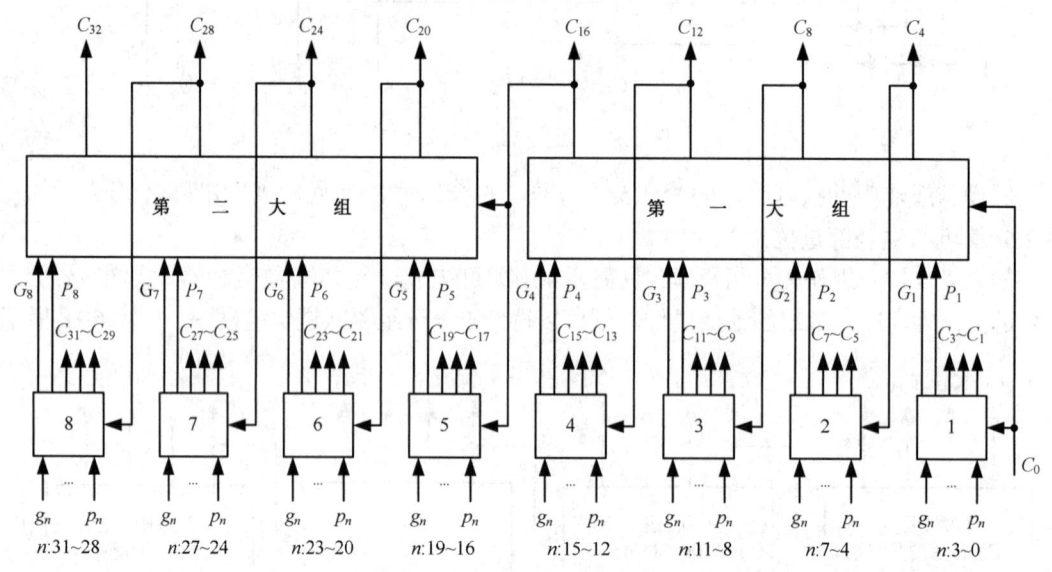

图 5.19 32 位并行加法器双重分组跳跃进位链框图

先以第一大组为例，来分析各进位的逻辑关系。按照进位公式描述出大组进位 C_4、C_8、C_{12}、C_{16} 的表达式为

$$C_4 = g_3 + p_3 C_3 = g_3 + p_3 g_2 + p_3 p_2 g_1 + p_3 p_2 p_1 g_0 + p_3 p_2 p_1 p_0 C_0$$
$$= G_1 + P_1 C_0$$

其中，$G_1 = g_3 + p_3 g_2 + p_3 p_2 g_1 + p_3 p_2 p_1 g_0$，它只与本小组内的 g_n 和 p_n 有关，与外来进位 C_0 无关，故将 G_1 称为第 1 小组的进位产生函数或本地进位；$P_1 = p_3 p_2 p_1 p_0$ 是将低位进位 C_0 传送到高位小组的条件，故称 P_1 为第 1 小组的传送函数。同理，可以写出第 2、3、4 小组的最

高进位表达式，第 2 小组的表达式为

$$C_8 = g_7 + p_7 g_6 + p_7 p_6 g_5 + p_7 p_6 p_5 g_4 + p_7 p_6 p_5 p_4 C_4$$
$$= G_2 + P_2 C_4$$

第 3 小组的表达式为

$$C_{12} = g_{11} + p_{11} g_{10} + p_{11} p_{10} g_9 + p_{11} p_{10} p_9 g_8 + p_{11} p_{10} p_9 p_8 C_8$$
$$= G_3 + P_3 C_8$$

第 4 小组的表达式为

$$C_{16} = g_{15} + p_{15} g_{14} + p_{15} p_{14} g_{13} + p_{15} p_{14} p_{13} g_{12} + p_{15} p_{14} p_{13} p_{12} C_{12}$$
$$= G_4 + P_4 C_{12}$$

与单重分组跳跃进位一样，采用递推的方式来描述最高进位表达式可得

$$C_4 = G_1 + P_1 C_0$$
$$C_8 = G_2 + P_2 C_4 = G_2 + P_2 G_1 + P_2 P_1 C_0$$
$$C_{12} = G_3 + P_3 C_8 = G_3 + P_3 G_2 + P_3 P_2 G_1 + P_3 P_2 P_1 C_0$$
$$C_{16} = G_4 + P_4 C_{12} = G_4 + P_4 G_3 + P_4 P_3 G_2 + P_4 P_3 P_2 G_1 + P_4 P_3 P_2 P_1 C_0$$

可见该式与单重分组跳跃进位的表达式基本一致，因此可以采用单重分组跳跃进位的策略来构成双重分组跳跃进位链的第二重跳跃进位链，即大组跳跃进位链。图 5.20 为双重分组跳跃进位链的大组进位链框图。

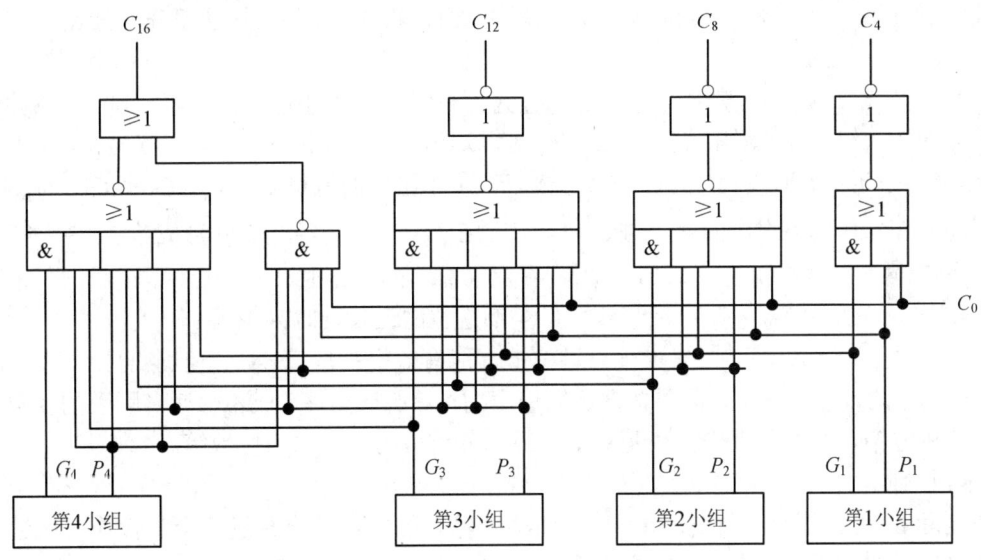

图 5.20　双重分组跳跃进位链的大组进位链框图

容易得出，当 G_n、P_n（$n=1\sim4$）及外来进位 C_0 形成后，再经过 $2.5t$ 便可同时产生 C_4、C_8、C_{12}、C_{16}。对比图 5.17 可知，直接用单重分组跳跃进位链的框图产生的是直接进位，并不能产生大组进位需要的 G_n、P_n，故需要对小组进位逻辑结构进行相应的调整。事实上，对图 5.17 略作修改即可得到大组所需的 G_n、P_n，修改的进位线路如图 5.21 所示。

根据图 5.20 和图 5.21 可以很方便地构建 16 位并行加法器的双重分组跳跃进位链框图，使用大组间的串行进位可以很方便地构建出 32 位、64 位等相应位数的并行加法器的双重分组

跳跃进位链框图，这里不再赘述。

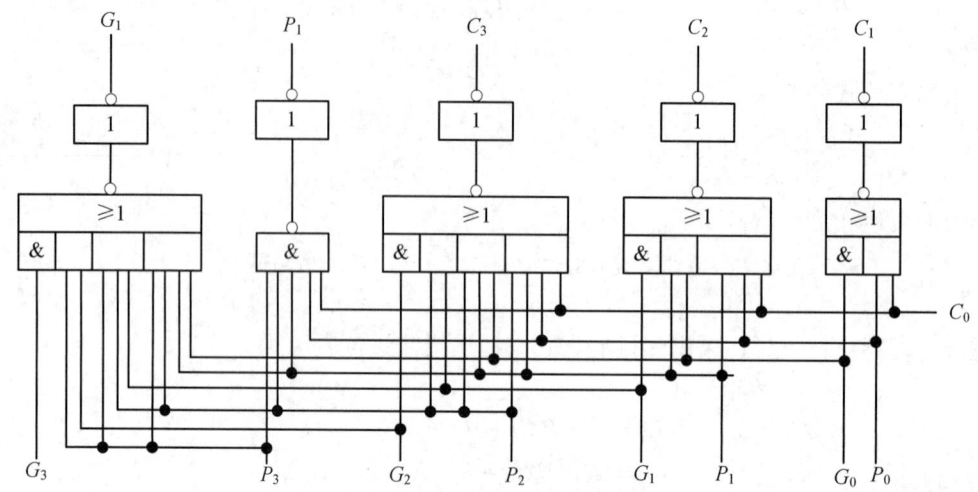

图 5.21　双重分组跳跃进位链的小组进位线路

接下来本书将讨论双重分组跳跃进位链结构的进位延时问题，这里以 32 位并行加法器为例进行对比，仍假设每个与非门的级延时时间为 t，与或非门的级延时时间为 $1.5t$，则有：

（1）使用串行进位链：32 位的并行加法器使用串行进位链的最长延时为 $32 \times 2 \times t = 64t$。

（2）使用单重分组跳跃进位链：以 4 位为一组，将 32 位并行加法器分为 8 组，则最大延时为 $8 \times 2.5 \times t = 20t$。

（3）使用双重分组跳跃进位链：以 4 位为一小组，以 4 小组为一大组，则 32 位并行加法器被分为 2 大组，每大组中有 4 小组。根据图 5.19、图 5.20 和图 5.21，很容易得出，从 g_n、p_n 和 C_0（外来进位）形成后，经过 $2.5t$ 形成了第 1 小组内的进位 C_1、C_2、C_3 和 $G_1 \sim G_8$、$P_1 \sim P_8$；再经过 $2.5t$ 形成大组内的 4 个进位 C_4、C_8、C_{12}、C_{16}；再经过 $2.5t$ 形成第 2、3、4、5 小组的其余进位 $C_5 \sim C_7$、$C_9 \sim C_{11}$、$C_{13} \sim C_{15}$、$C_{17} \sim C_{20}$；最后经过 $2.5t$ 产生余下小组的其余进位 $C_{21} \sim C_{23}$、$C_{25} \sim C_{27}$、$C_{29} \sim C_{31}$；故最终产生全部进位的最长延时为 $10t$。

综合上述分析可知，引入双重分组进位链，能有效提高运算速度，但也增加了设备的复杂度。在机器的设计过程中，需要根据运算速度指标、所选元件、成本等诸多因素的要求来选择使用哪种方案，如是单重分组还是双重分组、分组后的小组内的位数等。

2. 74181 介绍

在实际的运用过程中，往往并不直接将两个输入的操作数直接进行全加操作，在进行全加操作前，首先将操作数 A_n 和 B_n 先组合成由控制参数 S_0、S_1、S_2、S_3 控制的组合函数 X_n 和 Y_n，然后再将 X_n 和 Y_n 和外来进位 C_n 通过全加器进行全加，这样不同的控制参数就可以得到不同的组合函数，进而能实现多种算术运算和逻辑运算，ALU 的内部结构示意图如图 5.22 所示。

74181 是一款位片算术逻辑单元，是 7400 系列的 TTL 集成电路，是一个完整的单芯片 ALU。在历史上许多有重要意义的微型计算机和 CPU 中，都使用它作为算术逻辑单元。在 20 世纪 60 年代，它代表了 CPU 从离散逻辑门到单芯片 CPU/微处理器的一个重要发展步骤，尽管现在已经不再被用于商业应用，但 74181 在计算机组成相关书籍和技术资料中仍然被广泛的应用，它常在一些大学"实践"课程中使用，用来培养未来的计算机架构师。

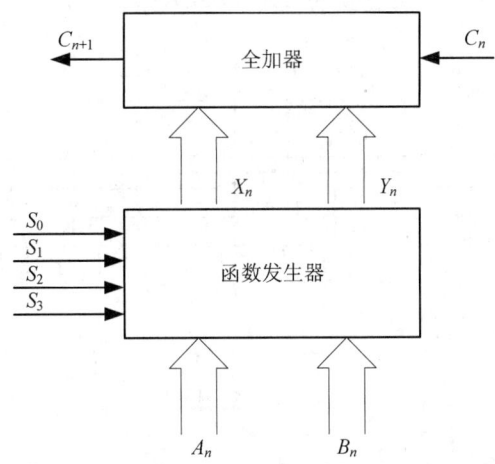

图 5.22　ALU 的内部结构示意图

74181 是能够完成 4 位二进制代码的算术逻辑单元，其外围结构如图 5.23 所示。它能执行 16 种算术运算和 16 种逻辑运算，这些运算通过 4 个功能选择线（$S_0 \sim S_3$）来决定。当要执行的是算术操作时，模式控制输入端（M）必须为低电平；反之则为逻辑运算。同时，它还可以通过两个超前进位引脚（P、G）和使用超前进位产生器 74182 来完成高速运算功能。它还可以被当成比较器使用，当 A=B 引脚输出为高电平时，表示 A 和 B 相等；A 和 B 不相等的情况这里不再赘述，可以参考 74181 的芯片手册或其他参考资料。74181 的引脚功能见表 5.22。

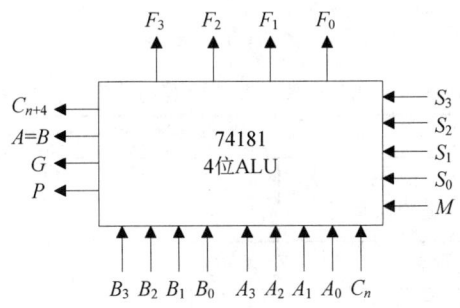

图 5.23　74181 的外围结构

表 5.22　74181 的引脚功能

引脚名称	功能	引脚名称	功能
A_3, A_2, A_1, A_0	操作数 A	B_3, B_2, B_1, B_0	操作数 B
S_3, S_2, S_1, S_0	函数功能选择输入	C_n	进位输入
M	模式控制输入	F_3, F_2, F_1, F_0	函数结果输出
A=B	比较器输出	P	进位传递输出
C_{n+4}	进位输出	G	进位产生输出

74181 有两种工作方式，即正逻辑和负逻辑，图 5.24 是 74181 负逻辑的电路图，负逻辑的算术/逻辑运算功能见表 5.23，正逻辑的算术/逻辑运算功能见表 5.24。

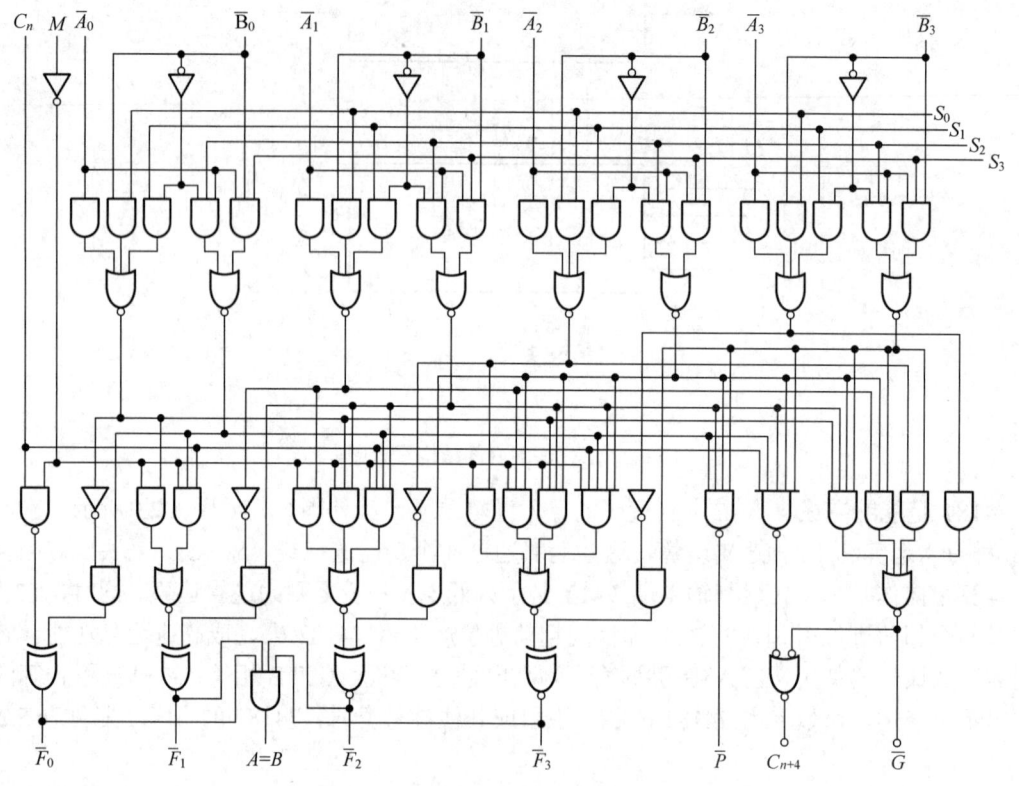

图 5.24　74181 的负逻辑电路图

表 5.23　74181 的算术/逻辑运算功能表（负逻辑）

选择				负逻辑 ACTIVE-LOW DATA		
S_3	S_2	S_1	S_0	M=H 逻辑运算	M=L；算术运算	
					C_n=L；无进位	C_n=H；有进位
L	L	L	L	$F=\overline{A}$	$F=A-1$	$F=A$
L	L	L	H	$F=\overline{AB}$	$F=AB-1$	$F=AB$
L	L	H	L	$F=\overline{A}+B$	$F=A\overline{B}-1$	$F=A\overline{B}$
L	L	H	H	$F=1$	$F=-1$	$F=0$（逻辑 0）
L	H	L	L	$F=\overline{A+B}$	$F=A+(A+\overline{B})$	$F=A+(A+\overline{B})+1$
L	H	L	H	$F=\overline{B}$	$F=AB+(A+\overline{B})$	$F=AB+(A+\overline{B})+1$
L	H	H	L	$F=\overline{A\oplus B}$	$F=A-B-1$	$F=A-B$
L	H	H	H	$F=A+\overline{B}$	$F=A+\overline{B}$	$F=(A+\overline{B})+1$
H	L	L	L	$F=\overline{A}B$	$F=A+(A+B)$	$F=A+(A+B)+1$
H	L	L	H	$F=A\oplus B$	$F=A+B$	$F=A+B+1$

续表

选择				负逻辑 ACTIVE-LOW DATA		
S_3	S_2	S_1	S_0	M=H 逻辑运算	M=L；算术运算	
					C_n=L；无进位	C_n=H；有进位
H	L	H	L	$F=B$	$F=A\overline{B}+(A+B)$	$F=A\overline{B}+(A+B)+1$
H	L	H	H	$F=A+B$	$F=(A+B)$	$F=(A+B)+1$
H	H	L	L	$F=0$	$F=A+A^*$	$F=A+A+1$
H	H	L	H	$F=A\overline{B}$	$F=AB+A$	$F=AB+A+1$
H	H	H	L	$F=AB$	$F=A\overline{B}+A$	$F=A\overline{B}+A+1$
H	H	H	H	$F=A$	$F=A$	$F=A+1$

表注：H 表示高电平，L 表示低电平；*表示每一位均移到下一个更高位，即 $A^*=2A$。

表 5.24 74181 的算术/逻辑运算功能表（正逻辑）

选择				负逻辑 ACTIVE-HIGH DATA		
S_3	S_2	S_1	S_0	M=H 逻辑运算	M=L；算术运算	
					$\overline{C_n}=H$；无进位	$\overline{C_n}=L$；有进位
L	L	L	L	$F=\overline{A}$	$F=A$	$F=A+1$
L	L	L	H	$F=\overline{A+B}$	$F=A+B$	$F=(A+B)+1$
L	L	H	L	$F=\overline{A}B$	$F=A+\overline{B}$	$F=(A+\overline{B})+1$
L	L	H	H	$F=0$	$F=-1$	$F=0$（逻辑 0）
L	H	L	L	$F=\overline{AB}$	$F=A+(A\overline{B})$	$F=A+(A\overline{B})+1$
L	H	L	H	$F=\overline{B}$	$F=(A+B)+A\overline{B}$	$F=(A+B)+A\overline{B}+1$
L	H	H	L	$F=A\oplus B$	$F=A-B-1$	$F=A-B$
L	H	H	H	$F=A\overline{B}$	$F=A\overline{B}-1$	$F=A\overline{B}$
H	L	L	L	$F=\overline{A}+B$	$F=A+AB$	$F=A+AB+1$
H	L	L	H	$F=\overline{A\oplus B}$	$F=A+B$	$F=A+B+1$
H	L	H	L	$F=B$	$F=(A+\overline{B})+AB$	$F=(A+\overline{B})+AB+1$
H	L	H	H	$F=AB$	$F=AB-1$	$F=AB$
H	H	L	L	$F=1$	$F=A+A^*$	$F=A+A+1$
H	H	L	H	$F=A+\overline{B}$	$F=(A+B)+A$	$F=(A+B)+A+1$
H	H	H	L	$F=A+B$	$F=(A+\overline{B})+A$	$F=(A+\overline{B})+A+1$
H	H	H	H	$F=A$	$F=A-1$	$F=A$

注：H 表示高电平，L 表示低电平；*表示每一位均移到下一个更高位，即 $A^*=2A$。

从图 5.24 中明显可以看出，74181 内部采用的是 4 位一组并行进位链，故可以很方便地使用 4 个 74181 芯片组成 16 位片间串行进位 ALU，如图 5.25 所示，这种结构是采用 4 片 74181 的单重分组跳跃进位链方案。

如果要组成 16 位片间并行进位的 ALU，即采用双重分组跳跃进位链方案，则需要使用 74182 并行进位链集成电路（Carry Look Ahead，CLA），将 74181 的输出信号 P 和 G 输入到 74182 的 P_{n+i} 和 G_{n+i} 端，即可产生并行进位信号。74181 和 74182 共同组成的 16 位片间并行进位的 ALU 如图 5.26 所示。

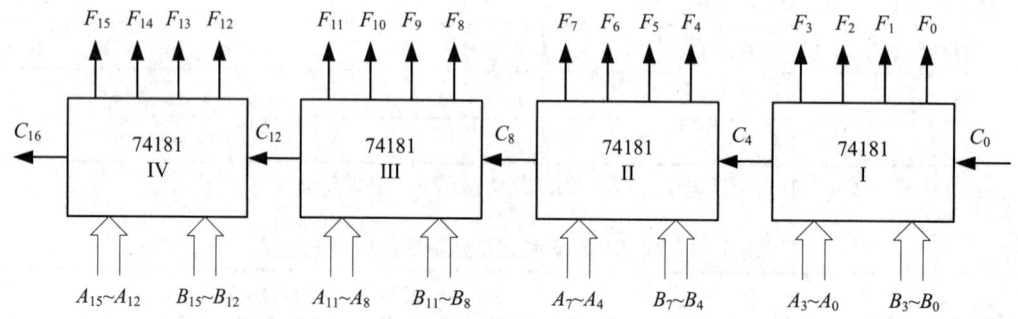

图 5.25　74181 组成的 16 位片间串行进位 ALU

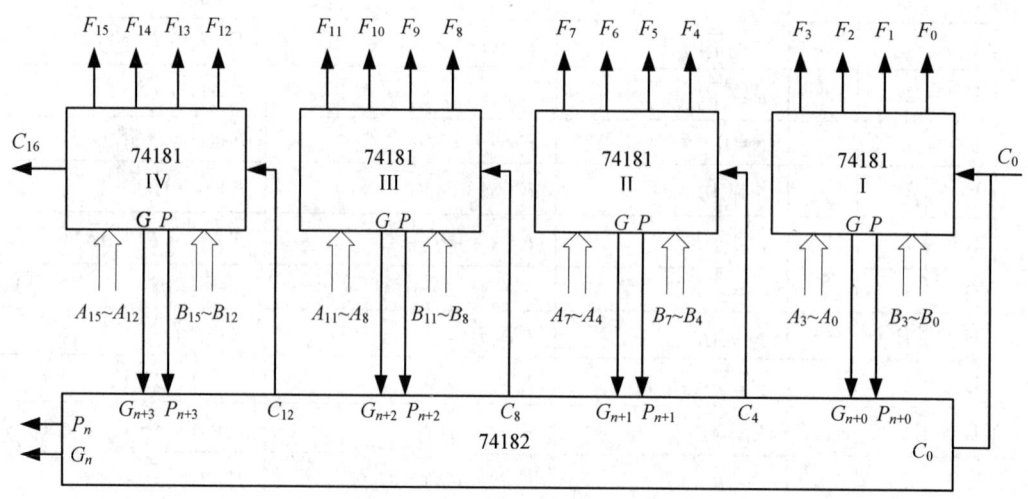

图 5.26　74181 和 74182 共同组成的 16 位片间并行进位 ALU

5.6　本章小结

本章主要对计算机系统的运算系统进行阐述，首先对机器中数的表示进行介绍，引入无符号和有符号数，接着对数的定点和浮点进行解释，了解数的表示方法是研究计算机运算的关键。在对数的表示方法有比较清晰的印象后，分别对定点数和浮点数的四则运算进行详细讨论，对运算的过程及需要的硬件资源作了详细的介绍，并对算法执行的流程作了详细的分析，对数和数的运算进行分析，最后对算术逻辑单元（ALU）的功能和结构进行分析，对 ALU 的信号、ALU 的电路，特别是对快速进位链进行了相应的讨论。在学习本章时，应该带着思考去学习，思考计算机进行运算的关键问题。首先要思考计算机中的数是如何表示的，因为计算机中只能表示"0"和"1"两种信号，那么如何将现实生活中的数进行表示，这也是无符号数和有符号数产生的根本原因。

习题

5.1 设机器数字长为 8 位（含 1 位符号位在内），写出对应 -13/64，29/128，100，-87 的原码、补码和反码。

5.2 当十六进制数 9BH 和 FFH 分别表示为原码、补码、反码、移码和无符号数时，所对应的十进制数各为多少？（设机器数采用一位符号位）

5.3 设浮点数格式为阶码 5 位（含 1 位阶符），尾数 11 位（含 1 位数符）。写出 51/128、-27/1024、7.375、-86.5 所对应的机器数。要求如下：

（1）阶码和尾数均为原码；

（2）阶码和尾数均为补码；

（3）阶码为移码，尾数为补码。

5.4 设机器数字长为 8 位（包括一位符号位），对下列各机器数进行算术左移一位、两位，算术右移一位、两位，讨论以下结果是否正确。

（1）$[x_1]_{原}$=0.0011010，$[y_1]_{补}$=0.1010100，$[z_1]_{反}$=1.0101111；

（2）$[x_2]_{原}$=1.1101000，$[y_2]_{补}$=1.1101000，$[z_2]_{反}$=1.1101000；

（3）$[x_3]_{原}$=1.0011001，$[y_3]_{补}$=1.0011001，$[z_3]_{反}$=1.0011001。

5.5 设机器数字长为 8 位（含 1 位符号位），用补码运算规则计算下列各题。

（1）A=9/64，B=-13/32，求 $A+B$。

（2）A=19/32，B=-17/128，求 $A-B$。

（3）A=-87，B=53，求 $A-B$。

（4）A=115，B=-24，求 $A+B$。

5.6 用原码一位乘、两位乘和补码一位乘（Booth 算法）、两位乘计算 x·y。

（1）x=0.110111，y=-0.101110。

（2）x=19，y=35。

5.7 用原码加减交替法和补码加减交替法计算 $x \div y$。

（1）x=0.100111，y=0.101011。

（2）x=-0.10101，y=0.11011。

5.8 假设阶码取 3 位，尾数取 6 位（均不包括符号位），计算下列各题：

（1）$[2^5 \times (11/16)] + [2^4 \times (-9/16)]$；

（2）$[2^{-3} \times (13/16)] - [2^{-4} \times (-5/8)]$；

（3）$[2^6 \times (-11/16)] / [2^3 \times (-15/16)]$；

（4）$[2^3 \times (-1)] \times [2^{-2} \times (57/64)]$；

（5）3.3125+6.125；

（6）14.75−2.4375。

5.9 设浮点数阶码取 3 位，尾数取 6 位（均不包括符号位），要求阶码用移码运算，尾数用补码运算，计算 $x \cdot y$，且结果保留 1 倍字长。

（1）$x=2^{-100} \times 0.101101$，$y=2^{-011} \times (-0.110101)$；

（2）$x=2^{-011} \times (-0.100111)$，$y=2^{101} \times (-0.111100)$。

5.10 设一浮点数格式为：字长 12 位，阶码 6 位，用移码表示，尾数 6 位，用原码表示，阶码在前，尾数（包括数符）在后，则按照该格式，求解以下问题：

（1）已知 $x=-25/64$，$y=2.875$，求数据 x、y 的规格化的浮点数形式；

（2）已知 z 的浮点数以十六进制表示为 9F4H，求 z 的十进制真值。

第 6 章 指令系统

教学内容与重点：

- 指令与指令系统
- 操作数类型和操作类型
- 寻址方式
- 指令格式举例
- RISC 技术

6.1 机器指令

6.1.1 指令系统概述

语言是人们沟通和表达的基本工具。以求解一个简单的两数之和的数学问题为例，普通人、程序员、系统程序员会采用不同的形式来表达，而在计算机内部会采用 0、1 构成的二进制序列来表达。它们分别对应于自然语言、高级语言、汇编语言和机器语言，如图 6.1 所示。要指挥计算机工作，必然要使用计算机硬件所能够理解的语言。能够控制计算机直接工作的语言，称之为机器语言。计算机的语言就是一连串二进制的序列，和人类的语言一样，机器语言也能实现某些操作意图，称为机器指令。指令是计算机实现某个基本操作的命令，它是由 0 和 1 组成的二进制编码构成的，这种计算机能够直接识别的二进制编码指令对人类来说是非常难以理解和记忆的。因此，人们用一些与其功能相对应的单词作为辅助记忆符号来标记。一台计算机中所有的机器指令的集合称为指令系统，这就是一台计算机所能理解的全部语言。

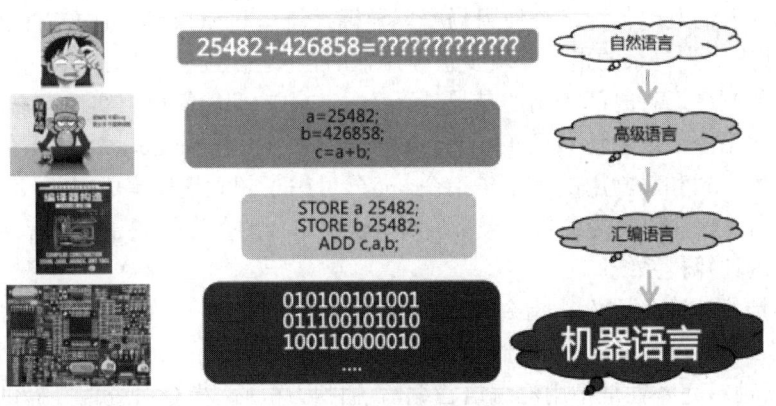

图 6.1 两数之和的求解对比图

计算机由软件层和硬件层构成,那么作为普通的用户,人们比较熟悉的软件层面是高级语言程序,而软件层与硬件层进行交流对话,就要依赖于指令系统,它是计算机硬件和软件间的接口及界面,如图 6.2 所示。指令系统对计算机本身的硬件结构的复杂程度和运行性能,对用户完成程序设计的难易程度和工作效率,有非常重要的影响,因此,必须对设计指令系统的工作给以足够的重视。

图 6.2 指令系统在计算机系统中的位置

6.1.2 CISC 与 RISC

指令系统对程序设计的作用在于:依据冯·诺依曼提出的"存储程序"思想,将设计好的程序和数据以二进制的形式事先存储在计算机的内部存储器中,计算机便可自动地从一条指令转到执行另一条指令。

早期的计算机,由于需要简化计算机的硬件结构和降低成本,指令系统设计得比较简单,数量少、运算功能不强,并且可以处理的数据只能是定点小数,使用起来非常困难。

到了 20 世纪六七十年代,随着大规模和超大规模集成电路的出现与发展,计算机的硬件价格迅速下降,相应的软件成本所占比例迅速增加,计算机的指令系统日渐变得更加复杂和完备,指令条数多达四五百条,寻址方式也多达十几种,可以直接处理的数据类型更多,构成了复杂指令系统的计算机(Complex Insruction Set Computer,CISC)。在 1975 年前后,人们又发现,一味追求指令系统的复杂和完备程度,也并不是提高计算机性能的唯一途径。通过对 CISC 指令系统测试,人们发现各种指令使用频度差异很大。在 CISC 计算机中,有百分之八十的功能更强、实现起来更为复杂的指令却较少被使用,在程序运行过程中只占到百分之二十的时间,有百分之八十的程序运行时间使用的是另外百分之二十的功能简单、实现容易的指令。因此,人们提出了简化指令系统的计算机(Reduced Insruction Set Computer,RISC)的概念,只选用几种简单的寻址方式和最常用的几十条指令,充分考虑了超大规模集成电路设计、制造中的有关问题,吸收当前软件研究的各项成果,从硬、软件结合的角度解决了许多矛盾,设计制造出运行性能更高的计算机系统。

做任何事情都应有原则性,指令系统的设计也必须具备一定的原则。通常从如下四个方面考虑。

(1)完备性:完备性是指用汇编语言编写各种程序时,指令系统直接提供的指令足够使用,不必用软件来实现。完备性要求指令系统丰富、功能齐全、使用方便。

(2) 有效性：程序简洁，没有歧义，常用指令运行速度快。
(3) 规整性：语言使用规则统一简单，易学易记。
(4) 兼容性：同一系列低档计算机的程序能在新的高档机上直接运行。

要完全满足上述标准是比较困难的，但它可以指导人们设计出更合理的指令系统。

6.2 指令格式

指令是指示计算机执行某种基本操作的命令，形式上表示为一组二进制串，通常由操作码字段和地址码字段组成，其基本格式如图6.3所示。操作码字段用来表明该指令所要完成的操作，如加法、减法、传送、转移等。地址码字段用来给出参与操作的对象（指令或数据）的地址，包括参与运算的源操作数的地址、运算结果的地址等。

操作码字段	地址码字段

图 6.3 指令的基本格式

在一条指令中，如何安排指令字的长度，如何分配这两部分所占的位数（长度），如何安排操作数的个数，如何表示和使用一个操作数的地址（寻址方式），这是个比较复杂的问题，需要认真对待、精心设计。寻址方式将单独放在 6.3 节讲解，其余内容在本节介绍。

6.2.1 操作码

设计机器的指令系统时，每一条指令都应该有唯一的操作码，指令不同，其操作码的编码也不同。例如，操作码 100 可以规定为加法操作；操作码 101 可以规定为减法操作；而操作码 110 可以规定为乘法操作等。

操作码字段的长度可以是固定的，也可以是变化的。选择定长操作码还是变长操作码，是时间和空间之间的开销权衡问题。希望降低空间开销时，代码的长度更重要，应采用紧凑的变长操作码和变长指令字；希望降低时间开销以取得更好性能时，应采用定长操作码和定长指令字。

1. 定长操作码

指令的操作码部分采用固定长度编码，这种方式译码方便，指令执行速度快，但有信息冗余。例如，IBM 360/370 采用 8 位定长操作码，最多可有 256 条指令，但指令系统中只提供了 183 条指令，有 73 种为冗余编码。如图 6.4 所示，IBM 360/370 的指令格式有 RR 型、RX 型、RS 型、SI 型、SS 型几类指令。其中 RR 型指令为半字长（16 位），SS 型指令为一字半长（48 位），其余指令为单字长（32 位）。操作码的第 0 位和第 1 位组成 4 种不同的编码，代表 4 种不同的指令：00 表示 RR 型，01 表示 RX 型，10 表示 RS 型和 SI 型，11 表示 SS 型。RR 型指令是寄存器—寄存器型指令，即两个操作数都是寄存器中的内容；RX 型指令和 RS 型指令都是寄存器—存储器型指令，其中 RX 型是二地址指令，第一个操作数和结果放在 R1 中，另一个操作数在存储器中，采用变址寻址方式，有效地址 EA=(X) + (B) + D；RS 型是三地址指令：R1 存放结果，R3 存放一个源操作数，另一个源操作数在存储器中，其有效地址 EA=(B)+D；SI 型是存储器—立即数型指令，其结果和其中一个操作数的地址共用同一个存储单元；SS 型指令是存储器-存储器型指令,即两个操作数都是存储器中的内容,用于字符串的运算和处理,L 为字符串的长度。

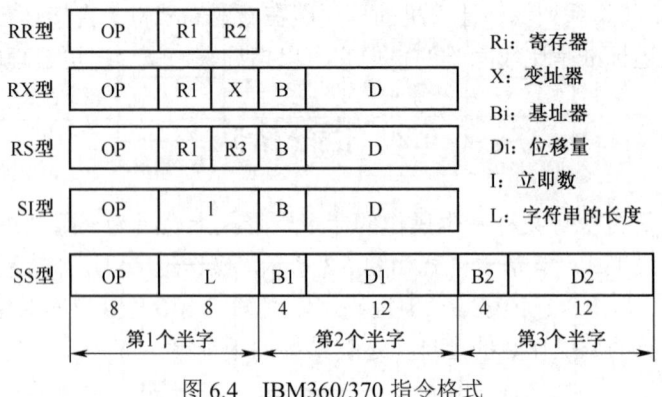

图 6.4 IBM360/370 指令格式

2. 变长操作码

对于操作码长度不固定的指令,其操作码分散在指令字的不同字段中。这种格式可有效地压缩操作码的平均长度,在字长较短的微型计算机中被广泛采用。例如 PDP-11 是典型的变长操作码计算机,如图 6.5 所示,其各种操作码长度依次为 4、7、8、8、10、13、16。

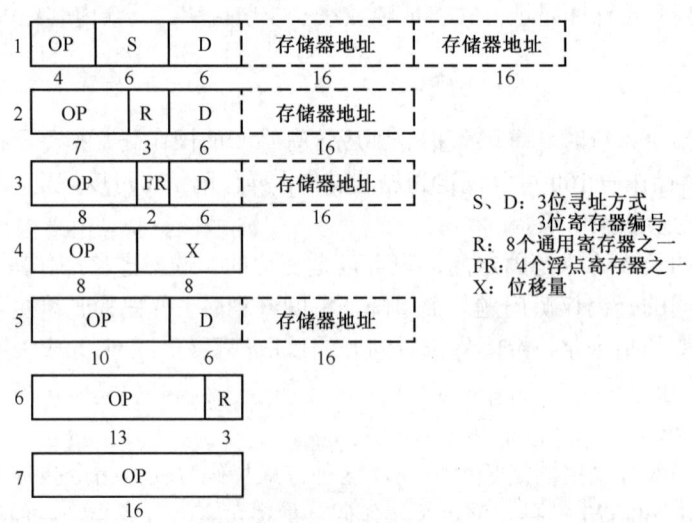

图 6.5 PDP-11 指令格式

操作码长度不固定会增加指令译码和分析的难度,使控制器的设计复杂。通常采用扩展操作码技术,使操作码的长度随地址数的减少而增加,不同地址数的指令可以具有不同长度的操作码,从而在满足需要的前提下,有效地缩短指令字长。所谓的扩展操作码是指将原先用于地址码的空间用于操作码空间,图 6.6 是一种扩展操作码的安排示意图。

图 6.6 中指令字长为 16 位,其中 4 位为基本操作码字段 OP,另有 3 个 4 位长的地址字段为 A_1、A_2、A_3。4 位基本操作码若全部用于三地址指令,可设计出 16 条指令,但如果仅设计 15 条三地址指令(0000~1110),留出 1 条指令(1111)利用它的一个地址码空间将操作码从原先的 4 位扩展到 8 位,进行二地址指令设计,那么就可以设计出 16 条二地址指令。同样的

道理,如果二地址指令也只设计 15 条(1111 0000~1111 1110),留出 1 条指令(1111 1111)的地址码空间将其操作码从 8 位扩展到 12 位,进行一地址指令设计,则一地址指令最多可设计出 16 条。少设计一条一地址指令,节省出的地址码空间可多设计出 16 条零地址指令,操作码的位数随地址数的减少而增加。

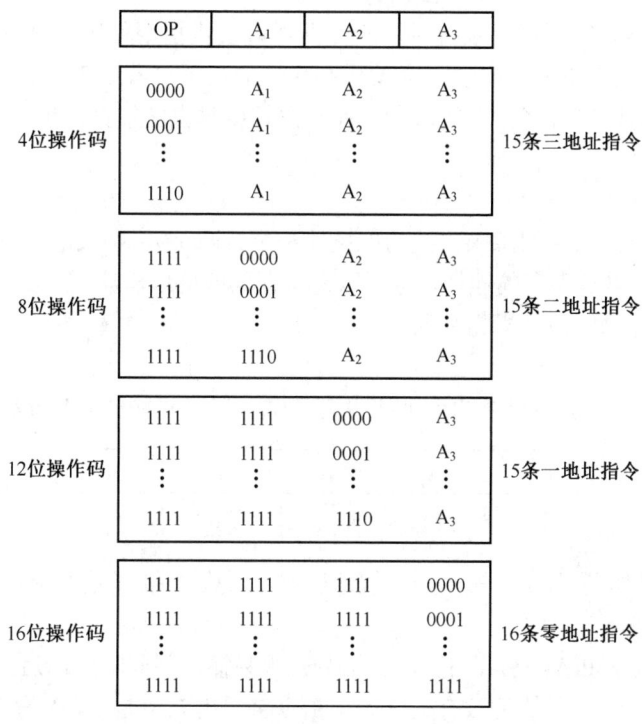

图 6.6 一种扩展操作码的安排示意

例 6.1 假设指令字长为 16 位,操作数的地址码为 6 位,指令有零地址、一地址、二地址三种格式。

①设操作码固定,若零地址指令有 P 种,一地址指令有 Q 种,则二地址指令最多有几种?

②采用扩展操作码技术,若二地址指令有 X 种,零地址指令有 Y 种,则一地址指令最多有几种?

解:

①根据操作数地址码为 6 位,则二地址指令中操作码的位数为 16-6-6=4。这 4 位操作码可定义 $2^4=16$ 种操作。由于能够设计的指令条数固定,则除去了零地址指令 P 种,一地址指令 Q 种,剩下二地址指令最多有 16-P-Q 种。

②采用扩展操作码技术,操作码位数可变,则二地址、一地址和零地址的操作码长度分别为 4 位、10 位和 16 位。二地址指令操作码每减少一种,就可以利用一个地址码空间多构成 2^6 种一地址指令操作码;一地址指令操作码每减少一种,就可多构成 2^6 种零地址指令操作码。

二地址指令最多可以设计 16 条,实际设计有 X 种,16-X 条二地址指令的地址码部分扩展成一地址指令操作码,则一地址指令最多有(24-X)×2^6 种。设一地址指令实际上只设计有 M

种，则零地址指令最多有$[(24-X)\times 2^6-M]\times 2^6$种。

根据题中给出零地址指令有 Y 种，即

$$Y=[(24-X)\times 2^6-M]\times 2^6$$

则一地址指令

$$M=(24-X)\times 2^6-Y\times 2^{-6}$$

在设计操作码不固定的指令系统时，应尽量考虑安排指令使用频度（即指令在程序中出现的概率）高的指令占用短的操作码，对使用频度低的指令可占用较长的操作码，这样可以缩短经常使用的指令的译码时间。当然，考虑操作码长度时也应依据地址码的要求。

6.2.2 地址码

地址码用来指出该指令的源操作数的地址（一个或两个）、结果的地址以及下一条指令的地址。这里的地址可以是主存的地址，也可以是寄存器的地址，甚至可以是 I/O 设备的端口地址。下面以主存地址为例，分析指令的地址码字段。

1. 地址码类型

（1）四地址指令。这种指令的地址字段有 4 个，其格式如图 6.7 所示。

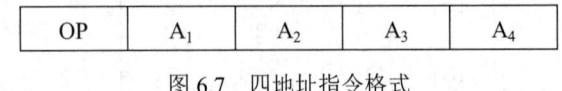

图 6.7 四地址指令格式

其中，OP 为操作码；A_1 为第一操作数地址；A_2 为第二操作数地址；A_3 为结果地址；A_4 为下一条指令的地址。

该指令完成 $(A_1)OP(A_2)\rightarrow A_3$ 的操作。指令直观易懂，并同时给出后续指令地址，可直接寻址的地址范围与地址字段的位数有关。如果指令字长为 32 位，操作码占 8 位，4 个地址字段各占 6 位，则指令操作数的直接寻址范围为 $2^6=64$。如果地址字段均指示主存的地址，则完成一条四地址指令，共需访问 4 次存储器（取指令一次，取两个操作数各一次，存放结果一次）。因为程序中大多数指令是按顺序执行的，而程序计数器 PC 既能存放当前欲执行指令的地址，又有计数功能，因此它能自动形成下一条指令的地址。这样，指令字中的第四地址字段 A_4 便可省去，即得三地址指令格式。

（2）三地址指令。三地址指令中只有 3 个地址码字段，其格式如图 6.8 所示。

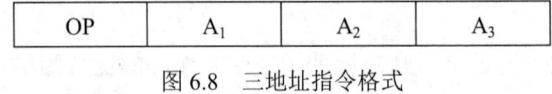

图 6.8 三地址指令格式

三地址指令可完成 $(A_1)OP(A_2)\rightarrow A_3$ 的操作，后续指令的地址隐含在程序计数器 PC 之中。如果指令字长不变，设 OP 仍为 8 位，则 3 个地址字段各占 8 位，故三地址指令操作数的直接寻址范围可达 $2^8=256$。同理，若地址字段均为主存地址，则完成一条三地址指令也需访问 4 次存储器。

机器在运行过程中，没有必要将每次运算结果都存入主存，中间结果可以暂时存放在 CPU 的寄存器（如 ACC）中，这样又可省去一个地址字段 A_3，从而得出二地址指令。

（3）二地址指令。二地址指令中只含两个地址字段，其格式如图 6.9 所示。

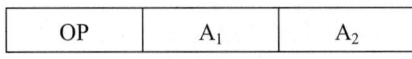

图 6.9　二地址指令格式

它可完成（A_1）OP(A_2)→A_1 的操作，即 A_1 字段既代表源操作数的地址，又代表存放本次运算结果的地址。有的机器也可以表示（A_1）OP(A_2)→A_2 的操作，此时 A_2 除了代表源操作数的地址外，还代表中间结果的存放地址。这两种情况完成一条指令仍需访问 4 次存储器。如果使其完成（A_1）OP(A_2)→ACC，此时，它完成一条指令只需 3 次访存，它的含义是中间结果暂存于累加器 ACC 中。在不改变指令字长和操作码的位数前提下，二地址指令操作数的直接寻址范围为 2^{12}=4 K。

如果将一个操作数的地址隐含在运算器的 ACC 中，则指令字中只需给出一个地址码，构成一地址指令。

（4）一地址指令。一地址指令的地址码字段只有一个，其格式如图 6.10 所示。

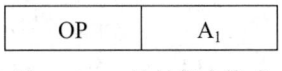

图 6.10　一地址指令格式

它可完成（ACC)OP(A_1)→ACC 的操作，ACC 既存放参与运算的操作数，又存放运算的中间结果，这样，完成一条一地址指令只需两次访存。在指令字长仍为 32 位、操作码位数仍固定为 8 位时，一地址指令操作数的直接寻址范围达 2^{24}，即 16 M。

（5）零地址指令。在指令系统中，还有一种指令可以不设地址字段，即所谓零地址指令，其格式如图 6.11 所示。

OP

图 6.11　零地址指令格式

零地址指令在指令字中无地址码，例如，空操作（NOP）、停机（HLT）这类指令只有操作码。而子程序返回（RET）、中断返回（IRET）这类指令没有地址码，其操作数的地址隐含在堆栈指针 SP 中。

2. 不同地址码类型比较

指令中地址个数的选取要考虑诸多的因素。从缩短程序代码长度、用户使用方便、增加操作并行度等方面来看，选用三地址指令格式较好。而从减少访存次数、增加执行速度、简化硬件设计等方面来看，一地址指令格式较好。对于同一个问题，用三地址指令编写的程序最短，但指令长度（程序存储量）最长，而用二、一、零地址指令来编写程序，程序的编码长度会逐渐增加，因为单条多地址指令所能实现的功能，可能需要多条少地址指令才能完成。表 6.1 给出了不同地址数指令的特点及适用场合。

表 6.1　不同地址数指令的特点及适用场合

地址码数量	指令长度	程序长度	执行速度	适用场合
三地址	最长	最短	很低	向量、矩阵运算为主
二地址	较长	短	一般	常规指令控制
一地址	一般	较短	较快	连续运算，硬件结构简单
零地址	短	最长	最快	嵌套、递归问题

从三地址指令到零地址指令，地址码字段数量在逐渐减少，单条指令操作的复杂性在降低，所能实现的功能也在减弱，但执行的速度却在不断增加。如果在定长指令字条件下，每条指令占用的空间都相同，指令越复杂（如三地址指令），功能越强，编程所需的指令条数就越少，使用的存储空间也就越小。在计算机技术发展的早期，硬件的制造成本很高，人们总是希望尽可能地节约存储空间，一条复杂指令就能实现若干条简单指令才能实现的功能，因此选用多地址字段的复杂指令无疑是最恰当选择、但这是以牺牲执行时间为代价的。随着硬件制造水平的不断提升，机器的处理速度、存储容量都有了非常大的提升，人们又希望机器在工作过程中尽可能地快速，以获得更高的工作效率，这时含有少量地址码的精简指令就非常适应这一需求，虽然用它们编制程序占用的存储空间会大一些，但却带来了指令执行速度的大幅提升。

6.2.3　指令格式设计原则

指令格式的选择应遵循如下几条基本原则。

（1）指令应尽量短。虽然编写的程序长度可能会增加，但时间开销降低。

（2）要有足够的操作码位数。向后兼容使指令操作类型不断增加，因此必须预留足够的操作码位数。

（3）操作码的编码必须有唯一的解释。操作码最终需送到指令译码器进行译码，因此，指令操作码要么是一个唯一的合法编码，要么是不合法的序列。当译码器发现是不合法操作码时，出现"非法指令"异常。

（4）指令长度应是字节的整数倍。指令存放在内存，而内存往往按字节编址，因此指令长度为字节的整数倍，便于指令的读取和指令地址的计算。

（5）合理选择地址字段的个数。地址字段个数涉及指令的长度和指令的规整性问题，它是空间开销和时间开销权衡的结果。

（6）指令应尽量规整。指令的规整性体现在许多方面：指令长度是否固定、操作码位数是否固定、地址码格式是否一致、指令字中各字段的划分位置是否一致等。规整的指令系统会大大简化硬件的实现。

6.3　寻址方式

寻址方式是指确定本条指令的数据地址以及下一条将要执行的指令地址的方法，它与硬件结构紧密相关，而且直接影响指令格式和指令功能。

寻址方式分为指令寻址和数据寻址两大类。

6.3.1　指令寻址

指令的寻址方式有两种，一种是顺序寻址方式，另一种是跳跃寻址方式。顺序寻址可通过程序计数器 PC 加 1，自动形成下一条指令的地址；跳跃寻址则通过转移类指令实现。

跳跃寻址的转移地址形成方式有 3 种：直接（绝对）寻址、相对寻址和间接寻址，它与下面介绍的数据寻址方式中的直接、相对和间接寻址是相同的，只不过寻找到的不是操作数的有效地址而是转移的有效地址而已。

6.3.2 操作数寻址

操作数寻址方式是根据指令中给出的地址码字段寻找真实操作数地址的方式。一般情况下，由于指令长度的限制，指令中的地址码不会很长，而主存的容量却可能越来越大。以 IBM PC/XT 机为例，主存容量可达 1MB，而指令中的地址码字段最长仅 16 位，仅能直接访问主存的一小部分，而无法访问整个主存空间。就是在字长很长的大型机中，即使指令中能够拿出足够的位数来作为访问整个主存空间的地址，为了灵活方便地编制程序，也需要对地址进行必要的变换。把指令中地址码字段给出的地址称为形式地址（用字母 A 表示），这个地址有可能不能直接用来访问主存。形式地址经过某种运算而得到的、能够直接访问主存的地址称为有效地址（用字母 EA 表示）。

每种计算机的指令系统都有自己的一套数据寻址方式，不同计算机的寻址方式的名称和含义并不统一，下面介绍大多数计算机常用的几种基本寻址方式。

（1）立即寻址。指令的地址码字段中给出的不是通常意义上的操作数地址，而是操作数本身，也就是说数据就包含在指令中，只要取出指令，也就取出了可以立即使用的操作数。图 6.12 为立即寻址示意图。

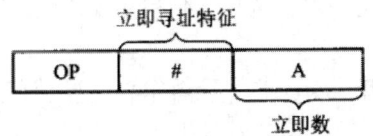

图 6.12 立即寻址示意

在取指令时，操作码和操作数被同时取出，不必再次访问主存，从而提高了指令的执行速度。但是，因为操作数是指令的一部分，不能被修改，而且立即数的大小受到指令长度的限制，所以这种寻址方式灵活性最差，通常用于给某一寄存器或主存单元赋初值或提供一个常数。

例如：
MOV　AX，0B3CAH； 将 16 位立即数送入 AX 中
MOV　AL,25
MOV　BX,"AB"
MOV　AH, 'C'

（2）寄存器寻址。指令的地址码部分给出某一个通用寄存器的编号，这个指定的寄存器中存放着操作数。操作数 S 与寄存器 Ri 的关系为

$$S=(Ri)$$

寄存器寻址具有两个明显的优势：

1）因构成元器件工作速度的差异，寄存器存取周期非常短，此外，寄存器本身就集成在 CPU 内部，源数据如果存在于寄存器中，数据传输不需要通过系统总线，因此从寄存器中存取数据比从主存中快得多；

2）由于寄存器的数量较少，编码所需的二进制位也会随之减少，其地址码字段比主存单元地址字段短得多。

例如：
MOV　BL,AL

MOV　　CH,DL
  MOV　　DX,CX

（3）直接寻址。在这种寻址方式下，指令中地址码字段给出的地址 A 就是操作数的有效地址，即形式地址等于有效地址：EA=A。由于这样给出的操作数地址是不能修改的，与程序本身所在的位置无关，所以又叫作绝对寻址方式。操作数 S 与有效地址 A 的关系为

$$S=(A)$$

这种寻址方式不需作任何寻址运算，简单直观，也便于硬件实现，但地址空间受到指令中地址码字段位数的限制。

例如：

  MOV　　BX, DS:[1000H]

该指令中，源操作数的有效地址用数值地址表示，即将当前数据段偏移 1000H 个字节的字单元内容送入 BX 中，源操作数的有效地址 EA 是 1000H。

（4）间接寻址。指令中地址字段给出的地址 A 不是操作数的有效地址，而是存放操作数地址的内存单元的地址：EA=(A)。也就是说，有效地址是由形式地址间接提供的，即为间接寻址。

图 6.13（a）为一次间接寻址，即 A 地址单元的内容 EA 是操作数的有效地址；图 6.13（b）为两次间接寻址，即 A 地址单元的内容 A1 还不是有效地址，而由 A1 所指单元的内容 EA 才是有效地址。

这种寻址方式与直接寻址相比，它扩大了操作数的寻址范围，因为 A 的位数通常小于指令字长，而存储字长可与指令字长相等。若设指令字长和存储字长均为 16 位，A 为 8 位，显然直接寻址范围为 2^8 个单元，一次间接寻址的寻址范围可达 2^{16} 个单元。当多次间接寻址时，可用存储字的首位来标志间接寻址是否结束。如图 6.13（b）中，当存储字首位为 "1" 时，表明还需继续访存寻址；当存储字首位为 "0" 时，表明该存储字即为 EA。由此可见，存储字首位不能作为 EA 的组成部分，因此，它的寻址范围为 2^{15} 个单元。

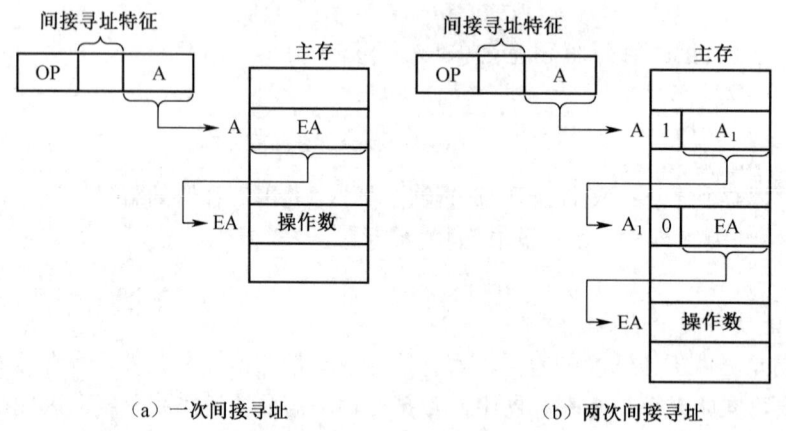

图 6.13　间接寻址示意

间接寻址的第二个优点在于它便于编制程序。例如，用间接寻址可以很方便地完成子程序返回，图 6.14 示意了用于子程序返回的间址过程。

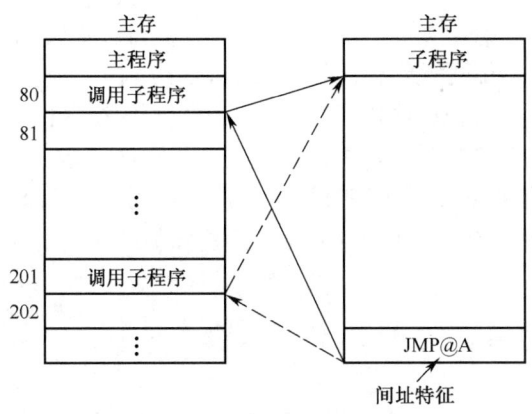

图 6.14 用于子程序返回的间址过程示意

图 6.14 中表示两次调用子程序，只要在调用前先将返回地址存入子程序最末条指令的形式地址 A 的存储单元内，便可准确返回到原程序断点。例如，第一次调用前，使[A] =81，第二次调用前，使[A] =202。这样，当第一次子程序执行到最末条指令 "JMP@A" (@为间址特征位)，便可无条件转至 81 号单元。同理，第二次执行完子程序后，便可返回到 202 号单元。

间接寻址的缺点在于指令的执行阶段需要访存两次（一次间接寻址）或多次（多次间接寻址），致使指令执行时间延长。

（5）寄存器间接寻址。图 6.15 中 Ri 中的内容不是操作数，而是操作数所在主存单元的地址号，即有效地址 EA = (Ri)。与寄存器寻址相比，指令的执行阶段还需访问主存。与图 6.13（a）相比，因有效地址不是存放在存储单元中，而是存放在寄存器中，故称其为寄存器间接寻址，它比间接寻址少访存一次。

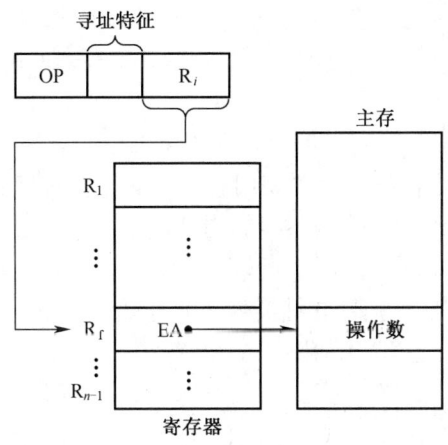

图 6.15 寄存器间接寻址的示意

（6）基址寻址。基址寻址需设有基址寄存器 BR，其操作数的有效地址 EA 等于指令字中的形式地址与基址寄存器中的内容（称为基地址）相加，即 EA = A +(BR)。

图 6.16 示意了基址寻址过程。基址寄存器可采用隐式的和显式的两种。所谓隐式，是在计算机内专门设有一个基址寄存器 BR，使用时用户不必明显指出该基址寄存器，只需由指令的寻址特征位反映出基址寻址即可。显式是在一组通用寄存器里，由用户明确指出哪个寄存器

用作基址寄存器,存放基地址。例如,对于一个具有多个寄存器的机器来说,用户只需指出哪一个寄存器作为基址寄存器即可,至于这个基址寄存器应赋予何值,完全由操作系统或管理程序根据主存空间状况来确定。在程序执行过程中,用户不知道自己的程序在主存的哪个空间,用户也不可修改基址寄存器的内容,以确保系统安全可靠地运行。

IBM 370 计算机中设有 16 个通用寄存器,用户可任意选中某个寄存器作为基址寄存器。对应图 6.16（a）为隐式基址寻址,图 6.16（b）为显式基址寻址。

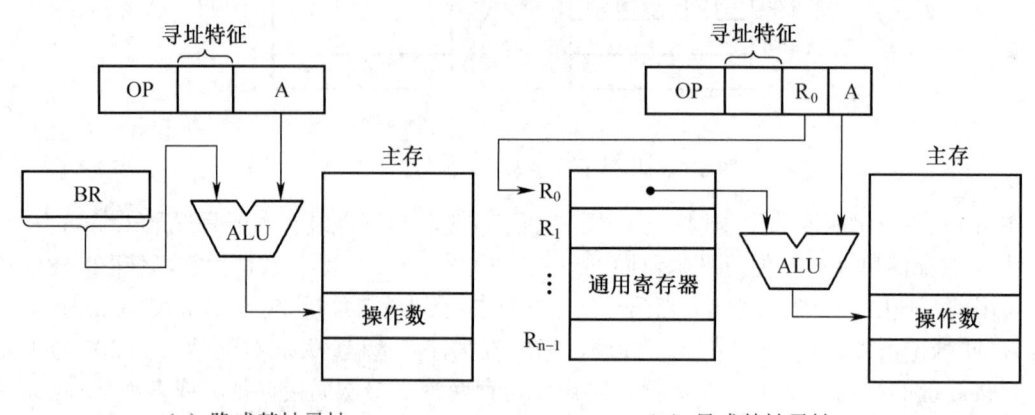

(a) 隐式基址寻址　　　　　　(b) 显式基址寻址

图 6.16　基址寻址过程示意

基址寻址可以扩大操作数的寻址范围,因基址寄存器的位数可以大于形式地址 A 的位数。当主存容量较大时,若采用直接寻址,因受 A 的位数限制,无法对主存所有单元进行访问,但采用基址寻址便可实现对主存空间的更大范围寻访。例如,将主存空间分为若干段,每段首地址存于基址寄存器中,段内的位移量由指令字中形式地址 A 指出,这样操作数的有效地址就等于基址寄存器内容与段内位移量之和,只要对基址寄存器的内容作修改,便可访问主存的任一单元。

基址寻址在多道程序中极为有用。用户可不必考虑自己的程序存于主存的哪一空间区域,完全可由操作系统或管理程序根据主存的使用状况,赋予基址寄存器内一个初始值(即基地址),便可将用户程序的逻辑地址转化为主存的物理地址(实际地址),把用户程序安置于主存的某一空间区域。

(7) 变址寻址。变址寻址与基址寻址类似,其有效地址 EA 等于指令字中的形式地址 A 与变址寄存器 IX 的内容相加之和,即 $EA = A + (IX)$。

显然只要变址寄存器位数足够,也可扩大操作数的寻址范围,其寻址过程如图 6.17 所示。

图 6.17（a）（b）与图 6.16（a）（b）相比,可明显看出变址寻址与基址寻址的有效地址形成过程极为相似。由于两者的应用场合不同,因此从本质来认识,它们还是有较大的区别。基址寻址主要用于为程序或数据分配存储空间,故基址寄存器的内容通常由操作系统或管理程序确定,在程序的执行过程中其值是不可变的,而指令字中的 A 是可变的。在变址寻址中,变址寄存器的内容是由用户设定的,在程序执行过程中其值可变,而指令字中的 A 是不可变的。变址寻址主要用于处理数组问题,在数组处理过程中,可设定 A 为数组的首地址,不断改变变址寄存器 IX 的内容,便可很容易形成数组中任一数据的地址,

特别适合编制循环程序。

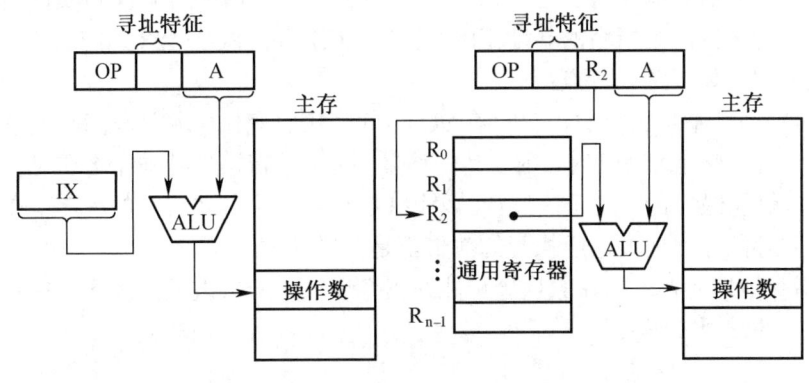

（a）隐式变址寻址　　　　（b）显式变址寻址

图 6.17　变址寻址示意

有的机器（如 Intel 8086、VAX - 11）的变址寻址具有自动变址的功能，即每存取一个数据，根据数据长度（即所占字节数），变址寄存器能自动增量或减量，以便形成下一个数据的地址。

变址寻址还可以与其他寻址方式结合使用。例如，变址寻址可与基址寻址合用，此时有效地址 EA 等于指令字中的形式地址 A 和变址寄存器 IX 的内容（IX）及基址寄存器 BR 中的内容（BR）相加之和，即

$$EA = A + (IX) + (BR)$$

变址寻址还可与间接寻址合用，形成先变址后间址或先间址再变址等寻址方式，在使用各类机器时可注意分析。

（8）相对寻址。相对寻址的有效地址是将程序计数器 PC 的内容（即当前指令的地址）与指令字中的形式地址 A 相加而成，即

$$EA = (PC) + A$$

图 6.18 示意了相对寻址的过程，由图中可见，操作数的位置与当前指令的位置有一段距离 A。

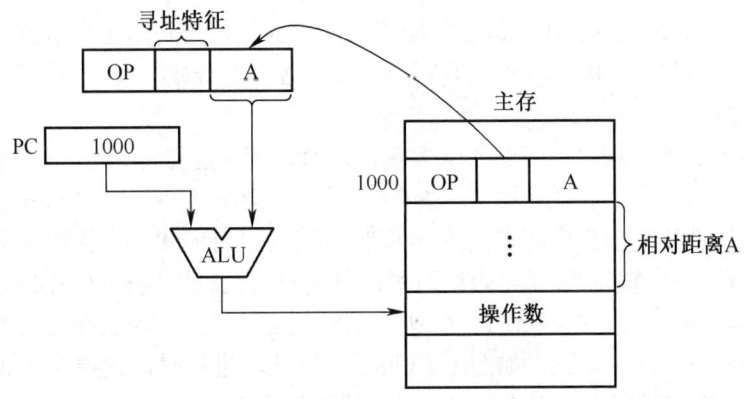

图 6.18　相对寻址示意

相对寻址常被用于转移类指令，转移后的目标地址与当前指令有一段距离，称为相对位移量，它由指令字的形式地址 A 给出，故 A 又称位移量。位移量 A 可正可负，通常用补码表示。倘若位移量为 8 位，则指令的寻址范围在(PC) +127 ～ (PC) -128 之间。

这种寻址方式有如下两个特点：

1）操作数的地址不是固定的，它随着 PC 值的变化而变化，并且与指令地址之间总是相差一个固定值。当指令地址变换时，由于其位移量不变，使得操作数与指令在可用的存储区内一起移动，所以仍能保证程序的正确执行。采用 PC 相对寻址方式编写的程序可在主存中任意浮动，它放在主存的任何地方，所执行的效果都是一样的。

2）对于指令地址而言，操作数地址可能在指令地址之前或之后，因此，指令中给出的位移量可负可正，通常用补码表示。

6.4 堆栈与堆栈操作

堆栈是一种按特定顺序进行存取的存储区，这种特定顺序可归结为"后进先出（LIFO）"或"先进后出（FILO）"。在一般计算机中，堆栈主要用来暂存中断断点、子程序调用时的返回地址、状态标志及现场信息等，也可用于子程序调用时参数的传递。

6.4.1 堆栈结构

堆栈区通常是主存储器中指定的一个区域，也可以专门设置一个小而快的存储器作为堆栈区。在堆栈容量很小的情况下，还可以用一组寄存器来构成堆栈。

1. 寄存器堆栈

有些计算机中用一组专门的寄存器构成寄存器堆栈，又称为硬堆栈。这种堆栈的栈顶是固定的，寄存器组中各寄存器是相互连接的，它们之间具有对应位自动推移的功能，即可将一个寄存器的内容推移到相邻的另一个寄存器中去。在执行压入操作（进栈）时，一个压入信号将使所有寄存器的内容依次向下推移一个位置，即寄存器 i 的内容被传送到 $i+1$，同时一个 n 位的字被压入栈顶（寄存器 0）。在执行弹出操作（出栈）时，一个弹出信号将把所有寄存器的内容依次向上推移一个位置，即寄存器 i 的内容被传送到寄存器 $i-1$，栈顶（寄存器 0）的内容被弹出。

从图 6.19 可看出，上述堆栈中最多只能压入 k 个数据，否则将丢失信息。这种堆栈的工作过程很像子弹夹的弹仓，由于栈顶位置固定，故不必设置堆栈的栈顶指针。

2. 存储器堆栈

寄存器堆栈的成本比较高，不适于大容量的堆栈，而从主存中划出一段区域来作为堆栈是最合算且最常用的方法。这种堆栈又称为软堆栈，堆栈的大小可变，栈底固定，栈顶浮动，故需要一个专门的硬件寄存器作为堆栈栈顶指针，简称栈指针（SP）。栈指针所指定的存储单元就是堆栈的栈顶。存储器堆栈又可分为两种：自底向上生成堆栈和自顶向下生成堆栈。

（1）自底向上生成（向低地址方向生成）堆栈。这种堆栈的栈底地址大于栈顶地址，通常栈指针始终指向栈顶的满单元，如图 6.20 所示。因此，进栈时，栈指针（SP）的内容需要先自动减 1，然后再将数据压入堆栈；出栈时，需要先将堆栈中的数据弹出，然后 SP 的内容再自动加 1。进、出栈的过程可描述如下：

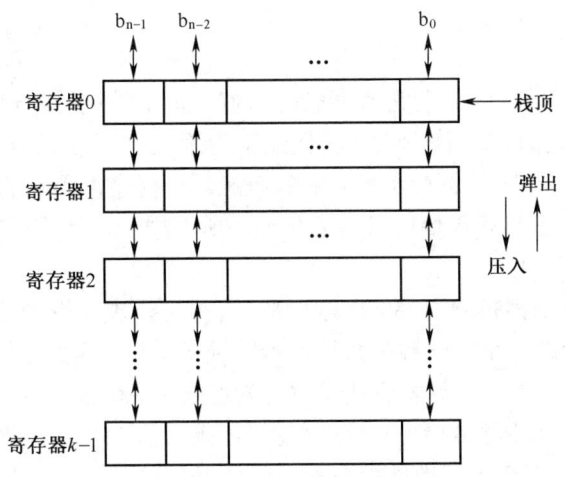

图 6.19　寄存器堆栈结构

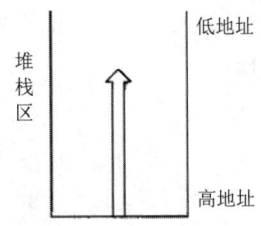

图 6.20　存储器堆栈结构

进栈：

(SP) −1→SP　　　;修改栈指针
(A)→(SP)　　　　;将 A 中的内容压入栈顶单元

出栈：

((SP))→A　　　　;将栈顶单元内容弹出送入 A 中
(SP) + 1→SP　　　;修改栈指针

其中，A 为寄存器或主存单元地址；(SP)表示栈指针的内容，即栈顶单元地址；((SP)) 表示栈顶单元的内容。

（2）自顶向下生成（向高地址方向生成）堆栈。这种堆栈与自底向上堆栈正好相反，它的栈底地址小于栈顶地址。进栈时，先令 (SP) + 1→SP，然后再压入数据；出栈时，先将数据弹出，然后(SP)−1→SP。

软堆栈的容量可以很大，而且可以在整个主存中浮动，但是速度比较慢，每访问一次堆栈实际就是访问一次主存。在一些大型的计算机系统中，希望堆栈的容量大、速度快，故将前述两种堆栈组合起来构成软、硬结合的堆栈。在这样的堆栈中，一般压入、弹出操作在小容量的硬堆栈中进行，这样可保证访问速度快。当硬堆栈已满之后，每向硬堆栈压入一个数据，总是将其栈底寄存器中的数据压入软堆栈中，使堆栈总容量有效地扩大；同样，数据出栈时，不断将软堆找中栈顶的内容上移至硬堆栈的栈底寄存器中。显然它集中了硬堆栈速度快、软堆栈容量大的优点，只是在控制上稍复杂些，但这是完全可以实现的。

6.4.2 堆栈操作

堆栈操作既不是在堆栈中移动它所存储的内容，也不是把已存储在栈中的内容从栈中抹掉，而是通过调整堆栈指针而给出新的栈顶位置，以便对位于栈顶位置的数据进行操作。

在一般计算机中，堆栈主要用来暂存中断断点、子程序调用时的返回地址、状态标志及现场信息等，也可用于子程序调用时参数的传递，所以用于访问堆栈的指令只有进栈（压入）和出栈（弹出）两种。

在堆栈计算机（如 HP-3000，B5000 等）中，算术逻辑类指令中没有地址码字段，故称为零地址指令。参加运算的两个操作数隐含地从堆找顶部弹出，送到运算器中进行运算，运算的结果再隐含地压入堆栈。如果将算术表达式改写为逆波兰表达式，用零地址指令进行运算是十分方便的。例如：有算术表达式 a×b+c÷d，运算结果送给 X，这个算术表达式可以用逆波兰法表示成为 ab×cd÷+。现在用零地址指令和一地址指令对该算式编程，并利用堆栈完成运算。假设堆栈采用自底向上生成方式，用大写字母 A 表示数据 a 的地址，其他依此类推，其程序段为：

```
PUSH A      ;数据 a 压入堆栈
PUSH B      ;数据 b 压入堆栈
MUL         ;完成 a×b
PUSH C      ;数据 c 压入堆栈
PUSH D      ;数据 d 压入堆栈
DIV         ;完成 c÷d
ADD         ;完成 a×b+c÷d
POP X       ;结果存入 X 单元
```

注意：执行 1 条零地址的双操作数运算指令，如果是软堆栈，则需要访问 4 次主存；如果是硬堆栈，则只需要访问 1 次主存。

6.5 指令系统应用举例

下面介绍两套影响力较大的计算机使用的指令系统，将更多地从指令格式、寻址方式的角度，而不是从指令功能的角度来介绍这两套指令系统。

1. IBM 360 计算机系统

IBM 360 计算机是被广泛接受的最成功的系列计算机系统之一。它的字长为 32 位，按字节寻址，可以支持字节、半字、字、双字（双精度浮点数）、压缩十进制数、字符串等数据类型，使用 16 个通用寄存器和 4 个 64 位的浮点寄存器，使用 2 字节、4 字节和 6 字节三种长度的指令。根据选用的寻址方式进行划分，有以下 5 种指令格式，如图 6.21 所示。

其中 OP 是 8 位的操作码，故最多支持 256 条指令；Ri、Rj 是 4 位的寄存器编码，用于访问 16 个通用寄存器；X、B、B_1、B_2 是 4 位的寄存器编码，用于访问 16 个变址寄存器或基地址寄存器。

指令的特点是指令选用固定长度的操作码。

支持寄存器寻址方式，如第一种指令格式实现的是对两个寄存器中的内容进行运算。

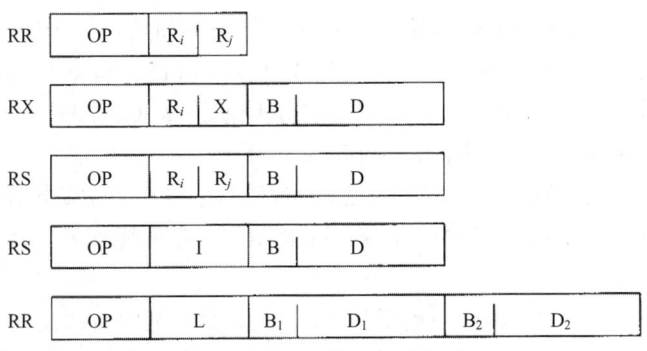

图 6.21 IBM 360 的指令格式

实现存储器读写时，支持变址加基地址寻址方式，如第二种指令格式中的存储器地址是通过 (B) + (X) + D 计算出来的。

支持立即数寻址方式，如第 4 种指令格式实现的是把 8 位的立即数写进地址为 (B)+D 的存储单元中。

支持三操作数地址的指令，如第三种指令格式实现的是两个寄存器和一个存储器单元之间的数据运算和传送，即 R_j 寄存器的内容和存储器 (B)+D 地址单元中的内容进行运算并传送结果到 R_i 寄存器中；第 5 种指令格式实现的是两个存储器单元之间的数据运算和传送，在指令格式中，除了给出两个存储器单元的地址之外，还需要通过第三个操作数 L，给出用到的操作数的个数（1~256 个字符，或两个 1~16 位的十进制数）。

这套指令系统的特点是，支持寄存器之间的运算（RR 型指令），支持寄存器和存储器单元之间的运算（RX、RS 型指令），支持立即数和存储器单元之间的运算（SI 型指令），支持两个存储器单元之间的运算（SS 型指令）。

2. PentiumⅡ 计算机系统

Pentium 是非常成功的系列微型计算机系统，应用面广，影响力强。

Pentium 机的指令可能带有自己的前缀 Instruction Prefix。如果有的话，可由 1~4 个重复出现的 LOCK 部分组成，用于保证在多处理机环境下，处理机能以互斥的方式共享主存储器，通过这种方法处理字符串，比使用软件方法实现要快得多。PentiumⅡ 的指令格式如图 6.22 所示。

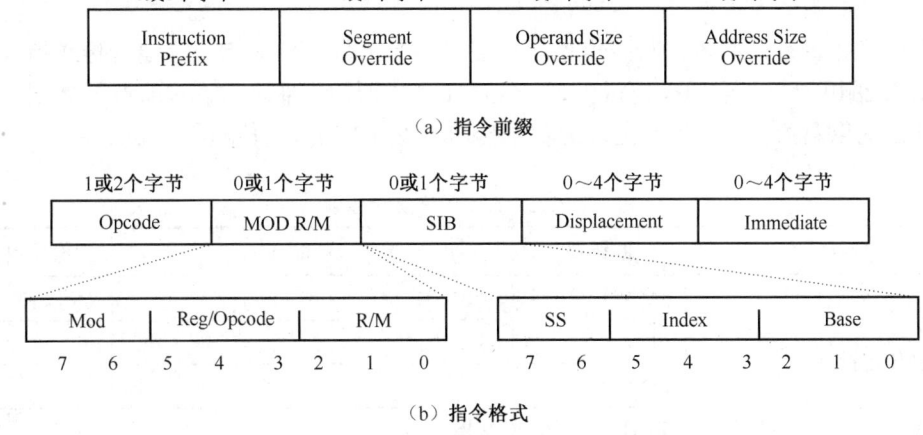

（a）指令前缀

（b）指令格式

图 6.22 PentiumⅡ 的指令格式

在图 6.22（a）中 Segment Override 用于指出在指令中使用哪一个段寄存器；Operand Size Override 用于指出指令中的操作数是 16 位还是 32 位；Address Size Override 用于指出在本指令中计算存储器地址时，使用 16 还是 32 位的变址偏移量（Displacement）。

在图 6.22（b）中指令格式包括如下内容。

Pentium H 的指令的操作码可以由 1~2 个字节组成，在指明操作功能的同时，有时还用于指出操作数的长度是字节、半字或者全字，存储器访问是读操作还是写操作，立即数是否需要符号位扩展等。

MOD R/M 字段和后面的 SIB 字段用于给出寻址信息，例如数据是在寄存器中还是在存储器中，如果是在存储器中，本字节用于指出本指令使用的寻址方式，两位的 Mod 和三位的 R/M 字段可以形成 32 个值，区分 8 个通用寄存器和 24 种变址方法。三位的 Reg/Opcode 字段用于指定一个寄存器的编码或者与 Mod 字段一起用于寻址方式的译码。

SIB 字段可以与 Mod 字段一起用于寻址方式的译码，SIB 也被划分成三个子字段，两位的 SS 用于指定变址寻址计算中的放大因子，三位的 Index 和 Base 分别用于指定变址寄存器和基地址寄存器。

Displacement 字段用于提供变址寻址方式下的偏移值，可以为 8、16 或 32 位长度。

Immediate 字段用于提供立即数寻址方式下的立即数，可以为 8、16 或 32 位长度。

这套指令系统的特点是，指令操作码还包含区分寻址方式的某些信息；变址寻址的 offset 的字段可以为 1、2、4 个字节，可以在指令中支持访问更大的存储器空间；兼容 8086 机的指令系统，使指令译码操作变得非常复杂。

6.6 指令的类型

不同机器的指令系统是各不相同的，从指令的功能来考虑，一个较完善的指令系统，应当包括数据传送类指令、算术运算类指令、逻辑运算类指令、程序控制类指令、输入/输出类指令、字符串操作类指令、系统控制类指令等。下面以 Intel 8086 CPU 型号为例分别介绍。

6.6.1 数据传送类指令

数据传送指令是最基本的指令类型，主要包括通用数据传送指令、地址传送指令、交换指令、输入/输出指令、堆栈操作指令等，这类指令主要用来实现主存和寄存器之间、寄存器和寄存器之间以及两个主存单元之间的数据传送。表 6.2 为数据传送类指令。

表 6.2 数据传送类指令

分类	助记符	功能	操作数类型
通用数据传送指令	MOV	传送	字节/字
	PUSH	压栈	字
	POP	弹栈	字
	XCHG	交换	字节/字

续表

分类	助记符	功能	操作数类型
累加器专用传送指令	XLAT	换码	字节
	IN	输入	字节/字
	OUT	输出	字节/字
地址传送指令	LEA	装入有效地址	字
	LDS	把指针装入寄存器和 DS	4 个字节
	LES	把指针装入寄存器和 ES	4 个字节
标志传送指令	LAHF	把标志装入 AH	字节
	SAHF	把 AH 送标志寄存器	字节
	PUSHF	标志压栈	字
	POPF	标志弹栈	字

1. MOV 指令

MOV 指令具有数据复制的性质，即数据从源地址传送到目的地址，而源地址中的内容保持不变。

这是一种形式最简单、使用最频繁的指令，它可以实现寄存器与寄存器之间、寄存器与主存单元之间的数据传送，也可以将立即数传送到寄存器。

MOV 指令的传送通常以字节、字、双字为单位，并且应当保持数据宽度一致，否则需要使用汇编语言的指示符。

注意：MOV 指令的源操作数和目的操作数中，必须有一个在寄存器中，不允许用于两个主存单元之间的数据传送，并且不能向代码寄存器 CS 和堆栈寄存器 SS 传送数据。

例如：

  MOV AH,AL；   将寄存器 AL 中的数据传送到 AH 中
  MOV AX,1234H；   将立即数 1234H 传送到寄存器 AX 中
  MOV AX,VARW；   将 VARW 存储单元中的数据传送到寄存器 AX

2. PUSH/POP 指令

进栈指令（PUSH）可以分别将寄存器、主存、段寄存器、状态标志寄存器和全部寄存器（80386 以上）的内容或立即数压入到堆栈中。出栈指令（POP）则弹出保存的数据，但不能从堆栈中弹出数据至立即数，也不能将数据弹出至代码段寄存器。

堆栈位置由堆栈寄存器 SS 和堆栈指针 SP 规定。在 80x86 中，堆栈操作都是字（16 位）操作，同时还限定压入数据的来源和弹出数据的去向不能是主存单元。

例如：

  MOV AX,0ABCDH
  PUSH AX   ；将 AX 中的数据 0ABCDH 压栈
  POP CX   ；将栈顶数据弹出到寄存器 CX 中

程序段"MOV AX,0ABCDH"的操作如图 6.23 所示。若在上例基础上执行出栈操作，效果如图 6.24 所示。

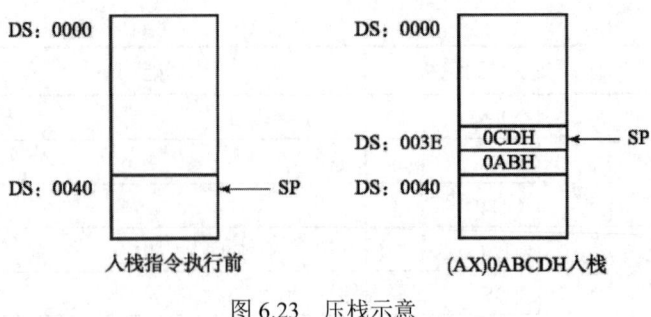

图 6.23　压栈示意

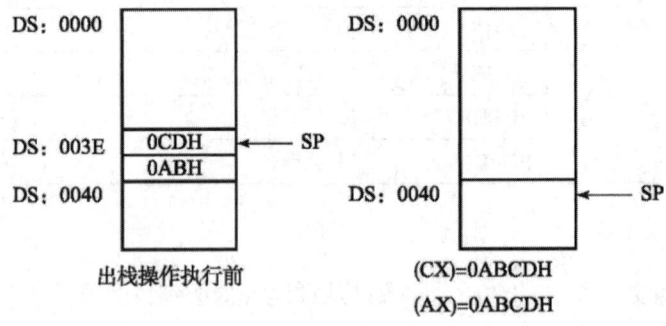

图 6.24　数据出栈示意

6.6.2　算术运算类指令

算术运算指令主要用于定点和浮点运算。这类运算包括定点加、减、乘、除指令，浮点加、减、乘、除指令以及加 1、减 1、比较等，有些机器还有十进制算术运算指令。

绝大多数算术运算指令都会影响到状态标志位，通常的标志位有进位、溢出、全零、正负和奇偶等。

为了实现高精度的加减运算（双倍字长或多字长），低位字（字节）加法运算所产生的进位（或减法运算所产生的借位），都存放在进位标志中；在高位字（字节）加减运算时，应考虑低位字（字节）的进位（或借位），因此，指令系统中除去普通的加、减指令外，一般都设置了带进位加指令和带借位减指令。表 6.3 为算术运算类指令。

表 6.3　算术运算类指令

分类	助记符	功能
加法	ADD	加
	ADC	加（带进位）
	INC	加 1
减法	SUB	减
	SBB	减（带借位）
	DEC	减 1
	NEG	取补
	CMP	比较

续表

分类	助记符	功能
乘法	MUL	乘（不带符号）
	IMUL	乘（带符号）
除法	DIV	除（不带符号）
	IDIV	除（带符号）
符号扩展	CBW	将字节扩展为字
	CWD	将字扩展为双字
十进制调整	AAA	加法的 ASCII 调整
	DAA	加法的十进制调整
	AAS	减法的 ASCII 调整
	DAS	减法的十进制调整
	AAM	乘法的 ASCII 调整
	AAD	除法的 ASCII 调整

1. 加、减和比较指令

加法/减法指令（ADD/SUB）所需的操作数可以在寄存器、主存中，也可以是立即数。加 1 或减 1 指令（INC/DEC）的操作数在寄存器或者主存单元中。

比较指令（CMP）是减法指令的一个特殊变化，仍是进行两数相减的运算，但结果不回送，即不保留"差"。比较指令的功能在于不破坏原来的两个操作数，而仅设置相应的标志位。

为了实现高精度的加减运算（双倍字长或多字长），除去普通的加、减指令外还设置了带进位加指令（ADC）和带借位减指令（SBB）。

例如：

SUB　AX,0136H;　　寄存器 AX 中的数据减去立即数 0136H
SBB　AL,DL;　　　 寄存器 AL 中的数据减去 DL 的数据减 CF 中的数据，结果存 AL
CMP　SI,DI;　　　 比较寄存器 SI 和 DI 中值的大小

2. 乘法、除法指令

乘法允许进行字节、字或双字运算，它们可以是带符号的（IMUL）或无符号的（MUL）整数。被乘数分别存放在 AL、AX 或 EAX 中，乘数可在其他数据寄存器中，乘积是双倍宽的数据，字节乘法的积存放在 AX 中，字乘法的积存放在 DX（高 16 位数据）和 AX（低 16 位数据）中，双字乘法的积存放在 EDX（高 32 位数据）和 EAX（低 32 位数据）中。

除法也可以进行字节、字或双字运算。它们也可以是带符号的（IDIV）或无符号的（DIV）整数。被除数总是双倍宽的数据。对于 8 位的除数，被除数存放在 AX 中；对于 16 位的除数，被除数存放在 DX 和 AX 中，对于 32 位的除数，被除数存放在 EDX 和 EAX 中。

例如：

MOV AL,3H
MOV BL,12H
MUL BL ;结果(AX)=0036H,(AH)=0,状态标志位(CF)=(OF)=0
MOV AX,34H

            MOV CL,03H
            DIV CL;计算 34H/03H，商在 AL 中，余数在 AH 中
    3. BCD 运算和 ASCII 运算

    十进制运算调整指令（DAA）置于 ADD 或 ADC 指令之后，将加法运算的结果调整为 BCD 数的结果。由于 DAA 指令只作用于 AL 寄存器，因此这种运算每次只能做 8 位加法。

    十进制运算调整指令（DAS）置于 SUB 或 SBB 指令之后，将减法运算的结果调整为 BCD 数的结果。

    ASCII 算术运算指令作用于 ASCII 码数字。AAA、AAM、AAS 分别在加法、乘法、减法之后进行调整，AAD 在除法之前进行调整。

6.6.3 逻辑运算类指令

一般计算机都具有与、或、非和异或等逻辑运算指令。这类指令在没有设置专门的位操作指令的计算机中常用于对数据字（字节）中某些位（一位或多位）进行操作，常见的应用如下：

（1）按位测（位检查）。利用与指令可以屏蔽掉数据字（字节）中的某些位。通常让被检查数作为目的操作数，屏蔽字作为源操作数，要检测某些位，可使屏蔽字的相应位为"1"，其余位为"0"，然后执行与指令，则可取出所要检查的位来。

（2）按位清（位清除）。利用与指令还可以使目的操作数的某些位置为"0"。只要源操作数的相应位为"0"，其余位为"1"，然后执行与指令即可。

（3）按位置（位设置）。利用或指令可以使目的操作数的某些位置为"1"。只要源操作数的相应位为"1"，其余位为"0"，然后执行或指令即可。

（4）按位修改。利用异或指令可以修改目的操作数的某些位，只要源操作数的相应位为"1"，其余位为"0"，然后执行异或指令就达到了修改这些位的目的。

（5）判符合。若两数相符合，其执行异或指令之后的结果全为"0"。

表 6.4 为逻辑运算类指令。

表 6.4 逻辑运算类指令

分类	助记符	功能
逻辑运算	NOT	逻辑非
	AND	逻辑与
	OR	逻辑或
	XOR	逻辑异或
	TEST	逻辑测试

例如，测试 AL 中的符号位是否为 1，可使用以下指令：
    TEST AL,10000000B
在上面所示的指令后，若寄存器 AL 中的最高位为 1，则标志位 SF 置 1，否则 SF 置 0。

6.6.4 移位指令

移位指令分为算术移位、逻辑移位和循环移位 3 类，它们又都分别对应左移和右移两种操作。表 6.5 为移位指令。

表 6.5　移位指令

分类	助记符	功能
移位	SHL	逻辑左移
	SAL	算术左移
	SHR	逻辑右移
	SAR	算术右移
循环移位	ROL	循环左移
	ROR	循环右移
	RCL	带进位循环左移
	RCR	带进位循环右移

（1）算术移位。算术移位的对象是带符号数，在移位过程中必须保持操作数的符号不变。当左移一位时，如不产生溢出，则数值乘 2；右移一位时，如不考虑因移出舍去的末位尾数，则数值除 2，如图 6.25（a）所示。

（2）逻辑移位。逻辑移位的对象是无符号数，移位时不必考虑符号问题，所有的数值均参加移位运算，如图 6.25（b）所示。

（3）循环移位。循环移位按是否与进位一起循环又分为两种：小循环（不带进位循环）如图 6.25（c）所示，大循环（带进位循环）如图 6.25（d）所示。

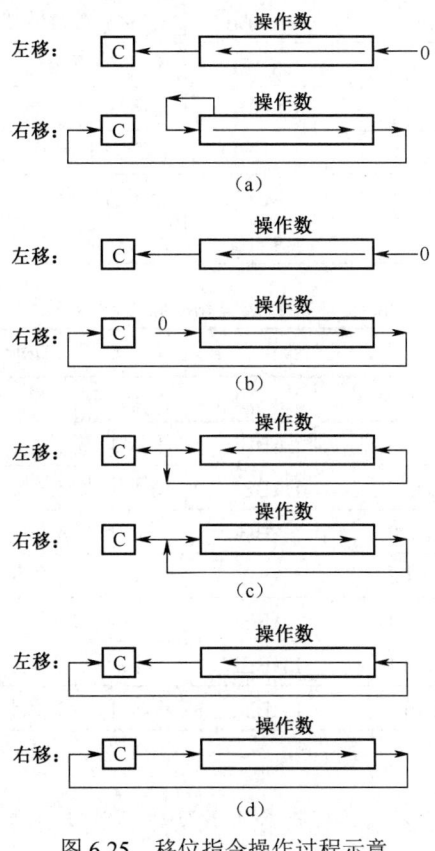

图 6.25　移位指令操作过程示意

例如，假设单元 DATA1 和 DATA2 各 4 位，分别存放在 AL 寄存器的低 4 位和高 4 位中，现要把它们分别存放到 BL 寄存器和 BH 寄存器的低 4 位中，其可使用如下指令：

```
MOV BL,AL；  使(BL)=AL
AND BL,0FH； 将 BL 与 0F 相与
MOV BH,AL；  使(BH)=AL
MOV CL,4；   规定移位次数(CL)=4
SHR BH,CL；  将 BH 逻辑右移 4 位
```

6.6.5 程序控制类指令

程序控制类指令用于控制程序的执行顺序，并使程序具有测试、分析与判断的能力。它们是指令系统中一组非常重要的指令，主要包括转移指令、子程序调用和返回指令，见表 6.6、表 6.7。

表 6.6 根据标志位转移的指令

分类		格式		功能	测试条件
条件转移指令	根据某一状态标志转移	JC	LABEL	有进位时转移	CF=1
		JNC	LABEL	无进位时转移	CF=0
		JP/JPE	LABEL	奇偶位为 1 时转移	PF=1
		JNP/JPO	LABEL	奇偶位为 0 时转移	PF=0
		JZ/JE	LABEL	为零/相等时转移	ZF=1
		JNZ/JNE	LABEL	不为零/不相等时转移	ZF=0
		JS	LABEL	负数时转移	SF=1
		JNS	LABEL	正数时转移	SF=0
		JO	LABEL	溢出时转移	OF=1
		JNO	LABEL	无溢出时转移	OF=0

表 6.7 根据运算结果转移的指令

分类		格式		功能	测试条件
条件转移指令	对无符号数	JB/JNAE	LABEL	低于/不高于等于时转移	CF=1
		JNB/JAE	LABEL	不低于/高于等于时转移	CF=0
		JA/JNBE	LABEL	高于/不低于等于时转移	CF=0 且 ZF=0
		JNA/JBE	LABEL	不高于/低于等于时转移	CF=1 或 ZF=1
	对有符号数	JL/JNGE	LABEL	小于/不大于等于时转移	SF≠OF
		JNL/JGE	LABEL	不小于/大于等于时转移	SF=OF
		JG/JNLE	LABEL	大于/不小于等于时转移	ZF=0 且 SF=OF
		JNG/JLE	LABEL	不大于/小于等于时转移	ZF=1 且 SF≠OF

1. 转移指令

在程序执行过程中，通常采用转移指令来改变程序的执行顺序。转移指令又分无条件转

移指令和条件转移指令两种。

（1）无条件转移指令又称必转指令，它在执行时将改变程序的常规执行顺序，不受任何条件的约束，直接把程序转向该指令指出的新位置并执行，其助记符为 JMP。

（2）条件转移指令必须受到条件的约束，若条件满足时才执行转移，否则程序仍按原先顺序执行。条件转移指令主要用于程序的分支，当程序执行到某处时，要在两个分支中选择一支，这就需要根据某些测试条件作出判断。转移的条件，一般是上次运算结果的某些特征（标志），如进位标志、结果为零标志、结果溢出标志等。

无论是条件转移指令还是无条件转移指令都需要给出转移地址。若采用相对寻址方式，转移地址为当前指令地址（即 PC 的值）和指令中给出的位移量之和，即(PC)+位移量→PC；若采用绝对寻址方式，转移地址由指令的地址码字段直接给出，即 A→PC。

2. 子程序调用指令

子程序是一组可以公用的指令序列，只要知道子程序的入口地址就能调用它。通常把一些需要重复使用并能独立完成某种特定功能的程序单独编成子程序，在需要时由主程序调用它们，这样做既简化了程序设计，又节省了存储空间。

主程序和子程序是相对的概念，调用其他程序的程序是主程序；被其他程序调用的程序是子程序。子程序允许嵌套，即程序 A 调用程序 B，程序 B 又调用程序 C，程序 C 再调用程序 D……这个过程又称为多重调用。其中，程序 B 对于程序 A 来说是子程序，对于程序 C 来说是主程序。另外，子程序还允许自己调用自己，即子程序递归。

从主程序转向子程序的指令称为子程序调用指令，简称转子指令，其助记符一般为 CALL。转子指令安排在主程序中需要调用子程序的地方，转子指令是一地址指令。

转子指令和转移指令都可以改变程序的执行顺序，但事实上两者存在着很大的差别。

转移指令使程序转移到新的地址后继续执行指令，不存在返回的问题，所以没有返回地址；而转子指令要考虑返回问题，所以必须以某种方式保存返回地址，以便返回时能找到原来的位置。

转移指令用于实现同一程序内的转移；而转子指令转去执行一段子程序，实现的是不同程序之间的转移。

返回地址是转子指令的下一条指令的地址，保存返回地址的方法有多种：

（1）用子程序的第一个字单元存放返回地址。转子指令把返回地址存放在子程序的第一个字单元中，子程序从第二个字单元开始执行。返回时将第一个字单元地址作为间接地址，采用间址方式返回主程序。这种方法可以实现多重转子，但不能实现递归循环，Cyber/0 采用的就是这种方法。

（2）用寄存器存放返回地址。转子指令先把返回地址放到某一个寄存器中，再由子程序将寄存器中的内容转移到另一个安全的地方，如主存的某个区域。这是一种较为安全的方法，可以实现子程序的递归循环。IBM 370 采用这种方法，这种方法相对增加了子程序的复杂程度。

（3）用堆栈保存返回地址。不管是多重转子还是子程序递归，最后存放的返回地址总是最先被使用的，堆栈的后进先出存取原则正好支持实现多重转子和递归循环，而且也不增加子程序的复杂程度。这是应用最为广泛的方法。PDP-ll、VAX-ll、Intel 80x86 等均采用这种方法。

3. 返回指令

从子程序转向主程序的指令称为返回指令，其助记符一般为 RET，子程序的最后一条指令一定是返回指令。返回地址存放的位置决定了返回指令的格式,通常返回地址保存在堆栈中,所以返回指令常是零地址指令。

子程序通过调用子程序指令（CALL）调用,通过返回指令（RET）返回。

在执行 CALL 指令时,返回地址（CS 和 IP 寄存器的内容）被自动地压入堆栈保存。在执行 RET 指令时,自动地从堆栈中弹出返回地址送给 CS 和 IP 寄存器。表 6.8 为子程序调用/返回指令。

表 6.8 子程序调用/返回指令

分类	格式	功能
子程序调用	CALL　NEAR　　PTR　OPD	段内直接调用
	CALL　WORD　　PTR　OPD	段内间接调用
	CALL　FAR　　　PTR　OPD	段间直接调用
	CALL　DWORD　PTR　OPD	段间直接调用
返回指令	RET	段内返回
	RET N	段间返回

6.6.6 字符串操作类指令

为了方便字符串的处理,8088/8086 系统设置了字符串操作指令,专门对存储器中的字节串和字串数据进行传送、比较、扫描、存储及装载等操作。在字符串操作指令前加上重复前缀,以实现字符串的循环处理。

字符串操作指令中,使用 SI 寄存器（源串存放在当前数据段中）寻址源操作数,段基址使用 DS 寄存器。DI 寄存器（目标串存放在附加数据段中）寻址目的操作数,段基址使用 ES 寄存器。字符串操作指令执行时将自动修改 SI、DI 地址指针。表 6.9 为字符串操作类指令。

表 6.9 字符串操作类指令

助记符	重复前缀	操作数	地址指针寄存器
MOVS	REP	目的、源	ES：DI，DS：SI
LODS	无	源	DS：SI
STOS	REP	目的	ES：DI
CMPS	REPE/REPNE	源、目的	DS：SI，ES：DI
SCAS	REPE/REPNE	目的	ES：DI

例如,将数据段中字符串 A,长度为 N,传送到附加数据段中符号地址为 B 开始预留空间中其指令格式为:

```
LEA SI,A  ；装载原串首地址
LEA DI,B  ；装载目的串首地址
MOV CX,N  ；装载串长度
STD；置 DF＝0
REP MOVSB  ；重复执行串移动,直到 CX＝0
```

6.6.7 指令系统的扩展

不同类型的计算机有各具特色的指令系统，由于计算机的性能、机器结构和使用环境不同，指令系统的差异也是很大的。

以微机指令系统为例，目前使用的系统都基于 x86 架构，为了提升处理器各方面的性能，Intel 和 AMD 公司又各自开发了一些新的扩展指令集。扩展指令集中包含了处理器对多媒体、3D 处理等方面的支持，能够提高处理器对这些方面处理的能力。

（1）多媒体指令集。多媒体扩展（Multi Media extension，MMX）指令集是 Intel 公司为 Pentium 系列处理器所开发的一项多媒体指令增强技术。MMX 指令集中包括了 57 条多媒体指令，通过这些指令可以一次性处理多个数据，对视频、音频和图形数据处理特别有效。

（2）流式 SIMD 拓展指令集。流式 SIMD 扩展（Streaming SIMD Extension，SSE）也叫单指令多数据流（Single Instruction Multiple Data，SIMD）。SSE 指令集共有 70 条指令，其中包含提高 3D 图形运算效率的 50 条 SIMD 浮点运算指令、12 条 MMX 整数运算增强指令、8 条优化内存的连续数据块传输指令。理论上这些指令对当前流行的图像处理、浮点运算、3D 运算、多媒体处理等众多多媒体的应用能力起到了全面提升的作用。

（3）3DNow 指令集。3DNow 指令集最初由 AMD 公司推出的，拥有 21 条扩展指令。3DNow 在整体上与 SSE 非常相似，但它与 SSE 的侧重点又有所不同，3DNow 指令集主要针对三维建模、坐标变换和效果渲染等 3D 数据的处理，在相应的软件配合下，可以大幅度提高处理器的 3D 处理性能。增强型 3DNow 共有 45 条指令，比 3DNow 又增加了 24 条指令。

（4）SSE2 指令集。SSE2 包含了 144 条指令，分为 SSE 部分和 MMX 部分。SSE 部分主要负责处理浮点数，而 MMX 部分则专门计算整数。在指令处理速度保持不变的情况下，通过 SSE2 优化后的程序和软件运行速度也能够提高两倍。由于 SSE2 指令集与 MMX 指令集相兼容，因此被 MMX 优化过的程序很容易被 SSE2 再进行更深层次的优化，达到更好的运行效果。

（5）SSE3 指令集。SSE3 是目前规模最小的指令集，它只有 13 条指令，被分为数据传输、数据处理、特殊处理、优化和超线程性能增强 5 个部分，其中超线程性能增强是一种全新的指令集，它可以提升处理器的超线程处理能力，大大简化了超线程的数据处理过程，使处理器能够更加快速地进行并行数据处理。

6.7 本章小结

指令和指令系统是计算机中最基本的概念。一台计算机中所有机器指令的集合，称为这台计算机的指令系统。指令系统是表征一台计算机性能的重要因素，它的格式与功能不仅直接影响到机器的硬件结构，而且也影响到系统软件。

指令格式是指令字用二进制代码表示的结构形式，通常由操作码字段和地址码字段组成。操作码字段表征指令的操作特性与功能，而地址码字段指出操作数的地址。目前多采用二地址、单地址、零地址混合方式的指令格式。指令字长度分为单字长、半字长、双字长三种形式。高档机中目前多采用 32 位长度的单字长形式。

形成指令地址的方式，称为指令寻址方式，有顺序寻址和跳跃寻址两种，由指令计数器来跟踪。

形成操作数地址的方式，称为数据寻址方式。操作数可放在专用寄存器、通用寄存器、内存和指令中。数据寻址方式有隐含寻址、立即寻址、直接寻址、间接寻址、寄存器寻址、寄存器间接寻址、相对寻址、基值寻址、变址寻址等多种。按操作数的物理位置不同，有 RR 型和 RS 型，前者比后者的执行速度快。

堆栈是一种特殊的数据寻址方式，采用"先进后出"原理，其按结构不同，可分为寄存器堆栈和存储器堆栈。

不同机器有不同的指令系统。一个较完善的指令系统应当包含数据传送类指令、算术运算类指令、逻辑运算类指令、程序控制类指令、输入/输出类指令、字符串操作类指令及系统控制类指令。

RISC 指令系统是 CISC 指令系统的改进，它的最大特点是：
（1）指令条数少；
（2）指令长度固定，指令格式和寻址方式种类少；
（3）只有取数/存数指令访问存储器，其余指令的操作均在寄存器之间进行。

习题

6.1 什么叫机器指令？什么叫指令系统？为什么说指令系统与机器的主要功能以及与硬件结构之间存在着密切的关系？

6.2 什么是指令字长、机器字长和存储字长？

6.3 某机指令字长 16 位，每个操作数的地址码为 6 位，设操作码长度固定，指令分为零地址、一地址和二地址三种格式。若零地址指令有 M 条，一地址指令有 N 种，则二地址指令最多有几种？若操作码位数可变，则二地址指令最多允许有几种？

6.4 试比较间接寻址和寄存器间接寻址。

6.5 试比较基址寻址和变址寻址。

6.6 某机主存容量为 4M×16 位，且存储字长等于指令字长，若该机指令系统可完成 108 种操作，操作码位数固定，且具有直接寻址、间接寻址、变址寻址、基址寻址、相对寻址、立即寻址六种寻址方式，试回答：

（1）画出一地址指令格式并指出各字段的作用；
（2）该指令直接寻址的最大范围；
（3）一次间址寻址和多次间址寻址的寻址范围；
（4）立即数的范围（十进制表示）；
（5）相对寻址的位移量（十进制表示）；
（6）上述六种寻址方式的指令哪一种执行时间最短？哪一种最长？为什么？哪一种便于程序浮动？哪一种最适合处理数组问题？
（7）如何修改指令格式，使指令的寻址范围可扩大到 4M？
（8）为使一条转移指令能转移到主存的任一位置，可采取什么措施？请简要说明。

6.7 举例说明哪几种寻址方式在指令的执行阶段不访问存储器，哪几种寻址方式在指令的执行阶段只需访问一次存储器？完成什么样的指令，包括取指令在内共访问存储器 4 次？

6.8 比较 RISC 指令系统和 CISC 指令系统。

第 7 章　控制系统

教学内容与重点：

- CPU 控制电路结构
- 同步与异步控制方式
- 控制器类型与基本设计思想
- 指令周期概念与构成
- 指令流水线

中央处理器（Central Processing Unit，CPU）是计算机系统的一个核心部件，是计算机的运算核心和控制核心，它的功能主要是解释计算机指令以及处理计算机软件中的数据。中央处理器主要包括运算器、寄存器部件和控制部件（Control Unit）。它与内部存储器（Memory）和输入/输出（I/O）设备合称为电子计算机三大核心部件。在之前的内容中已经讨论了运算器的结构和原理，本章将以控制器为核心来讨论 CPU 的结构和功能，介绍它为什么能根据指令有条不紊的指挥和协调计算机各个部件正常工作，并接着讨论指令周期的概念，最后讨论为什么流水技术能提高计算机的数据处理能力。

7.1　CPU 控制电路结构

7.1.1　CPU 的功能

计算机求解问题是通过执行程序（指令）来实现的，如果计算机接通电源后，没有相应的程序，计算机就不会工作。根据冯·诺依曼结构计算机的原理，当计算机能识别的机器指令（程序）装入主存储器后，由 CPU 的控制器自动完成取指令和执行指令的任务。CPU 主要有以下 4 个方面的基本功能。

1. 指令顺序控制

确保计算机指令按照顺序执行。程序中指令与指令之间是有着严格顺序的，必须按照规定顺序执行，才能保证计算机运行的正确性。

2. 操作控制

一条指令往往需要若干个微操作来实现，CPU 要根据指令的功能，控制这些微操作的产生、组合、传送和管理，从而控制这些部件按照指令的要求进行工作。

3. 时间控制

时间控制指各种微操作和指令的执行严格按照时间序列进行。在一条指令的执行过程中，规定的时间完成相应的操作应该受到严格的控制，另外，一条指令完成的时间也应该受到严格的控制，只有这样才能保证计算机正常运行。

4. 数据加工

数据加工指由运算器对数据进行算术运算和逻辑运算，或进行其他的信息处理，这些经过计算机加工的数据才能被人们使用。

除了以上 4 个功能外，其实 CPU 还提供了计算机与 I/O 设备信息的交换和对总线管理的功能以及处理中断的功能，主要体现在控制程序的输入和运算结果的输出，以及对计算机运行过程中出现的异常情况（掉电）和特殊请求（如打印机请求打印）的处理。

7.1.2 CPU 的基本组成

计算机系统由 3 个基本部分组成，分别是中央处理器（CPU）、存储器和 I/O 系统，它们之间通过总线进行连接。总线将信息从一个部件传送到另一个部件，将数据输出到总线上的部件称为源部件，将从总线上接收数据的部件称为目的部件。总线主要传递 3 种信号，分别是地址信号、数据信号和控制信号，故将总线分为地址总线（Address Bus，AB）、数据总线（Data Bus,DB）和控制总线（Control Bus，CB）。图 7.1 是计算机的基本组成结构。

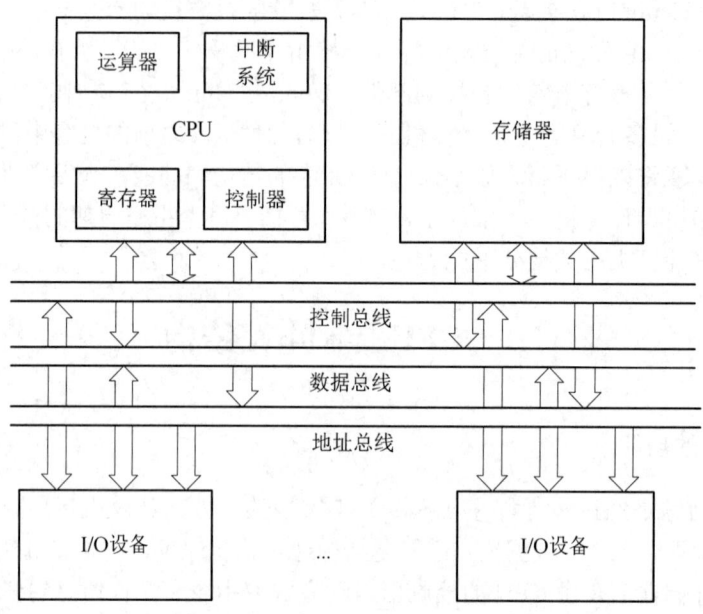

图 7.1 计算机的基本组成结构

地址总线总是来自于 CPU 或总线主设备，数据总线在 CPU、存储器和 I/O 设备之间传送数据；控制总线包含了很多单向控制信号线和单/双向的状态信号线，这些控制信号来指示 CPU 是要访问存储器还是 I/O 设备，是要执行读操作还是执行写操作等。一般而言，计算机系统都具有分层次的总线。例如，CPU 使用地址总线、数据总线和控制总线来访问存储器和 I/O 控制器。I/O 控制器可能依次使用第二级总线来访问所有的 I/O 设备，此第二级总线通常称为 I/O 总线（I/O Bus）或局部总线（Local Bus）。

CPU 实际上就是一个复杂的有限状态机，通过确定各个状态及其对应的微操作，来明确每条指令所必须完成的操作。对于每一条指令，必须经过取指令、分析指令（也称为译码）和执行指令 3 个步骤。图 7.2 是一个通用 CPU 的状态图，其中每个圆圈表示 CPU 的一个状态。

1. 取指令

从存储器取出一条指令，指令的地址由程序计数器（PC）给出。该过程由控制器自动完成，一般第一条指令可以人为指定，也可以系统自动设定。

2. 分析指令（译码）

对指令的操作码进行分析。一方面确定指令要完成哪一种操作，以便控制器发出相应的操作命令；另一方面确定参与此次操作的操作数地址。

3. 执行指令

根据分析指令产生的结果，形成控制序列，通过对运算器、存储器以及 I/O 设备的操作，执行所需的所有微操作。执行完毕后，回到取指令阶段，去取下一条指令。如此反复，直到整个程序执行完毕。

从图 7.2 中可以看出，CPU 对每条指令的操作，从状态上看只有两个过程，即取指令和执行指令，分析指令的过程并不对应任何状态，它只是取指令结束后到各条指令的执行周期之间的一个多路选择。进一步根据 CPU 的功能，容易得到，要取指令，必须有一个寄存器专用于存放当前指令的地址；要分析指令，必须有存放当前指令的寄存器和对指令操作码进行译码的部件；要执行指令，必须有一个能发出各种操作命令序列的控制器（CU）；要完成算术运算和逻辑运算，必须有存放操作数的寄存器和实现算术逻辑运算的部件 ALU；为了处理异常情况和特殊请求，还需要有中断系统，所以 CPU 主要由这 4 大部分组成。CPU 内部的详细结构如图 7.3 所示，可以看出，实际上，ALU 部件只对 CPU 内部寄存器的数据进行操作。可以观察图 7.1 中的 CPU 部分

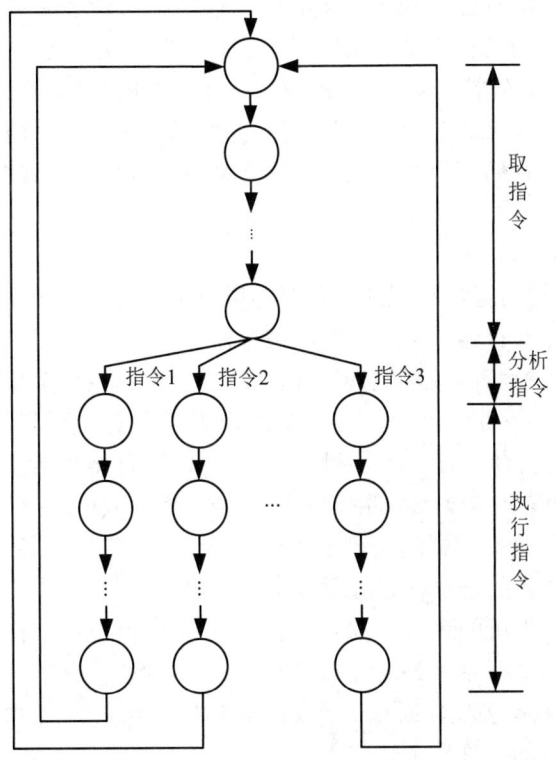

图 7.2　通用 CPU 状态图

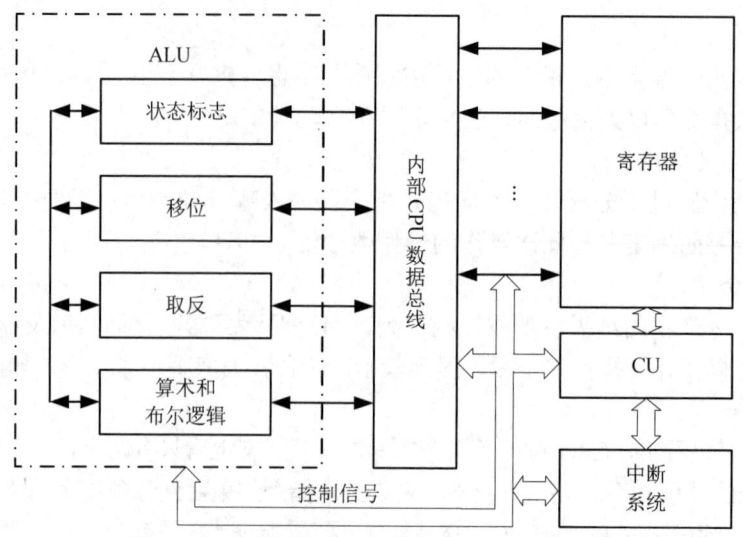

图 7.3　CPU 内部的详细结构

7.1.3　CPU 的寄存器

寄存器是计算机系统中速度最快、容量最小、价位最贵的存储器，通常放在 CPU 的内部。CPU 中的寄存器主要有通用寄存器、专用寄存器和控制寄存器。根据用户是否可以对寄存器进行直接编程的特点，可以将这三种寄存器分为两大类：一类是用户可见寄存器，这类寄存器用户可以直接进行编程，通过它们来优化程序，从而减少 CPU 访问主存的次数，提高运行速度；另一类是控制和状态寄存器，这类寄存器用户不可以直接对其编程，它们被控制部件使用，用于控制 CPU 的操作，也可以被带有特权的操作系统程序使用，从而控制程序的执行。一般而言，计算机的寄存器只存储一个计算机字。接下来以这种分类方式对 CPU 的寄存器作简单的介绍。

1. 用户可见寄存器

通常 CPU 执行机器语言时，访问的寄存器为用户可见寄存器。这类寄存器主要有通用寄存器、数据寄存器、地址寄存器、部分条件码寄存器。

（1）通用寄存器。通用寄存器可用于传送和暂存数据，也可参与算术逻辑运算，并保存运算结果，除此之外，它们还各自具有一些特殊功能，程序设计者可利用它们执行指定的功能。例如，基址寻址所需的基址寄存器、变址寻址所需的变址寄存器和堆栈寻址所需的栈指针等都是通用寄存器。寄存器间接寻址时还可用通用寄存器存放有效地址。

（2）数据寄存器。数据寄存器用于存放操作数，其位数应满足多数数据类型的数值范围，有些机器允许使用两个连读的寄存器存放双倍字长的值。还有些机器的数据寄存器只能用于保存数据，不能用于操作数地址的计算。例如，当 CPU 把数据发送到存储器或 I/O 设备时，一般会先将数据送入到数据寄存器（DR）中，然后再从 DR 中将数据送上数据总线上；类似地，当 CPU 从存储器或 I/O 设备接收数据时，一般也是先将数据总线上的数据送到 DR，然后再从 DR 中将数据送到 CPU 内的某部件中。

（3）地址寄存器。地址寄存器用来保存当前 CPU 所访问的内存单元的地址。由于在内存和 CPU 之间存在着操作速度上的差别，所以必须使用地址寄存器来保存地址信息，直到内存的读写操作完成为止。其本身可以具有通用性，也可用于特殊的寻址方式，如用于基址寻址的段指针（存放基址针）、用于变址寻址的变址寄存器和用于堆栈寻址的栈指针。它可以收纳多种来源的地址，然后在规定的节拍统一将地址送上总线。

显然，当 CPU 和主存进行信息交换时，即 CPU 向主存（内存）存/取数据时，或 CPU 从内存中读取指令时，都要使用数据寄存器和地址寄存器；同理，如果将外设的设备地址也看成像内存地址单元一样时，则当 CPU 和外围设备交换信息时，同样需要使用数据寄存器和地址寄存器。

（4）累加寄存器（AC）。累加寄存器（AC）通常简称为累加器，它是一个通用寄存器，是 ALU 的主要部件之一。其功能是：当运算器的算术逻辑单元（ALU）执行算术或逻辑运算时，为 ALU 提供一个工作区，累加寄存器暂时存放 ALU 运算的结果信息。例如，当执行加法运算时，在运算前，先将一个操作数暂时存放在 AC 中，再从内存中取出另一个操作数，然后与 AC 的内容相加，最后将所得的结果送回 AC 中，而 AC 中原有的内容将会被破坏。显然，运算器中至少要有一个累加寄存器，在有些 CPU 中可以采用多累加器，如果采用多累加器时，就变成通用寄存器结构，其中任何一个可存放源操作数，也可存放结果操作数，这时，需要在指令格式中对寄存器加以编址，从硬件结构来看，需要在 ALU 的两个输入端增加多路开关或使用三态门，用于选择输入信息源。

2. 控制和状态寄存器

CPU 中还有一类寄存器用于控制 CPU 的操作和运算。这类寄存器大多数对于用户而言是"透明"的，即用户能够感受到这些寄存器的存在，但并不需要操作这里寄存器。在计算机指令执行过程中有着重要作用的寄存器有如下几种：

（1）MAR：存储器地址寄存器，用于存放将被访问的存储单元地址。

（2）MDR：存储器数据寄存器，用于存放欲存入存储器中的数据或最近从存储器中读出的数据。

（3）暂存器：暂存器在 CPU 内部没有编号，不能被 CPU 直接编程访问。它主要用于在运算过程中存放某些中间过程产生的信息，避免破坏通用寄存器中的内容。

（4）PC：程序计数器，存放当前正在执行的指令地址或下一条指令的地址，通常具有计数功能。在程序开始执行前，必须将程序的起始地址即第一条指令所在的内存单元地址送入 PC；当执行指令时，CPU 将自动修改 PC 的内容，以便其指向下一条将要执行的指令地址。在大多数情况下，程序都按照顺序执行，即 PC 加 1 即可，但当遇到转移指令如 JMP 指令时，那么 PC 的内容需要从指令寄存器中的地址字段中读取，即下一条指令将由转移指令来确定。

（5）IR：指令寄存器，存放当前正在执行的指令，当执行一条指令时，先把它从内存中取到数据寄存器中，然后再传送至指令寄存器。指令划分为操作码和地址码字段，为了执行指令寄存器中的指令，必须对操作码进行译码，以便识别所要求的操作，这项工作是由指令译码器来完成的。指令寄存器中操作码字段的输出就是指令译码器的输入，操作码经过译码后便可以向控制器发出特定操作的信号。

（6）PSW：程序状态字寄存器。该寄存器用来保存算术指令和逻辑指令运行时产生的各种条件码内容和其他信息。程序状态寄存器对用户而言是部分透明的。主要标志有以下几种。

1) 运算结果进位标志（C）：运算后如果产生进位，将 C 置为 1；不产生进位则将 C 置为 0。

2) 运算结果溢出标志（V）：运算后如果产生溢出，则将 V 置为 1；不产生溢出则将 V 置为 0。

3) 运算结果零标志（Z）：运算结果为零，则将 Z 置为 1；不为零则将 Z 置为 0。

4) 运算结果负标志（N）：运算结果为负数，将 N 置为 1；为正数则将 N 置为 0。

5) 运算结果奇偶标志（P）：运算结果中 1 的个数为奇数，则 P 置为 1；为偶数则将 P 置为 0。

这些标志位通常分别由 1 位触发器保存。在调用子程序前，必须将所有的用户可见寄存器的内容保存起来，这种保存可由 CPU 自动完成，也可由程序员编程保存，不同的 CPU 有不同的处理方式。

另外，在有些机器中，还有中断标记寄存器和系统工作状态寄存器，以便保存机器的运行状态和程序运行状态，如对程序进行调试时所设定的断点标志跟踪位（T），允许中断位（I），程序中断优先级字段，用于指定程序特权级的工作方式字段等。

3. 常见 CPU 的内部寄存器结构举例

8086/8088 是 Intel 公司推出的第一款个人计算机 CPU 的代表，尽管目前已经退出市场，当仍旧被广泛地应用于教学模型机。8086 是一种 16 位的 CPU 芯片，内部总线与运算器是 16 位，外部系统总线中的数据地址也是 16 位。8088 则是准 16 位 CPU 芯片，内部 16 位，外部 8 位。它由 4 个 16 位的数据寄存器，即 AX（累加器）、BX（基址寄存器）、CX（计数寄存器）和 DX（数据寄存器），也可以兼作 8 个 8 位的寄存器（AH、AL、BH、BL、CH、CL、DH、DL）；另外，还有 2 个 16 位的指针（栈指针 SP 和基址指针 BP）和两个变址寄存器（源变址寄存器 SI 和目的变址 DI）。在一些指令中，寄存器是隐式使用的，如乘法指令总是用寄存器。8086 还有 4 个段地址寄存器（代码段 CS、数据段 DS、堆栈段 SS 和附加段 ES）以及指令指针 IP（相当于 PC）和状态标志寄存器 F。8086/8088 内部寄存器结构如图 7.4 所示。

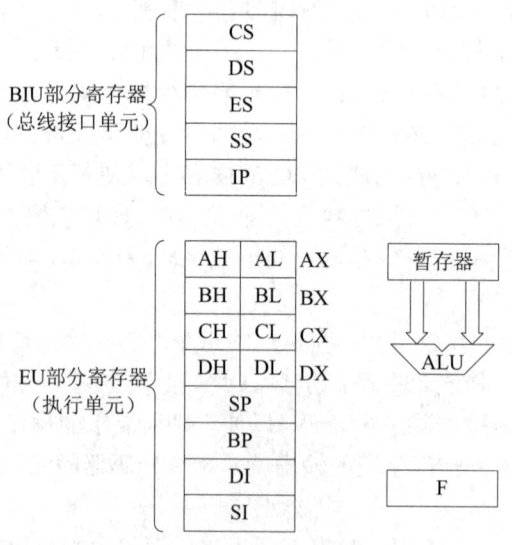

图 7.4　8086/8088 内部寄存器结构

ARM（Advanced RISC Machines）是英国 Acorn 有限公司设计的低功耗成本的第一款 RISC 微处理器，ARM 处理器本身是 32 位设计，但也配备 16 位指令集，一般来讲比等价 32 位代码节省达 35%，却能保留 32 位系统的所有优势。ARM 公司成立于 1990 年，是一家专注于知识产权（Intellectual Property，IP）设计的公司，本身不生产芯片，靠转让设计许可营利。ARM 处理器是基于精简指令集计算机（RISC）思想设计的，是目前世界公认的业界领先的 32 位嵌入式 RISC 微处理器核，主要产品系列有 ARM7、ARM9、ARM10、ARM11、Cortex 和 SecurCore。ARM 体系支持 7 种处理器模式，见表 7.1。

表 7.1 ARM 的处理器模式

处理器模式	说明
用户模式（usr）	正常程序执行模式
快速中断模式（fiq）	支持高速数据传送或通道处理
外部中断模式（irq）	用于通用的中断处理
管理模式（svc）	操作系统使用的保护模式
数据访问终止模式（abt）	当数据或指令预取终止时，可用于虚拟存储及存储保护
未定义指令中止模式（und）	当未定义的指令执行时，可用于支持硬件协处理器的软件仿真
系统模式（sys）	运行具有特权的操作系统任务

ARM 除了用户模式之外的其他 6 种处理器模式称为特权模式（Privileged Modes）。在特权模式下，程序可以访问所有的系统资源，也可以任意地进行处理器模式的切换。其中，除系统模式外，其他 5 种特权模式又称为异常模式。处理器模式的切换可以通过软件的方式进行切换，也可以通过外部中断或异常处理过程进行切换。大多数时间下，用户程序都运行在用户模式下，这时，应用程序不能够访问一些受保护的系统资源，应用程序不能直接进行处理器模式的切换；当需要进行模式切换时，应用程序可以产生异常处理，在异常处理过程中进行处理器模式切换。当应用程序发生异常中断时，处理器进入相应的异常模式，每一种异常模式中都要一组寄存器，供相应的异常处理程序使用，保证用户模式下的寄存器不被破坏。ARM 处理器共有 37 个寄存器，其中包括 31 个 32 位的通用寄存器，6 个 32 位（目前只使用了其中的 12 位）的状态寄存器。ARM 处理器各模式下的寄存器如图 7.5 所示。

由图 7.5 可知，ARM 处理器的通用寄存器分为 3 类：未备份寄存器（The unbanked registers）、备份寄存器（The banked registers）和程序计数器 PC（R15）。未备份寄存器包括 $R_0 \sim R_7$，对于每个未备份寄存器而言，在所有的处理器模式下指向的都是同一个物理寄存器；备份寄存器包括 $R_8 \sim R_{14}$，每个寄存器对应不同的物理寄存器，如 $R_8 \sim R_{12}$ 对应两个不同的物理寄存器，而 $R_{13} \sim R_{14}$ 则对应 6 个不同的物理寄存器，特别注意 R_{13} 常被 ARM 用作栈指针，R_{14} 则用于连接寄存器（Link Register，LR）；程序计数器 R_{15} 又称为 PC，用于记录当前指令地址。当前程序状态寄存器（Current Program Status Register，CPSR）包含了条件标志位、中断禁止位、当前处理器模式状态标志以及其他的一些控制和状态位。备份程序状态寄存器（Saved Program Status Register，SPSR）用于当特定的异常中断发生时，保存当前 CPSR 中的内容，当异常中断程序退出时，用于恢复 CPSR 中的内容，在每种处理器模式下都有一个专用的 SPSR。

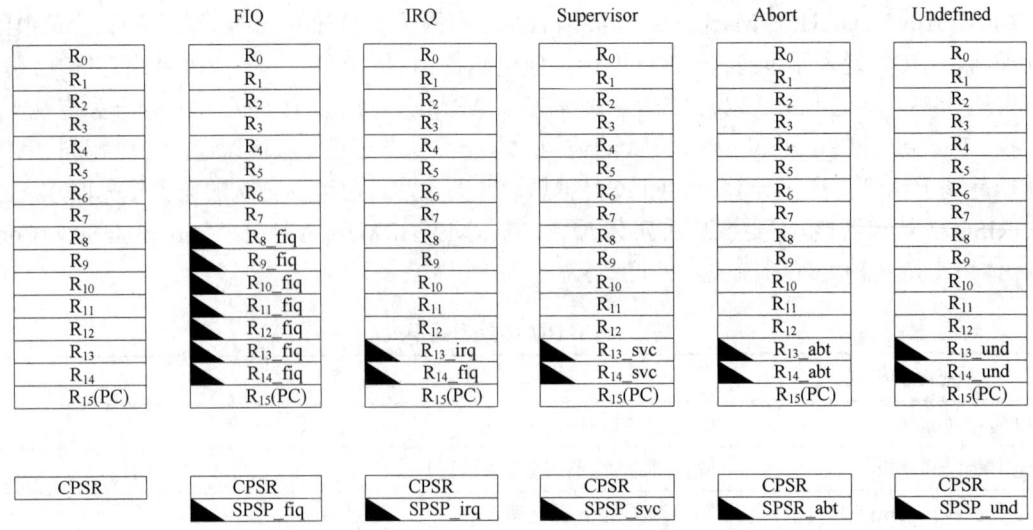

图 7.5　ARM 处理器各模式下的寄存器

7.1.4　冯·诺依曼结构和哈佛结构的处理器

目前，处理器系统结构设计方案一般有冯·诺依曼结构和哈佛结构两种。基于冯·诺依曼结构的处理器共享单条通用总线，既可以获取指令，又可以获取数据，程序指令和数据存储在共用的主存储器中。基于冯·诺依曼结构的处理器首先获取指令，然后获取数据，从而辅助从代码存储器获得的指令运行。它采用分阶段的方式来获取指令和数据，故延缓了控制器的操作。由于这种系统结构是由普林斯顿（Princeton）大学研发实现的，故冯·诺依曼结构也称为普林斯顿结构。

基于哈佛（Harvard）结构的微处理器/控制器则具有独立的数据总线和指令总线。这就允许在两条总线上，同时执行数据传输和程序取值操作。对于哈佛结构，在访问程序存储器的同时，可以从数据存储器读取或写入数据。由于数据存储器和代码存储器总线是分离的。因此在一条执行的同时，还可以获取下一条指令，称为预取指（pre-fetching）。与冯·诺依曼结构相比，预取指在理论上能够更快地执行指令。不过，对于这种类型的运算，为了产生相应的控制信号，需要额外的硬件逻辑，这就增加了系统硅芯片设计的复杂度。图 7.6 是冯·诺依曼结构和哈佛结构的示意图。

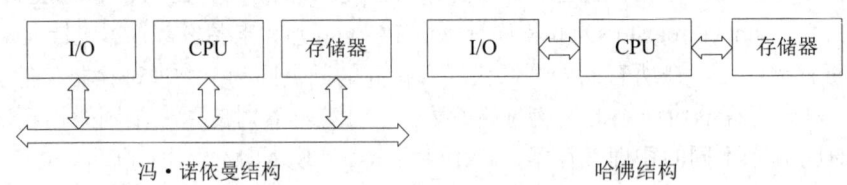

图 7.6　冯·诺依曼结构和哈佛结构示意

7.2　控制单元

控制单元（CU）是提供完成计算机全部指令操作的微操作命令序列部件。现代计算机中微操作命令序列的形成方法有两种：一种是组合逻辑设计方法，为硬连线逻辑；另一种是微程序设计方法，为存储逻辑。

7.2.1 微命令产生部件

从用户的角度来看，计算机的工作体现为指令序列的连续执行；从内部实现机制来看，指令的读取与执行又体现为信息的传送，在计算机内部形成了控制流和数据流。信息的传送依赖于微命令的控制。因为 CPU 内部需要能够产生微命令序列的微命令产生部件，实现对指令功能所要求的数据进行控制，并在数据传送至运算部件时完成运算处理。

可执行程序由一系列的指令序列组成，每条指令往往也要分步执行。例如，一条算术运算指令的执行往往分为取指令、取源操作数、取目的操作数、执行运算操作、存放运算结果等步骤，每个步骤又可以再分成若干小步，这就要求微命令也能分步产生。因此微命令产生部件在一段时间内发出一组微命令，控制完成一步操作；在下一段时间内又发出一组微命令，控制完成下一步操作；依次完成若干步操作后就实现了一条指令的功能，因而实现了若干条指令就完成了一段程序的任务。常见的微命令产生方式有组合逻辑控制方式和微程序控制方式两种。

7.2.2 时序系统

计算机在执行每一条指令的过程中必须严格地按照一定的时间关系，这样才能保证计算机有序的正常工作。这种时间关系是由计算机的时序系统来控制的，计算机内部的控制信号一般由若干个周期状态、若干个节拍电位和若干个节拍脉冲这样的三级时序系统来对各种操作信号在时间上进行约束，以便对各种信号进行协调。常见的三级时序系统如图 7.7 所示。计算机中，许多操作要求都有严格的时间要求。例如，在约定的时间内将数据写入某个寄存器或进行周期的转换时，需要在规定的时间内结束当前的操作，进入下一个周期。这些定时操作需要同步脉冲进行控制，在脉冲的上升沿或下降沿实现定时操作。

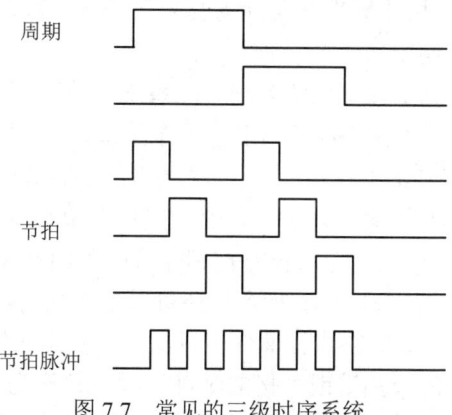

图 7.7 常见的三级时序系统

周期、节拍、脉冲等时序信号通常由一个振荡器和一组计数分频器组成的时序系统产生。振荡器是用来产生脉冲源的电子元件，它能够输出频率稳定的时钟脉冲，为 CPU 提供时钟基准。时钟脉冲经过一系列的计数分频器产生所需的节拍信号或周期信号。在 CPU 的时序系统中常见的概念有：时钟周期、机器周期和指令周期。接下来对这三者作简单的介绍。

（1）时钟周期：又称为节拍周期，它是 CPU 处理操作的最基本时间单位，即 T 周期，通常情况下，与振荡器的周期一致。

（2）机器周期：又称 CPU 周期，机器周期也定义为实现特定功能所需的时间，即完成一个基本操作所需的时间，例如，取指令、存储器读、存储器写等，这每一项工作称为一个基本操作。因此，微型计算机的机器周期常常按其功能来命名，且不同机器周期所包含的时钟周期个数也不相同。例如，Z80 CPU 中的取指令机器周期由 4 个时钟周期 T 构成，而存储器读写机器周期所需的时钟周期数是不固定（最少有 4 个 T）的，由 $\overline{\text{WAIT}}$ 引脚上的电平决定；而 MCS-51 单片机的机器周期时间是固定不变的，均由 12 个时钟周期 T 组成，分为 6 个状态（$S_1 \sim S_6$），每个状态又分为 P_1 和 P_2 两个节拍，因此，一个机器周期中的 12 个振荡周期可以表示为 S_1P_1，S_1P_2，S_2P_1，S_2P_2，…，S_6P_2。

（3）指令周期：是指 CPU 每取出并执行一条指令所需的全部时间。由于每条指令的执行阶段的操作控制不同，因此各种指令的指令周期是不相同的。一般情况下，一个指令周期包括若干个机器周期。

一个机器周期内要完成若干微操作，其中有些操作需要顺序执行，有些则可以并行执行。因此，通常情况下需要把一个机器周期分为若干个相等的时间段，每一时间段对应一个电位信号，称为节拍电位信号。节拍的宽度取决于 CPU 完成一次基本操作的时间，如 ALU 完成一次正确运算所需的时间。一个机器周期分为多少个节拍取决于该周期内需要顺序完成的基本操作步数，通常采用以下方法确定。

1）同步控制方式。在任何情况下，已定的指令在执行时所需的机器周期数和时钟周期数都是固定不变的，称为同步控制方式。同步控制方式常用的方案如下：

（a）统一节拍法：以最复杂的机器周期为基准来确定节拍数，每个节拍的时间也由最复杂的微操作为基准，使所有的机器周期长度相等，且每一机器周期内含有相同数目的节拍，称为定长机器周期。

（b）分散节拍法：根据机器周期的实际需要来安排节拍数，需要多少个节拍就提供多少个节拍，称为不定长机器周期。

机器周期、时钟周期组成了计算机的多级时序系统。图 7.8 反应了统一节拍法（定长机器周期）和分散节拍法（不定长机器周期）的多级时序关系。其中图 7.8（a）中每个机器周期都包含 4 个节拍（4 个 T）；图 7.8（b）中每个机器周期包含的节拍数是可变的，图中第一个机器周期中有 4 个，第二个机器周期中有 3 个。图中指令周期的概念在 7.3 节会重点介绍。

2）异步控制方式。根据每条指令或操作控制信号的不同情况动态分配时间的方式，称为异步控制方式。这种方式下，每条指令的指令周期可以由不同的机器周期数组成，也可以是接受到某种特定操作控制信号后，等待执行部件完成操作后发出应答信号，再开始新的操作。显然，这种控制序列没有固定的节拍数或严格的时钟周期，故称为异步控制方式。

（a）延长节拍法：大多数机器周期采用相同的基本节拍数。若某个机器周期内按规定的基本节拍数无法完成该周期的全部微操作，则可以延长节拍。

（b）时钟周期插入法：某些计算机内部的时序信号中不设置节拍，而直接使用时钟周期信息。一个机器周期中含有若干个时钟周期，时钟周期的数目取决于机器周期内要完成的微操作数。当一个机器周期的基本时钟数确定后，还可以不断插入等待时钟周期。

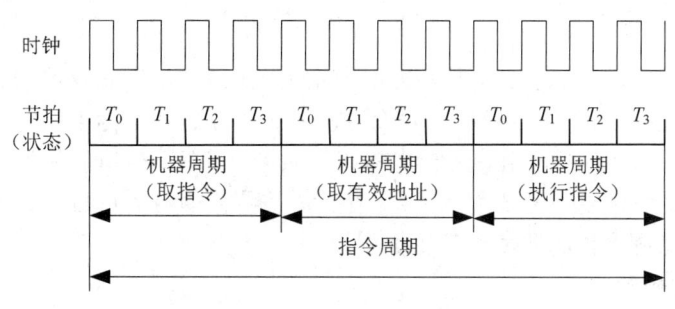

(a) 统一节拍法（定长机器周期）

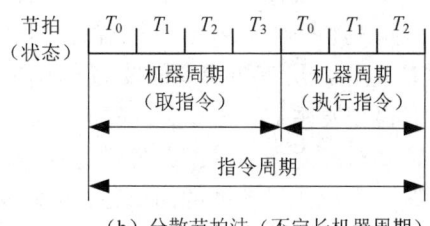

(b) 分散节拍法（不定长机器周期）

图 7.8 多级时序

（c）应答信号法：在接收到执行进行部件完成操作后的应答信号后，完成相应操作。

3）联合控制方式。联合控制方式就是将同步控制和异步控制相结合的方式。例如，大部分操作序列都安排在固定的机器周期中，对某些时间难以确定的操作则以执行部件的应答信号作为本次操作的结束信号。

现代计算机系统大多采用联合控制方式，在功能部件内部采用同步控制方式，而在功能部件之间采用异步控制方式。例如，CPU 内部基本时序节拍采用同步控制方式，按照大多数指令的需要设置节拍数；但对 CPU 与主存、I/O 交换数据时采用异步控制方式。

例 7.1 设某个型号计算机的 CPU 主频为 8MHz，每个机器周期平均含有 2 个时钟周期，每条指令的指令周期平均为 2.5 个机器周期，请问该计算机的平均指令执行速度为多少 MIPS（Million Instructions Per Second，每秒处理的百万级的机器语言指令数）？如果 CPU 主频不变，但每个机器周期平均含 4 个时钟周期，每条指令的指令周期有 5 个机器周期，则该机的平均指令执行速度又是多少 MIPS？

解：

因为主频为 8Mhz，所以时钟周期为 1/8MHz=0.125μs。

①根据条件有：机器周期为 0.125×2=0.25μs，指令周期为 0.25×2.5=0.625μs。故平均指令执行速度为 1/0.625=1.6MIPS。

②如果主频不变，则时钟周期不变，故得新的机器周期为 0.125×4=0.5μs，指令周期为 0.5×5=2.5μs；故平均指令执行速度为 1/2.5=0.4MIPS。

通过以上的例子可以看出，机器的运行速度不但与主频有关，还与机器周期中所含的时钟周期数以及指令周期中所含的机器周期数有关。事实上，机器的运行速度还与其他因素有关，如主存的运行速度，是否有 Cache，总线的数据传输率，辅存的运行速度以及指令流水线等。

7.2.3 控制器分类

在 CPU 中，控制按照规定的时间完成所需的微操作命令，来完成相应的任务。产生微操作命令的基本依据是时序信号（脉冲、节拍、周期）、指令、状态标志和外部请求等。这些信息可以作为逻辑变量输入，经过组合逻辑电路产生微命令序列；也可以作为形成相应微程序的地址，通过执行微命令直接产生微命令序列。因此，按照微命令的形成方式可以将控制器分为组合逻辑控制器和微程序控制器两种基本类型。

1. 组合逻辑控制器

组合逻辑控制器顾名思义是采用组合逻辑控制方式实现的控制器，主要由复杂的组合逻辑门电路和一些触发器构成，也称为硬布线控制器。这类控制器将逻辑条件和时间条件当成输入，经过逻辑运算产生输出，这个输出就是微命令，输入与输出之间可以通过逻辑表达式表示。其中，每种微命令都需要一组逻辑电路，所有微命令需要的逻辑电路就构成了微命令发生器。执行指令时，由组合逻辑电路（微命令发生器）在规定的时间内发出相应的微命令，控制相关操作。在设计组合逻辑电路时，需要对产生微命令的条件进行综合、化简，有时需要使用某些逻辑变量或中间逻辑函数，使得逻辑表达式尽可能的简单，从而减少逻辑门的级数和元器件的数量，在硬件逻辑电路一旦确定后，则不可进行更改和扩充了，这对控制器的设计和测试相当不利，因此其逐渐被微程序控制器所取代。然而，随着 RISC 技术和超大规模集成电路（Very Large Scale Integrated circuites，VLSI）的飞速发展，组合逻辑控制器因为其高速性能重新受到青睐，与微程序控制器共用于很多 CPU 中。

2. 微程序控制器

微程序控制器顾名思义是采用微程序控制方式的控制器。所谓的微程序控制方式是指微命令是由微指令译码产生的。这种设计思想是由英国剑桥大学教授 M.V.Wilkes 在 1951 年首先提出的，主要是为了克服组合逻辑控制单元线路庞杂的缺点，提出了一种类似于存储程序的方法，来解决微操作命令序列的形成。一条机器指令执行时，需要分成若干步操作执行，这其中的每一步操作所需的若干微命令以代码的形式编写在一起，就形成了微指令。这些微指令是以二进制代码形式表示。每位代表一个控制信号，若该位为"1"，则表示控制信号有效；若为"0"，表示此控制信号无效。因此，逐条执行每一条微指令，就能相应地完成一条机器指令的全部操作。换句话说，若干条微指令组成一段微程序就对应一条机器指令。因此，在设计 CPU 时，可以根据指令系统的需要，将事先编写好的各段微程序，存储在一个专用存储器（控制存储器）中，就可以用软件的方法来实现控制器。使用这种原理的控制器即是微程序控制器。

7.3 指令周期

7.3.1 指令周期的基本概念

如前所述，指令周期指 CPU 每取出并执行一条指令所需的全部时间，也就是 CPU 完成一条指令的时间。对于一个指令系统而言，从图 7.2 的通用 CPU 状态图中可以得知，一条指令的状态至少有取出和执行两个状态，在这里将取指令和分析指令称为取指阶段，将执行指令称为执行阶段，它们所对应的时间分别称为取指周期和执行周期，如图 7.9 所示。在大多数情况下，CPU 按照"取指—执行—再取指—再执行……"的顺序自动工作。

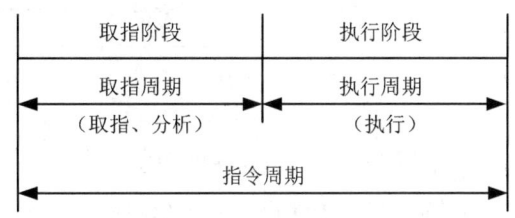

图 7.9 指令周期示意

由于各种指令操作功能不同，指令的复杂性也不相同，因此各种指令的指令周期是不相同的，有些指令可能只需要一个取指周期即可，有些指令则需要一个取指周期和一个执行周期下才能完成，而执行周期的时间也不尽相同，如对于一些复杂的指令，执行阶段可能需要更多的时间，则需要更多的时间。例如，执行无条件转移指令"JMP X"时，因为执行阶段无需访问主存，故在取指阶段的后期即可将转移地址送至 PC，以达到转移的目的，所以该指令只需有一个存取周期。又如一地址格式的加法指令"ADD X"，在执行阶段首先要从 X 所指的存储单元中取出操作数，然后和累加器 AX 的内容相加，结果存于 AX，故这个指令的指令周期在取指和执行阶段各访问一次存储器，其指令周期包括两个存取周期。再如乘法指令"MUL X"，在执行阶段首先要从 X 所指的存储单元中取出操作数，然后和 AX 的内容相乘，将结果的低位存放到 AX 中，将结果的高位存放到数据寄存器 DX 中，其执行阶段所要完成的操作显然比加法指令复杂得多，故它的执行周期远远超过加法指令。这 3 种指令周期如图 7.10 所示。

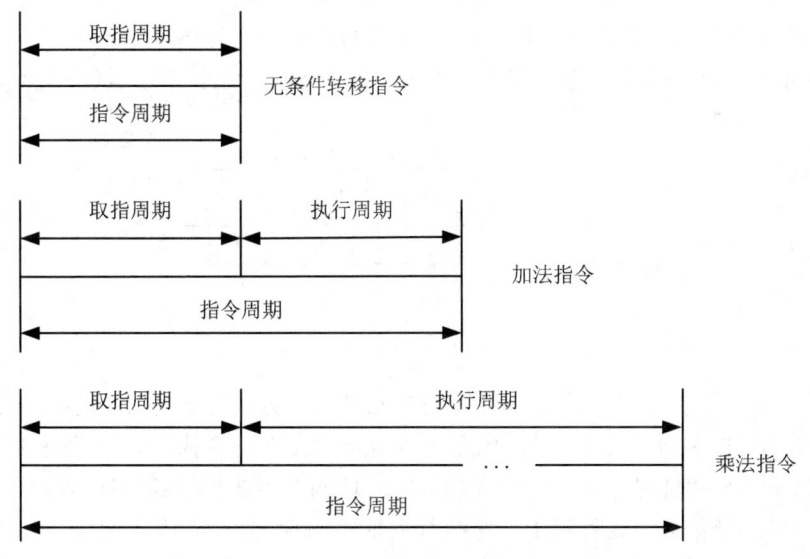

图 7.10 三种指令周期的对比

此外，如若执行的指令采用了间址寻址方式，由于指令字中只给出操作数有效地址的地址，因此，为了取出操作数，需要先访问一次存储器，取出有效地址，然后再访问存储器，取出操作数。这时，其指令周期包含取指周期、间址周期和执行周期 3 个阶段，其中间址周期用于取操作数的有效地址,因此它介于取指和执行周期之间,如图 7.11 所示。

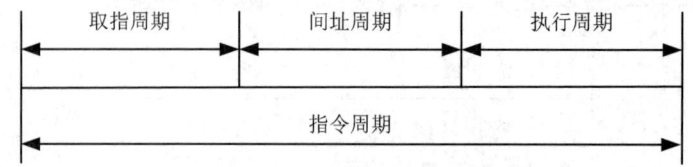

图 7.11 具有间址周期的指令周期

如果 CPU 采用中断方式实现主机与 I/O 设备交换信息时,CPU 在每条执行阶段结束前,都要发中断查询信号,以检测是否有某个 I/O 设备提出中断请求。如果有请求,CPU 则要进入中断响应阶段,又称中断周期。在此阶段,CPU 必须将程序断点保存到存储器中。这样,一个完整的指令周期应包含取指、间址、执行和中断 4 个子周期,如图 7.12 所示。

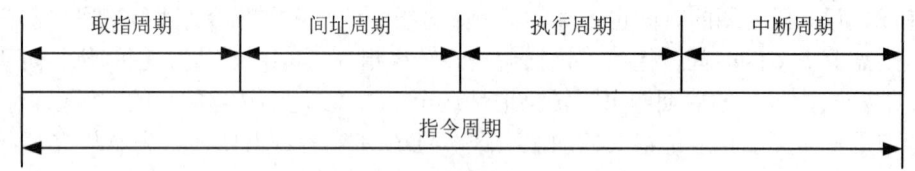

图 7.12 完整的指令周期

值得注意的是每条指令的指令周期并不完全相同,特别是间址周期和中断周期并不包含在多数指令当中。总之,取指、间址、执行和中断 4 个周期都含有 CPU 访存操作,只是访存的目的不同。例如,取指周期是为了从存储器中取指令,间址周期是为了取有效地址,执行周期是为了取操作数,中断周期是为了保存程序断点。这 4 个周期又称为 CPU 的工作周期,在 CPU 内部设置 4 个标志触发器进行区别,分别用 FE(Fetch Cycle)、IND(Indirect)、EX(Execute) 和 INT(Interrupt)表示取指、间址、执行和中断 4 个周期,并以 "1" 状态表示有效,如图 7.13 所示。

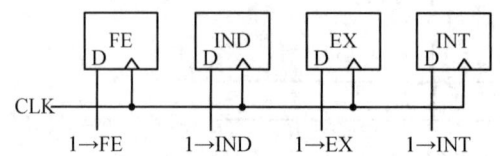

图 7.13 CPU 工作周期的标志

设置 CPU 工作周期标志触发器对设计控制单元具有十分重要的意义。例如,在取指阶段,只要设置取指周期标志触发器 FE 为 1,由它控制取指阶段的各个操作,便获得对任何一条指令的取指命令序列;在间址寻址时,间址次数可由间址周期标志触发器 IND 确定,当它为 "0" 状态时,表示间址寻址结束;还有对于一些执行周期不访存的指令(转移指令、寄存器类型指令等),同样可以用它们的操作码与取指周期标志触发器的状态相 "与",作为相应微操作的控制条件。

7.3.2 指令周期的数据流

假设 CPU 中有存储器地址寄存器 MAR、存储器数据寄存器 MDR、程序计数器 PC 和指令寄存器 IR。结合 CPU 访问存储器的知识，分别分析在指令周期的 4 个 CPU 工作周期中数据流的传送过程。无论指令还是数据，存储器都必须从 CPU 片外的地址总线上获取访存地址，指令地址由程序计数器 PC 产生。

1. 取指周期的数据流

在取指周期内，程序计数器 PC 中存放了当前指令的地址，该地址首先通过内部总线送到存储器地址寄存器 MAR 中，并由 MAR 将地址送往地址总线，然后由控制单元 CU 通过控制总线向存储器发送读命令，使对应 MAR 单元的内容（指令）经数据总线送入存储器数据寄存器 MDR 中，再送至指令寄存器（IR）中，最后 CU 控制 PC 内容加 1，形成下一条指令的地址。取指周期数据流过程如图 7.14 所示。

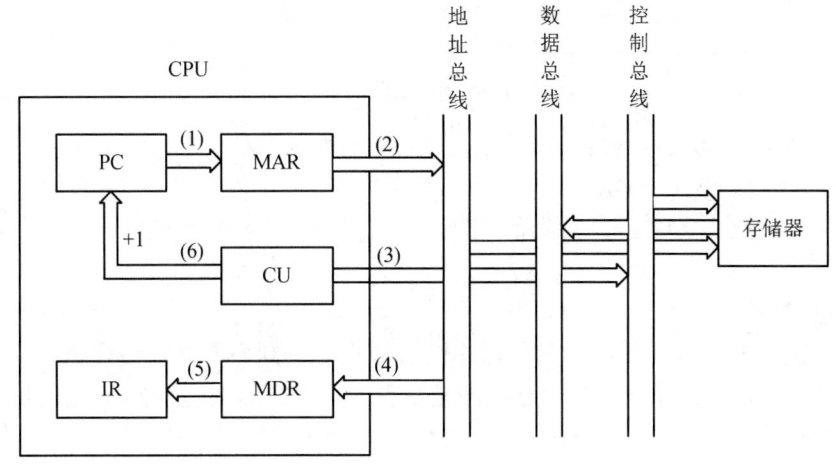

图 7.14　取指周期数据流过程

取指令的过程可归纳为以下几个操作。

（1）现行指令地址送至存储器地址寄存器，记作 PC→MAR。

（2）向主存发送读命令，启动主存作读操作，记作 1→R。

（3）将 MAR（通过地址总线）所指的主存单元中的内容（指令）经数据总线读至 MDR 内，记作 M(MAR)→MDR。

（4）将 MDR 的内容送至 IR，记作 MDR→IR。

（5）指令的操作码送至 CU 译码，记作 OP(IR)→CU。

（6）形成下一条指令的地址，记作 (PC)+1→PC。

2. 间址周期的数据流

当取指周期结束后，CU 首先分析 IR 中的内容，以确定该条指令是否含有间址操作，如果有间址操作，则 MDR 中指示形式地址的右 N 位[Ad(MDR)]将被送到 MAR，又由 MAR 送至地址总线，接着 CU 通过控制总线向存储器发送读命令，最后获取有效地址并通过数据总线送至 MDR 中，间址周期数据流过程如图 7.15 所示。

间址周期完成取操作数有效地址的任务，可分为如下几个操作。

（1）将指令的地址码部分（形式地址）送至存储器地址寄存器，记作 Ad(IR)→MAR。

（2）向主存发送读命令，启动主存作读操作，记作 1→R。

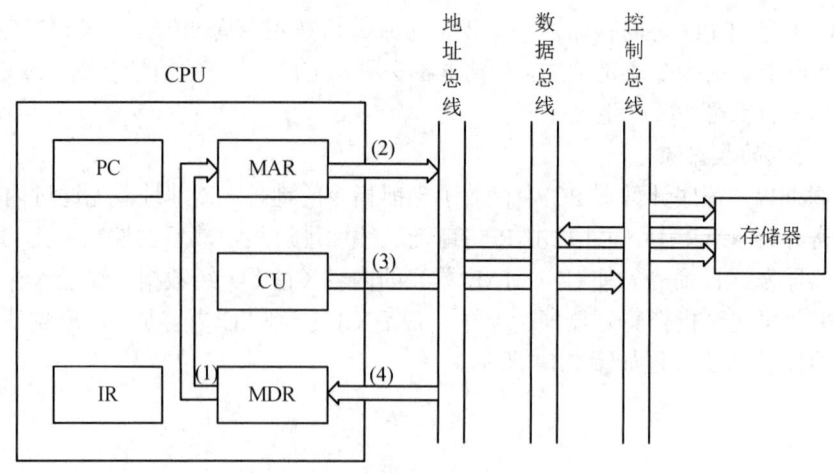

图 7.15　间址周期数据流过程

（3）将 MAR（通过地址总线）所指的主存单元中的内容（有效地址）经数据总线读至 MDR 内，记作 M(MAR)→MDR。

（4）将有效地址送至指令寄存器的地址字段，记作 MDR→Ad(IR)。此操作在有些机器中可以省略。

3. 执行周期的数据流

根据前面的分析，执行周期所需的操作随着指令的不同而不同，因此执行周期的数据流是具有多样性的，故无法用统一的数据流图进行表示。执行周期的数据流主要涉及 CPU 内部寄存器间的数据传送、对存储器（或 I/O）进行读写操作或对 ALU 的操作。

不同指令执行周期的微操作是不同的，下面分别讨论非访存指令、访存指令和转移指令的微操作。

（1）非访存指令。这类指令在执行周期不访问存储器。

1) 清除累加器指令（CLA）。该指令在执行阶段只完成清除累加器操作，记作 0→AX。

2) 累加器取反指令（COM）。该指令在执行阶段只完成累加器内容取反，结构送累加器的操作，记作 $\overline{AX}$→AX。

3) 算术右移一位指令（SHR）。该指令在执行阶段只完成累加器内容算术右移一位的操作，记作 L(AX)→R(AX)，AX_0→AX_0（AX 的符号位不变）。

4) 循环左移一位指令（CSL）。该指令在执行过程只完成累加器内容循环左移一位的操作，记作 R(AX)→L(AX)，AX_0→AX_n[或 ρ^{-1}(AX)]。

5) 停机指令（STP）。计算机中有一个运行标志触发器 G，当 G=1 时，表示机器运行；当 G=0 时，表示停机。STP 指令在执行阶段只需将运行标志触发器置 "0"，记作 0→G。

（2）访存指令。这类指令在执行阶段都需要访问存储器。为简单起见，这类只考虑直接寻址的情况，不考虑其他寻址方式。

1) 加法指令（ADD X）。该指令在执行阶段需要完成累加器内容与对应于主存 X 地址单元的内容相加，结果送累加器的操作，具体过程如下。

①将指令的地址码部分送至存储器地址寄存器，记作 Ad(IR)→MAR。

②向主存发读命令，启动主存作读操作，记作 1→R。

③将 MAR（通过地址总线）所指的主存单元中的内容（操作数）经数据总线读至 MDR 内，记作 M(MAR)→MDR。

④给 ALU 发送加命令，将 AX 的内容和 MDR 的内容相加，结果存于 AX，记作 (AX)+(MDR)→AX。

当然，也有的加法指令指定两个寄存器的内容相加，如"ADD AX,BX"，该指令在执行阶段无须访存，只需完成(AX)+(BX)→AX 的操作。

2）存数指令（STA X）。该指令在执行阶段需将累加器 ACC 的内容存于 X 地址单元中，具体操作如下。

①将指令的地址码部分送至存储器地址寄存器，记作 Ad(IR)→MAR。
②向主存发写命令，启动主存作写操作，记作 1→W。
③将累加器内容送至 MDR，记作 AX→MDR。
④将 MDR 的内容（通过数据总线）写入到 MAR（通过地址总线）所指的主存单元中，记作 MDR→M(MAR)。

3）取数指令（LDA X）。该指令在执行阶段需将主存 X 地址单元的内容取至累加器 AX 中，具体操作如下。

①将指令的地址码部分送至存储器地址寄存器，记作 Ad（IR）→MAR。
②向主存发读命令，启动主存作读操作，记作 1→R。
③将 MAR（通过地址总线）所指的主存单元中的内容（操作数）经数据总线读至 MDR 内，记作 M（MAR）→MDR。
④将 MDR 的内容送至 AX，记作 MDR→AX。

（3）转移指令。这类指令在执行阶段也不访问存储器。

1）无条件转移指令（JMP X）。该指令在执行阶段完成将指令的地址码部分 X 送至 PC 的操作，记作 Ad（IR）→PC。如前所述，该过程也可放在取指阶段的后期完成。

2）条件转移（负则转）指令（BAN X）。该指令根据上一条指令运行的结果决定下一条指令的地址，若结果为负（累加器最高位为 1，即 $A_0=1$），则指令的地址码送至 PC，否则程序按原顺序执行。由于在取指阶段已完成了(PC)+1→PC，所以当累加器结果不为负（即 $A_0=0$）时，就按取指阶段形成的 PC 执行，记作 $A_0 \rightarrow A_d(IR) + \overline{A_0}(PC) \rightarrow PC$。

由此可见，不同指令在执行阶段所完成的操作是不相同的。如果将访存指令分为直接访存和间接访存两种，则上述三类指令的指令周期如图 7.16 所示。

4. 中断周期的数据流

CPU 进入中断周期要完成保护断点、寻找中断服务程序入口地址以及硬件关中断等一系列的操作，所以当前 PC 的内容必须保存起来，以待执行完中断服务程序后可以准确返回到该程序的间断处。中断周期的数据流可以描述为：首先 CU 将保存程序断点的存储器特殊地址（如栈指针的内容）送往 MAR，并送到地址总线上，接着 CU 向存储器发写命令，并将 PC 中的内容送到 MDR，通过数据总线将程序断点存入存储器，最后，CU 将中断服务入口地址送至 PC，为下一个指令周期的取指周期做好准备。中断周期数据流过程如图 7.17 所示。

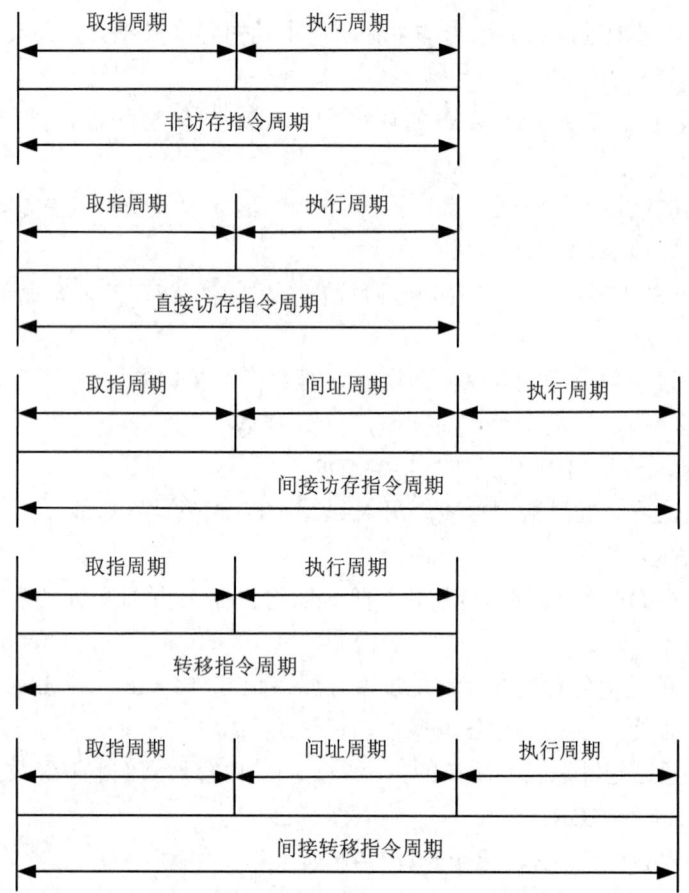

图 7.16 非访存指令、访存指令、转移指令的指令周期

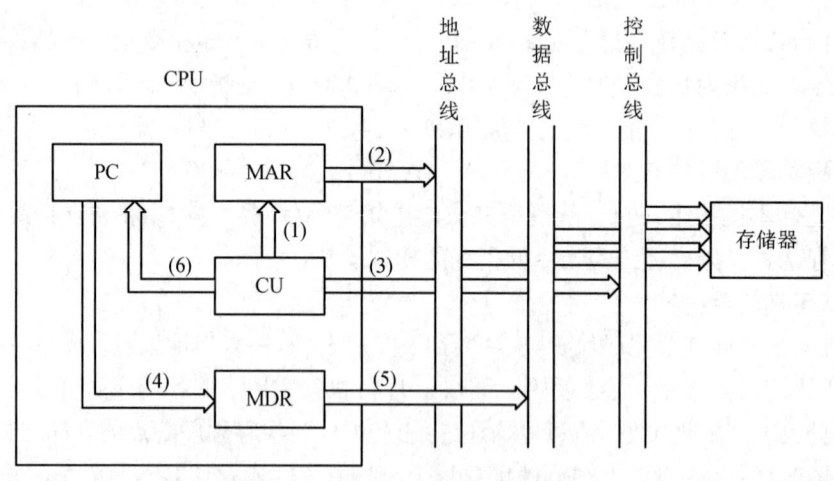

图 7.17 中断周期数据流过程

假设程序断点存至主存的 0 地址单元,且采用硬件向量法寻找入口地址,则在中断周期需完成如下操作:

（1）将特定地址"0"送至存储器地址寄存器，记作 0→MAR。
（2）向主存发写命令，启动存储器作写操作，记作 1→W。
（3）将 PC 的内容（程序断点）送至 MDR，记作 PC→MDR。
（4）将 MDR 的内容（程序断点）通过数据总线写入到 MAR（通过地址总线）所指示的主存单元（0 地址单元）中，记作 MDR→M（MAR）。
（5）将向量地址形成部件的输出送至 PC，记作向量地址→PC，为下一条指令的取值周期作准备。
（6）关中断，将允许中断触发器清零，记作 0→EINT（该操作可直接由硬件线路完成）。
如果程序断点存入堆栈，而且进栈操作是先修改栈指针，后存入数据，只需要将上述步骤（1）改为(SP)-1 →SP，且 SP→MAR。

7.3.3 指令周期数据流举例

假设现有程序段：
ADD R0,06H;
JMP 04H;

该程序段由两条指令组成，分别是加法指令（ADD）和无条件转移指令（JMP）组成。其中加法指令的源操作数采用立即数寻址，目的操作数采用寄存器寻址；无条件转移指令采用的是直接寻址。为便于理解，这里将 CPU 的字长、地址总线、数据总线、存储器的存储单元宽度都设为 8 位；指令的长度可以是单字节或双字节，其中操作码为 4 位，位于指令第一字节的高 4 位，指令第一字节的低 4 位分别指示源寄存器和目的寄存器，如果地址码字段是操作数的存储器地址或立即数等，则位于指令的第二字节。单字节和双字节的指令格式如图 7.18 所示。

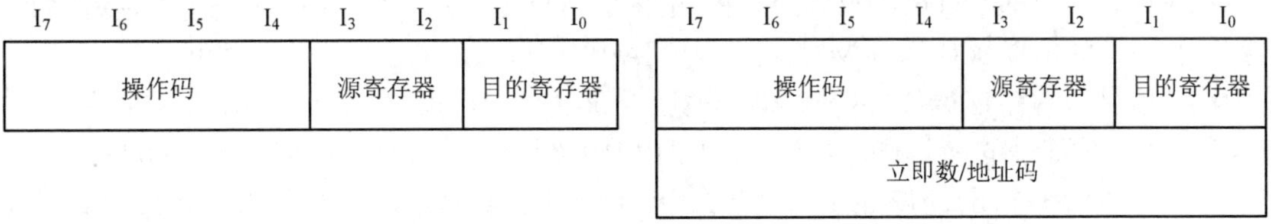

I_7	I_6	I_5	I_4	I_3	I_2	I_1	I_0
操作码				源寄存器		目的寄存器	

I_7	I_6	I_5	I_4	I_3	I_2	I_1	I_0
操作码				源寄存器		目的寄存器	
立即数/地址码							

（a）单字节指令格式　　　　　　（b）双字节指令格式

图 7.18　单字节和双字节的指令格式

根据以上的约定可知，ADD 和 JMP 都是双字节指令。假设 ADD 指令的操作码为 0101，JMP 指令的操作码为 1000，则"ADD R0,06H"对应的机器码为 50H 和 06H，"JMP 04H"对应的机器码为 80H 和 04H。如果该程序段的起始地址为 04H，则上述程序段在存储器中的位置见表 7.2。

表 7.2　上述程序段在存储器中的位置

指令地址	机器码	助记符
0000 0100 (04H)	0101 0000 (50H)	ADD R0，06H
0000 0101 (05H)	0000 0110 (06H)	立即数

续表

指令地址	机器码	助记符
0000 0110 (06H)	1000 0000 (80H)	JMP 04H
0000 0111 (07H)	0000 0100 (04H)	转移地址

1. "ADD R0,06H"的指令周期

在执行"ADD R0,06H"指令前,PC 中存放了当前指令的地址 04H。执行"ADD R0,06H"的主要操作如下:

(1) 通过内部总线将 PC 的内容送到 MAR 中,即 MAR 中的内容为 04H。

(2) CU 通过控制总线向存储器发读命令,即 1→R,使得存储器读状态就绪。

(3) 将 MAR 中的地址信息通过地址总线传送给存储器。

(4) 将存储器对应地址 04H 的内容(指令)通过数据总线传至 MDR 中。

(5) MDR 将指令机器码送至 IR 中,此时 IR 内容为 50H。

(6) PC+1→PC,PC 指向下一个地址单元,此时 PC 为 05H。

(7) IR 中的指令送到指令译码器进行译码分析判断,并形成相应的控制信号。

(8) 分析指令得出 ADD 指令是双字节指令,进行取立即数操作。首先 CU 通过控制总线向存储器发读命令,接着将 MAR 中的地址信息传送到存储器,从 05H 单元中读出操作数,通过数据总线送到 ALU 的暂存器 DA1 中,PC+1→PC(06H),指向下一条指令。

(9) 根据指令寄存器 IR 中的低 4 位得到源操作数寄存器为 R0,并从 R0 中取出另一个操作数,送至 ALU 的暂存器 DA2 中。

(10) 在 ALU 中完成加法运算,并将结果送至目的寄存器 R0 中。

2. "JMP 04H"的指令周期

在执行完"ADD R0,06H"指令后,PC 的内容为 06H,执行"JMP 04H"的主要操作如下:

(1) PC 的内容 06H 送到 MAR 中,则 MAR 中为 06H。CU 向存储器发出读命令,MAR 中的地址信息送到存储器中,并在存储器地址为 06H 处取出指令,传送到 IR 中,IR 将指令机器码送至指令译码器进行译码分析,并形成相应的控制信号,PC+1→PC,PC 为 07H。

(2) 分析指令得出 JMP 也是双字节指令,接下来去转移地址,PC 的内容 07H 送到 MAR 中,控制器发出读信号,从存储器 07H 单元中读出转移地址,直接通过数据总线送到 PC 中,实现转移操作。

7.4 控制器的设计

通过在 7.2 节控制单元中的知识可知,控制单元的实现方法有两种方法:一种是采用组合逻辑设计,另一种是采用微程序设计。接下来首先讨论控制单元的外特性,接着重点讨论这两种设计方法的原理,旨在帮助读者初步掌握设计控制器的思路。

7.4.1 控制单元的设计方法

组合逻辑控制器又称为硬布线控制器,它主要是根据指令的要求、当前的时序以及外部和内部的状态,按照时间顺序发送一系列微控制信号,主要由组合逻辑门电路和一些触发器构

成；而微程序控制器是采用类似于存储相类似的方法，以若干二进制表示的微命令形成一条机器指令，将微命令存储在专用的存储器上，即可完成控制单元的功能。从二者的原理来看，两者的最大区别是控制单元的核心部件——操作控制信号形成部件的组成结构不同，因此二者的设计方法也不相同。

1. 组合逻辑控制器设计的基本步骤

组合逻辑控制器的设计方法基本步骤如下：

（1）确定指令系统，包括指令系统中每条指令的格式、功能和寻址方式，分配操作码。

（2）围绕着指令系统的实现，确定 CPU 的内部结构，包括运算器的功能和组成，控制器的类型、结构及各部件的连接方式和数据通路，同时需要确定时序系统的构成。

（3）分析每条指令的执行过程，按照机器周期顺序，写出所必须发送的微操作控制信号序列。

（4）综合每个微操作控制信号的逻辑函数，并进行化简和优化。

（5）用逻辑电路实现。

2. 微程序控制器设计的基本步骤

微程序控制器的设计方法基本步骤如下：

（1）确定指令系统，包括指令系统中每条指令的格式、功能和寻址方式，分配操作码。

（2）围绕指令系统的实现，确定 CPU 的内部结构，包括运算器的功能和组成，控制器的类型、结构及各部件的连接方式和数据通路，同时需要确定时序电路的构成。

（3）分析每条指令的执行过程，画出指令系统的微程序流程图。

（4）根据 CPU 的结构，写出每条微指令所发送的微操作控制信号序列。

（5）结合微程序控制器的结构，微操作控制信号序列和控制存储器容量，设计微指令格式。

（6）分配微程序流程图中各微指令的微地址，并编写微指令代码。

（7）将所有的微指令代码装入控制存储器的相应单元。

可见，无论采用哪种设计方法，都必须首先确定指令系统，因此指令系统是硬件系统和软件系统的桥梁，它不但是硬件设计者的依据和目标，也是软件设计者控制计算机的工具。另外值得注意的是随着现代 RISC 和 VLSI 技术的发展，在一些 CPU 设计时常常将两种设计方法进行结合，通常组合逻辑控制器的设计方法用于实现绝大多数简单指令，而微程序控制器的设计方法用于实现少数复杂指令。另外，上述的设计步骤也不是必须要严格按照顺序执行，实际的设计过程中常常会交错进行。

由于控制器的设计是个非常综合、复杂的过程，涉及的知识太广，如上述步骤中的前两个步骤，在"计算机系统结构"相关课程中有详细探讨，而逻辑电路的实现则在"数字电路"相关课程中有相应介绍，本书重点关注两种设计方法在步骤（3）之后的内容。

7.4.2 控制信号分析

控制单元的主要功能是能发出不同的控制信号。控制信号的传输一种是不采用 CPU 内部总线，另一种是采用 CPU 内部总线。接下来以"ADD @X"为例，分别在两种方式下分析完成一条指令形成的微操作命令。

1. 不采用 CPU 内部总线方式的微操作

不采用 CPU 内部总线方式的数据通路和控制信号如图 7.19 所示。在图 7.19 中，只对控制

门电路的控制信号 C_i 进行了标注，未画出每个控制门，由于存储器取出的指令或有效地址都先送至 MDR 再送至 IR，所以这里没有画出 IR 送至 MAR 的数据通路，当需要从 IR 送至 MAR 时，可由 MDR 送至 MAR 代替。

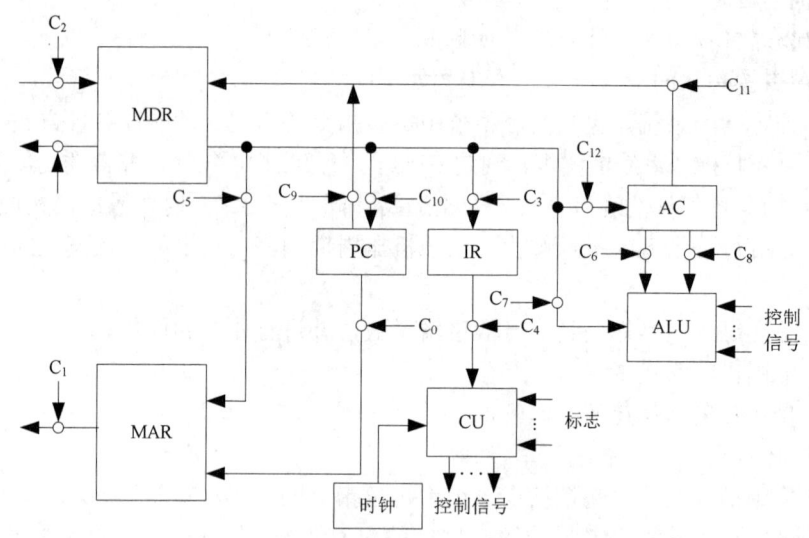

图 7.19　不采用 CPU 内部总线方式的数据通路和控制信号

（1）取指周期。

1）控制信号 C_0 有效，打开 PC 送往 MAR 的控制门。

2）控制信号 C_1 有效，打开 MAR 送往地址总线的输出门。

3）通过控制总线向主存发读命令。

4）C_2 有效，打开数据总线送至 MDR 的输入门。

5）C_3 有效，打开 MDR 和 IR 之间的控制门，指令送至 IR。

6）C_4 有效，打开指令操作码送至 CU 的输出门。CU 在操作码和时钟的控制下，可产生各种控制信号。

7）使 PC 内容加 1。

（2）间址周期。

1）C_5 有效，打开 MDR 和 MAR 之间的控制门，将指令的形式地址送至 MAR。

2）C_1 有效，打开 MAR 送往地址总线的输出门。

3）通过控制总线向主存发读命令。

4）C_2 有效，打开数据总线送至 MDR 的输入门，有效地址存入 MDR。

5）C_3 有效，打开 MDR 和 IR 之间的控制门，将有效地址送至 IR 的地址码字段。

（3）执行周期。

1）C_5 有效，打开 MDR 和 MAR 之间的控制门，将有效地址送至 MAR。

2）C_1 有效，打开 MAR 送往地址总线的输出门。

3）通过控制总线向主存发读命令。

4）C_2 有效，打开数据总线送至 MDR 的输入门，操作数存入 MDR。

5）C_6、C_7 同时有效，打开 AC（累加寄存器）和 MDR 通往 ALU 的控制门。

6）通过 CPU 内部控制总线对 ALU 发加控制信号（ADD），完成 AC 的内容和 MDR 的内容相加。

7）C_8 有效，打开 ALU 通往 AC 的控制门，最后将求和结果存入 AC。

图 7.19 中 C_9 和 C_{10} 分别是控制 PC 的输出和输入的控制信号，C_{11} 和 C_{12} 分别是控制 AC 的输出和输入的控制信号。

接下来，对不采用内部总线方式微操作进行分类小结。

（1）取指周期的微操作。根据上节中指令周期的知识，可知，取指周期的微操作是相同的，可概括为：

PC→MAR	当前指令地址→MAR
1→R	向主存发出读命令
M(MAR)→MDR	将当前指令从存储器中读至 MDR
MDR→IR	当前指令→IR
OP(IR)→CU	指令的操作码→CU 译码
(PC)+1→PC	形成下一条指令的地址

（2）执行周期的微操作。执行周期的微操作根据指令的不同而不同，这里主要以取数指令、存数指令、加法指令为例作为介绍，其他指令可根据情况自行分析。

1）取数指令（LDA M）执行阶段所需的全部微操作，可概括为：

Ad(IR)→MAR	指令的地址码字段→MAR
1→R	向主存发出读命令
M(MAR)→MDR	操作数从存储器中读至 MDR
MDR→ACC	操作数→ACC

2）存数指令（STA M）执行阶段所需的全部微操作，可概括为：

Ad(IR)→MAR	指令的地址码字段→MAR
1→W	向主存发出写命令
ACC→MDR	将要写入的数据送至 MDR
MDR→M(MAR)	数据写入存储器中

3）加法指令（ADD M）执行阶段所需的全部微操作，可概括为：

Ad(IR)→MAR	指令的地址码字段→MAR
1→R	向主存发出读命令
M(MAR)→MDR	操作数从存储器中读至 MDR
(ACC)+(MDR)→ACC	两数相加结果送至 ACC

4）无条件转移指令（JMP Y）执行阶段所需的全部微操作，可概括为：

Ad(IR)→PC	目标地址 Y→PC

同理，条件转移指令执行阶段的微操作类似，如结果为零则转指令（BAZ Y）的微操作为：

Z Ad(IR)→PC	当 Z=1（Z 为标记触发器，Z=1 表示结果为 0）时，目的地址 Y→PC

（3）间址周期的微操作。如果指令采用了间接寻址，则指令周期中就增加了间址周期，间址周期的微操作可概括为：

Ad(IR)→MAR	指令的地址码字段→MAR
1→R	向主存发出读命令
M(MAR)→MDR	有效地址从存储器中读至 MDR
MDR→Ad(IR)	将有效地址送至指令寄存器的地址字段

值得注意的是，由于增加了间址周期，虽然其余微操作保持不变，但指令的执行周期第

一个微操作变为：

  MDR→MAR   有效地址送至 MAR

（4）中断周期的微操作。如果在执行周期的最后，CPU 要查询中断信号，若检测到有中断请求，中断未被屏蔽且被排队选中，则允许中断，CPU 进入中断周期。假设程序断点存入主存 0 地址单元内，则此时中断隐指令的微操作可概括为：

  0→MAR   主存 0 地址→MAR
  1→W   向主存发出写命令
  PC→MDR   将程序断点的 PC 送至 MDR
  MDR→M(MAR)   将程序断点的 MDR 写入 MAR 所指的地址单元（0 地址）
  向量地址→PC   向量地址形成部件的输出送至 PC

2. 采用 CPU 内部总线方式的微操作

采用 CPU 内部总线方式的数据通路和控制信号，如图 7.20 所示，图中注出了寄存器与总线之间的控制信号。如 IR_i 控制从内部总线到指令寄存器的输入控制门；PC_o 则控制从 PC 到内部总线的输出控制门。在这里用下标 i（input）表示输入控制，下标 o（output）表示输出控制。图中的 Y 和 Z 寄存器是 ALU 的暂存器，Y 是 ALU 的一个输入端，另一个输入从内容总线获得，这样就可以保证 ALU 运算过程中两个输入端数据保持不变；另外，如果 ALU 的输出直接反馈到内部总线上，则会影响 ALU 的输入，导致运算不正确，故使用 Z 暂存器来暂存结果，等算术逻辑运算结束后输出到指定目标。

当采用 CPU 内部总线方式，完成间址寻址的加法指令"ADD @X"时，控制单元发出的信号如下。

（1）取指周期。

1）PC_o 和 MAR_i 有效，完成 PC 经内部总线送至 MAR 的操作，即 PC→MAR。

2）通过控制总线向主存发读命令，即 1→R，这个过程参考前节，本图中未标注。

3）存储器通过数据总线将 MAR 所指单元的内容（指令）送至 MDR。

4）MDR_o 和 IR_i 有效，将 MDR 的内容送至 IR，即 MDR→IR，指令送至 IR，其操作码字段开始控制 CU。

5）PC 内容加 1。

（2）间址周期。

1）MDR_o 和 MAR_i 有效，将指令的形式地址经内部总线送至 MAR，即 MDR→MAR。

2）通过控制总线向主存发读命令，即 1→R。

3）存储器通过数据总线将 MAR 所指单元的内容（有效地址）送至 MDR。

4）MDR_o 和 IR_i 有效，将 MDR 中的有效地址送至 IR 的地址码字段，即 MDR→Ad(IR)。

（3）执行周期。

1）MDR_o 和 MAR_i 有效，将有效地址经内部总线送至 MAR，即 MDR→MAR。

2）通过控制总线向主存发读命令，即 1→R。

3）存储器通过数据总线将 MAR 所指单元的内容（操作数）送至 MDR。

4）MDR_o 和 Y_i 有效，将操作数送至 Y，即 MDR→Y。

5）AC_o 和 ALU_i 有效，同时 CU 向 ALU 发加控制信号（ADD），使 AC 的内容和 Y 的内容相加，结果送暂存器 Z，即(AC)+(Y)→Z。

6）Z_o 和 AC_i 有效，将运输结果存入 AC，即 Z→AC。

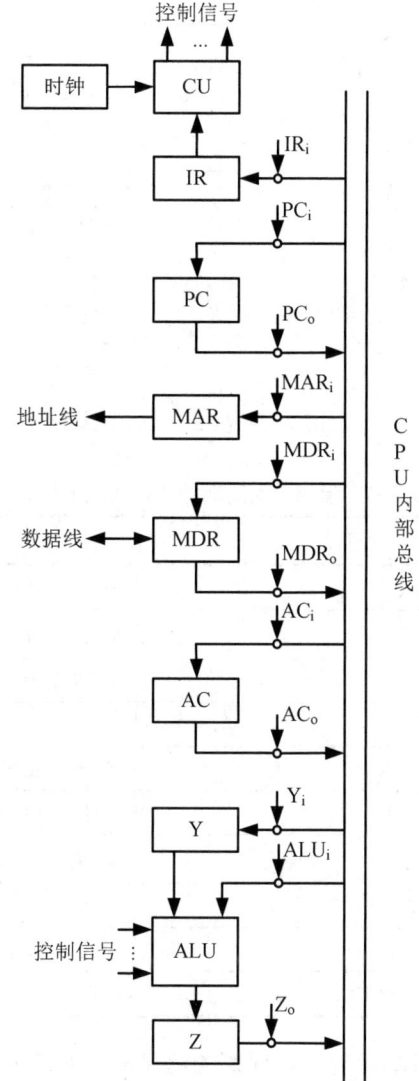

图 7.20 采用 CPU 内部总线方式的数据通路和控制信号

随着超大规模集成电路的发展，现代计算机的 CPU 都集成在一个硅片上，采用 CPU 内部总线的方式可大大减少内部寄存器之间的连线，优化芯片内部各部件的布局。

例 7.2 已知单总线计算机结构如图 7.21 所示，其中 M 为主存，XR 为变址寄存器，EAR 为有效地址寄存器，LATCH 为锁存器，MQ 是乘商寄存器（能够进行乘法、除法运算，保存运算结果的低位）。图中各寄存器的输入和输出均受控制信号控制，例如，PC_i 表示 PC 的输入控制信号，MDR_o 表示 MDR 的输出控制信号。假设指令地址已存于 PC 中，写出 "ADD X,D"（X 为变址寄存器 XR，D 为形式地址）和 "STA *D"（*表示相对寻址，D 为相对位移量）两条指令的指令周期信息流，并列出相应的控制信号序列。

解：

①"ADD X,D"指令取指周期和执行周期的信息流及对应的控制信号见表 7.3，其中 Ad(IR) 为形式地址。

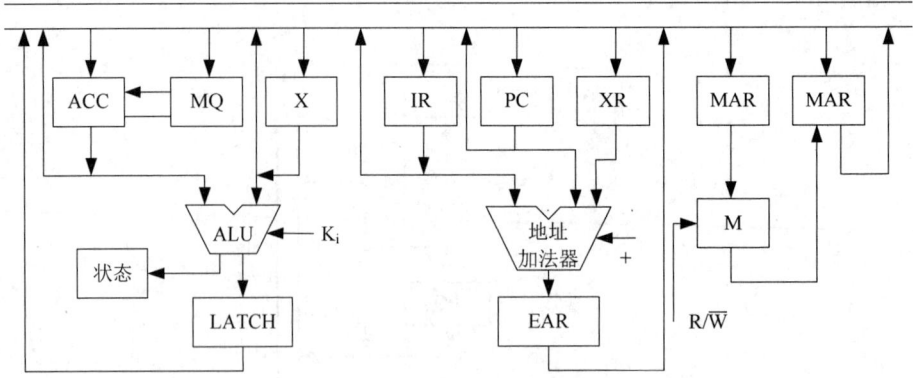

图 7.21 单总线计算机结构

表 7.3 "ADD X,D" 指令取消周期的执行周期的信息流及对应的控制信号

指令周期	信息流	控制信号序列
取指周期	PC→Bus→MAR	PC_o, MAR_i
	M(MAR)→MDR	MAR_o, $R/\overline{W}=R$, MDR_i
	MDR→Bus→IR	MDR_o, IR_i
	(PC)+1→PC	+1
执行周期	(XR)+Ad(IR)→EAR	XR_o, $Ad(IR)_o$, +, EAR_i
	EAR→Bus→MAR	EAR_o, MAR_i
	M(MAR)→MDR	MAR_o, $R/\overline{W}=R$, MDR_i
	MDR→Bus→X	MDR_o, X_i
	(ACC)+(X)→LATCH	ACC_o, X_o, $K_i=+$, $LATCH_i$
	LATCH→Bus→ACC	$LATCH_o$, ACC_i

② "STA *D" 指令取指周期和执行周期的信息流及对应的控制信号见表 7.4,其中 Ad(IR) 为形式地址。

表 7.4 "STA * D" 指令取指周期和执行周期的信息流及对应的控制信号

指令周期	信息流	控制信号序列
取指周期	PC→Bus→MAR	PC_o, MAR_i
	M(MAR)→MDR	MAR_o, $R/\overline{W}=R$, MDR_i
	MDR→Bus→IR	MDR_o, IR_i
	(PC)+1→PC	+1
执行周期	(PC)+Ad(IR)→EAR	PC_o, $Ad(IR)_o$, +, EAR_i
	EAR→Bus→MAR	EAR_o, MAR_i
	ACC→Bus→MDR	ACC_o, MDR_i
	MDR→M(MAR)	MDR_o, MAR_o, $R/\overline{W}=W$

7.4.3 组合逻辑控制器的设计

1. 组合逻辑控制器的结构

图 7.22 是组合逻辑控制器的结构框图。其中指令的操作码是决定控制单元发出不同控制信号的关键,由组合逻辑电路构成的操作控制信号形成部件(CU)的核心。控制单元的输入信号可以分为以下 4 种。

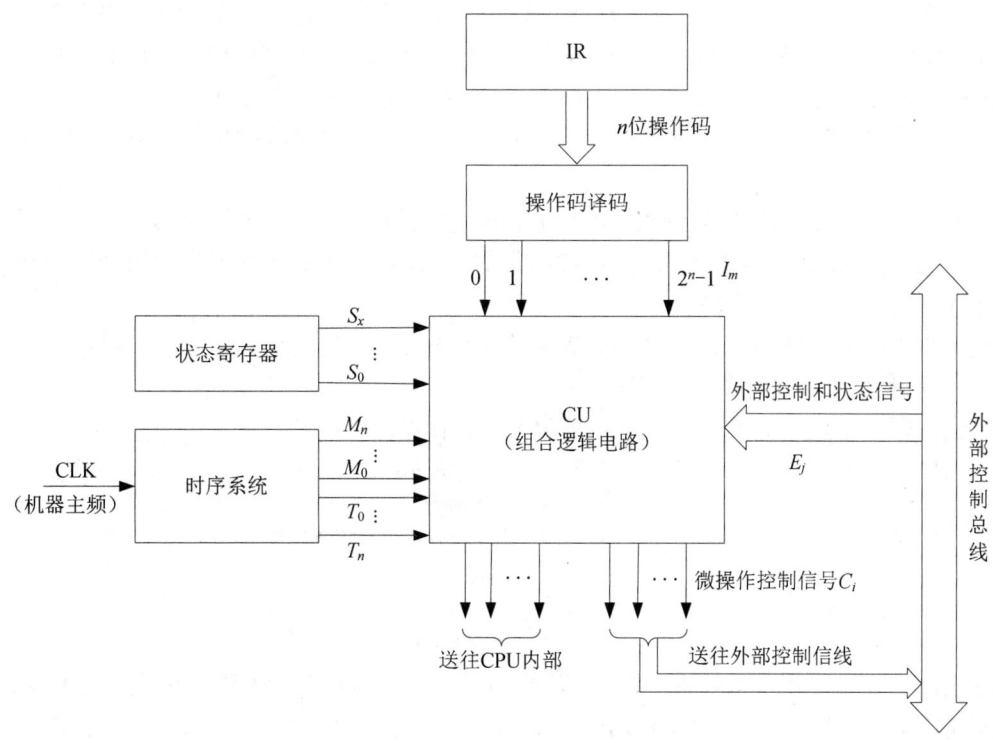

图 7.22 组合逻辑控制器的结构框图

(1) 操作码译码产生的指令信息 I_m。为了将控制单元的逻辑,将存放在 IR 中的 n 位操作码经过操作码译码电路产生 2^n 个输出,这样,每条指令操作码便有一个指令信息送至 CU。

(2) 机器主频 CLK 经过时序系统产生的机器周期信号 M_n 和节拍信号 T_n,用于内部时序控制。

(3) 状态寄存器的状态信号 S_x,用于指出运算器的结构状态及机器内部的其他状态,以决定是否发出某些操作,如有条件转移指令是否转移等。

(4) 外部控制、状态信号 E_j,表示 CPU 外部各部件的状态和控制信号,如外设和存储器的"准备就绪"信号和中断请求信号等。

CU 根据这 4 种输入信号,输出带有时间顺序特性的微操作控制信号序列 C_i。对于存储器或外设的控制信号部分,由 CPU 外部构成系统总线的控制总线传输;对于运算器和各寄存器的控制信号,直接传输至 CPU 内部。这种关系,可以采用逻辑函数的方法来描述:函数输出为 C_i;函数输入为 I_m、M_n、T_n、S_x、E_j 其表达式为

$$C_i = f_i(I_m, M_n, T_n, S_x, E_j)$$

在时间信号中，节拍信号 T_n 尤为重要，直接影响着机器周期，因此，节拍的宽度应满足数据信息通过数据总线从源到目的所需的时间。以时钟为计数脉冲，通过时序系统中的一个计数器（也称节拍发生器），就可以产生一个与时钟周期等宽的节拍序列。指令的微操作都要根据节拍进行合理安排。

2. 微操作的节拍安排

假设采用同步控制的方式，每个机器周期包含 3 个节拍，使用不采用 CPU 内部总线方式，如图 7.19 所示，其中 MAR 和 MDR 分别直接与地址总线和数据总线相连，且 IR 地址码部分与 MAR 之间有通路。在这种情况下，微操作节拍的安排原则主要有以下 3 点：

（1）当微操作序列有严格时间次序要求时，在进行节拍安排时必须要注意微操作的先后顺序。

（2）当若干个微操作控制的对象不同时，尽量安排在同一个节拍内完成，减少执行时间。

（3）在一个节拍内尽可能多地安排微操作的个数，特别是对一些所占时间较短的微操作，但应该注意这些微操作的次序关系。

接下来以指令周期为主线，对一些常用指令的微操作进行说明。

（1）取指周期微操作的节拍安排。

首先回顾一下取指周期的有以下 6 个微操作，详见上一小节。

PC→MAR	当前指令地址→MAR
1→R	向主存发出读命令
M(MAR)→MDR	将当前指令从存储器中读至 MDR
MDR→IR	当前指令→IR
OP(IR)→CU	指令的操作码→CU 译码
(PC)+1→PC	形成下一条指令的地址

从上面 6 个微操作可以知道，微操作从时间顺序上原则（1）应该具有 PC→MAR 到 1→R，到 M(MAR)→MDR，再到 MDR→IR，最后到 OP(IR)→CU 的过程，(PC)+1→PC 安排在 PC→MAR 操作之后任意位置都符合要求；从操作对象[原则（2）]来看 PC→MAR、1→R 不涉及相同的被控对象，M(MAR)→MDR、MDR→IR 和 OP(IR)→CU 涉及相同的被控对象，(PC)+1→PC 和除 PC→MAR 外的所有操作都不涉及相同的被控对象；从微操作所占的时间来看，OP(IR)→CU 的时间较短。综合这些要素可以对这 6 个微操作作如下安排。

节拍 T_0：微操作 PC→MAR，1→R；原则（2）。

节拍 T_1：微操作 M(MAR)→MDR，(PC)+1→PC；原则（2）。

节拍 T_2：微操作 MDR→IR，OP(IR)→CU；原则（1），原则（3）。

原则（1）体现在节拍顺序安排上，即 T_0，T_1，T_2 的顺序安排。当然只要符合上述三个原则的节拍安排都是合理的，例如微操作(PC)+1→PC 也可以放到节拍 T_2 中。

（2）间址周期微操作的节拍安排。

节拍 T_0：Ad(IR)→MAR，1→R。

节拍 T_1：M(MAR)→MDR。

节拍 T_2：MDR→Ad(IR)。

（3）执行周期微操作的节拍安排。

1）非访存指令。

（a）清除累加器指令（CLA）。该指令在执行周期只有一个微操作，故可以安排在三个节拍中的任意一个，其余节拍为空即可。

节拍 T_0：空。

节拍 T_1：空。

节拍 T_2：$0 \rightarrow ACC$。

（b）累加器取反指令（COM）。

节拍 T_0：空。

节拍 T_1：空。

节拍 T_2：$\overline{ACC} \rightarrow ACC$

（c）算术右移一位指令（SHR）。

节拍 T_0：空。

节拍 T_1：空。

节拍 T_2：$L(ACC) \rightarrow R(ACC)$，$ACC_0 \rightarrow ACC_0$。

（d）循环左移一位指令（CSL）。

节拍 T_0：空。

节拍 T_1：空。

节拍 T_2：$R(ACC) \rightarrow R(ACC)$，$ACC_0 \rightarrow ACC_n$。

（e）停机指令（STP）。

节拍 T_0：空。

节拍 T_1：空。

节拍 T_2：$0 \rightarrow G$。

2）访存指令。

（a）加法指令（ADD X）。

节拍 T_0：$Ad(IR) \rightarrow MAR$，$1 \rightarrow R$。

节拍 T_1：$M(MAR) \rightarrow MDR$。

节拍 T_2：$(ACC)+(MDR) \rightarrow ACC$。

（b）存数指令（STA X）。

节拍 T_0：$Ad(IR) \rightarrow MAR$，$1 \rightarrow W$。

节拍 T_1：$ACC \rightarrow MDR$。

节拍 T_2：$MDR \rightarrow M(MAR)$。

（c）取数指令（LDA X）。

节拍 T_0：$Ad(IR) \rightarrow MAR$，$1 \rightarrow R$。

节拍 T_1：$M(MAR) \rightarrow MDR$。

节拍 T_2：$MDR \rightarrow ACC$。

3）转移类指令。

（a）无条件转移指令（JMP X）。

节拍 T_0：空。

节拍 T_1：空。

节拍 T_2：Ad(IR)→PC。

(b) 有条件转移（负则转）指令（BAN X）。

节拍 T_0：空。

节拍 T_1：空。

节拍 T_2：$A_0 \cdot \text{Ad(IR)} + \overline{A_0} \cdot \text{(PC)} \to \text{PC}$。

4）中断周期微操作的节拍安排。

节拍 T_0：0→MAR，1→W。

节拍 T_1：PC→MDR。

节拍 T_2：MDR→M(MAR)，向量地址→PC。

3. 组合逻辑的设计

在完成基本指令的微操作节拍安排后，就可以列出微操作命令的操作时间表，则可以根据这个操作时间表写出每一个微操作命令的逻辑表达式,最后根据逻辑表达式画出相应的组合逻辑电路图。

（1）列出微操作命令的操作时间表。现在以表格的形式将上述描述的共 10 条指令的微操作的操作时间进行表示，见表 7.5。在表中 FE、IND、EX 分别为取指、间址、执行周期，是 CPU 工作周期的标志，可参看图 7.13。T_0、T_1、T_2 为节拍信号，I 为间址标志，在取指周期的 T_2 时刻，若 I=1，则 IND 触发器置"1"，进入间址周期；若 I=0，则 EX 触发器置"1"，进入执行周期。同理，在间址周期的 T_2 时刻，若 IND=0，表示第一次间接寻址，则 EX 触发器置"1"，进入执行周期；若 IND=1，表示多次间接寻址，则继续间接寻址。在执行周期的 T_2 时刻，CPU 要向所有中断源发中断查询信号，若检测到有中断请求并且满足响应条件，则 INT 触发器置"1"，进入中断周期。

表 7.5 微操作的操作时间

工作周期标记	节拍	状态条件	微操作命令信号	CLA	COM	SHR	CSL	STP	ADD	STA	LDA	JMP	BAZ
FE	T_0		PC→MAR	1	1	1	1	1	1	1	1	1	1
			1→R	1	1	1	1	1	1	1	1	1	1
	T_1		M(MAR)→MDR	1	1	1	1	1	1	1	1	1	1
			(PC)+1→PC	1	1	1	1	1	1	1	1	1	1
	T_2		MDR→IR	1	1	1	1	1	1	1	1	1	1
			OP(IR)→CU	1	1	1	1	1	1	1	1	1	1
		I	I→IND						1	1	1		1
		i	I→EX	1	1	1	1	1	1	1	1	1	1
IND	T_0		Ad(IR)→MAR						1	1	1		1
			I→R						1	1	1		1
	T_1		M(MAR)→MDR						1	1	1		1

续表

工作周期标记	节拍	状态条件	微操作命令信号	CLA	COM	SHR	CSL	STP	ADD	STA	LDA	JMP	BAZ
	T_2		MDR→Ad(IR)						1	1	1	1	1
		$\overline{\text{IND}}$	I→EX						1	1	1	1	1
EX	T_0		Ad(IR)→MAR						1	1	1		
			1→R						1		1		
			1→W							1			
	T_1		M(MAR)→MDR						1		1		
			ACC→MDR							1			
	T_2		(ACC)+(MDR)→ACC						1				
			MDR→M(MAR)							1			
			MDR→ACC								1		
			0→ACC	1									
			$\overline{\text{ACC}}$→ACC		1								
			L(ACC)→R(ACC),AC_0保持			1							
			$\rho^{-1}(\overline{\text{ACC}})$				1						
			Ad(IR)→PC									1	
		A_0	Ad(IR)→PC										1
			0→G					1					

（2）写出微操作控制信号的最简逻辑函数。通过表 7.5 的微操作的操作时间可以列出每个微操作命令的逻辑表达式，经过化简、整理便可得到最简逻辑表达式。

如：微操作命令 M(MAR)→MDR 的逻辑表达式可以写出：

M(MAR) → MDR
= FE·T_1 + IND·T_2(ADD+ STA+ LDA+ JMP+ BAZ) + EX·T_1(ADD+ LDA)
= T_1{FE + IND(ADD+ STA+ LDA+ JMP+ BAZ) + EX(ADD+ LDA)}

（3）画出微操作命令的逻辑图。根据每个微操作命令的逻辑表达式，结合组合逻辑电路设计的知识，采用逻辑门，画出逻辑图，如微操作命令 M(MAR)→MDR 对应的逻辑图如图 7.23 所示。

在实际的设计过程中，还应当考虑门的扇入系数和逻辑级数等。从上述组合逻辑电路设计的思路来看，设计思路相对简单明了，每个微操作命令都将对应一个逻辑电路，系统的复杂性与微操作命令直接相关，可见当指令数量增多，微操作命令也会大幅增加，线路的复杂度也越高，对设计和调试都将带来巨大的挑战。

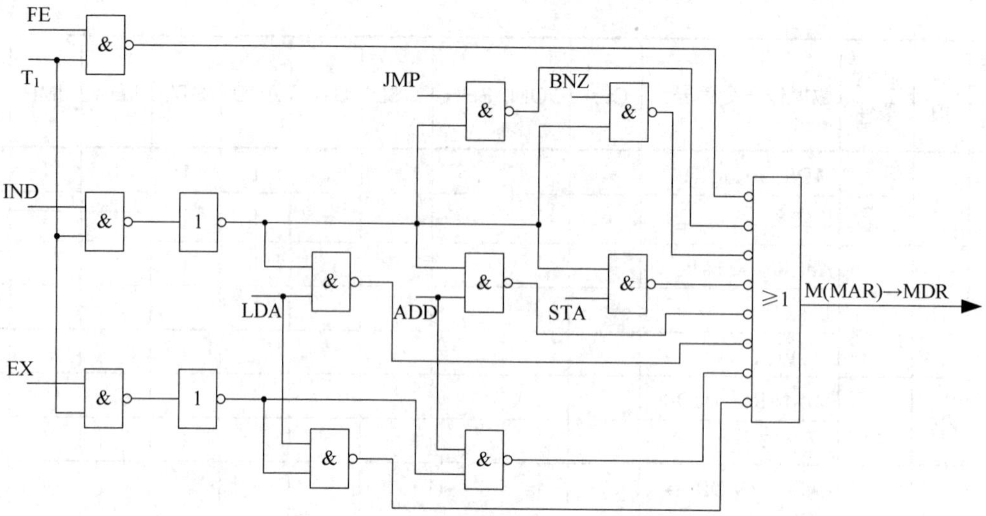

图 7.23 微操作命令 M(MAR)→MDR 对应的逻辑图

7.4.4 微程序控制器的设计

微程序控制器的设计省去了组合逻辑控制器的设计过程中对逻辑表达式的化简步骤，无须考虑逻辑门级数和门的扇入系统，使设计更为方便，而且由于控制信号是以二进制代码形式出现的，因此只要修改微指令的代码，就可更改操作内容，便于调试、修改，甚至是增删机器指令，有利于计算机仿真，总之相比于组合逻辑控制器，微程序控制器具有规整性、灵活性、可维护性等一系列优点，因此在计算机设计中逐渐取代了早期的组合逻辑控制器，并已经被广泛地使用。

1. 微程序控制器的基本概念和工作原理

根据前面的知识可知，计算机大致上可以划分为控制部件和执行部件两大部分。控制单元就是控制部件，而运算器、存储器、外围设备相对于控制单元而言是执行部件。两者之间通过数据通路进行连接，具体可参考图 7.19 和图 7.20。这些数据通路可分为两类，一类称为控制线，控制单元通过控制线向执行部件发出各种控制命令，这些控制命令被称为微命令，而执行部件接受微命令后所进行的操作，称为微操作；另一类称为反馈线，执行部件通过反馈线向控制部件反映操作情况，以便使控制部件根据执行部件的"状态"来下达新的微命令，这过程也称为"状态测试"。

微操作是执行部件中最基本的操作。由于数据通路的结构关系，微操作可分为相容性和相斥性两种，所谓相容性的微操作，是指在同时或同一个 CPU 周期内可以并行执行的微操作；而相斥性的微操作，是指不能在同时或不能在同一个 CPU 周期内并行执行的微操作。

在机器的一个 CPU 周期中，将一组按照所需先后顺序的微命令以编码形式放在一串代码中，这串代码称为微指令。微指令的基本格式如图 7.24 所示，由操作控制字段和顺序控制字段两个部分组成。其中操作控制字段发出各种控制信号；顺序控制字段用于指出下条微指令的地址（简称下地址），以控制微指令序列的执行顺序。

事先将这些微指令存放在某个专用存储（控制存储器，简称控存）中，当要执行某步操作时，将该步操作对应的微指令取出，译码后产生所需微命令来控制相应操作。一条机器指令需执行若干步操作，每步操作用一条微指令控制完成，因此需要编制若干微指令。这些微指令组成一段微程序，执行完一段微程序，也就完成一条机器指令所规定的全部操作。图 7.25 中给出了不同机器指令所对应的微操作，图中左侧的标注是微命令的存储地址，右侧对应相应的机器指令或 CPU 周期的微程序，可见在顺序控制字段主要存放的是下一条微指令（后续微指令）的地址。

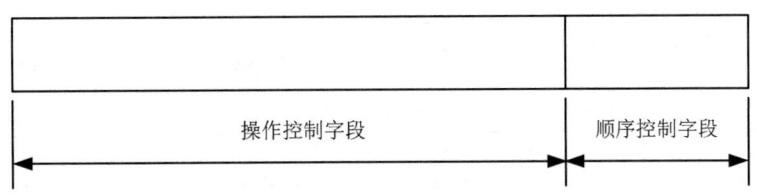

图 7.24 微指令的基本格式

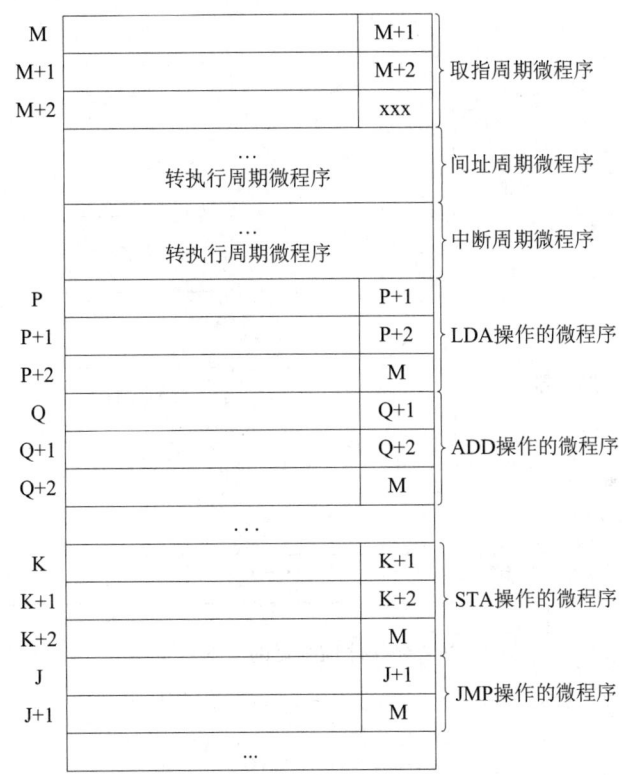

图 7.25 不同机器指令所对应的微操作

由于任何一条机器指令的取指令操作是相同的，因此将取指令操作的命令统一编成一个微程序，这个微程序只负责将指令从主存单元中取出送至指令寄存器中，这个微程序称为取指周期微程序。同理，根据之前的知识，间址周期和中断周期的也是可以确定的，分为间址周期微程序和中断周期微程序。各机器指令的执行周期多数都要差异，需根据不同的情况而确定。

根据微程序控制器的设计原理，可以设计如图 7.26 所示的微程序控制器的基本框图。它与组合逻辑控制器的输入、输出信号相同，如指令寄存器、各种标志和时钟，输出信号输出到

CPU 内部总线或系统总线等，这里重点描述控制器内部的结构。在微程序控制器中，控制存储器（控存）是核心部件，用来存放全部微程序；CMAR 是控存地址寄存器，用来存放欲读出的微指令地址；CMDR 是控存数据寄存器，用来存放从控存读出的微指令；顺序逻辑是用来控制微指令序列，形成下一条微指令地址的，其输入与微地址形成部件（执行寄存器）、微指令的下地址字段以及外来的标志有关。

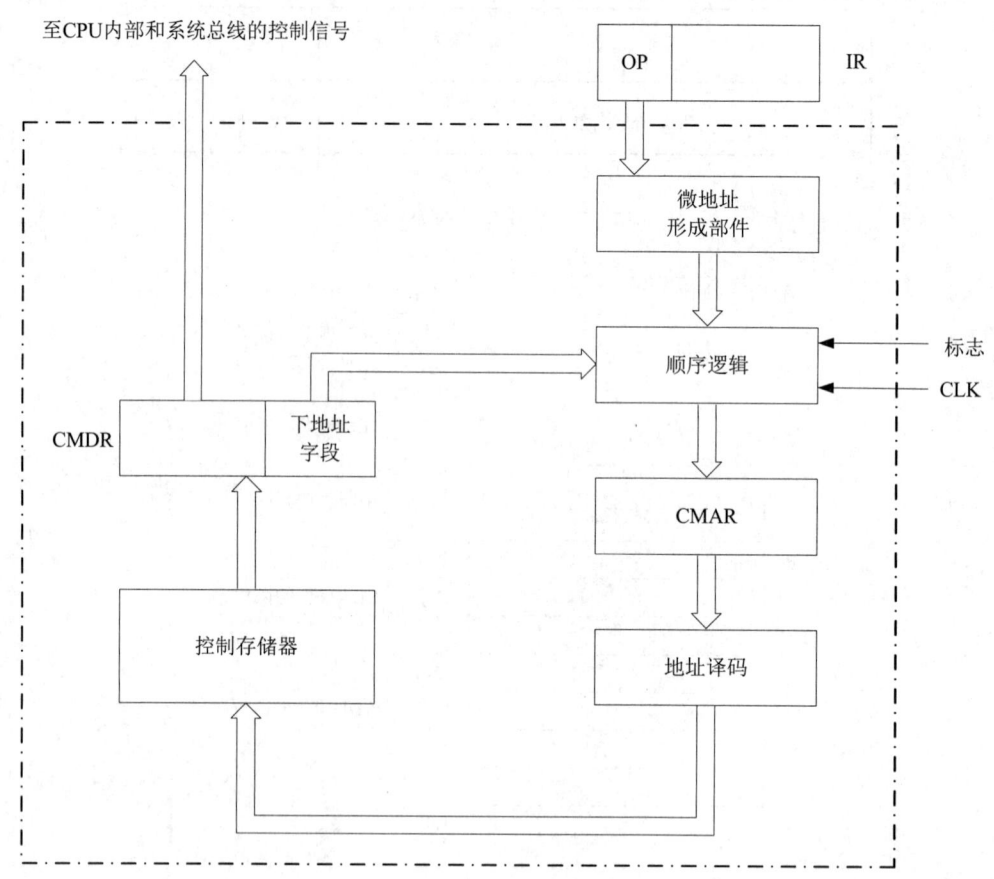

图 7.26　微程序控制器的基本框图

例 7.3　假设现有程序段：
　　LAD　X
　　⋮

将此程序段存于以 2000H 为首地址的主存空间内，请结合图 7.24 和图 7.25 分析在运行上述程序段时，微程序控制器的操作过程。

解：
首先将用户程序的首地址送至 PC，接着进入取指阶段。
取指阶段：
① 将取指周期微程序首地址 M→CMAR。
② 取微指令。将对应控存 M 地址单元中的第一条微指令读到控存数据寄存器中，即 CM(CMAR)→CMDR。

③产生微操作命令。第一条微指令的操作控制字段为"1"的各位发出控制信号，如 PC→MAR，1→R，命令主存接受程序首地址并进行读操作。

④形成下一条微指令的地址。此微指令的顺序控制字段指向下一条微指令的地址 M+1，将 M+1 送至 CMAR，即 Ad(CMDR)→CMAR。

⑤取下一条微指令。将对应控存 M+1 地址单元中的第二条微指令读到 CMDR 中，即 CM(CMAR)→CMDR。

⑥产生微操作命令。由第二条微指令的操作控制字段中对应"1"的各位发出控制信号，如 M(MAR)→MDR 使对应主存 2000H 地址单元中的第一条机器指令从主存中读出送至 MDR 中。

⑦形成下一条微指令的地址。将第二条微指令下地址字段指出的地址 M+2 送至 CMAR，即 Ad(CMDR)→CMAR。

以此类推，直至完成取指周期最后一条微指令，并发出微操作命令为止。此时第一条机器指令"LAD X"已存至指令寄存器 IR 中。

执行阶段：

①取数指令微程序首地址的形成。当取数指令存入 IR 后，其操作码 OP(IR)直接送到微地址形成部件，该部件的输出即为取数指令微程序的首地址 P，且将 P 送至 CMAR，记为 OP(IR)→微地址形成部件→CMAR。

②取微指令。将对应控存 P 地址单元中的微指令读到 CMDR 中，即 CM(CMAR)→CMDR。

③产生微操作命令。由微指令操作控制字段中对应"1"的各位发出控制信号，如 Ad(IR)→MAR，1→R，命令主存读操作数。

④形成下一条微指令的地址。将此条微指令下地址字段指出的 P+1 送至 CMAR，即 Ad(CMDR)→CMAR。

⑤取微指令，即 CM(CMAR)→CMDR。

⑥产生微操作命令。

以此类推，直到取出取数指令微程序的最后一条微指令 P+2，并发出微操作命令。至此即完成了将主存 X 地址单元中的操作数取至累加器 ACC 的操作。这条微指令的顺序控制字段为 M，即表明 CPU 又开始下一条取机器指令的取指周期，控存又要依次读出取指周期微程序的逐条微指令。依次反复，直至程序段完成工作。

由微程序控制器的设计原理可知，微程序控制器设计的重点在于微指令的形成，通过合理的设计方式设计微指令的操作控制字段以及顺序字段是必须要解决的关键性问题，这与微指令的编码方式和微地址的形成方式有关。

2. 微指令的编码方式

微指令的编码方式又称微指令的控制方式，它是指如何对微指令的控制字段进行编码以形成控制信号。在实际的计算机结构中，至少包含上百种控制信号和多种转移方式，如果不采用合理的编码方式，将会导致微指令的控制字段过长，将使控制存储器的容量过大，从而使得 CPU 芯片体积庞大，制造成本高。在设计微指令编码时，一定要考虑如何缩短控制字段的长度，在设计过程中，常考虑的因素有：

（1）尽量缩短微指令字长。

（2）尽量减少控制存储器的容量。

（3）尽量加快微程序的执行速度。

（4）尽量便于对微指令进行修改。

（5）尽量便于微程序设计的灵活性。

目前，针对微指令的编码方式主要有以下几种：

（1）直接编码（直接控制）方式。直接编码方式是在微指令的控制字段中，每一位代表一个微操作命令，如图7.27所示。例如，在控制字段中，用某位为"1"表示控制信号有效，即打开某个控制门；用某位为"0"表示控制信号无效，即不打开某个控制门。这种方式含义清晰，执行速度快，但随着机器的复杂度增加，控制字段字长会快速增加，导致控存容量过大。

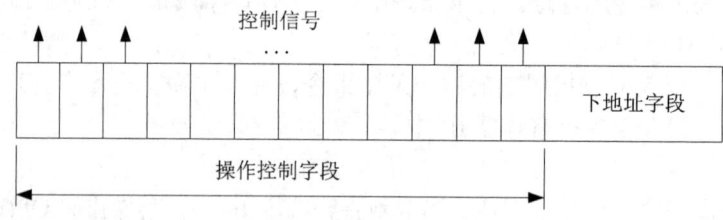

图7.27 直接编码方式

（2）字段直接编码方式。这种方式就是将微指令的操作控制字段分为若干字段，将一组互斥的微操作命令放在一个字段内，通过对这个字段译码，便可对应每个微命令，如图7.28所示。这种方式因靠字段直接译码发出微命令，故也称为显式编码。字段直接编码方式的分段原则如下：

1）相斥性微命令分在同一字段内，相容性微命令分在不同字段内。前者可以提高信息位的利用率，缩短微指令字长；后者有利于实现并行操作，加快指令的执行速度。

2）一般将同类操作中互斥的微命令划分在一个字段内，如将控制到总线信息的微命令划分在一个字段内。这样可使微指令结构清晰，易于编制微程序和扩充功能。

3）每个小字段的信息位不能太长，一般不超过6位，否则将增加译码线路的复杂性和译码时间。

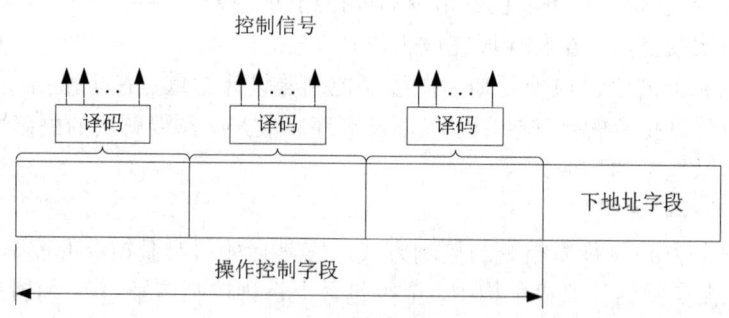

图7.28 字段直接编码方式

采用字段直接编码方式可以用较少的二进制信息表示较多的微操作命令信号。例如，3位二进制代码译码后可表示7个互斥的微命令，因为还要留一个编码（通常为000编码）表示不发微命令，与直接编码用7位表示7个微命令相比，这种方法减少了4位，缩短了微指令的长度。但因为增加了译码电路，使微程序的执行速度稍微减慢了。

（3）字段间接编码方式。这种方式指一个字段的某些微命令还需由另一个字段中的某些微命令来解释，如图 7.29 所示。它是在字段直接编码方式的基础上，进一步缩短微指令字长的一种编码方法。从图中可以看出，字段 1 译码的某些输出受字段 2 译码输出的控制，由于不是靠字段直接译码发出微命令，故又称为隐式编码。这种方式虽然进一步缩短了微指令字长，但同时也减弱了微指令的并行控制能力，所以通常只把它作为字段直接编码的一种辅助手段。

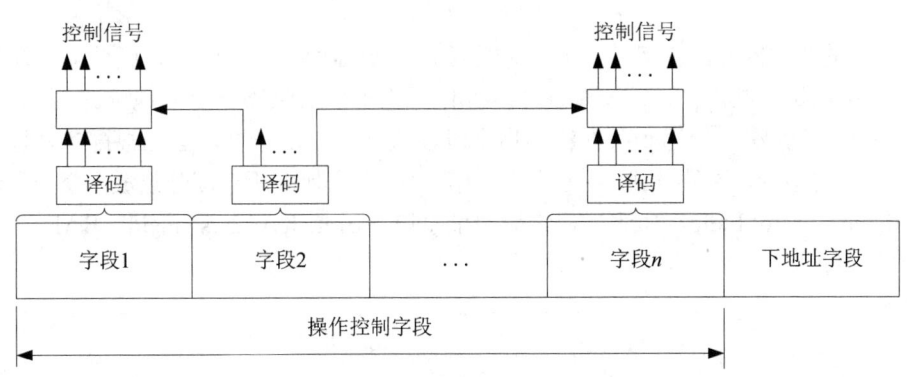

图 7.29　字段间接编码方式

（4）混合编码方式。这种方式是把直接编码和字段编码（直接或间接）混合使用，以便能综合考虑微指令的字长、灵活性和执行微程序的速度等方面的要求。

（5）其他。微指令中还可设置常数字段，用来提供常数、计数器初值等。常数字段还可以和某些解释位配合，如解释位为 0，表示该字段提供常数；解释位为 1，表示该字段提供某种命令，使微指令更灵活。

例 7.4　某型号计算机的微指令格式中，共有 8 个控制字段，每个字段可分别产生 5、8、3、16、1、7、25、4 种控制信号。分别采用直接编码和字段直接编码方式来设计微指令的操作控制字段，并说明两种方式的操作控制字段各取几位。

解：
① 采用直接编码方式，微指令的操作控制字段的总位数等于控制信号数，即

$$5+8+3+16+1+7+25+4=69$$

② 采用字段直接编码方式，根据题中可产生的控制信号数，再加上每个控制字段的保留码字，即每个字段可以产生的编码数为 6、9、4、17、2、8、26、5 种。故对应的字段位数为 3（$2^2<6<2^3$）、4（$2^3<9<2^4$）、2（$2^2=4$）、5（$2^4<17<2^5$）、1（$2=2^1$）、3（$8=2^3$）、5（$2^4<26<2^5$）、3（$2^2<5<2^3$）位，故微指令的操作控制字段的总位数为

$$3+4+2+5+1+3+5+3=26$$

3．微指令序列的形成

要使微程序连续地执行下去，就需要知道后续微地址的形成问题，它包含顺序执行和转移执行两种情况。后续微地址的形成方法也称为微程序流的控制，要解决这个问题，关键在于当前微指令执行完毕后，如何确定后续微指令的地址。确定后续微指令地址的方法有以下几种：

（1）直接由微指令的下地址字段指出。微指令的下地址字段直接指出了后续微指令的地

址，这种方法又称为断定方式。

（2）根据机器指令的操作码形成。因为每条机器指令都对应一段微程序，由"取机器指令"的微程序完成将一条机器指令取至指令寄存器的操作的微程序是所有指令共用的，一般这个微程序会放在控存的特定单元；然后根据机器指令的操作码转移到对应的微程序入口地址。所以这种方式是将机器指令通过微地址形成部件进行编码形成，即微地址形成部件实际是一个编码器，其输入为指令操作码，输出就是对应该机器指令微程序的首地址。它可采用 PROM 实现，以机器指令的操作码作为 PROM 的地址，而相应的存储单元内容就是对应该指令微程序的首地址。

（3）增量计数器法。在多数情况下，后续微指令的地址是连续的，因此对于顺序地址，微指令可采用增量计数法，即(CMAR)+1→CMAR 来形成后续微指令的地址。

（4）分支转移法。当遇到条件转移指令时，微指令出现分支，必须根据各种标志来决定下一条微指令的地址，这种方式下，微指令的微程序流控制由两个部分组成，分别是转移控制字段（Branch Control Field，BCF）和转移地址字段（Branch Address Field，BAF），其微指令格式如图 7.30 所示。

操作控制字段	BCF	BAF

图 7.30　分支转移法的微指令格式

其中，转移控制字段 BCF 指明判别条件，转移地址字段 BAF 指明转移成功后的地址，即用 BAF 的值修改 CMAR；若不成功则顺序执行，即(CMAR)+1→CMAR。转移控制字段的位数取决于测试源的个数，微指令中可用直接控制法表示，即一位表示一个测试源，也可以将若干测试源进行组合，用几位来表示。当测试源少于 4 个时，则 BCF 用 2 位，若测试源少于 8 个大于 4 个时，用 3 位，经过一次译码后得到一个有效测试源。

（5）通过测试网络形成。还可以通过测试网络来形成后续微指令的地址。这种方式将后续微指令的地址分两个部分，高段 h 为非测试地址，由微指令的 H 段地址码直接形成；低段 l 为测试地址，由微指令的 L 段地址通过测试网络形成，如图 7.31 所示。

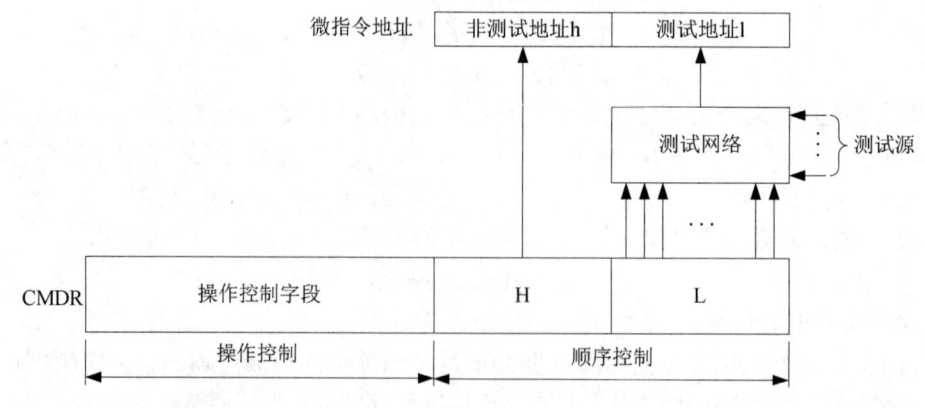

图 7.31　通过测试网络形成后续微指令地址

（6）由硬件产生微程序入口地址。当电源加电后，第一条微指令的地址可由专门的硬件电路产生，也可由外部直接向 CMAR 输入微指令的地址，这个地址即为取指周期微程序的入口地址。

当有中断请求时，若条件满足，CPU 响应进入中断周期，此时需中断现行程序，转至相应中断周期的微程序。由于设计控制单元时已安排好中断周期微程序的入口地址，故响应中断时，可由硬件产生中断周期微程序的入口地址。同理，当出现间接寻址时，也可由硬件产生间址周期微程序的入口地址。

综合上述各种方法，可得出形成后续微地址指令地址的原理，如图 7.32 所示，图中的多路选择器可选择以下 4 路地址。

1）(CMAR)+1→CMAR。
2）微指令的下地址字段。
3）指令寄存器。
4）微程序入口地址。

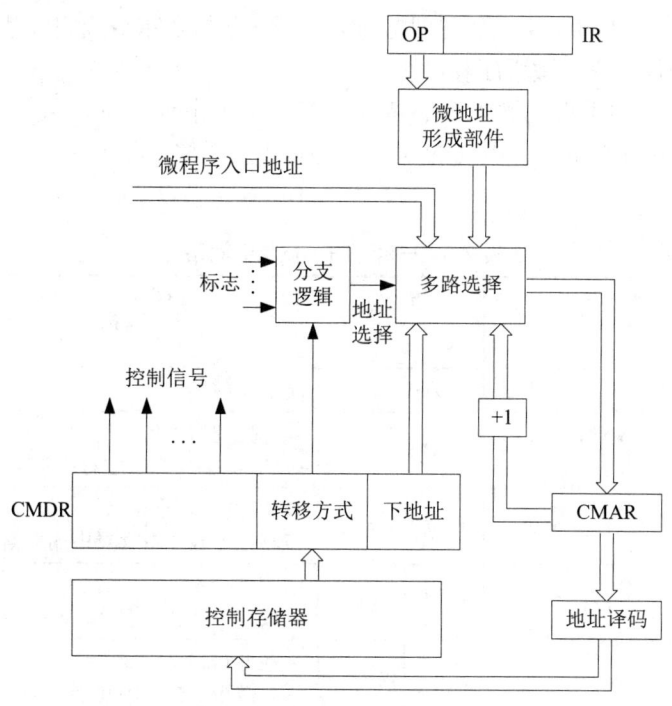

图 7.32　形成后续微指令地址的原理

4. 微指令格式的类型

微指令格式与微指令的编码方式有关，它直接影响微程序控制单元的结构和微程序的编制，也会直接影响计算机的速度和控制存储器的容量。在设计微指令格式时，要考虑计算机硬件的数据通路结构、控制存储器的速度以及微指令的编制等因素，实现计算机的指令系统。不同的计算机有不同的微指令格式，通常分为水平型微指令和垂直型微指令两种。

（1）水平型微指令。水平型微指令的特点是一次能定义并执行多个并行操作的微命令，主要由操作控制字段、判别测试字段和下地址字段三个部分组成，如图 7.33 所示。从编码形式来看，直接编码、字段直接编码、字段间接编码以及混合编码都属于水平型微指令。这种编码的控制信息编码简单，能尽可能地使微命令与控制门之间存在直接对应的关系。在微指令字中，不必给出源部件或目标部件的编制，因为它们已经隐含在相关并行操作的微命令中。水平型微指令的优点是：一条微指令可同时发出许多微命令，且微指令控制字段直接实行控制，使得微指令的执行效率高、速度快、灵活、各部件执行操作的并行能力强。

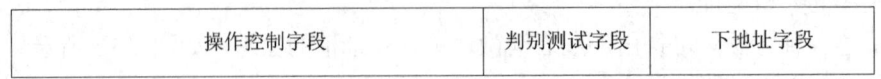

图 7.33　水平型微指令

（2）垂直型微命令。为了缩短水平型微指令的字长，提高编码集成化程度，可以采用垂直型微指令。这种方式的微命令采用了类似机器指令操作码的方式，在微指令字中，设置微操作码字段，由微操作码规定微指令的功能。通常一条微指令有 1~2 个微命令，控制 1~2 种操作，它不强调其并行控制功能。垂直型微指令的主要缺点是，微指令要经过译码才能发出微命令，微指令的执行效率较低，并行操作性较差，解释一条机器指令或完成某种功能所需要的微指令条数较多，增加了纵向微程序容量。

表 7.6 列出了一种垂直型微指令的格式，其中微操作码 3 位，共分 6 类操作；地址码字段共 10 位，对不同的操作有不同的含义；其他字段 3 位，可协助本条微指令完成其他控制功能。

表 7.6　一种垂直型微指令的格式

微操作码	地址码		其他		微指令类别及功能
0 1 2	3~7	8~12	13~15		
0 0 0	源寄存器	目的寄存器	其他控制		传送型微指令
0 0 1	ALU 左输入	ALU 右输入	ALU		运算控制型微指令 按 ALU 字段所规定的功能执行，其结果送暂存器
0 1 0	寄存器	移位次数	移位方式		移位控制型微指令 按移位方式对寄存器中的数据移位
0 1 1	寄存器	寄存器	读写	其他	访存微指令 完成存储器和寄存器之间的数据移位
1 0 0	D		S		无条件转移微指令 D 为微指令的目的地址
1 0 1	D		测试条件		条件转移微指令 最低 4 位为测试条件
1 1 0 1 1 1					可定义 I/O 或其他微操作 第 3~15 位可根据需要定义各种微命令

上述两种微指令格式类型有各自的优缺点，其中水平型微指令比垂直型微指令并行操作能力强、效率高、灵活性好，且执行速度快。但水平型微指令的格式字长比垂直型微指令要长得多，它是用较短的微程序结构换取较长的微指令结构，而垂直型微指令则以较长的微程序结构换取较短的微指令结构。事实上，在实际设计微指令时，大多采用两种类型

相结合的方法来设计微指令，如微指令的一些控制字段采用水平型微指令，而另一些控制字段则采用垂直型微指令，这样设计的微指令，字长适当，并行操作能力也比较强，设计的微程序恰到好处。

例 7.5 某微程序控制器中，采用直接编码方式的水平型微指令，后续微指令地址由微指令的下地址字段给出。已知机器共有 28 个微命令、6 个互斥的可判定的外部条件，控制存储器的容量为 512×40 位。试设计其微指令格式。

解：
水平型微指令由操作控制字段、判别测试字段和下地址字段组成。因为采用直接编码方式，故操作控制字段的位数等于命令数，为 28 位；因为其控存的容量为 512×40 位，故下地址为 9 位（2^9=512）；当微程序出现分支时，后续微地址的形成取决于状态条件，因为其需要判定 6 种互斥条件，故可以用 3 位状态位来判别；非分支时的后续微地址由微地址的下地址字段直接给出。故微指令格式如图 7.34 所示。

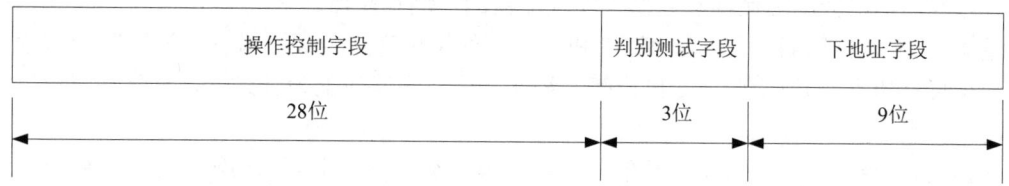

图 7.34 例 7.5 的微指令格式

例 7.6 某机共有 52 个微操作控制信号，构成 5 个相斥类的微命令组，各组分别包含 5、8、2、15、22 个微命令。已知可判定的外部条件有两个，微指令字长 28 位。

①按照水平型微指令格式设计微指令，要求微指令的下地址字段直接给出后续微指令地址。

②指出控制存储器的容量。

解：
①5 个相斥类的微命令组，分别包含 5、8、2、15、22 个微命令，必须还要增加一个不发命令的编码，故编码数为 6、9、3、16、23 个状态，对应 3、4、2、4、5 位，共 18 位。可判定的外部条件有两个，条件测试字段取 2 位。下地址字段长度为 28-18-2=8 位。

②根据下地址字段为 8 位，微指令字长为 28 位，故控存容量为 2^8×28=256×28 位。

5. 静态微程序设计和动态微程序设计

通常指令系统是固定的，对应每一条机器指令的微程序也都是事先编制好的，一般情况下，微程序无须改变，这种微程序设计技术称为静态微程序设计。由于这种方式微程序是固定的，所以可以使用只读存储器（ROM）来存放微程序。

如果采用可编程存储器（如 EPROM）作为控制存储器，则可以根据需要修改微命令和微程序来改变机器的指令系统，这种微程序设计技术称为动态微程序设计。动态微程序设计的目的使计算机更灵活、能更有效地适应各种应用场合。例如，在不改变硬件结构的前提下，为计算机提供两套适应不同场景的微程序。但由于计算机的组成结构十分复杂，用户编写微程序的难度极大，事实上，这个技术难以推广，一般情况下，还是由专业设计人员才能完成微程序的设计。

6. 毫微程序设计

微程序可看作是解释机器指令的，毫微程序可看作是解释微程序的，而组成毫微程序的毫微指令则是用来解释微指令的。使用毫微程序设计微程序的优点是用少量的控制存储器达到高并行能力。

从微指令的格式类型可以知道，水平型微指令可直接从微指令发出微命令，而垂直型微指令则要经过译码才能产生微命令。把水平型微指令和垂直型微指令结合起来，采用两级微程序的设计方法即为毫微程序设计方法。它采用第一级微程序为垂直型微指令，用来解释机器指令，并确定后续微指令的地址，虽然并行能力不强，但具有严格的顺序结构，当需要时可调用第二级；由于它是用来解释机器指令的，所以称为微程序。第二级微程序采用水平型微指令，用来解释垂直型微指令，并产生相应的微指令，实现数据通路的控制，它具有很强的并行操作能力，但不包含后续微指令的地址；由于它是解释微程序的微程序，所以称为毫微程序。第二级微程序执行完毕后又返回到第一级微程序。两级微程序分别存放在两级控制存储器内，可称为微程序存储器的控制存储器和毫微程序存储器的控制存储器。

毫微程序设计使得微程序流的控制和微命令的发出完全分离，微程序流控制由微程序级实现（垂直型微指令），而微命令则由毫微程序产生。在具体的设计过程，经常会出现以下 3 种情况：

（1）微命令是非常简单的控制信号，可由第一级直接产生，无须第二级进行解释。

（2）一条垂直型微指令只用一条毫微指令来解释。这种情况可化简垂直型微指令的译码器，并且相同的毫微指令在毫微存储器中只存放一条即可，能够减少控制存储器的容量。

（3）一条垂直型指令由一段毫微程序来解释，这是最常见的情况。这时毫微程序与垂直型指令的关系就类似于微程序与机器指令的关系。

毫微程序控制存储器的基本组成如图 7.35 所示。其中 $CMAR_1$ 为第一级控存地址寄存器，存放从第一级控制存储器中读出的微指令，如果该指令只产生一些简单的控制信号，则可以通过译码，直接形成微操作命令，不必调用第二级。如果需调用第二级控制存储器时，则将毫微程序的地址送至 $CMAR_2$，然后由从第二级控制存储器中读出的微指令去直接控制硬件。值得注意的是，垂直型微指令不是和水平型微指令一条一条地对应，而是由水平型微指令组成的毫微程序取执行垂直型微指令的操作。毫微指令与微指令的关系就好比微指令与机器指令的关系一样。

二级控制存储器虽然能减少控制存储器的容量，但因有些微指令要访问两次控制存储器，影响了速度。

7. 串行微程序控制和并行微程序控制

完成一条微指令分为两个阶段：取微指令和执行微指令。如果每条微指令都必须在完成上一条微指令后执行，则称为串行微程序控制；如果在当前微指令进入执行微指令阶段时，就开始进行取下一条微指令操作，则称为并行微程序控制，如图 7.36 所示。图 7.36（a）为串行微程序控制，图 7.36（b）为并行微程序控制。可见在采用并行微程序控制能缩短微指令周期，但在实际应用过程中，为不影响当前微指令的操作正确性，需要用增加一个微指令寄存器来暂存下一条微指令，同时当当前微指令的处理结果会对下条微指令产生影响时，也不能并行操作。

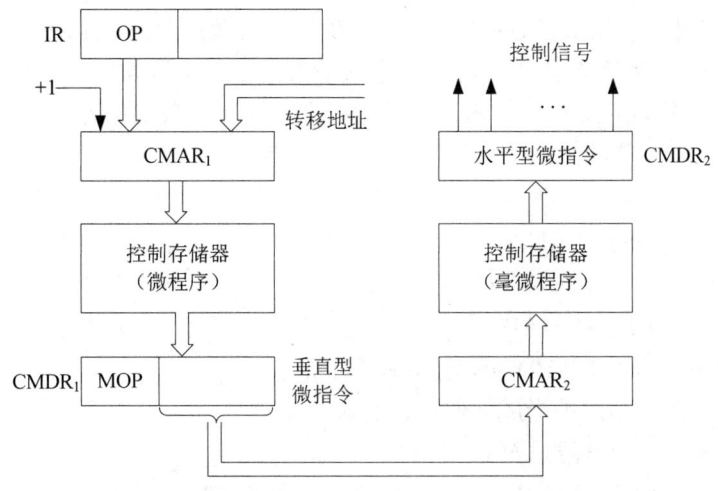

图 7.35 毫微程序控制存储器的基本组成

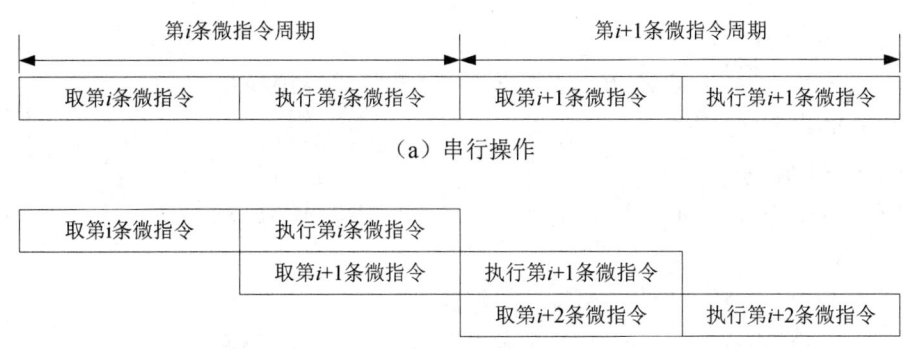

图 7.36 串行微程序控制和并行微程序控制

8. 微程序设计的举例

在设计微程序控制器时,首先要为机器指令设计出全部微操作及节拍安排,接着确定微指令格式,最后编写出每条微指令的二进制代码(称为微指令码点)。接下来与组合逻辑控制器的设计相类似,以前文分析的几条指令为例,来介绍微程序控制器的设计过程。

(1)写出对应机器指令的微操作及节拍安排。在这里主要按照取指阶段和执行阶段写出机器指令的操作序列。

1)取指阶段的微操作及节拍安排。取指阶段的微操作与组合逻辑控制基本相同,只是在将指令取至 IR 后,需要由操作码来形成执行阶段微程序的入口地址,以供微程序控制需要。微操作如下:

节拍 T_0:PC→MAR,1→R。

节拍 T_1:M(MAR)→MDR,(PC)+1→PC。

节拍 T_2:MDR→IR,OP(IR)→微地址形成部件。

将一个节拍内的微操作安排在一条微指令中完成,则上述微操作对应 3 条微指令。因为微程序控制的所有操作均来自于微指令,故在完成微操作时,必须要知道每条微指令的地址,并从控存中将其读出。根据微指令的知识可知，除第一条微指令外，其余微指令的地址均由上一条微指令的下地址字段指出。因此在上述每条微指令后都要增加一条将下地址字段送至 CMAR 的微操作。而取指微程序的最后一条微指令，其后续微指令的地址是由微地址形成部件给出。故取指操作完整的微操作指令如下（共 6 条）：

节拍 T_0：PC→MAR，1→R。

节拍 T_1：Ad(CMDR)→CMAR。

节拍 T_2：M(MAR)→MDR，(PC)+1→PC。

节拍 T_3：Ad(CMDR)→CMAR。

节拍 T_4：MDR→IR，OP(IR)→微地址形成部件。

节拍 T_5：OP(IR)→微地址形成部件→CMAR。

所有微指令在 T 的上升沿送至 CMDR 中。

2）执行阶段的微操作及节拍安排。执行阶段的微操作与需要完成的机器指令有关，在设计微指令时，需要注意后续微指令的形成问题。

（a）CLA 指令（2 条）。

节拍 T_0：0→ACC。

节拍 T_1：Ad(CMDR)→CMAR，取指微程序入口地址→CMAR。

（b）COM 指令（2 条）。

节拍 T_0：$\overline{ACC}$→ACC。

节拍 T_1：Ad(CMDR)→CMAR，取指微程序入口地址→CMAR。

（c）SHR 指令（2 条）。

节拍 T_0：L(ACC)→R(ACC)，ACC_0→ACC_0。

节拍 T_1：Ad(CMDR)→CMAR，取指微程序入口地址→CMAR。

（d）CSL 指令（2 条）。

节拍 T_0：R(ACC)→L(ACC)，ACC_0→ACC_n。

节拍 T_1：Ad(CMDR)→CMAR，取指微程序入口地址→CMAR。

（e）STP 指令（2 条）。

节拍 T_0：0→G。

节拍 T_1：Ad(CMDR)→CMAR，取指微程序入口地址→CMAR。

安排 Ad(CMDR)→CMAR，目的是当机器重启启动时，可直接使用已存入 CMAR 中的取微程序的入口地址。

（f）CLA 指令（6 条）。

节拍 T_0：Ad(IR)→MAR，1→R。

节拍 T_1：Ad(CMDR)→CMAR。

节拍 T_2：M(MAR)→MDR。

节拍 T_3：Ad(CMDR)→CMAR。

节拍 T_4：(ACC)+(MDR)→ACC。

节拍 T_5：Ad(CMDR)→CMAR，取指微程序入口地址→CMAR。

（g）STA 指令（6 条）。

节拍 T_0：Ad(IR)→MAR，1→W。

节拍 T_1：Ad(CMDR)→CMAR。

节拍 T_2：ACC→MDR。

节拍 T_3：Ad(CMDR)→CMAR。

节拍 T_4：MDR→M(MAR)。

节拍 T_5：Ad(CMDR)→CMAR，取指微程序入口地址→CMAR。

（h）LDA 指令（6 条）。

节拍 T_0：Ad(IR)→MAR，1→R。

节拍 T_1：Ad(CMDR)→CMAR。

节拍 T_2：M(MAR)→MDR。

节拍 T_3：Ad(CMDR)→CMAR。

节拍 T_4：MDR→ACC。

节拍 T_5：Ad(CMDR)→CMAR，取指微程序入口地址→CMAR。

（i）JMP 指令（2 条）。

节拍 T_0：Ad(IR)→PC。

节拍 T_1：Ad(CMDR)→CMAR，取指微程序入口地址→CMAR。

（j）BAN 指令（2 条）。

节拍 T_0：$A_0 \cdot$ Ad(IR)+ $\overline{A_0} \cdot$(PC)→PC。

节拍 T_1：Ad(CMDR)→CMAR，取指微程序入口地址→CMAR。

上述，指令共有 38（6+2+2+2+2+2+6+6+6+2+2）条，微操作共有 20 个。在上述指令中，（a）～（e）为非访存指令；（f）～（h）为访存指令；（i）～（j）则为转移类指令。

（2）设计微指令格式。在设计微指令格式，主要是设计微指令的编码方式、后续微指令的地址形成方式和微指令字长 3 个方面。

1）微指令的编码方式。考虑到这些指令的数量不多，可采用直接编码方式，即由控制字段的某一位直接控制一个微操作。

2）后续微指令地址的形成方式。可采用由指令的操作码和微指令的下地址字段两种方式来形成后续微指令的地址。

3）微指令字长。使用直接编码方式，20 个微操作对应 20 位操作控制字段；38 条微指令，至少需要 6（2^5<38<2^6）位下地址字段。故微指令字长至少取 26 位。

事实上，在这 38 条微指令中有 19 条微指令是为了控制将后续微地址的地址送入 CMAR 的操作，其中 18 条是将微指令下地址字段 Ad(CMDR)→CMAR，1 条是将指令操作码 OP(IR)→微地址形成部件→CMAR。因此实际上是每两个时钟周期才能取出并执行一条微指令，其实如果将 CMDR 的下地址字段 Ad(CMDR)直接与控存的地址线相连，并由下一个时钟周期的上升沿将该地址单元的内容（微指令）读到 CMDR 中，便能在一个时钟周期内读出并执行一条微指令。同理也可将 IR 的操作码字段 OP(IR)经微地址形成部件形成的后续微指令的地址，直接送到控存的地址上。这两路地址可通过一个多路选择器来控制，如图 7.37 所示。

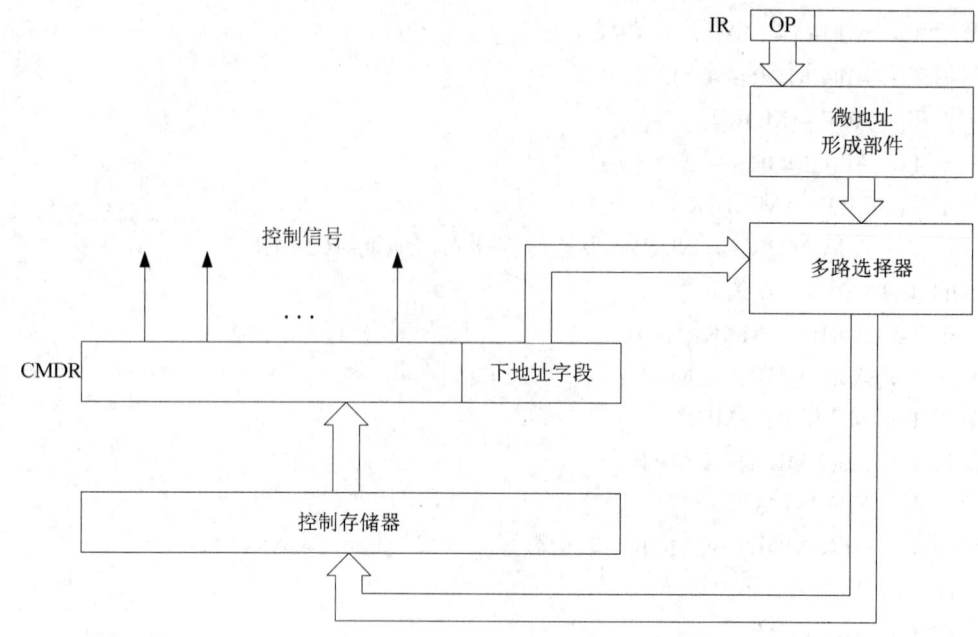

图 7.37 省去了 CMAR 的控制存储器示意

通过上面的分析,可以省去 19 条微指令和 2 个微操作。主要 10 条机器指令共对应 18 个微操作和 19 条微指令,最短需要 18+5=23 位来控制。则控制字段对应的微操作如下:

第 0 位控制　　　　　　PC→MAR
第 1 位控制　　　　　　1→R
第 2 位控制　　　　　　M(MAR)→MDR
第 3 位控制　　　　　　(PC)+1→PC
第 4 位控制　　　　　　MDR→IR
第 5 位控制　　　　　　0→ACC
第 6 位控制　　　　　　$\overline{ACC}$→ACC
第 7 位控制　　　　　　L(ACC)→R(ACC),ACC_0→ACC_0
第 8 位控制　　　　　　R(ACC)→L(ACC),ACC_0→ACC_n
第 9 位控制　　　　　　0→G
第 10 位控制　　　　　 Ad(IR)→MAR
第 11 位控制　　　　　 (MDR)+(ACC)→ACC
第 12 位控制　　　　　 1→W
第 13 位控制　　　　　 ACC→MDR
第 14 位控制　　　　　 MDR→M(MAR)
第 15 位控制　　　　　 MDR→ACC
第 16 位控制　　　　　 Ad(IR)→PC
第 17 位控制　　　　　 $A_0 \cdot$ Ad(IR)+$\overline{A_0} \cdot$ (PC)→PC

(3) 编写微指令码点。表 7.7 列出了对应 10 条机器指令的微指令码点。表中的空格表示

"0",其中微指令地址使用的是十六进制;如 ADD 指令的第一条微指令地址为 08H,微操作为 Ad(IR)→MAR,1→R,分别对应控制位的第 10 位和第 1 位,故相应的两位置为 1;执行第一条微指令后应顺序执行下一条微指令,所以顺序控制字段应指向 09H 的微指令地址,所以顺序字段的二进制为 01001。其余各条微指令的含义,请自行分析。

表 7.7 对应 10 条机器指令的微指令码点

微程序名称	微指令地址	微指令(二进制代码)																					
		操作控制字段																	顺序控制字段				
		0	1	2	3	4	5	6	7	8	9	10	11	12	13	14	15	16	17	18	19	20	21	22
取指	00	1	1																					1
	01			1	1																		1	
	02						1													x	x	x	x	x
CLA	03					1																		
COM	04							1																
SHR	05								1															
CSL	06									1														
STP	07										1													
ADD	08		1									1									1			1
	09			1																	1		1	
	0A												1											
STA	0B												1	1							1	1		
	0C														1						1	1		1
	0D															1								
LDA	0F		1								1										1	1	1	1
	10			1																1				
	11														1									
JMP	12																1							
BAN	13																	1						

在实际设计过程中,为了便于今后的微指令扩展,通常会预留扩充字段,如在上例中使用 24 位的操作控制字段、下地址字段取 6 位等设计。

7.4.5 组合逻辑控制器和微程序控制器的比较

通过对组合逻辑控制器和微程序控制器的原理分析后,这里对两种微控制器作简单的对比。

(1)从微操作控制信号的产生方法上看。组合逻辑控制器是由组合逻辑电路产生微操作控制信号;而微程序控制器是事先将编写好的微指令程序放入控制存储器中,在执行过程中再从控存中读取并送出。这也是它们两种类型控制器本质的区别。

（2）从电路的规整性上看，组合逻辑控制器设计较为烦琐，不规整；微程序控制器的电路相对规整。

（3）从指令的扩充性上看，组合逻辑控制器指令系统一旦设计好，如果修改或扩充指令，需要对原有组合逻辑电路重新设计，变动较大，不利于修改和扩充；而微程序控制器只需在控存中添加相应的微程序段即可，利用指令的修改和扩充。但随着 VLSI 技术的发展，其很大地弥补了组合逻辑控制器在这方面的缺点。

（4）从执行速度上看，微程序控制器由于要进行读控存、微指令译码、发送微操作等操作，需要占用一个机器周期；而组合逻辑控制器可以利用门电路的延时产生微操作控制信号，在执行速度上，明显比微程序控制器要快。

（5）从常用的指令集架构上看，组合逻辑控制器在精简指令集计算机（RISC）中应用较广，而微程序控制器在复杂指令集计算机（CISC）中应用较广。原因是 RISC 的指令数较少，有利于组合逻辑电路的设计，而 CISC 的指令数过多，不利于组合逻辑电路的设计。

7.5 指令流水线技术

提高处理器速度是一直以来设计计算机追求的目标，目前来看其主要可以从两个方面入手，一是通过提高器件的性能；二是通过改进系统的结构，开发系统的并行性。

（1）提高器件的性能。这是提高整机性能的重要途径。从计算机的发展历史来看，器件的每一次更新换代都能带来计算机硬件技术和计算机性能的重大突破。特别是随着大规模集成电路的发展，由于其集成度高、体积小、功耗低、可靠性高、价格低廉等特点，使人们能够采用更复杂的系统结构制造出性能更高、工作更可靠、价格更低廉的计算机。但近年来，半导体器件的集成度越来越接近物理极限，所以通过提高器件的性能来提高机器速度的发展越来越慢了。

（2）改进系统的结构，开发系统的并行性。器件速度的提高受到物理条件的约束，而通过开发系统的并行性可以通过改进时间的重叠和资源的复用达到提高机器速度的目的。并行性主要包含同时性和并发性两个方面，同时性指的是两个及以上事件在同一时刻发生，并发性指的是两个及以上事件在同一时间段发生。所以只要两种及以上性质相同或不同的功能在时间上有重叠，就存着并行性。

并行性通常分为 4 个级别：作业级或程序级、任务级或进程级、指令之间级和指令内部级。前两级为粗粒度（Coarse-grained Parallelism），又称为过程级，这种并行性一般用软件（算法）实现；后两级为细粒度（Fine-grained Parallelism），又称为指令级，一般用硬件实现。指令流水线是细粒度并行技术中一项重要技术，在计算机架构设计中受到了极大的关注。

7.5.1 指令流水线的原理

自 1769 年，英国人乔赛亚·韦奇伍德（Josiah Wedgwood）在自己开办的陶瓷厂内将制陶工艺分为多道工序，并分别由专人负责，由此开始慢慢演变出现代工业流水线。这种方式对于生产单个产品的时间并没有缩短，但有效地将产品生产环节中不同的工序在时间上进行了重叠，有效地提升了总体的产量。指令流水线类似于工厂的装配线，它是指将一条指令划分为多个阶段，把每个阶段的处理时间进行错开，依次完成各阶段功能。指令流水线技术中，每个子阶段称为流水线的级或段，段与段相互连接形成流水线，流水线的段数称为流水线的深度。

通过之前对指令的分析可以发现：机器的各个部分在某些周期内进行操作，而在某些周期内则是空闲的。例如，在取指令和取操作数阶段，执行部件运算器处于空闲状态；而运算器执行运算时，存储器又处于空闲状态。所以如果控制器经过适当处理，使各个部件都能同时处于运行状态，可以有效地提高计算机的运算速度。

如果将指令的处理过程分为取指令和执行指令两个阶段，则不采用指令流水线技术，执行的串行执行，如图 7.38 所示。

图 7.38　指令的串行执行

指令的串行执行的控制原理简单，但执行过程中各部件利用率不高，假设取指阶段和执行指令阶段的所需时间相同，记为 t，且每条指令的完成时间也相同，则 n 条指令串行执行的时间 $T=2nt$。事实上，在大部分情况下，指令部件和执行部件不会同时处于工作状态。如果在指令执行阶段不访问主存，则完全可以利用这段时间取下一条指令，这样就使下一条指令的操作和执行当前指令的操作同时进行，如图 7.39 所示，这种两条指令的重叠，称为指令的二级流水。

图 7.39　指令的二级流水

由指令部件取出一条指令，并将它暂存起来，如果执行部件空闲，就将暂存的指令传给执行部件执行。同时，指令部件又可以取出下一条指令并暂存起来，这称为指令预取。和串行执行的时间假设相同，不难计算，$T=(n+1)t$。从计算结果上看，理想情况下，采用二级流水能将计算机的运行速度提升一倍，但事实上，这不可能达到，主要原因如下：

（1）执行的执行时间一般大于取指时间，因此，取指阶段结束后还要等待一段时间，即存放在指令部件缓冲区的指令还不能立即传给执行部件，这就造成时间损失。

（2）当遇到条件转移指令时，下一条指令是不可知的，必须等到执行阶段结束后，才能获知条件是否成立，才能决定下一条指令的地址，这也会造成时间损失。

虽然这些因素降低了两级流水的效率，但对比于串行执行，机器的效率还是得到了一定的提升。为了进一步提升机器的运行速度，可采用多级流水的方式，即将指令的处理过程分为更多、更细的阶段。如六级流水将指令分为以下几个阶段。

1）取指（FI）：从存储器取出一条指令并暂时存入指令部件的缓冲区。

2）指令译码（DI）：确定操作性质和操作数地址的形成方式。

3）计算操作数地址（CO）：计算操作数的有效地址，涉及寄存器间接寻址、间接寻址、变址、基址、相对寻址等各种地址计算方式。

4）取操作数（FO）：从存储器中取操作数。

5）执行指令（EI）：执行指令所需的操作，并将结果存于目的寄存器。

6）写操作数（WO）：将结果存入存储器。

六级流水指令时序如图 7.40 所示。可以计算出，如果假设每个阶段的时间相等，记为 t，则 n 条指令经过六级流水理想的执行时间是：$(n+5)t$；如果不采用流水技术，则需要 $6nt$；可见理想状态下，六级流水执行的时间几乎只有串行执行下的 1/6。可见六级流水能大大提高处理器的速度。

通过上面的分析，可见指令流水线技术的主要特点总结如下：

（1）流水线把机器指令分为若干个子过程，每个子过程通过一个专门的功能部件来实现。即利用多个独立的功能部件并行的完成一项整体功能方法，来提高机器的处理速度。

（2）流水线的级数越高，可同时运行的指令数就越多，单位时间内可完成的指令也越多，运行速度也越快。考虑到各流水段的执行和延迟时间不可能完全相同，因此在流水段与流水段之间传送任务时，必须通过锁存器，这些锁存器也称流水寄存器。它们一方面在相邻的两段流水段之间传送数据，以提供后面流水段需要的信息；另一方面，隔离各段之间的处理工作，避免相邻流水段电路的相互干扰。但由于增加了锁存器，使得每条指令的执行时间增加了，特别是当流水线划分过细时，导致指令执行的开销与锁存器的开销相当时，流水线就失去了意义。

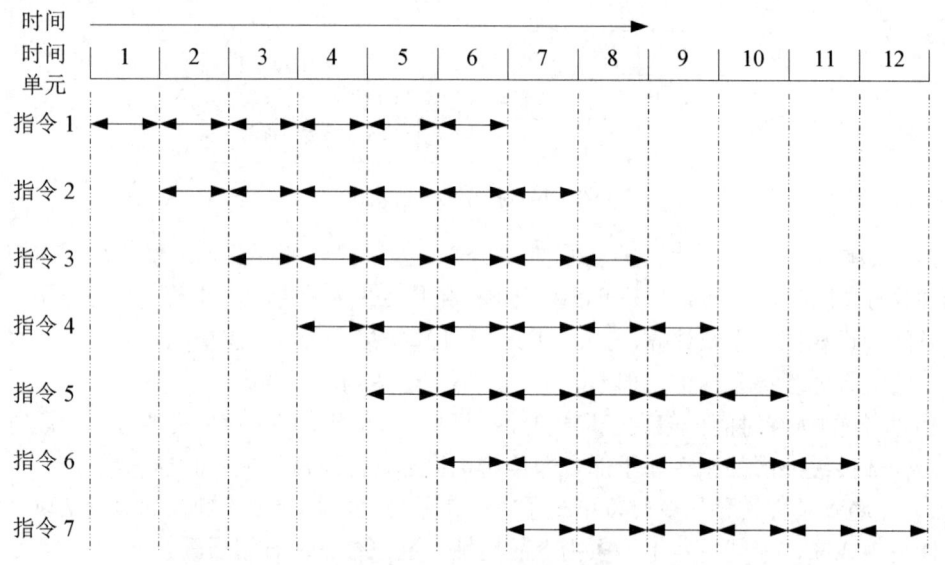

图 7.40　六级流水指令时序

（3）流水线中各段的时间应尽可能相等，避免出现流水线"堵塞"和"断流"。在指令流水线技术中，时间最长的段是流水线的瓶颈，它会造成流水线中其他流水段的功能部件有可能空闲，不能充分发挥流水线作用，影响整个效率。

（4）流水线工作阶段可分为建立（充入）、满载、排空 3 个阶段。流水线必须等待一段时间后，才能进入满载工作状态。建立时间等于一条指令的执行时间，又称为"通过时间"。只有流水线进入满载状态时，整个流水线的效率才能得到充分发挥。

7.5.2 流水线的分类

从不同的角度,可见流水线分为以下几种。

1. 按任务级别分类

按照流水线技术用于计算机系统的任务级别,从低到高可以将流水线分为部件级流水线、指令级流水线和处理机级流水线这 3 种。

部件级流水线是把处理机中的部件进行分段,再把这些分段相互连接起来,使得运算操作能够按照流水方式进行,这种也称为运算操作流水线(Arithmetic Pipelining)。例如,在浮点加减运算中,将运算分为阶码比较与对阶、尾数加减运算、结果规格化、舍入处理四个步骤,每个步骤作为一个子任务,由专用的部件实现各自的任务,并将处理结果送入下一步骤的功能部件,浮点加减运算的流水线示意图如图 7.41 所示。所以浮点加减运算流水线是典型的部件级流水线。

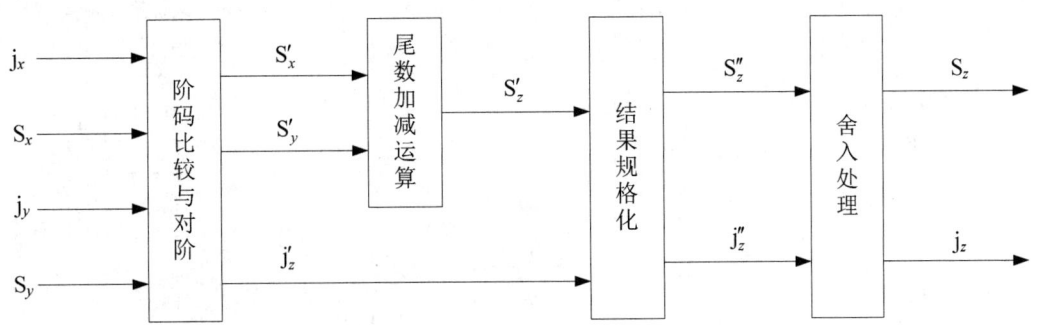

图 7.41 浮点加减运算的流水线示意

指令级流水线(Instruction Pipelining)是将整个指令的执行过程划分为多个子过程,如上述六级流水的例子是典型的指令级流水线。

处理机级流水线是一种宏流水线(Macro Pipelining),这种流水线是把多个处理机串行起来,对同一个任务进行处理,每个处理机分配一个专项任务,各处理机的处理结果需要存放在下一个处理机所专用的存储器中。

2. 按功能分类

按照功能不同可以将流水线分为单功能流水线和多功能流水线两种。

(1)单功能流水线。单功能流水线(Unifunction Pipelining)是指各段之间的连接固定不变、只能完成一种固定功能的流水线。例如,浮点加法运算流水线就是单功能流水线,它只能完成浮点加法运算;如果想要完成多种功能,可以采用多条单功能流水线。

(2)多功能流水线。多功能流水线(Multifunction Pipelining)是指各段可以进行不同的连接,以实现不同功能的流水线。它允许在不同时刻,甚至在同一时刻,在流水线段内连接不同功能段的子集。例如,美国 TI 公司生产的 ASC 处理机(简称 ASC),就使用多功能流水线实现运算流水线,它将运算分为 8 个功能段,按照不同的连接就可以实现相应的运算流水线,如图 7.42 所示,图中流水线的实现,请自行分析。

3. 按照工作方式分类

按照工作方式分类可以将流水线分为静态流水线和动态流水线。

（1）静态流水线。静态流水线（Static Pipelining）是指在同一时间内，只能按照一种功能工作。它既可以是单功能的，也可以是多功能的。显然单功能流水线一定是静态流水线。当为多功能流水线时，如果要从一种功能切换到另一种功能时，则必须要先排空流水线，然后为另一种功能设置初始条件后才能使用。显然，如果频繁的进行功能切换会严重影响到流水线的工作效率。例如，在 ASC 的静态流水线中只能按照浮点加减运算连接方式工作或按照定点乘运算连接方式工作，如图 7.43 所示。

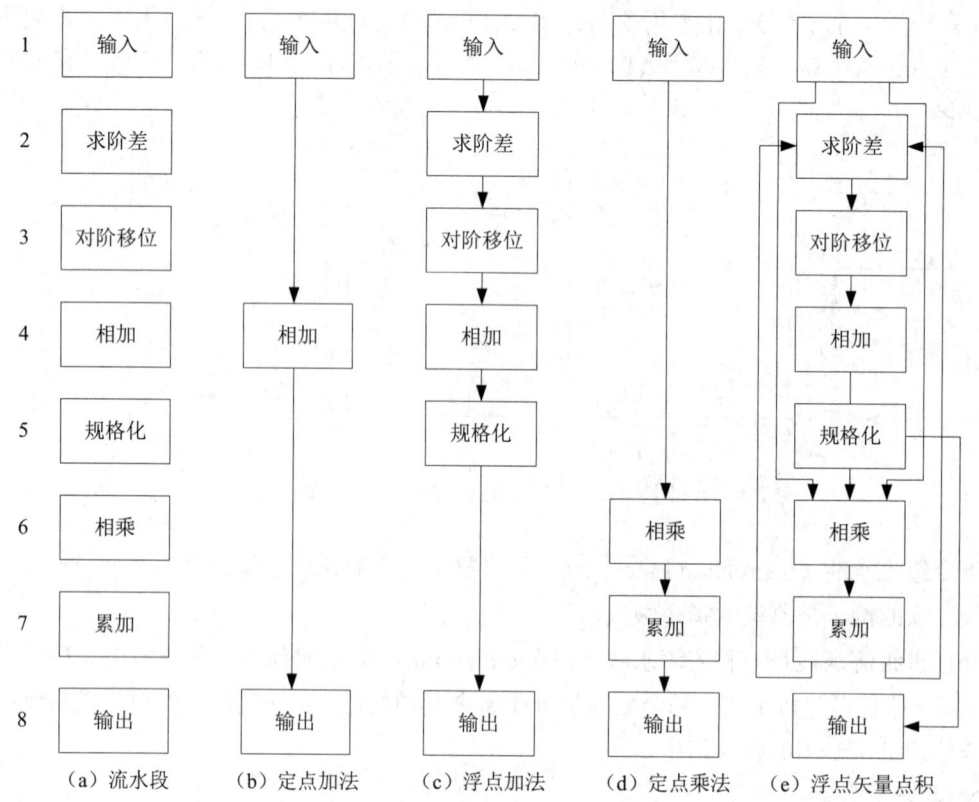

图 7.42 ASC 处理机的多功能流水线

（2）动态流水线。动态流水线（Dynamic Pipelining）是指在同一时间内，主要功能部件不产生使用冲突，则允许将不同的功能连接成不同的功能子集，以完成不同的功能。例如，在 ASC 的动态流水线中，允许某些段正在实行某种运算时，另一些段却在实行另一种运算。动态流水线更加灵活，能提高各段的使用率，提高处理速度，但控制也相对更加复杂。

4. 按连接方式分类

按照连接方式可以将流水线分为线性流水线和非线性流水线。

线性流水线（Linear Pipelining）是指各段串行连接、没有反馈回路的流水线，即从输入到输出，每个功能段只允许经过一次。一般的流水线都是线性流水线。

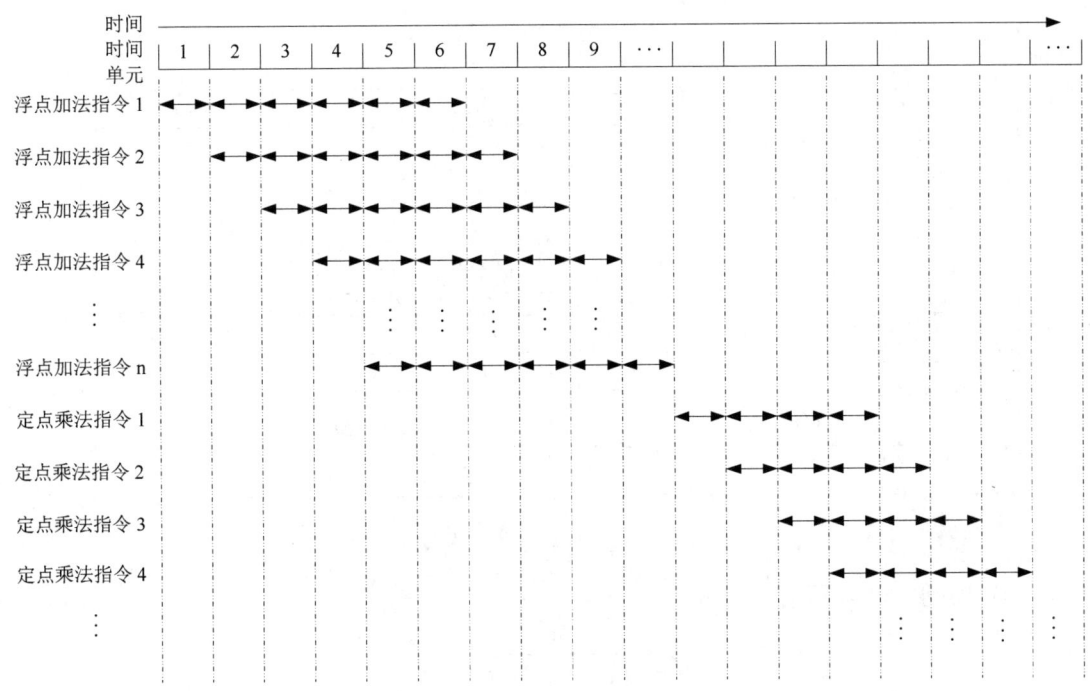

图 7.43 ASC 的静态流水线

非线性流水线（Nonlinear Pipelining）是指各段除了有串行的连接外，还有反馈回路的流水线，在流水过程中，某些段需要反复使用。

5．按照处理机类型分类

处理机按照处理的数据类型可以分为标量处理机和向量（矢量）处理机，后者具有向量数据类型和向量指令，而前者只能处理标量。相应的，流水线也分为标量流水线（Scalar Pipelining）和向量流水线（Vector Pipelining）。

7.5.3 流水线的性能指标

衡量流水线性能的主要指标有吞吐率、加速比和效率 3 项指标。

1．吞吐率

流水线的吞吐率（Throughput Rate）是指单位时间内流水线所完成任务数或输出结果的数量。在指令流水线中，完成的任务数即指完成的指令数。吞吐率又分为最大吞吐率和实际吞吐率。可以用下面的公式进行表示

$$TP = \frac{n}{T_k}$$

其中，n 为任务数，T_k 是处理完 n 个任务所用的时间。

（1）各段时间均相等的流水线。如果在流水线中，各段的时间均相等，记为 Δt。此时称该流水线是各段时间相等的流水线，其时空图如图 7.44 所示。假设段数为 k，连续输入 n 个任务。则第一个任务输入后，经过 $k \cdot \Delta t$ 的时间从输出端流出；然后每隔一个 Δt 就完成一个任务，最后经过 $(n-1) \cdot \Delta t$ 完成所有任务。这种情况下，流水线完成 n 个连续任务所需的总时间为

$$T_k = k \cdot \Delta t + (n-1) \cdot \Delta t = (k+n-1) \cdot \Delta t$$

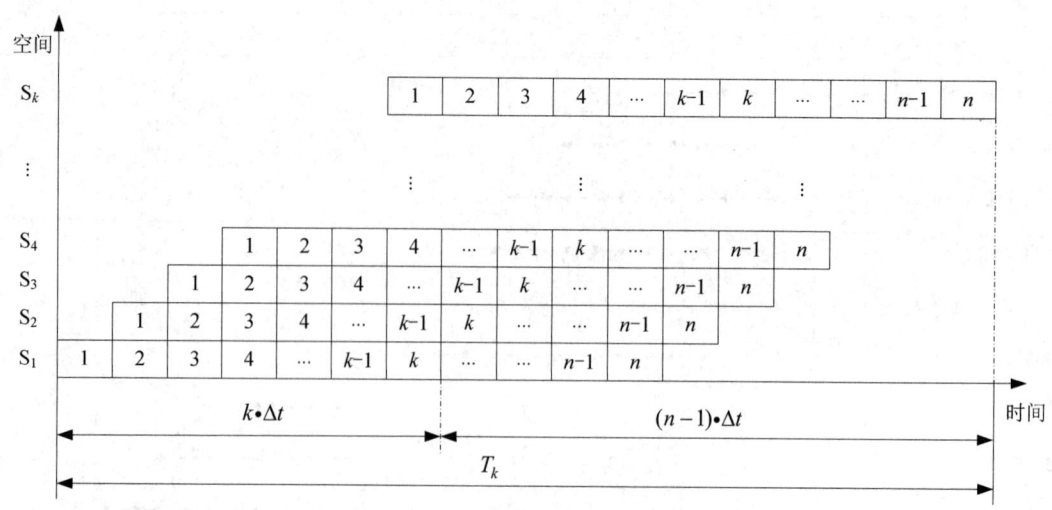

图 7.44 各段时间相等的流水线时空图

所以，得出流水线的实际吞吐率为

$$TP = \frac{n}{(k+n-1)\cdot\Delta t}$$

最大吞吐率为

$$TP_{max} = \lim_{n\to\infty}\frac{n}{(k+n-1)\cdot\Delta t} = \frac{1}{\Delta t}$$

所以实际吞吐率和最大吞吐率的关系为

$$TP = \frac{n}{k+n-1}TP_{max}$$

从上式可以看出，流水线的实际吞吐率总是小于最大吞吐率，它不但与每段的时间有关还与流水线的段数 k 和输入到流水线中的任务数 n 有关。只有当 $n \gg k$ 时，两者才相等。

（2）各段时间不完全相等的流水线。当流水线中各段的时间不完全相等时，吞吐率的计算较为复杂。在图 7.45 所示的各段时间不完全相等的 4 段流水线中，S_1、S_2、S_4 的时间都是 Δt，而 S_3 的时间是 $3\cdot\Delta t$；它所对应的时空图如图 7.46 所示，图中灰色部分表示该时间段空闲。

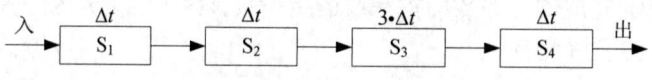

图 7.45 各段时间不完全相等的 4 段流水线

根据图 7.46 的时空图，可以很方便地计算出它的时间吞吐率为

$$TP = \frac{n}{6\cdot\Delta t + (n-1)\cdot 3\cdot\Delta t}$$

最大吞吐率为

$$TP_{max} = \lim_{n\to\infty}\frac{n}{6\cdot\Delta t + (n-1)\cdot 3\cdot\Delta t} = \frac{1}{3\cdot\Delta t}$$

从上式中可以看出 $6 \cdot \Delta t$ 是单个任务的累加时间和，可记为 $\sum_{i=1}^{k} \Delta t_i$，其中 Δt_i 表示每一段的时间；$3 \cdot \Delta t$ 是 4 段中占用时间最多的一段，可记为：$\max(\Delta t_1, \Delta t_2, \cdots, \Delta t_k)$。

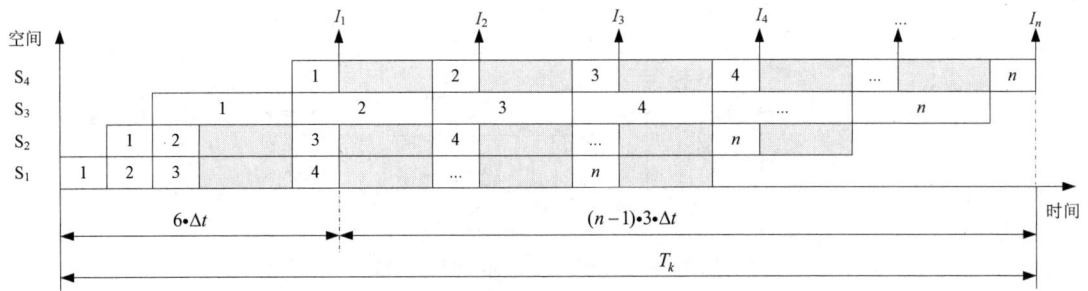

图 7.46　各段时间不完全相等的 4 段流水线时空图

故可以推算出，各段时间不相等的流水线的实际吞吐率通式为

$$TP = \frac{n}{\sum_{i=1}^{k} \Delta t_i + (n-1) \cdot \max(\Delta t_1, \Delta t_2, \cdots, \Delta t_k)}$$

最大吞吐率的通式为

$$TP_{\max} = \lim_{n \to \infty} \frac{n}{\max(\Delta t_1, \Delta t_2, \cdots, \Delta t_k)}$$

从各段时间不完全相等的流水线吞吐率通式来看，流水线的实际吞吐率和最大吞吐率主要取决于时间最长的那个段，因此时间最长的段也称为流水线的瓶颈段。在大部分时间里，只有瓶颈段处于忙状态，其他段却有许多空闲时间，硬件的使用效率大大降低。为解决这个问题，通常情况下，有以下两种方法：

（1）细分瓶颈段。细分瓶颈段是将瓶颈段进一步细分为若干个子过程，使得每个子过程的延时时间与其他子过程的时间相等。如将上文提到的 S_3 划分为 S_{3a}、S_{3b}、S_{3c} 3 个子流水段，使得流水段数增加为 6 段，但是每段的延迟时间均为 Δt，如图 7.47 所示，这样流水线的最大吞吐率提高到 $1/\Delta t$。

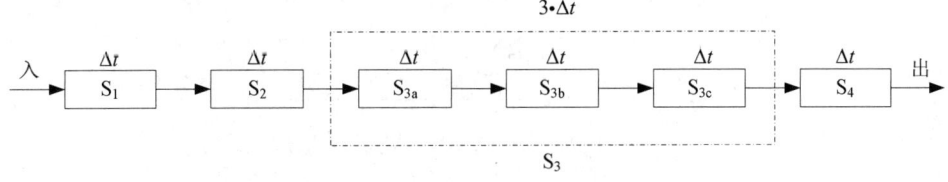

图 7.47　细分瓶颈段后的流水线

（2）重复设置瓶颈段。重复设置瓶颈段是指如果由于结构等方面的原因，当瓶颈段子过程无法再细分时，可以在瓶颈段并联设置多套功能部件，使它们轮流工作来消除瓶颈。重复设置的瓶颈段并行工作，依次错开处理任务。这种方法的缺点是控制逻辑比较复杂，所需的硬件较多。如图 7.48 所示，在 S_3 段，设置了 3 套同样的功能部件并行处理流入的任务，使得流水

线的最大吞吐率保持在$1/\Delta t$。这里，从S_2到并列的三个S_3之间需要设置一个数据分配器，把任务依次分配给它们。在三个并列的S_3与S_4之间设置一个数据收集器，依次分时将数据收集到S_4中。

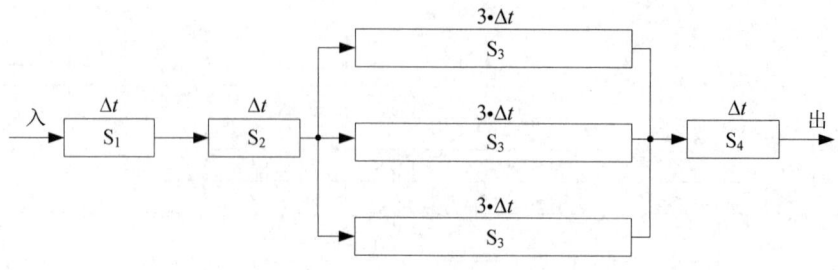

图7.48 重复设置瓶颈段的流水线

2. 加速比

流水线的加速比（Speedup Ratio）是指m段流水线的速度与等功能的非流水线（串行方式）的速度之比。对于n个任务而言，设采用非流水线的工作方式所需的时间为T_s，采用k段流水线的方式所需的时间为T_k，则加速比为

$$S_p = \frac{T_s}{T_k}$$

如果k段流水线的各段时间均为Δt，则完成n条指令在k段流水线上共需$T_k=(k+n-1)\cdot\Delta t$；而在等效的非流水线执行方式下，所需的时间为$T_s = n\cdot k\cdot\Delta t$。故得到的加速比为

$$S_p = \frac{n\cdot k}{k+n+1}$$

最大加速比为

$$S_{p\max} = \lim_{n\to\infty}\frac{n\cdot k}{k+n-1} = k$$

所以，当$n \gg k$时，流水线的加速比接近于k，即当流水线各段时间相等时，流水线的加速比的极限值等于流水线的段数。

当流水线的各段时间不完全相等时，一条k段流水线完成n个任务的实际加速比为

$$S_p = \frac{n\cdot\sum_{i=1}^{m}\Delta t_i}{\sum_{i=1}^{m}\Delta t_i + (n-1)\cdot\max(\Delta t_1,\Delta t_2,\cdots\Delta t_m)}$$

3. 效率

流水线的效率（Efficiency）是指流水线中各功能段的利用率。它是流水线各段的实际工作时间之和与流水线各段被占用时间之和的比值。由于流水线有建立时间和排空时间，因此各功能段不可能一直处于工作状态，总会有空闲时间。通常用流水线各段处于工作时间的时空区的面积与流水线中各段总的时空区的面积之比来衡量流水线的效率。用公式表示为

$$E = \frac{n \text{个任务占用的时空区的面积}}{k \text{个段总的时空区的面积}}$$

如果各段时间相等，时空图如图 7.44 所示，则可以看出，连续完成 n 条指令，任务所占用的时空区的面积为 $n \cdot k \cdot \Delta t$，而流水线中各功能段总的时空区的面积是 $k \cdot (k+n-1) \cdot \Delta t$，那么，流水线的效率为

$$E = \frac{n \cdot k \cdot \Delta t}{k \cdot (k+n-1) \cdot \Delta t} = \frac{n}{k+n-1}$$

最高效率为

$$E_{\max} = \lim_{n \to \infty} \frac{n}{k+n-1} = 1$$

显然，当 $n \gg k$，且流水线的效率接近最大值 1 时，流水线的各段均处于忙碌状态。

根据吞吐率的公式，可以发现

$$E = TP \cdot \Delta t$$

即当流水线各段时间相等时，流水线的效率与实际吞吐率成正比。

在各段时间不完全相等的情况下，一条 k 段流水线完成 n 个任务的流水线效率为

$$E = \frac{n \sum_{i=1}^{k} \Delta t_i}{k[\sum_{i=1}^{k} \Delta t_i + (n-1) \cdot \max(\Delta t_1, \Delta t_2, \cdots, \Delta t_k)]}$$

例 7.7 假设指令流水线分为指令预取（IF）、指令译码（ID）、执行（EX）、存储器访问（MEM）、写回（WB）5 个过程段，每个过程段的延迟时间相同，共有 10 条指令连续输入该流水线。要求：

①画出流水线的连接图。
②画出流水线的时空图。
③假设流水线时钟周期为 100ns，求流水线的实际吞吐率和最大吞吐率。
④求该流水线的加速比。
⑤求该流水线的效率。

解：
①指令周期包括指令预取（IF）、指令译码（ID）、执行（EX）、存储器访问（MEM）、写回（WB）这 5 个子过程，图 7.49（a）为指令流水线的连接图。

②10 条指令输入流水线的时空图如图 7.49（b）所示，由图中可见，每一条指令得到结果都需要 5 个时钟周期，当流水线满载之后，每个时钟周期就可以得出一个结果。

③CPU 执行完 10 条指令，所需的时间为 $5 \cdot \Delta t + (10-1) \cdot \Delta t = 14 \cdot \Delta t = 1400$ns；故实际的吞吐率为 $TP = \frac{10}{1400\text{ns}} \approx 7.14 \times 10^6$（条指令/s）；最大吞吐率为 $TP_{\max} = \frac{1}{\Delta t} = \frac{1}{100\text{ns}} = 1.00 \times 10^7$（条指令/s）。

④不采用流水线，10 条指令完成所需的时钟周期数为 50，采用流水线完成的时钟周期为 14，故加速比 $S_p = 50/14 \approx 3.57$。

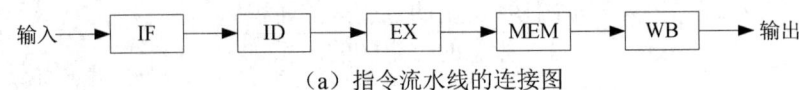

(a) 指令流水线的连接图

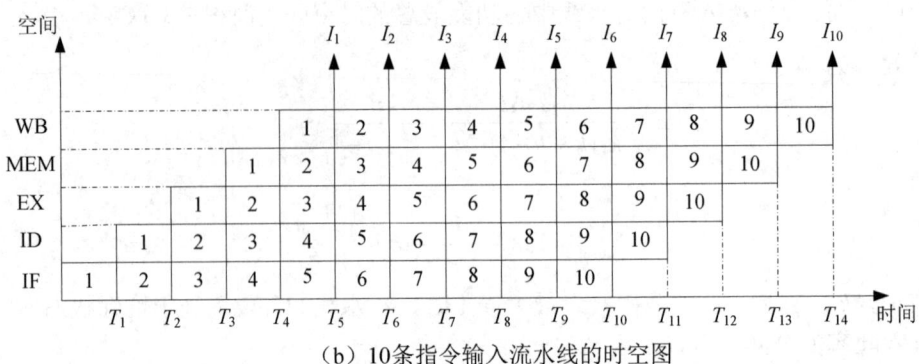

(b) 10 条指令输入流水线的时空图

图 7.49　例 7.7 的图示

⑤流水线处理器执行 10 条指令，各部件所需的实际执行时间为 5•10•100ns，而各部件被占用的时间为 5•(5+10−1)•100ns；故效率 $E = 5/7 \approx 71.43\%$。

例 7.8　在 ASC 处理机（参考图 7.42）上实现的多功能静态流水线上计算 $\prod_{i=1}^{4}(A_i + B_i)$，流水线的输出可以直接返回输入端或暂存于相应的流水寄存器中。要求：
① 画出流水线的时空图。
② 求流水线的实际吞吐率。
③ 求该流水线的加速比。
④ 求该流水线的效率。

解：
首先选择合适的流水线。分析计算要求可知，该计算过程可以分解为 $A_1 + B_1$、$A_2 + B_2$、$A_3 + B_3$ 和 $A_4 + B_4$；再计算 $(A_1+B_1)\times(A_2+B_2)$ 和 $(A_3+B_3)\times(A_4+B_4)$；最后再求两者的乘积。这里加法采用浮点加法流水线，如图 7.42（c）所示；乘法采用定点乘法流水线，如图 7.42（d）所示。

① 多功能静态流水线的时空图如图 7.50 所示。从图中可以看出多功能流水线在做某一种运算时，总有一些段是空闲的；静态流水线在进行功能切换时，要等前一种运算全部流出流水线后才能进行后面的运算；运算之间存在关联时，后面的运算要等到前面运算的结果后才能执行；流水线的工作过程有建立和排空部分。

② 在时空图中很容易看出，在 18 个 Δt 内，输出了 7 次结果，所以实际吞吐率为

$$TP = \frac{7}{18\Delta t}$$

③ 如果不采用流水线，因为一次求和需要 6 个 Δt，一次相乘需要 4 个 Δt；而运算中产生了 4 次求和和 3 次相乘，故共需要 $4•6•\Delta t + 3•4•\Delta t = 36\Delta t$。所以加速比为

$$S_p = \frac{36•\Delta t}{18•\Delta t} = 2$$

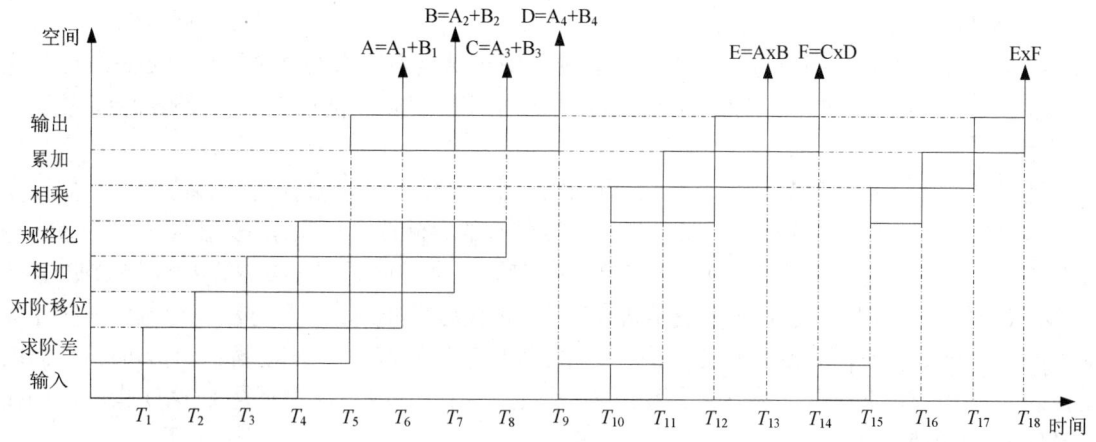

图 7.50　多功能静态流水线的时空图

④流水线完成该运算，各部件所需的实际执行时间为 $(4 \cdot 6 + 3 \cdot 4) \cdot \Delta t = 36 \cdot \Delta t$，而各部件被占用的时间为 $8 \cdot 18 \cdot \Delta t = 144 \cdot \Delta t$；故效率 $E = 36/144 = 25\%$。

7.5.4　影响流水性能的因素

为了充分发挥流水线的性能，必须使流水线能畅通流动，即必须做到充分"流水"，不发生"断流"。但通常情况下，由于在指令流水线过程中会出现各种相关（冲突）现象，使得流水线想实现不断是十分困难的。按照相关的性质可以将影响流水性能的因素分为结构（资源）相关、数据相关和控制相关 3 种。

为了便于讨论，这里以 RISC 的计算机为例，在 RISC 计算机中只有取/存数指令（Load/Store）访问存储器，其他指令的操作均在寄存器之间进行。这样就简化了流水线的功能段。这里将流水线的功能段分为 5 段，分别是指令预取（IF）、指令译码/读寄存器（ID）、执行/计算访存有效地址（EX）、存储器访问（MEM）、结果写回寄存器（WB）。不同类型的指令在各段流水段的操作是不相同的，表 7.8 列出了运算器类指令、访存类（取数、存数）指令和转移类指令在各段流水段中所进行的操作。

表 7.8　不同类型指令在各流水段中所进行的操作

流水段	指令		
	ALU	取/存	转移
IF	取指	取指	取指
ID	指令译码/读寄存器堆	指令译码/读寄存器堆	指令译码/读寄存器堆
EX	执行运算	计算访存有效地址	计算转移目标地址，设置条件码
MEM	—	访存（读写）	若条件成立，将转移目标地址送至 PC
WB	结果写回寄存器堆	将读出的数据写入寄存器堆	

接下来一一分析 3 种相关对流水线性能的影响。

1. 结构相关

结构相关是当多条指令进入流水线后，硬件资源满足不了指令重叠执行的要求时而产生的，即出现了当指令在重叠执行过程中，不同指令争用同一功能部件产生了资源冲突，故又有资源相关之称。

通常，大多数机器都是将指令和数据保存在同一存储器中，且只有一个访问口，如果在某个时钟周期内，流水线既要完成某条指令对操作数的存储器访问操作，又要完成另一条指令的取指操作，这就会发生访存冲突。表 7.9 中，在第 4 个时钟周期，第 i 条指令（LOAD）的 MEM 段和第 i+3 条指令的 IF 段发生了访存冲突。解决这个冲突的一种方法是让流水线在完成前一条指令对数据的存储器访问时，暂停一个时钟周期后再取后一条指令的操作。应该指出的是，表 7.9 中产生冲突的原因是由于第 i 条指令是 LOAD 指令，如果不是 LOAD 指令，则在 MEM 段就不需要访存，也就不会发生访存冲突。

表 7.9 两条指令同时访存造成结构相关冲突

指令	时钟周期							
	1	2	3	4	5	6	7	8
LOAD 指令	IF	ID	EX	MEM	WB			
指令 i+1		IF	ID	EX	MEM	WB		
指令 i+2			IF	ID	EX	MEM	WB	
指令 i+3				IF	ID	EX	MEM	WB
指令 i+4					IF	ID	EX	MEM

当发生结构相关时，解决这种冲突的方法主要有 3 种。

（1）停顿流水线。这种方法就是将后续指令推迟一个时钟周期进入流水线，见表 7.10。显然这种方法必然导致流水线的性能下降。

表 7.10 停顿流水线解决结构相关冲突

指令	时钟周期							
	1	2	3	4	5	6	7	8
LOAD 指令	IF	ID	EX	MEM	WB			
指令 i+1		IF	ID	EX	MEM	WB		
指令 i+2			IF	ID	EX	MEM	WB	
指令 i+3				停顿	IF	ID	EX	MEM
指令 i+4						IF	ID	EX

（2）重复设置存储器。这种方法设置两个独立的存储器，分别用于存放指令和数据，从而允许取某条指令的操作数和取另一条指令的操作在时间上重叠，消除了取数和取指令的访存冲突。如果不能做到重复设置存储器，则可以设置双 Cache 结构，即一个是指令 Cache，另一个是数据 Cache，这种方法在目前大多数的 CPU 中应用广泛。

（3）采用指令预取技术。这种方法是在 CPU 中设置指令队列，将指令预取到指令队列中排队。指令预取技术的实现基于访存周期很短的情况。例如，在执行指令阶段，取数时间很短，因此在执行指令时，主存会有空闲，此时，只要指令队列空出，就可取下一条指令，并放至空出的指令队列中，从而保证在执行第 k 条指令的同时对第 $k+1$ 条指令进行译码，实现"执行 k"与"分析 $k+1$"的重叠。

2. 数据相关

数据相关是指令在流水线中重叠执行时，当后继指令需要用到前面指令的执行结果时发生的。在流水线中，各条指令因重叠操作，可能改变对操作数的读写访问顺序，从而导致了数据相关冲突。例如，在流水线中要执行以下两条指令：

ADD　R_1, R_2, R_3 ; $(R_2) + (R_3) \to R_1$
SUB　R_4, R_1, R_5 ; $(R_1) - (R_5) \to R_4$

这里第二条 SUB 指令中 R_1 的内容必须是第一条 ADD 指令的执行结果。如果是按照顺序非流水线的情况下来执行，即先由 ADD 指令写入 R_1，再由 SUB 指令来读 R_1，这种顺序能够维持。当引入流水线技术时，两条指令的读写关系见表 7.11，很容易看到读写的先后顺序发生了变化，在第 5 个时钟周期，ADD 指令才能将运算结果写入 R_1 但后继 SUB 指令在第 3 个时钟周期就要从 R_1 中读数，这导致先写后读的顺序改变为先读后写，产生了先写后读（Read After Write，RAW）的数据相关冲突。

表 7.11　ADD 和 SUB 指令发生先写后读的数据相关冲突

指令	时钟周期					
	1	2	3	4	5	6
ADD	IF	ID	EX	MEM	WB	
SUB		IF	ID	EX	MEM	WB

当发生先写后读数据相关冲突时，如果不采用相应的措施，就会产生操作结果的错误，接下来分析一个更为复杂的例子，如果流水线执行以下指令序列：

ADD　R_1, R_2, R_3　　；$(R_2) + (R_3) \to R_1$
SUB　R_4, R_1, R_5　　；$(R_1) - (R_5) \to R_4$
AND　R_6, R_1, R_7　　；(R_1) AND $(R_7) \to R_6$
OR 　R_8, R_1, R_9　　；(R_1) OR $(R_9) \to R_8$
XOR　R_{10}, R_1, R_{11}　；(R_1) XOR $(R_{11}) \to R_{10}$

其中，第一条 ADD 指令将向 R_1 寄存器写入操作结果，后继的 4 条指令都要使用 R_1 中的值作为其源操作数，显然，这时就出现了上述的 RAW 数据相关冲突。表 7.12 所示为 5 条指令发生数据相关的流水线，其中 ADD 指令在 WB 段才将计算结果写入寄存器 R_1 中，但是 SUB 指令在其 ID 段就要从寄存器 R_1 中读取该计算结果。同样，AND 指令、OR 指令也要受到这种数据相关关系的影响。对于 XOR 指令，由于其 ID 段（第 6 个时钟周期）在 ADD 指令的 WB 段（第 5 个时钟周期）之后，因此不受影响，可以正常操作。

当发生数据相关时，解决的方法主要有 2 种。

（1）停顿流水线。这种方法与处理结构相关冲突的第一种方法类似，停顿流水线也就是推迟后续指令进入流水线，也称为后推法。当遇到数据相关的情况时，停顿后续指令的运行，直至前面指令的结果已经产生。采用这种方法来解决上述 5 条指令发生数据相关冲突的例子，则其流水线如表 7.13 所示。显然这将使流水线停顿 3 个时钟周期，但实现起来简单。

表 7.12 5 条指令发生数据相关的流水线

指令	时钟周期								
	1	2	3	4	5	6	7	8	9
ADD	IF	ID	EX	MEM	[WB]				
SUB		IF	[ID]	EX	MEM	WB			
AND			IF	[ID]	EX	MEM	WB		
OR				IF	[ID]	EX	MEM	WB	
XOR					IF	[ID]	EX	MEM	WB

（2）采用定向传送技术。定向传送技术又称旁路技术或相关专用通路技术。其主要思想是在运算器中设置一条旁路（缓冲器），不必等到某条指令的执行结果送回寄存器后再从寄存器中取出该结果，作为下一条指令的源操作数，而是直接将执行结果通过旁路送到其他指令所需要的地方。

表 7.13 采用停顿流水线为法对数据相关冲突处理后的流水线

指令	时钟周期											
	1	2	3	4	5	6	7	8	9	10	11	12
ADD	IF	ID	EX	MEM	WB							
SUB		IF					ID	EX	MEM	WB		
AND			IF					ID	EX	MEM	WB	
OR				IF					ID	EX	MEM	WB
XOR					IF					ID	EX	MEM	WB

在上述 5 条指令数据相关冲突的例子中，事实上，在 ADD 指令 EX 段的末尾处要写入 R_1 中的数据已经形成，如果设置一个专用通路，将此时产生的结果直接送往需要它的 SUB、AND、和 OR 指令的 EX 段，则可以不使流水线发生停顿。这时，就需要对这 3 条指令进行定向传送操作。表 7.14 所示为对数据相关冲突采用定向传送后的流水线，从时钟周期 4 开始，通过专用通路将运算结果定向传送到 SUB 指令的 EX 段，实际上是将 ALU 执行 ADD 操作后的结果缓冲器内容送到 ALU 的操作数暂存器，以进行 SUB 操作。同理，在时钟周期 5、6 的开始，也把 ADD 操作的结果发送至 AND 和 OR 指令的 EX 段。

值得注意的是，对表 7.14 所示的流水线，由于 ADD 指令是在第 3 个时钟周期结束时才产生运算结果，而 SUB 指令在第 3 个时钟周期开始时就需要源操作数，因此这一内部定向传送是无法实现的。为了减少发生这种定向传送操作的次数，可将 ID 段中的读寄存器操作安排在时钟周期的后半部分，而将 WB 段中的写寄存器操作安排在前半部分，这样就可以将 OR 指令的定向传送操作也取消了。

表 7.14　对数据相关冲突采用定向传送后的流水线

指令	时钟周期								
	1	2	3	4	5	6	7	8	9
ADD	IF	ID	[EX]	MEM	WB				
SUB		IF	ID	[EX]	MEM	WB			
AND			IF	ID	[EX]	MEM	WB		
OR				IF	ID	[EX]	MEM	WB	
XOR					IF	ID	EX	MEM	WB

图 7.51 显示了带有旁路技术的 ALU 执行部件。图中有两个暂存器,当 AND 指令将进入 EX 段时,ADD 指令的执行结果已存入暂存器 2,SUB 指令的执行结果已存入暂存器 1,而暂存器 2 的内容(存放送往 R_1 的结果)可通过旁路,经多路开关送到 ALU 中。这里的定向传送仅发生在 ALU 的内容,当然有时也可以发生在 ALU 与其他部件之间。定向传送技术以增加设备为代价,使指令解释执行速度几乎不受太大影响,但机器的成本和复杂度增加了。在数据相关概率较低时,一般不采用这种方法。

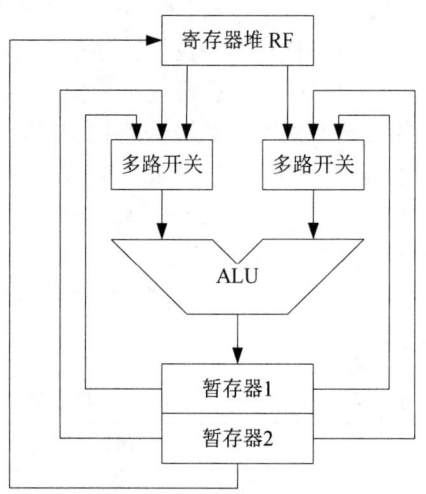

图 7.51　带有旁路技术的 ALU 执行部件

根据指令间对同一寄存器读和写操作的先后次序关系,数据相关冲突可分为先写后读(Read After Write,RAW)数据相关、先读后写(Write After Read,WAR)数据相关和先写后写(Write After Write,WRW)数据相关。例如,有 i 和 j 两条指令,指令 i 在前,指令 j 在后,则 3 种不同类型的数据相关的含义如下:

1) 先写后读数据相关:指令 j 试图在指令 i 写入寄存器前就读出该寄存器内容,这样,指令 j 就会错误地读出该寄存器旧的内容。例如

　　MUL　R_1, R_2　;$(R_1) \times (R_2) \to R_1$
　　ADD　R_3, R_1　;$(R_3) \times (R_1) \to R_3$

此时,两条指令在寄存器 R_1 上出现了先写后读数据相关。

2）先读后写数据相关：指令 j 试图在指令 i 读出寄存器之前就写入该寄存器，这样，指令 i 就错误地读出寄存器中的新内容。例如

  MUL R_1, R_2 ;$(R_1)\times(R_2)\to R_1$
  MOV $R_2, 0$;$0\to R_2$

此时，两条指令在寄存器 R_2 上出现了先读后写数据相关。

3）先写后写数据相关：指令 j 试图在指令 i 写入寄存器之前就写入该寄存器，这样，两次写操作的先后次序被颠倒，就会错误地使由指令 i 写入的值成为该寄存器的内容。例如

  MUL R_1, R_2 ;$(R_1)\times(R_2)\to R_1$
  MOV $R_1, 0$;$0\to R_2$

此时，两条指令之间出现了寄存器 R_1 上的先写后写数据相关。

上述三种数据相关在按序流动的流水线中，只可能出现 RAW 数据相关。在非按序流动的流水线中，由于允许后进入流水线的指令超过先进入流水线的指令而先流出流水线，则既可能发生 RAW 数据相关，还可能发生 WAR 和 WAW 数据相关。

3. 控制相关

控制相关是指进入流水线的转移指令（尤其是条件转移指令）与其后续指令之间存在相关。这种相关主要是当流水线遇到分支指令和其他改变 PC 值的指令时引起的。统计表明，转移指令约占总指令的 1/4 左右，比起数据相关来，控制相关会使流水线丧失更多的性能。当转移发生时，将使流水线的连续流动受到破坏。当执行转移指令时，根据是否发生转移，它可能将程序计数器 PC 内容改变成转移目标地址，也可能只是使 PC 加上一个增量，指向下一条指令的地址。如果不对控制相关做特殊的处理，则会出现两种情况：一是条件不满足，顺序执行，则流入流水线的指令有效，流水线不会停顿；二是条件满足或者是必转指令，则发生转移，在转移指令后进入流水线的指令全部失效，流水线必须从跳转到的目标地址开始取指令。

当出现控制相关时，采用停顿流水线同样可以解决。由于 PC 的内容一般在 MEM 段末尾才会改变，这样如果使流水线停顿 3 个节拍，直至 PC 中生成新的地址后再取出下一条指令，则可以解决控制相关，见表 7.15。

表 7.15 停顿流水线处理控制相关冲突后的流水线

指令	时钟周期										
	1	2	3	4	5	6	7	8	9	10	11
BRANCH	IF	ID	EX	MEM	WB						
指令 i+1		停顿	停顿	停顿	IF	ID	EX	MEM	WB		
指令 i+2			停顿	停顿	停顿	IF	ID	EX	MEM	WB	
指令 i+3				停顿	停顿	停顿	IF	ID	EX	MEM	WB

假设所有执行指令中有 25% 为转移指令，且这些转移指令中有 60% 会发生转移，那么这时完成一条指令平均需要的时间为

$$0.75\times1+0.25[0.4\times1+0.6\times(3+1)]=1.45 \text{ 个时钟周期}$$

这使得流水线的吞吐率比原来下降了 31%，可以得出控制相关对流水线的性能造成严重的影响，为了尽量减少因转移而带来的流水线性能方面的损失，采用的方法有以下 4 种：

（1）猜测法。对于条件转移指令，其执行情况无非就两种情况，要么是转移成功，要么

是转移不成功。因此对于流水线方式执行的指令，可采用猜测法来进行处理。

设程序中的第 i 条指令为条件转移指令，其一条分支为 $i+1$、$i+2$、…，按照原来的顺序执行，记为转移不成功分支；另一条分支是 p、$p+1$、…，记为转移成功分支，如图 7.52 所示。采用猜测法处理条件转移指令时应该注意以下三个问题。

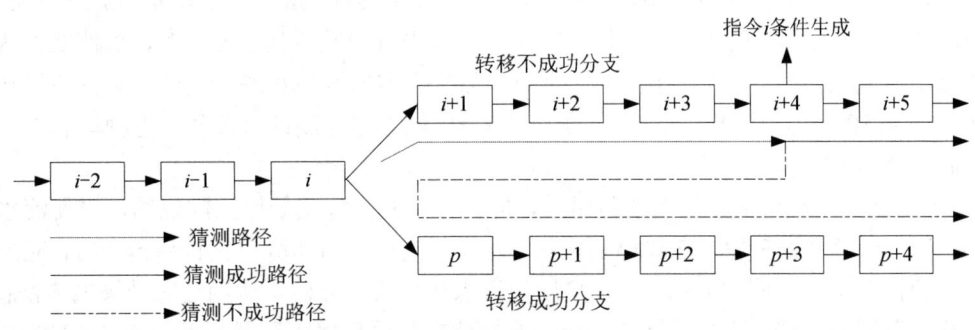

图 7.52　用猜测法处理条件转移

1）分支的选择。对于条件转移指令，猜测法应该选择发生概率较高的那个分支，按照该分支取指令并进入流水线。如果两个分支的概率相近，考虑到它已经预取指令缓冲，可以很快从缓存中取出并进入流水线，故优先选择转移不成功分支。

例如，参考图 7.52，假设指令 i 所用条件码是在 $i+4$ 流入流水线时才建立的，若条件码对应于转移不成功分支，则猜对了，此时可以继续流下去；若条件码对应于转移成功分支，则猜错了，此时对 $i+1$、$i+2$、$i+3$、$i+4$ 已有的解释作废，重新回到原分支点，沿着转移成功分支去解释 p、$p+1$、…，此时流水线的性能会下降。但是，猜测法猜对的机会占大多数，因此能降低这种损失。

2）提高猜测准确率。猜测准确率直接影响着流水线的性能，为此预测转移的两个分支的概率，并选择高概率的分支成为问题的关键。常用的方法有两种，分别为静态和动态方法。静态方法不考虑转移历史，而动态方法则考虑转移历史。故动态方法的准确率一般更高。

一种具有较高猜测准确率的动态方法如图 7.53 所示，它考虑之前两次转移的历史。

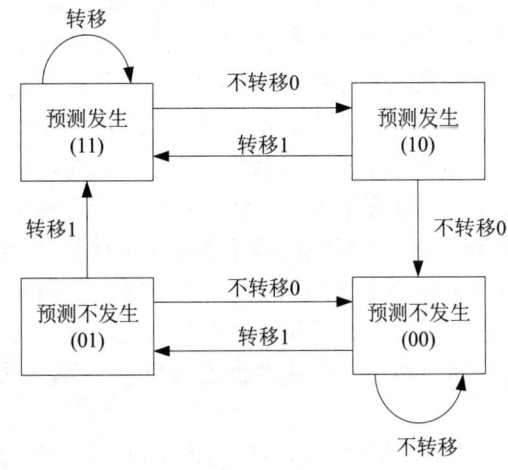

图 7.53　一种具有较高猜测准确率的动态方法

在图 7.53 中，每个转移状态用 2 位二进制位表示。11 和 10 表示预测转移发生，00 和 01 预测转移不发生；10 和 01 表示已经猜错一次的状态。在这种方法中，仅两次连续猜错时，预测转移状态才会发生改变。例如，在 11 状态，预测转移发生，如果猜测错误（没有转移），则状态变为 10，此时继续预测转移发生；如果测试正确（发生了转移），则状态将回归到 11；如果猜测错误（没有转移），则变为 00 状态，将预测不发生转移。从一个状态变到另一个状态时，若为不转移，用 0 表示；若为转移，用 1 表示。在水平方向发生状态变化时，将使低位状态位发生变化，如从 11 变为 10 或者从 10 变为 11；而垂直方向发生状态变化时，将使高位状态发生变化，如从 10 变为 00 或从 01 变为 11。在 RISC 机上进行测试后发现，这种动态方法能使猜测准确率高达 83%。

3）现场恢复。现场恢复是指在猜错时，能保证恢复到分支处原来的现场，以使流水线能够正常执行。一般采用 3 种方法加以实现：一是采用使机器沿猜测分支解释指令时，应当与正常情况下的指令解释不同的方法；二是采用让流水线完成运算但不送回运算结果的方法；三是采用后援寄存器的方法，把有可能被破坏的原始状态都用后援寄存器保存起来，一旦猜错，就取出后援寄存器的内容来恢复分支点的现场。因为为了提高系统的可靠性，已经设置了后援寄存器，所以无需为流水线单独设置后续寄存器，且猜测法猜对的概率较高，猜对后既不用恢复，也不用对后援寄存器进行后续处理，因此，采用后援寄存器法实现的效率较高。

（2）加快和提前形成条件码。如果在指令转移过程中能提前知道转移条件码，即提前知道程序流向哪个分支，则对简化流水线的条件转移操作是十分有利的。因此可以采取必要的措施来提升这方面的性能。常用的方法如下：

1）加快单条指令内部条件码的形成。例如，某些运算的结果符号位可以提前判断，如乘除运算，只要根据两个操作数的符号位是否为 0 就可以提前形成条件码，无需等到占用时间很长的乘除完成才形成条件码，这个方式对加速条件转移的处理十分有利。

2）在一段程序内提前形成条件码，这非常适合于循环型程序在判断循环是否继续时的转移情况。例如，在循环体内，假设用计数器值减 1 后的结果是否为 0 来判断循环体是否继续执行，此时，可以将计数器值减 1 指令的位置提前，甚至放在循环体的最前面，这样，就可以提前知道，是否需要进行转移，不至于因等待条件码的形成而使流水线的吞吐率和效率下降。

（3）加快短循环程序的处理。加快短循环程序的处理是将长度小于指令缓冲器容量的短循环程序整个一次性放入指令缓冲器内，并暂停预取指令。这样做的目的有：一是暂停预取指令后，避免执行循环时由于指令预取而导致指令缓冲器中需循环执行的指令被冲掉，减少了访问主存重复取指的次数；二是由于循环分支的概率高，因此，让循环出口端的条件转移指令时钟循环分支，减少因条件分支造成流水线"断流"的机会。例如，有些机器中，设置了"向后 8 条"检查，即转向地址往回走且与条件转移指令之间相隔不超过 8 条时，将其间的指令全部移入指令缓冲器并停止预取新指令。还有些机器还在顺序执行时，让预取的指令既放入正常使用的指令缓冲器，也放入转移目标指令缓冲器中。一旦检测出是循环，可把转移目标指令缓冲器的内容作为短循环程序作控制用，省去了第一次循环时，重新从主存中取此短循环程序的指令操作开销。还有的机器允许将这两种指令缓冲器连接起来使用，使更大的循环程序也能得到加速处理。

（4）采用优化延迟转移技术。优化延迟转移技术可以在不增加硬件的情况下，编译生成目标指令程序时，将转移指令与前面不相关的一条或多条指令交换位置，让成功转移总是延迟到这一条或多条指令之后再执行，这是一种软件手段，但能有效地降低由于控制相关而造成的流水线性能下降。

在延迟转移过程中，需延迟到后继指令进入流水线的时间段称为转移延迟槽，转移目标地址生成得越晚，转移延迟槽就越长。在之前介绍的延迟转移技术中，通过停顿的方法来减少转移路径错误而导致的损失，但因为停顿（空指令）的原因，造成了时间的浪费。试想如果在转移延迟槽中插入一条有效指令，则这条指令既不会影响到转移指令和转移后续指令的执行，同时也不会影响到指令的流水执行，因此这个技术称为优化延迟转移技术。更多有关于优化延迟转移技术的信息，可以参考其他资料，这里不再深入讨论。

7.5.5 高级流水线技术

在一个时钟周期内平均发射的指令条数称为处理机的指令级并行度（Instruction Level Parallelism，ILP），理想情况下在标量处理机（即采用标量流水线技术的处理机，也称为单发射流水线处理机）中 ILP 的 ILP=1，实际上由于相关的原因，标量处理机的 ILP<1。其中单发射指的是处理机在一个时钟周期内只完成流水过程中的一个阶段。为了提高处理机的 ILP 值，提高处理机的性能，在单发射技术的基础上进一步开发指令流水线的并行性，出现了多发射技术。多发射技术是指在处理机的一个时钟周期内发射多条指令，其处理机的 ILP≥2。常见的多发射技术有超标量（Super Scalar）技术、超流水线（Super Pipe Lining）技术、超标量超流水线（Super Scalar Super Pipelining）和超长指令字（Very Long Instruction Word）技术。

另外还有一种与标量流水线技术不同的向量流水线技术，它是将向量数据表示与流水技术相结合，使用向量指令对向量数据中的多个或多对向量元素并发地进行流水处理，进一步开发指令与操作的并行性。

1. 超标量技术

超标量技术是指在每个时钟周期内可同时并发多条独立指令，即以并行操作方式将多条指令编译并执行。它是采用资源重复的方式开发指令流水线的并行性，典型的空间换时间的方式。

要实现超标量技术，需要处理机中配置多个功能部件和指令译码电路，以及多个寄存器端口和总线，以便能同时执行多个操作，此外还要编译程序决定哪几条相邻指令可并行执行。现假设处理一条指令分为取指（FI）、译码（ID）、执行（EX）和回写（WB）4 个阶段，此时如果有 10 条无关指令在标量流水线上执行，则时空图如图 7.54 所示，从时空图中很容易得出，共需要 13 个时钟周期才能执行完成。而如果在处理机中设置多套功能部件，使得在每个时钟周期内发射两条以上的指令，就构成了超标量处理机，假设每个时钟周期平均发射两条指令，则超标量流水线时空图如图 7.55 所示，则只需要 8 个时钟周期就能执行完成，显然，随着指令的增多，流水线的性能得到大幅的提高，在此流水线中 ILP=2。

值得注意的是，超标量流水线中，只有当指令间是相互独立，不存在数据相关时，方可实现指令级并行。事实上，在超标量处理机中，由于每个周期可同时发射执行多条指令，也意味着相关所发生的频率增高，而且其结构决定了相关的复杂性，因此，相关的检测和解决策略的优劣将直接影响超标量处理机的性能。例如有以下两段程序：

程序段 1　　　　　　程序段 2
MOV BL, 8　　　　　INC AX

ADD AX, 1756H   ADD AX, BX
ADD CL, 4EH   MOV DS, AX

在程序段 1 中，3 条指令相互独立且不存在数据相关，可实现指令级并行；而程序段 2 中，3 条指令存在数据相关，则不能并行执行。

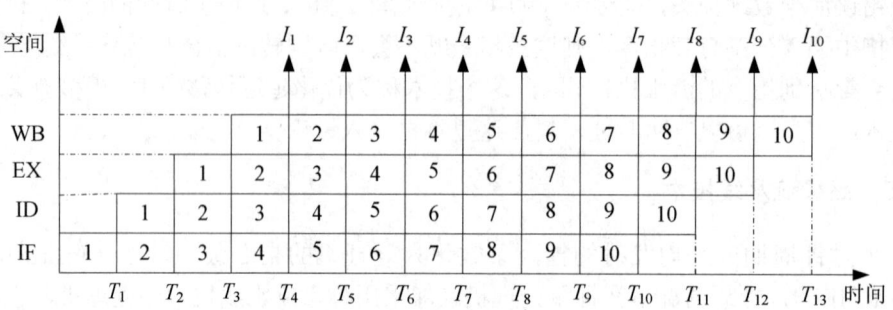

图 7.54 标量流水线时空图

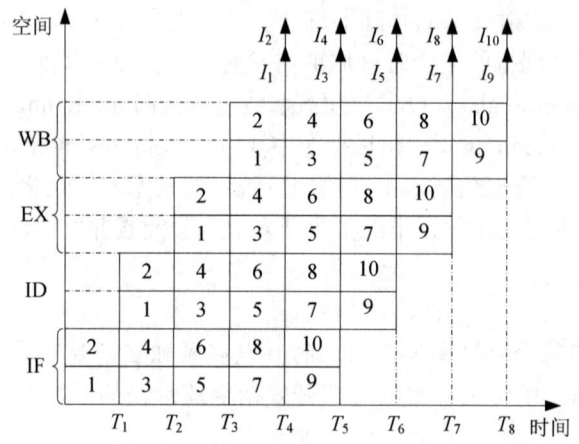

图 7.55 超标量流水线时空图

接下来，对超标量处理机的性能作简单的计算。为了便于比较，在这里将标量处理机的指令级并行度记为(1,1)，超标量处理机的指令级并行度记为(m,1)，其中 m 是每个时钟周期每次发射的指令条数。

在 N 条没有任何相关的理想情况下，标量处理机的执行时间为

$$T(1,1) = (k + N - 1) \cdot \Delta t$$

其中，k 是流水线的级数，Δt 是一个时钟周期的时间长度。

如果把相同的 N 条指令在一台每个时钟周期发射 m 条指令的超标量处理机上执行，所需要的时间为

$$T(m,1) = \left(k + \frac{N - m}{m}\right) \cdot \Delta t$$

其中，第一项是第一批 m 条指令同时通过 m 条指令流水线所需的执行时间；而第二项是执行其余 N-m 条指令所需要的时间，这时，每一个时钟周期有 m 条指令分别通过 m 条指令流水线。

因此，超标量处理机相对于标量处理机的加速比为

$$S_p(m,1) = \frac{T(1,1)}{T(m,1)} = \frac{m \cdot (k+N-1)}{N + m \cdot (k-1)}$$

2. 超流水线技术

超流水线技术是将一些流水线寄存器插入到流水线段中，可形容为将流水线再分段。即通过细化流水，使得机器在一个周期内完成一个甚至多个操作，其实质是用时间换取空间。在图 7.56 中，将一个时钟周期又分为 2 段，使超流水线的处理器周期比普通流水线的周期要短，这样，在原来的时钟周期内，功能部件被使用 3 次，使流水线以 2 倍于原来时钟频率的速度运行。

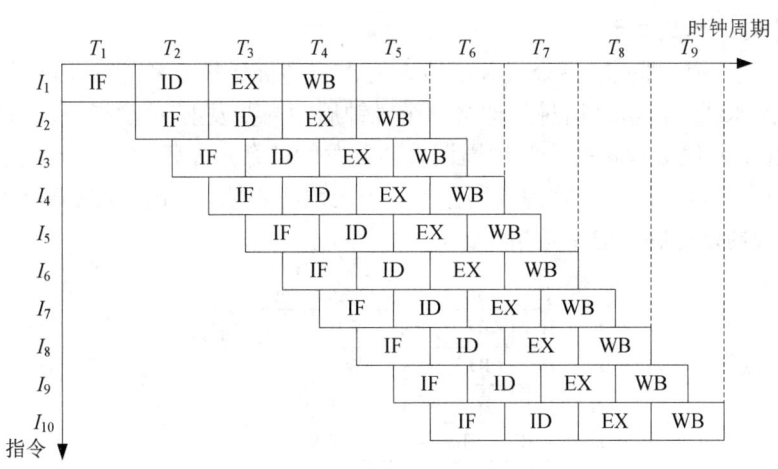

图 7.56　超流水线处理机的指令执行时序

超流水线处理机的工作方式与超标量处理机不同，超标量处理机是通过重复设置多个部件，并让这些功能部件同时工作来提高指令的执行速度；而超流水线处理机则只需增加少量硬件，通过各部件硬件的充分并行工作来提高处理机性能的。例如，由美国硅图公司（Silicon Graphics，SGI）生产的高性能微处理器 MIPS（Microprocessor without Interlocked Piped Stages）系列采用了超流水线技术。MIPS 系列的主要微处理器有 R2000、R3000、R4000、R5000 和 R10000 等几种。图 7.57 是 R4000 的超流水线处理机示意图。在图中，IF 表示取第一条指令；IS 表示取第二条指令；RF 表示读寄存器堆，指令译码；EX 表示执行指令；DF 表示取第一个操作数；DS 表示取第二个操作数；TC 表示数据标志检验；WB 表示写回结果。

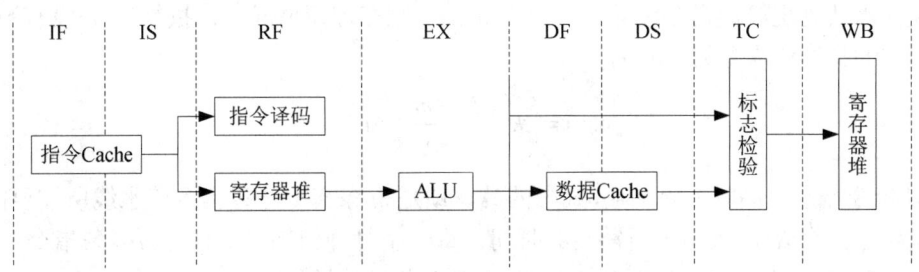

图 7.57　R4000 的超流水线处理机示意

将超流水线处理机的指令级并行度记为$(1,n)$，则在理想情况下，执行 N 条没有数据相关和控制相关的指令所需要的时间为

$$T(1,n) = \left(k + \frac{N-1}{n}\right) \cdot \Delta t$$

其中，k 是指令流水线的功能段数，注意不是流水线级数。在一般的超流水线处理机中，指令流水线的级数实际上应为 $k \cdot n$。上式中的第一项是第一条指令通过指令流水线执行完成所需要的时间，而第二项是执行其余 $N-1$ 条指令所需要的时间。超流水线处理机相对于标量处理机的加速比为

$$S_p(1,n) = \frac{T(1,1)}{T(1,n)} = \frac{n \cdot (k + N - 1)}{n \cdot k + N - 1}$$

3. 超标量超流水线技术

为了进一步提高处理机的指令级并行度，可以将超标量技术和超流水线技术结合起来，构成超标量超流水线处理机。这种处理机一个时钟周期内要发射 n 次指令，每次发射指令 m 条，故超标量超流水线处理机每个时钟周期总共要发射指令 $m \cdot n$ 条。它的指令执行时序图如图 7.58 所示，从图中可以看出每个时钟周期分为 3 个流水线周期，每个流水线周期发射 3 条指令，从而，每个时钟周期能够发射 9 条指令。

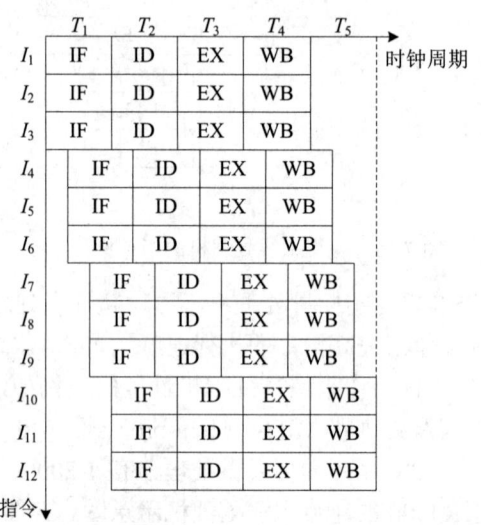

图 7.58　超标量超流水线处理机的指令执行时序

将超流水线处理机的指令级并行度记为(m,n)，则在理想情况下，执行 N 条没有数据相关和控制相关的指令所需要的时间为

$$T(m,n) = \left(k + \frac{N-m}{m \cdot n}\right) \cdot \Delta t$$

其中，k 是指令流水线的时钟周期数，式中的第一项是 m 条指令通过指令流水线所需要的时间，第二项是执行其余 $N-m$ 条指令所需要的时间，每一个时钟周期平均执行 $m \cdot n$ 条指令。

因此，超标量超流水线处理机相对于标量处理机的加速比为

$$S_p(m,1) = \frac{T(1,1)}{T(m,n)} = \frac{m \cdot n \cdot (k+N-1)}{m \cdot n \cdot k + N - m}$$

4. 超长指令字技术

在 1983 年，美国耶鲁大学的 Fisher 教授提出了超长指令字（VLIW）技术，采用与超标量技术相类似的方法，将多条指令在多个处理部件中并行处理，但它以一条长指令来实现这个操作，以减少对存储器的访问。这种长指令往往达到上百位，甚至上千位。在超标量技术中，指令来自同一标准的指令流；而 VLIW 则由编译程序在编译时挖掘出指令间潜在的并行性后，把多条能并行操作的指令组合成一条具有多个操作码字段的超长指令，由这条超长指令控制 VLIW 处理机中多个独立工作的功能部件，由每个操作码字段控制一个功能部件，等同于同时执行多条指令，如图 7.59 所示。这种方法具有更高的并行能力，但对优化编译器的要求更高，对 Cache 的容量要求更大。

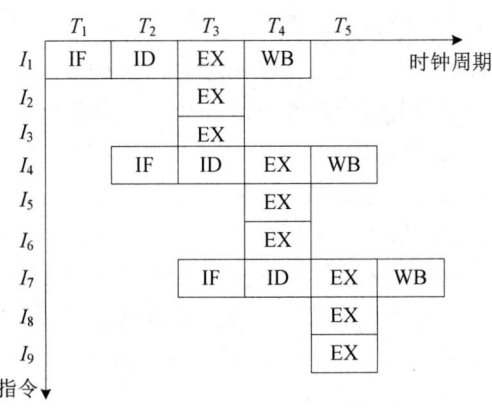

图 7.59 超长指令字处理机的指令执行时序图

5. 向量流水线技术

向量处理机使用向量指令直接处理向量数据，也就是说，一条向量指令一次可以并行地处理多个或多对向量元素。在计算机系统中，向量数据是由一组有序的向量元素组成，而向量元素则是具有相同类型的标量数据。而在标量处理机上只能使用标量指令处理标量数据，一条标量指令一次只能处理一个或一对标量数据，故向量处理机能有效地提升指令的并行性。通常向量的运算和处理既可以在标量处理机上完成，也可以在向量处理机上完成。处理机的指令系统中是否具有向量指令是区分标量处理机和向量处理机的重要依据。根据向量处理机的结构的不同，向量处理机可分为向量流水处理机和并行（阵列）处理机。向量流水处理机是使用向量指令对向量数据中的多个或多个向量元素并发的流水处理。通常能进行向量流水处理的向量指令具有以下特点：

（1）在向量操作中，当前结果向量元素的计算与以前结果向量元素的计算相互独立，不发生或很少发生数据相关。这意味着向量流水线一般具有较深的深度。

（2）一条向量指令相当于一个标量循环，从而可降低对指令访问带宽的要求。这意味着消除了可能由循环转移引发的控制相关。

（3）如果向量指令所要访问的向量元素均相邻，则可在交叉存储体中高速地依次访问它们。由于一个向量中通常含有多个元素，因此对存储器访问的延迟平均到每个元素上，其访存等待时间开销是较小的。

综上所述，可见向量流水线技术对提高指令的并行性处理具有重要的意义。关于向量流水线技术的更详细内容请参考其他相关资料。

7.6 本章小结

本章首先从 CPU 开始，从 CPU 的功能、基本组成和 CPU 寄存器等方面对 CPU 进行详细的介绍。控制单元是 CPU 的核心部件，也本章重点关注内容，控制单元是提供完成计算机全部指令操作的微操作命令序列部件。首先从微命令的产生、时序的控制，以及常见控制器的分类对控制单元进行总体概述，让读者对控制单元的基本原理有比较清晰的概念。紧接着对指令周期进行介绍，首先介绍指令周期的概念以及指令周期的分段，接着对指令周期的数据流进行详细分析，如取指周期、间址周期、执行周期、中断周期的数据流，这些数据流将是控制器设计的理论依据之一。在读者对控制单元的基本原理有所掌握后，本章紧接着对控制器的设计进行详细解释，首先介绍了控制器设计的基本方法和步骤，接着分别对组合逻辑控制器和微程序控制器的设计原理、设计、实现等过程进行详细分析，让读者对控制器的设计有较深刻的认识，最后对两种控制器的设计方法进行了对比。在本章的最后对控制单元的一些高级技术进行了介绍，这里主要针对于指令流水线技术，对指令流水线的原理，指令流水线的分类，特别是指令流水线的性能指标，如吞吐率、加速比、效率的计算进行了详细的说明，以及对影响指令流水线性能的因素进行分析；最后简单介绍了一些高级流水线技术，如超标量流水线技术、超流水线技术、超标量超流水线技术、超长指令字技术、向量流水线技术等一些内容做了简单介绍，期望读者能对指令流水线方面的知识有更多的认识。

习题

7.1 控制单元的功能是什么？其输入受什么控制？

7.2 设机器 A 的 CPU 的主频为 8MHz，机器周期含 4 个时钟周期，且该机的平均指令执行速度是 0.4MIPS，试求该机的平均指令周期和机器周期，每个指令周期中含几个机器周期？如果机器 B 的主频为 12MHz，且机器周期也含 4 个时钟周期，试问 B 机的平均指令执行速度为多少 MIPS？

7.3 某 CPU 的主频为 10MHz，若已知每个机器周期平均包含 4 个时钟周期，该机的平均指令执行速度为 1MIPS，试求该机的平均指令周期及每个指令周期含几个机器周期？若改用时钟周期为 0.4μs 的 CPU 芯片，则计算机的平均指令执行速度为多少 MIPS？若要得到平均每秒 80 万次的指令执行速度，则应采用主频为多少的 CPU 芯片？

7.4 什么是指令周期？指令周期是否有一个固定值？为什么？

7.5 画出指令周期的流程图，分析说明图中每个子周期的作用。

7.6 什么是指令流水线？画出指令二级流水线和四级流水线的示意图，它们中哪个更能提高处理机速度，为什么？

7.7 今有四级流水线，分别完成取值（IF）、译码并取值（ID）、执行（EX）、写结果（WR）

4 个步骤。假设完成各步操作的时间依次为 90ns、90ns、60ns、45ns，回答下列问题。

（1）流水线的时钟周期应取何值？

（2）若相邻的指令发生数据相关，那么第 2 条指令安排多少时间才能不发生错误？

（3）若相邻两指令发生数据相关，为了不推迟第 2 条指令的执行，要采取什么措施？

7.8 在 5 个功能段的指令流水线中，假设每段的执行时间分别是 10ns、8ns、10ns、10ns 和 7ns。对于完成 12 条指令的流水线而言，其加速比为多少？该流水线的实际吞吐率为多少？

7.9 现有 3 段流水线，各段的时间依次为 Δt、$3\Delta t$、Δt，计算并回答下列问题。

（1）分别计算在连续输入 3 条指令和连续输入 30 条指令时的吞吐率和效率。

（2）按两种途径之一进行更改，画出相应的流水线结构示意图，同时计算连续输入 3 条指令和连续输入 30 条指令情况下的吞吐率和效率。

（3）通过对（1）（2）两小题的计算结果进行比较，能够得出什么结论？

参考文献

[1] 唐朔飞．计算机组成原理[M]．2 版．北京：高等教育出版社，2008．
[2] 王诚，刘卫东．计算机组成与设计[M]．3 版．北京：清华大学出版社，2008．
[3] 白中英．计算机组成原理[M]．4 版．北京：科学出版社，2008．
[4] 蒋本珊．计算机组成原理[M]．2 版．北京：清华大学出版社，2008．
[5] 袁春风．计算机组成与系统结构[M]．2 版．北京：清华大学出版社，2010．
[6] 潘雪峰．计算机组成原理[M]．北京：北京理工大学出版社，2016．
[7] 包健，冯建文，章复嘉，等．计算机组成原理与系统结构[M]．2 版．北京：高等教育出版社，2009．
[8] 冯建文，章复嘉，包健，等．计算机组成原理与系统结构实验指导书[M]．2 版．北京：高等教育出版社，2015．
[9] 陆志才．微型计算机组成原理[M]．北京：高等教育出版社，2009．